EUL VERLAG

# PLANUNG, ORGANISATION UND UNTERNEHMUNGSFÜHRUNG

Herausgegeben von Prof. Dr. Dr. h. c. Norbert Szyperski, Köln, Prof. Dr. Winfried Matthes, Wuppertal, Prof. Dr. Udo Winand, Kassel, Prof. (em.) Dr. Joachim Griese, Bern, Prof Dr. Harald F. O. von Kortzfleisch, Koblenz, Prof. Dr. Ludwig Theuvsen, Göttingen, und Prof. Dr. Andreas Al-Laham, Kaiserslautern

Band 114
Andreas Roß
**Wertsteigerung durch Netzwerkkompetenz** – Konzeption und praktisches Vorgehen
Lohmar – Köln 2006 • 300 S. • € 49,- (D)
ISBN-13: 978-3-89936-522-1 • ISBN-10: 3-89936-522-4

Band 115
Klaus-Philipp Koepff
**Institutionelles Krisenmanagement** – Ein empirischer Vergleich von Inhouse- und Interim-Management
Lohmar – Köln 2007 • 274 S. • € 48,- (D) • ISBN 978-3-89936-574-0

Band 116
Karl Langenstein
**Post Merger Integration Management**
Lohmar – Köln 2007 • 260 S. • € 47,- (D) • ISBN 978-3-89936-627-3

Band 117
Dirk Nonnenmacher
**Organisation von Dienstleistungsprozessen** – Rollen als Grundlage der Organisationsgestaltung
Lohmar – Köln 2007 • 338 S. • € 53,- (D) • ISBN 978-3-89936-649-5

Band 118
Annette Boms
**Unternehmensverantwortung und Nachhaltigkeit** – Umsetzung durch das Sustainability Performance Measurement
Lohmar – Köln 2008 • 452 S. • € 59,- (D) • ISBN 978-3-89936-655-6

JOSEF EUL VERLAG

Reihe: Planung, Organisation und Unternehmungsführung · Band 118

Herausgegeben von Prof. Dr. Dr. h. c. Norbert Szyperski, Köln, Prof. Dr. Winfried Matthes, Wuppertal, Prof. Dr. Udo Winand, Kassel, Prof. (em.) Dr. Joachim Griese, Bern, Prof Dr. Harald F. O. von Kortzfleisch, Koblenz, Prof. Dr. Ludwig Theuvsen, Göttingen, und Prof. Dr. Andreas Al-Laham, Kaiserslautern

Dr. Annette Boms

# Unternehmensverantwortung und Nachhaltigkeit

## Umsetzung durch das Sustainability Performance Measurement

Mit einem Geleitwort von Prof. Dr. Dr. h. c. Günter Beuermann, Universität zu Köln

EUL VERLAG

**Bibliographische Information der Deutschen Bibliothek**

Die Deutsche Bibliothek verzeichnet diese Publikation in der Deutschen Nationalbibliothek; detaillierte bibliographische Daten sind im Internet über <http://dnb.ddb.de> abrufbar.

**Dissertation, Universität zu Köln, 2007**

ISBN 978-3-89936-655-6
1. Auflage Januar 2008



Printed in Germany
Druck: RSP, Troisdorf

JOSEF EUL VERLAG GmbH
Brandsberg 6
53797 Lohmar
Tel.: 0 22 05 / 90 10 6-6
Fax: 0 22 05 / 90 10 6-88
E-Mail: info@eul-verlag.de
http://www.eul-verlag.de

**Bei der Herstellung unserer Bücher möchten wir die Umwelt schonen. Dieses Buch ist daher auf säurefreiem, 100% chlorfrei gebleichtem, alterungsbeständigem Papier nach DIN 6738 gedruckt.**

## Geleitwort

Der Umweltbezug in Managementkonzeptionen hat in den vergangenen zwanzig Jahren Phasen einer außerordentlichen Beachtung, aber auch Geringschätzung erfahren. Das gilt sowohl für den Bedeutungswandel in der Theorie als auch in der Praxis. Zentrale Frage dabei ist die Verantwortlichkeit des Managements gegenüber den Anteilseignern, den anderen Anspruchsgruppen (Stakeholdern) und der Umwelt (als einem Stakeholder besonderer Art). Es geht der Verfasserin also darum, unternehmerische Verantwortung vor diesem Hintergrund zu definieren, abzugrenzen und messbar zu machen. In einem weiteren Teil wird dann das vorgestellte Modell der Nachhaltigkeitsleistungsmessung auf die Gegebenheiten bei Ford angepasst und einer kritischen Würdigung unterzogen.

Der erste Teil widmet sich in drei Abschnitten den theoretischen Grundlagen des Verhältnisses von Unternehmensverantwortung zur Nachhaltigkeit. Dabei wird sehr eingehend und überzeugend der Frage nachgegangen, was unter Verantwortung auf Unternehmensebene verstanden werden soll mit dem Ergebnis, dass es neben individueller Verantwortung auch eine Verantwortung der Unternehmung als Korporation gibt, die als Kontrapart die jeweiligen Anspruchsgruppen der Unternehmung hat. Diese Fragen sind in der Literatur eingehend und durchaus kontrovers diskutiert worden, ohne dass es zu einer allgemein verbindlichen Richtschnur gekommen wäre. Die Verfasserin zieht aus ihrem sehr eingehenden Literaturstudium den Schluss, dass es einer weitgehend einmütigen organisationalen Verantwortungsbereitschaft bedarf, damit die Voraussetzung für die Umsetzung von Nachhaltigkeit gegeben ist.

Anschließend wird der Abgrenzung des Begriffes der Nachhaltigkeit nachgegangen. Nach einem kurzen Rückblick auf die Historie stellt die Verfasserin in Übereinstimmung mit der Literatur das Dreisäulenmodell in den Mittelpunkt ihrer weiteren Überlegungen: ökonomische, ökologische und soziale Dimension. Diese bilden die Grundlage für die Herleitung von Herausforderungen im Hinblick auf die Einhaltung von Nachhaltigkeit.

Im letzten Abschnitt geht es der Verfasserin um die Frage der Messbarkeit von Unternehmensleistung und der möglichen Veranschaulichung mit Hilfe von Kennzahlen. Die Ausführungen konzentrieren sich dabei auf die Nachhaltigkeitsleistungsmessung im Konzept des Sustainability Performance Measurements (SPM). Das von der Verfasserin gezogene Resümee arbeitet die Beziehung zwischen Unternehmensverantwortung und Nachhaltigkeit noch einmal überzeugend heraus und legt sie in einem Leitbild in Form eines Thesenkatalogs den weiteren Ausführungen zugrunde.

Im Anwendungsteil wird dann gezeigt, inwieweit das Konzept des SPM auf Ford speziell angewandt werden kann. An der Ausarbeitung entsprechender Übertragungskonzepte ist die Verfasserin beteiligt gewesen, so dass ihr Bedauern darüber zu verstehen ist, dass das Projekt nicht zu Ende geführt wurde. Besondere Aufmerksamkeit wird der Nachhaltigkeitsleistungsmessung und damit den Leistungstreibern geschenkt. Leider ist der Kanon der Leistungstreiber und der Indikatoren der Leistungsmessung aus Geheimhaltungsvorbehalten der Firma Ford nicht ausführlich aufgeführt, obwohl mit deren Kenntnis und den Koeffizienten zur Aggregation zu einem Gesamt-SPM weiteren Forschungen auch in anderen Bereichen sehr geholfen wäre. So bleibt nur mit der Verfasserin zu hoffen, dass das interessante und wissenschaftlich weiterführende Projekt doch noch zu einem erfolgreichen Abschluss kommt und dann veröffentlicht wird.

Die Monografie von Frau Boms ist für alle, die sich mit der Frage der Messung der Nachhaltigkeit beschäftigen, ob in Theorie oder Praxis, eine sehr lesenswerte Pflichtlektüre.

Prof. Dr. Dr. h. c. Günter Beuermann

# Vorwort

Der Begriff der Nachhaltigkeit und die Interpretation seiner Bedeutung haben zahlreiche Fassetten. Fundiert aus Erkenntnissen meiner theoretischen und praktischen Auseinandersetzung mit der Thematik der Nachhaltigkeit in direktem Bezug zur Dissertationserstellung lassen sich auch für mich ganz persönlich die letzten vier Jahre als nachhaltig und zukunftsweisend definieren.

Rückblickend auf den Entschluss, eine Dissertation zu verfassen und auf die Zeit ihrer Umsetzung, drängt sich mir der Vergleich einer weiten und zeitaufwendigen Reise auf. Die (theoretische) Reisevorbereitung ist voller Enthusiasmus und die Planung der einzelnen Reiseziele scheint schnell vollendet. Auch der Reisestart verläuft unkompliziert und freudig erwartet man die ersten Eindrücke der Reise. Für die Möglichkeit des Reiseaufbruches, die materielle Sicherheit und die notwendige Eingrenzung meines thematischen Reiseziels danke ich vor allem meiner Familie – meinen Eltern Evelyn und Hans Jörg und meinem Ehemann Ronny, aber auch insbesondere meinem akademischen Lehrer und Doktorvater Herrn Prof. Dr. Dr. h. c. Günter Beuermann, der schon während meiner Studienzeit das Interesse und die Begeisterung des ‚Reisens' und den akademischen Ehrgeiz in mir weckte.

Unterwegs merkt man allerdings schnell, wie sehr man zunächst theoretisch auf ein Reiseziel fokussiert war und wie sich jedoch in der praktischen Umsetzung der Reise die Dimensionen und Weiten des gesamten Systems (Welt) erst öffnen. Vieles, was vorher unbedeutsam erschien, rückt in ein anderes Licht und so entstehen immer neue Reiserouten und Ziele, um weitere Dimensionen zu erforschen. Auf meiner Reise wurden die Wege kurvenreicher und unvorhersehbar, manche waren steinig und stellten sich als Irrweg heraus. Den Königsweg zu finden, erwies sich trotz ausgedehnter Suche und Routenplanung schwieriger als vorerst angenommen. Dass ich dennoch nicht vom Wege abgekommen bin, verdanke ich allen meinen Reisebegleitern, die meine Reise zu einer unvergesslichen machten. Allen voran möchte ich zwei Reisebegleitern „vor Ort" danken. Besonderer Dank gilt hier Herrn Norbert Krüger, Leiter Corporate Citizenship Ford of Europe, der mir die

Möglichkeit gab, insbesondere alle praxisrelevanten Reiseziele zu erreichen. Daneben möchte ich meiner Kollegin Julia Adou für ihre aufopferungsvolle fachliche und seelische Unterstützung und die vielen intensiven Diskussionen danken, die wertvolle Hinweise und Reiseeckdaten für meine Arbeit enthielten.

Die Kunst des Reisens ist das Unterwegssein, aber auch das Ankommen. Ein besonderer Dank gilt demnach auch allen Weggefährten des Lehrstuhl, die – auch nach seiner Auflösung – die Kurven und Verirrungen meines Reisewegs mit mir geteilt und mir mit vielfältiger Unterstützung und ihrer Freundschaft das Durchhalten erleichtert haben. Für ihre kollegiale und freundschaftliche Zusammenarbeit danke ich Frau Dr. Ellen Fassbender-Wynands, Frau Dipl.-Kfr. Sandra Wagner, Herrn Dr. Ralf Brüning, Herrn Dr. Frank Czymmek, Herrn Dr. Martin Kupp und Herrn Dr. Björn Maier. Insbesondere danke ich Herrn Dr. Mahammad Mahammadzadeh. Ihm verdanke ich vor allem die Fähigkeit zu strukturiertem und problemorientierten Vorgehen und somit einer zielführenden Reise- und Streckenführung. Daneben gilt ein besonderes Dankeschön Frau Dietlind Eicker, die insbesondere das Ankommen durch ihre unermessliche Sorgfalt und ihren zuverlässigen Einsatz bei der intensiven Durchsicht und Korrektur des Manuskriptes erst ermöglicht hat.

Jede Reise geht irgendwann zu Ende, so unendlich mir meine zuweilen auch erschienen ist. Hier gilt mein besonderer Dank meinem Doktorvater, Herrn Prof. Dr. Dr. h. c. Günter Beuermann, für die Übernahme seines ‚letzten Kölner' Erstgutachtens und Herrn Prof. Udo Koppelmann für die Übernahme des Zweitgutachtens.

Schließlich möchte ich meiner Tochter Franziska und meinem Ehemann Ronny für ihr Verständnis und ihr unermüdliches Bemühen um mein Wohlergehen danken. Sie haben insbesondere die Pausen auf meiner akademischen Reise stets bereichert, zuweilen jedoch – weil notwendig – auch auf Aufbruch und Weiterreise gedrängt. Ihnen sei diese Arbeit gewidmet.

Annette Boms

# Inhaltsverzeichnis

# Abbildungsverzeichnis

# Tabellenverzeichnis

## Abkürzungsverzeichnis

| | |
|---|---|
| AA | Account Ability |
| ACEA | European Automobile Manufacturers Association |
| ADAC | Allgemeiner Deutscher Automobil-Club e.V. |
| AG | Aktiengesellschaft |
| Anm. d. Verf. | Anmerkung des Verfassers |
| Aufl. | Auflage |
| AVP | adjusted present value |
| BBK | Buchführung, Bilanz, Kostenrechnung |
| Bd. | Band |
| BFuP | Betriebswirtschaftliche Forschung und Praxis |
| BIC | Best in Class |
| BImSchG | Bundes-Immissionsschutzgesetz |
| BMU | Bundesministerium für Umwelt, Natur und Reaktorsicherheit |
| bspw. | beispielsweise |
| BSR | Business for Social Responsibility |
| BUND | Bund für Umwelt und Naturschutz |
| bzw. | beziehungsweise |
| ca. | circa |
| CC | Corporate Citizenship |
| CEO | Chief Executive Officer |
| CEP | Council on Economic Priorities |
| CERES | Coalition of Environmentally Responsible Economies |
| COSY | Company oriented Sustainability |
| CS | Corporate Sustainability |
| CSD | Commission on Sustainable Development |
| CSI | Corporate Sustainability Index |
| CSR | Corporate Social Responsibility |
| DAX | Deutscher Aktien Index |
| DBW | Die Betriebswirtschaft |
| d.h. | das heißt |

| | |
|---|---|
| DIW | Deutsches Institut für Wirtschaftsforschung |
| DJGI | Dow Jones Global Index |
| DJSI | Dow Jones Sustainability Index |
| DNWE | Deutsches Netzwerk Wirtschaftsethik |
| DSI | Domini 400 Social Index |
| DStR | Deutsches Steuerrecht |
| EIRIS | Ethical Investment Research Services |
| EIU | Economist Intelligence Unit |
| EK | Enquete-Kommission |
| EMAS | European Management and Audit Sheme |
| EPS | Earnings per Share |
| EQO | Environmental Quality Office |
| ESI | Ethibel Sustainability Index |
| et al. | et alii (und andere) |
| etc. | et cetera (und so weiter) |
| EU | Europäische Union |
| Euro NCAP | The European New Car Assessment Programme |
| e.V. | eingetragener Verein |
| EVA | Economic Value Added |
| f. | folgende |
| F&E | Forschung und Entwicklung |
| ff. | fortfolgende |
| FMC | Ford Motor Company |
| Fn. | Fußnote |
| FoE | Ford of Europe |
| FoG | Ford of Germany |
| FPDS | Ford Product Development System |
| FPS | Ford Production System |
| FTSE | Financial Times Stock Exchange Index |
| G2 | Global Reporting Guidelines 2002 |
| GERPISA | Groupe d'Etudes et de Recherche Permanent sur l'Industrie et les Salariés de l'Automobile |
| GM | General Motors Corporation |
| GmbH | Gesellschaft mit beschränkter Haftung |

| | |
|---|---|
| GRI | Global Reporting Initiative |
| GuV | Gewinn- und Verlustrechnung |
| H. | Heft |
| HdWW | Handwörterbuch der Wirtschaftswissenschaft |
| HH | Haushalte |
| HR | Human Resources |
| Hrsg. | Herausgeber |
| HWB | Handwörterbuch der Betriebswirtschaft |
| HWO | Handwörterbuch der Organisation |
| i.e.S. | im engeren Sinne |
| i.d.R. | in der Regel |
| ILO | International Labour Organisation |
| imug | Institut für Markt-Umwelt-Gesellschaft e.V., Hannover |
| i.S. | im Sinne |
| ISO | International Organization for Standardization |
| IWÖ-HSG | Institut für Wirtschaft und Ökologie der Hochschule St. Gallen |
| i.w.S. | im weiteren Sinne |
| Jg. | Jahrgang |
| Kap. | Kapitel |
| krp | Kostenrechnungspraxis |
| LA | Indikator für Arbeitsbedingungen und angemessene Arbeit |
| LG&E | Legal, Governmental & Environmental Affairs |
| Ltd. | Private Limited Company by Shares |
| MSI | Manufacturing Sustainability Index |
| MUV | Modell der Unternehmensverantwortung |
| NCAP | The European New Car Assessment Programme |
| NEF | New Economics Foundation |
| NGO | Non-Governmental-Organisation |
| NJ | New Jersey |
| NPRI | Environment Canada's National Pollutant Release Inventory |

| | |
|---|---|
| No. | Number |
| Nr. | Nummer |
| NRW | Nordrhein-Westfalen |
| OE | operational effectiveness |
| OECD | Organisation for Economic Cooperation and Development – Organisation für wirtschaftliche Zusammenarbeit und Entwicklung |
| o.Jg. | ohne Jahrgang |
| o.O. | ohne Ort |
| o.V. | ohne Verfasser |
| PD | Product Development |
| pg. | page |
| PR | Indikator für Produktverantwortung |
| PROSA | Product Sustainability Assessment |
| PSA | Peugeot Société Anonyme (Peugeot-Citroen) |
| PSI | Product Sustainability Index |
| PTO | Powertrain Operations (Motorenwerke) |
| PwC | PricewaterhouseCoopers |
| RBSI | Responsible Business Sustainability Index |
| RESI | Responsible Employer Sustainability Index |
| ROI | Return on Investment |
| RSMS | Restricted Substances Management System |
| S. | Seite |
| SA | Social Accountability |
| SAI | Social Accountability International |
| SAM | Sustainable Asset Management Group |
| SHV | Shareholder Value |
| SI | Sustainability Indicators |
| SIV | Sustainability Index Value |
| SO | Indikator für Sozialwesen |
| sog. | so genannt(e) |
| SOOL | Sustainability-oriented organizational learning |
| Sp. | Spalte |
| S&P | Standard and Poor's |
| SPM | Sustainability Performance Measurement |

| | |
|---|---|
| SRU | Rat von Sachverständigen für Umweltfragen |
| SWOT | Strengths-Weaknesses-Opportunities-Threats |
| TGW | Things gone wrong |
| TRI | U.S. Environmental Protection Agency's Toxic Release Inventory |
| TÜV | Technischer Überwachungs-Verein |
| u. | und |
| u.a. | unter anderem/und andere |
| u.ä. | und ähnlichen |
| Übers. d. Verf. | Übersetzung des Verfassers |
| UDHR | Universal Declaration of Human Rights |
| UN | United Nations |
| UNCTAD | United Nations Conference on Trade and Development |
| UNEP | United Nations Environment Programme |
| UN ISAR | United Nations Intergovernmental Working Group of Experts in International Standard of Accounting and Reporting |
| UNO | United Nations Organization |
| UNRISD | United Nations Research Institute for Social Development |
| UPJ | Unternehmen Partner der Jugend |
| usw. | und so weiter |
| UV | Unternehmensverantwortung |
| uwf | Umweltwirtschaftsforum |
| VDA | Verband der Automobilindustrie |
| vgl. | vergleiche |
| VIAQ | Vehicle Interior Air Quality |
| VO | Vehicle Operations (Fahrzeugproduktion) |
| VOC | Volatile Organic Compounds |
| Vol. | Volume |
| vs. | versus |
| VW | Volkswagen Konzern |
| WACC | Weighted Average Cost of Capital |

| | |
|---|---|
| WBCSD | World Business Council for Sustainable Development |
| WCED | World Commission on Environment and Development |
| WEF | Weltwirtschaftsforum |
| WHO | World Health Organization |
| WIC | Worst in Class |
| WISU | Das Wirtschaftsstudium |
| WiSt | Wirtschaftswissenschaftliches Studium |
| WTO | World Trade Organization (Weltwirtschaftsorganisation) |
| WWF | World Wildlife Fund |
| z.B. | zum Beispiel |
| ZfB | Zeitschrift für Betriebswirtschaft |
| ZFP | Zeitschrift für Forschung und Planung |
| zit. | zitiert |
| z.T. | zum Teil |
| z.Zt. | zur Zeit |

# 1 Einleitung

Das Wirtschaftsleben im 21. Jahrhundert stellt Unternehmungen vor neue Herausforderungen. Neben der Einhaltung der – aus rein traditionell ökonomischer Sicht betrachteten – Spielregeln des Marktes kommt vor allem den Rahmenbedingungen und den Beziehungen einer Unternehmung zu ihrer Umwelt eine immer größere Bedeutung zu. Dabei stellt neben der rein ökonomischen Existenzsicherung auch die Analyse der Anforderungen ihrer Stakeholder mittlerweile eine feste Größe in der Unternehmensführung dar. Gerade auch im Zeitalter von Globalisierung und weltweiter Vernetzung der wirtschaftlichen Tätigkeiten nehmen (multinationale) Unternehmungen eine neue Stellung im Wirtschaftsgefüge ein. Dabei spielen, neben rein ökonomischen und seit den 80er Jahren auch ökologischen Aspekten, vermehrt auch sozial-gesellschaftliche Themen eine wachsende Rolle.

## 1.1 Projekthintergrund und Problemstellung

### 1.1.1 Bedeutung unternehmerischer Verantwortung in einer neuen Wirtschaftswelt

Im Zusammenhang mit der Bedeutung multinationaler Unternehmungen in der Weltwirtschaft und ihrem erheblichen Potential, gesellschaftliche Entwicklungen einzuleiten, wird die Frage nach der unternehmerischen Verantwortung sowohl in der öffentlichen Diskussion als auch in wissenschaftlichen Arbeiten zunehmend thematisiert. Die weltweite Vernetzung ökonomischer, ökologischer und sozial-gesellschaftlicher Aktivitäten lässt die Frage nach Integration, Legitimation und Existenzgrundlage immer öfter unbeantwortet. Letztendlich sind die Antworten darauf in der Definition und Auslegung der zugrunde gelegten Unternehmensverantwortung wiederzufinden. In der wissenschaftlichen Diskussion wird dabei der Verantwortungsbegriff meist unter ethischen Gesichtspunkten betrachtet. Aufgrund der gestiegenen Anforderungen an eine Unternehmung sollte jedoch die Diskussion der Unternehmensverantwortung im Rahmen einer ganzheitlichen Betrachtung sowohl ökonomische, ökologische als auch sozial-gesellschaftliche (und ethische) Aspekte umfassen.

### 1.1.2 Messbarkeit unternehmerischer Verantwortung: das Konzept der Nachhaltigkeit

Neben der Frage der Definition und der inhaltlichen Ausgestaltung unternehmerischer Verantwortung stellen vor allem ihre ***Umsetzung*** auf Unternehmensebene und ihre ***Messbarkeit*** die Unternehmungen vor eine weitere Herausforderung. Wie kann Unternehmensverantwortung auf normativer, strategischer und operativer Unternehmensebene integriert und operationalisiert werden? Welche Konzepte und Instrumente können zu Hilfe genommen werden? Wie kann Unternehmensverantwortung glaubhaft und transparent in die Unternehmensführung eingegliedert werden? Wie und woran kann Unternehmensverantwortung gemessen werden? Diese und weitere Fragen gilt es zu analysieren. Als eine mögliche Orientierungshilfe soll dazu das Konzept der *Nachhaltigen Entwicklung* dienen, das gerade im Hinblick auf die Messbarkeit von Unternehmensverantwortung im Rahmen einer zu entwickelnden Nachhaltigkeitsleistungsmessung Hilfestellung leisten soll.

## 1.2 Zielsetzung der Arbeit

Primär ist die Arbeit auf die Entwicklung eines internen Konzeptes bzw. Modells zur Nachhaltigkeitsleistungsmessung (Sustainability Performance Measurement) gerichtet. Dieses Modell soll aus einer systematisierten Vorgehensweise bestehen, die die allgemeinen Controlling-Phasen Planung, Realisation und Kontrolle beinhaltet und damit die Unternehmung bei der Ermittlung ihrer Nachhaltigkeitsleistung unterstützt. Aus der primären Zielsetzung können die folgenden Unterziele abgeleitet werden:

- Erarbeitung einer Definition von Unternehmensverantwortung und Nachhaltigkeitsleistung,
- Bestimmung von Zielen und Kriterien für die Nachhaltigkeitsleistungsmessung (Sustainability Performance Measurement),
- (Theoretische) Entwicklung der einzelnen Schritte des Modells zur Nachhaltigkeitsleistungsmessung (SPM-Modell),
- Empirische Fundierung des SPM-Modells.

Kern dieser Arbeit ist somit die Konzipierung und Operationalisierung der unternehmerischen Nachhaltigkeit durch die Entwicklung eines Instrumentariums zur unternehmerischen Nachhaltigkeitsleistungsmessung. Der thematische Schwerpunkt ergibt sich aus der Notwendigkeit, Unternehmungen ein praktikables und damit umsetzbares strategisches Instrumentarium an die Hand zu geben, um die im 21. Jahrhundert an sie herangetragenen Anforderungen anzunehmen und sich dabei nach außen hin als verantwortliche Unternehmung darstellen zu können, die auch ihre Nachhaltigkeitsleistung und Verantwortung messbar kommunizieren kann.

Dazu soll ein Konzept unternehmerischer Nachhaltigkeit theoretisch und praktisch erarbeitet werden. Die sog. Nachhaltigkeitsleistungsmessung, die in Anlehnung an bestehende Leistungsmessungs-Konzepte (Performance Measurement) jedoch um ökologische und soziale Dimensionen zu ergänzen ist, soll im Weiteren als ***Sustainability Performance Measurement*** bezeichnet werden. Zur Operationalisierung dieses Sustainability Performance Measurements sollen sog. Nachhaltigkeitsindikatoren dienen, die es zu entwickeln gilt.

Somit möchte die Arbeit einen Beitrag leisten, die bestehenden Umsetzungsschwierigkeiten der Unternehmungen in Bezug auf praktikable Nachhaltigkeitskonzepte zu mindern und somit auch die eigene Darstellung der Unternehmungen in der gesamten Nachhaltigkeitsdiskussion zu festigen und ihre Legitimation zu stärken – sie damit zukunftsfähig zu machen.

Ziel ist *nicht* die Normierung allgemeingültiger Nachhaltigkeitsindikatoren für die Wirtschaft, die nach dem Vollständigkeitsprinzip alle möglichen zu bewertenden Aspekte unternehmerischer Nachhaltigkeit aufzeigen sollen. Die damit vermeintliche Illusion der möglichen Vergleichbarkeit sämtlicher Wirtschaftseinheiten scheint sowieso weder realisierbar noch sinnvoll zu sein. Vielmehr gilt es, für das Konzept der Nachhaltigkeit im konkreten Bereich der unternehmerischen Nachhaltigkeit für einen spezifischen Bereich (den Automobilsektor) ein angemessenes Konzept zur Messung der Nachhaltigkeitsleistung zu erarbeiten, welches als unterstützendes Entscheidungsinstrumentarium den Unternehmungen an die Hand gegeben werden und somit die Umsetzung der unternehmerischen Nachhaltigkeit optimieren kann.

Der Arbeit liegt die These zugrunde, dass eine Unternehmung im 21. Jahrhundert alleine durch ihr auf Finanzdaten basierendes Wirtschaften ihre Legitimation verlieren kann bzw. bei Nichtbeachtung von Stakeholderanforderungen der Gefahr des Reputationsverlustes ausgesetzt ist. Trotz dieses Tatbestandes wird die Unternehmung aber nur das Konzept der Nachhaltigen Entwicklung bzw. der ganzheitlichen Unternehmensverantwortung in ihre Unternehmensstrategie integrieren können, wenn sie ein handfestes, praktikables Managementtool zur Verfügung gestellt bekommt bzw. durch konkrete Anleitung ein spezifisches Konzept unternehmerischer Nachhaltigkeit mit Hilfe von Nachhaltigkeitsindikatoren aufgebaut werden kann. Darüber hinaus ist zu vermuten, dass es durch eine kontinuierliche ganzheitliche Durchleuchtung und Aufdeckung und das Aufzeigen der Interdependenz vieler Prozesse unter Nachhaltigkeitsgesichtspunkten zu einer generellen Effizienzsteigerung innerhalb der Betriebsprozesse kommen kann, was wiederum die Legitimität und die Reputation der Unternehmung weiter steigen lässt und somit einen Beitrag zur langfristigen Unternehmensexistenzsicherung leisten kann.

# 2 Methodik und Aufbau der Arbeit

Die vorliegende Arbeit orientiert sich am Leitbild einer anwenderorientierten Betriebwirtschaftslehre. Sie verfolgt demnach das methodische Erkenntnisziel, ein ‚Lebensproblem' der unternehmerischen Praxis aufzugreifen und Lösungsansätze hierfür zur Orientierung der Praxis zu entwickeln. Somit ist Wissenschaft hier also nicht als ‚science pour la science' zu verstehen, die den primären Zweck der bloßen Kumulation von Wissen verfolgt.[1] Die Betriebwirtschaftslehre soll vielmehr „[...] ihre Aussagen [...] auch der Absicht nach nicht als bloße Informationen über die Realität, sondern bewusst als Empfehlungen zur Gestaltung praktischen Handelns begreifen“[2].

## 2.1 Methodische Vorgehensweise

### 2.1.1 Wissenschaftliche Grundlage

Den formellen Bezugsrahmen für die Analyse der Unternehmung und ihrer Umweltbeziehungen stellt der ***systemtheoretische Ansatz*** dar. Er ist vor allem dadurch gekennzeichnet, dass er die Beziehungen und Verflechtungen zwischen einer Unternehmung und ihrer (natürlichen) Umwelt und den dadurch entstehenden Wechselwirkungen berücksichtigt. Dadurch können komplexe Sachverhalte gerade auch unter Einbeziehung ökologischer und sozial-gesellschaftlicher Aspekte systematisch erfasst und analysiert werden. Aufbauend auf dem systemtheoretischen Ansatz bildet das Konzept des ***Stakeholder-Ansatzes*** den zweiten theoretischen Bezugsrahmen, um auf spezifische Anforderungen und Wechselwirkungen der Unternehmung zu ihren Anspruchsgruppen näher eingehen zu können. Aus den Erkenntnissen der theoretischen Bezugsrahmen wird sodann eine Definition unternehmerischer Verantwortung hergeleitet und ein Modell der Unternehmensverantwortung aufgestellt, das die wichtigsten Schritte zur Umsetzung der Unternehmensverantwortung aufzeigt. Zur Umsetzung und vor allem zur Qualifizierung einer solchen Unternehmensverantwortung wird das Konzept der Nachhaltigen Entwicklung bzw. die Nachhaltigkeitsleistungsmessung herangezogen.

---

[1] Lorenz (1973), S. 79.
[2] Steinmann (1978), S. 92.

### 2.1.2 Durchführung der empirischen Fallstudie

Das theoretisch erarbeitete Modell der Nachhaltigkeitsleistungsmessung wird in einem zweiten Abschnitt der Arbeit durch eine empirische Fallstudie auf seine Praxistauglichkeit hin überprüft. Diese Überprüfung gilt der empirischen Fundierung des SPM-Modells. Dazu wurde eine Unternehmung aus der Automobilindustrie ausgewählt, die Ford of Europe (FoE), europäische Sparte der Ford Motor Company. In einem über vier Jahre durchgeführten Projekt mit dem Titel ‚Corporate Sustainability FoE' konnten Erkenntnisse sowohl über die Definition und Umsetzung von Unternehmensverantwortung als auch über die Definition von Nachhaltigkeitsleistung und vor allem die praktische Umsetzung des SPM-Modells erlangt werden.

## 2.2 Aufbau der Arbeit

Aufbauend auf den genannten Zielsetzungen und der Methodik vollzieht sich der Aufbau der Arbeit über sechs Kapitel. Nach der Einleitung (Kapitel 1) und der kurzen Erläuterung der Methodik und des Aufbaus der Arbeit (Kapitel 2) erfolgt in Kapitel 3 eine einführende Betrachtung der theoretischen Grundlagen. Dazu wird in Kapitel 3.1 zunächst der Begriff der Unternehmensverantwortung im Kontext der vorliegenden Problemstellung analysiert.
Den theoretischen Bezugsrahmen eröffnet daraufhin die Analyse der Unternehmung zu ihrer Umwelt aus systemtheoretischer Sicht (Kapitel 3.1.2), gefolgt von der weiterführenden Analyse der Umweltbeziehungen und den daraus resultierenden Anforderungen mit Hilfe des Stakeholder-Ansatzes (Kapitel 3.1.3). Die Erkenntnisse der theoretischen Bezugsrahmen fließen in das Modell der Unternehmensverantwortung ein, welches in Kapitel 3.1.4 aufgestellt wird. Neben der Definition von Unternehmensverantwortung beinhaltet es sowohl Kriterien zum Aufbau und zur Umsetzung von Unternehmensverantwortung auf Unternehmensebene als auch die Bestimmung exemplarischer Verantwortungsfelder einer Unternehmung.

Kapitel 3.2 befasst sich ausschließlich mit dem Konzept der Nachhaltigen Entwicklung. Dabei wird ein Überblick über Definition und Historie (Kapitel 3.2.1), Grundsätze, Dimensionen und Prinzipien (Kapitel 3.2.2) sowie Anforderungen und Herausforderungen (Kapitel 3.2.3) gegeben und abschließend die Bedeutung und mögliche Umsetzungsschwierigkeiten von Nachhaltigkeit in Unternehmungen dargestellt (Kapitel 3.2.4). Die dadurch aufgezeigte Notwendigkeit einer Nachhaltigkeitsleistungsmessung (Kapitel 3.2.5) bildet den Übergang zu Kapitel 3.3, das sich der Definition der Nachhaltigkeitsleistung und der Konzeption des Modells der Nachhaltigkeitsleistungsmessung (SPM-Modell) widmet. Kapitel 3.4 schließt die theoretischen Grundlagen mit einer Zusammenfassung der theoretischen Erkenntnisse und der Thesenbildung für die vorliegende Arbeit. Darüber hinaus enthält es die Aufstellung einer Checkliste zur Umsetzung von Unternehmensverantwortung auf Unternehmensebene, die es mit Hilfe der in Kapitel 4 folgenden Einzelfallstudie auf ihre Praxistauglichkeit hin zu überprüfen gilt.

Kapitel 4 enthält sodann Ausführungen über die empirisch durchgeführte Einzelfallstudie ‚Corporate Sustainability FoE'. Dazu wird zunächst in Kapitel 4.1 der Untersuchungsbereich der Automobilindustrie abgegrenzt und in Kapitel 4.2 das Untersuchungsobjekt, Ford Motor Company bzw. Ford of Europe, festgelegt. Kapitel 4.3 und 4.4 enthalten die Konzeption und den Aufbau des SPM-Modells FoE, welches in Kapitel 4.5 einer kritischen Würdigung unterzogen wird.

Kapitel 5 stellt die Erkenntnisse der theoretischen und praktischen Analyse der Unternehmensverantwortung und die mögliche Umsetzung durch das SPM-Modell zusammenfassend dar, bevor Kapitel 6 mit einem Ausblick die Arbeit abschließt.

# 3 Theoretische Grundlagen: Unternehmensverantwortung und Nachhaltigkeit

## 3.1 Globalisierung als Rahmenbedingung der unternehmerischen Verantwortung – eine Analyse

„I would say that globalization is the most fundamental set of changes going on in the world today".

(Anthony Giddens)[3]

Der Begriff *Globalisierung* wird nicht erst nach den Ereignissen in Seattle (1999) oder Davos (2001) ins öffentliche Interesse gerückt. Globalisierungsgegner nutzen Treffen der Weltwirtschaftsorganisation (WTO) und Ministertreffen der großen Industrienationen seither zum Protest gegen den in ihren Augen globalisierten Kapitalismus.[4] Globalisierung ist zu Beginn des neuen Jahrtausends eines der meist gebrauchten aber auch der am meisten umstrittenen Schlagworte gesellschaftlicher Diskussionen geworden. Sowohl begriffliche Verankerung als auch Ansichten über die Auswirkungen der Globalisierung werden weitgehend kontrovers diskutiert.[5]

Auch wenn an dieser Stelle auf Begriff und Auswirkungen nicht umfassend eingegangen werden soll[6], folgt dennoch eine kurze Definition, die für das Grundverständnis der weiteren Ausführungen zur Unternehmensverantwortung hinleitenden Charakter haben soll.

In erster Annäherung lässt sich der Globalisierungsprozess als zunehmende weltweite Vernetzung ökonomischer wie sozialer und auch ökologischer Aktivitäten begreifen.[7] In Bezug auf (wirtschaftliches) Handeln werden multinationale Unternehmungen und Konzerne als *Motoren der Globalisierung*[8] gesehen, da deren globale Finanz- und Industrienetzwerke die zunehmende Integration und die sektorale wie territoriale Konfiguration der Weltwirtschaft bestimmen. Ausgehend von der zunehmenden internationalen Verflechtung wirtschaftlicher Handlungszusammenhänge dehnen sich gesellschaftliche

3 Giddens (1997a), S. 2.
4 Vgl. Mrusek (1999), S. 3; Piper (2001), S. 4; Koenen (2001), S. 24.
5 Vgl. Giddens (1997a), S. 1.
6 Zur vertiefenden Studie siehe Pieterse (1998), S. 87 ff. und Busch (1998), S. 13 ff.; auch Beck (1998a-c).
7 Vgl. Kumar/Graf (1998), S. 127; Giddens (1995), S. 85.
8 UNCTAD (1999), S. 4 f.

Beziehungsnetzwerke räumlich so aus, dass auch soziale Handlungszusammenhänge transkontinentalen Charakter annehmen und sich letztlich alle gesellschaftlichen Bereiche – Wirtschaft, Politik, Gesetzgebung, Kultur, Technologie, Umwelt – und Handlungsfelder verändern.[9] Positiv oder negativ, auch darüber gibt es zahlreiche Aussagen, Argumentationsketten und Diskussionsbeiträge. Friedmann bezeichnet die Globalisierung z.B. als Motor wirtschaftlichen Wachstums und als Möglichkeit zur Steigerung der internationalen Wohlfahrt.[10] Auch können Zusammenhänge zwischen wachsender Globalisierung und dem steigenden Grad der Demokratisierung vieler Länder aufgezeigt werden.[11] Zum anderen hängt die Globalisierung sehr eng mit der Intensivierung des Wettbewerbes und der Generierung von Kreativität und Innovation zusammen. Globale Produktionsnetzwerke basieren auf Austausch von Gütern, Technologien und Personal. Dieser internationale Handel und die damit verbundenen Folgen können zu einem steigenden Volkseinkommen führen.[12]

Globalisierungsskeptiker dagegen warnen vor den Folgen der zunehmenden weltweiten Vernetzung.[13] Nicht zuletzt namhafte Non-Governmental-Organisationen (NGO´s) weisen auf die mit der zunehmenden globalen Produktion und Konsumption verbundene steigende wirtschaftliche Ungleichheit, Umweltzerstörung, Unterbeschäftigung sowie Arbeitslosigkeit hin. In diesem Zusammenhang wird auch von einem steigenden Legitimationsproblem (multinationaler) Unternehmungen gesprochen. Nicht zuletzt aufgrund ihrer grenzüberschreitenden Tätigkeiten, d.h. auch über rechtliche und gesetzliche (geographische) Grenzen hinaus, sehen sie sich steigenden Anforderungen ihrer Anspruchsgruppen gegenübergestellt, die bei Nichtbeachtung durch Unternehmungen in Glaubwürdigkeits- und Legitimationskrisen führen können.[14]

---

9 Vgl. Perraton et al. (1998), S. 136.
10 Siehe Friedmann/Friedmann (1980); S. 25 ff.
11 Siehe hierzu Barro (1997), S. 52 f.
12 Vgl. Barro (1997), S. 58.
13 Vgl. Group of Lisbon (1995), S. 21; Beck (1998a), S. 24; Gray (1999), S. 51 f.; Giddens (1997b), S. 23 ff.
14 Vgl. Meffert (1998), S. 33.

Weniger normativ als pragmatisch empirisch orientiert betrachtet, können für den Globalisierungsbegriff – unabhängig der zuvor skizzierten beiden Positionen – zwei grundlegende für die Weltwirtschaft des 21. Jahrhunderts weit reichende Aspekte der Globalisierung festgehalten werden: Zum einen sind die entstandenen ***Entwicklungen***, die auf faktisch bestehende transnationale Beziehungsnetzwerke zurückzuführen sind (z.B. Welthandel, internationale Produktion und deren Vernetzung etc.), ***unrevidierbar***. Zum anderen geht mit der Globalisierung die *Auflösung von* ***räumlichen und zeitlichen Grenzen*** einher mit der Konsequenz, dass verschiedene wirtschaftliche, kulturelle und politische Lebensformen und Denkweisen aufeinandertreffen.[15]

Globalisierung bezieht sich also auf die Vielfältigkeit der Verbindungen und Querverbindungen zwischen Staaten und Gesellschaften, auf der das heutige Weltsystem beruht. Sie beschreibt einen unrevidierbaren Prozess, durch den Ereignisse, Entscheidungen und Aktivitäten in einem Teil der Welt bedeutende Folgen für Individuen und Gemeinschaften auch in weit entfernt liegenden Teilen der Welt haben.[16] Der mit der Globalisierung verbundenen Auflösung räumlicher Grenzen ist jedoch auch das Fehlen gesellschaftlicher Integration und ihrer Mechanismen inhärent. Die Souveränität der Nationalstaaten wird nicht selten durch transnationale Akteure und ihre Netzwerke unterlaufen, wodurch der Handlungsspielraum politischer Institutionen eingeschränkt wird. Nicht zuletzt verlieren kulturelle Wertevorstellungen in einer globalen Gesellschaft immer mehr an Bedeutung.[17]

Die Auseinandersetzung mit dem Phänomen der Globalisierung zeigt eine tiefgreifende Grundsatzfrage nach Integration, Legitimation und Existenzgrundlage auf. Manche sprechen sogar von einer Legitimationskrise, in der sich die Marktwirtschaft und der internationale Systemwettbewerb befinden.[18] „It is no longer about trade at all, but rather a debate about globalization, a process that many now understand affects not only traditional economic fac-

---

[15] Vgl. Beck (1998a), S. 26 ff.
[16] Vgl. McGrew et al. (1992), S. 21 f.
[17] Vgl. Beck (1998a), S. 29.
[18] Siehe Homann/Gerecke (1999), S. 432.

tors such as jobs and incomes but also the food people eat, the air they breathe, (…) and the social and cultural milieu in which they live.“[19]

Die dargestellte Entwicklung und die damit verbundenen Konflikte lassen Rufe nach sozialer oder gesellschaftlicher[20] Verantwortung (multinationaler) Unternehmungen laut werden.

Aufbauend auf diese fundamentalen Vorüberlegungen soll im nächsten Abschnitt die im Kontext der vorliegenden Arbeit verwendete Definition und Bedeutung der Unternehmensverantwortung anhand zweier ausgewählter Theorien bzw. Ansätze hergeleitet werden. Dazu wird zunächst der Unternehmensbegriff aus systemtheoretischer Sicht analysiert und aufbauend darauf Erkenntnisse des Stakeholder-Ansatzes in die Analyse der Unternehmensverantwortung einbezogen.

### 3.1.1 Begriffsverständnis der Unternehmensverantwortung

„The firm has dual purposes – to be economically successful and to be socially responsible“.
(B.W. Altman 1998)[21]

Wirtschaften im 21. Jahrhundert bedeutet für jede Unternehmung eine gewaltige Herausforderung in vielerlei Hinsicht. Nicht nur die rein ökonomisch betrachtete Existenzsicherung steht im Vordergrund. Gerade die durch Globalisierung veränderte Weltwirtschaftslage und die damit zusammenhängende gestiegene Bedeutung und Machtpositionierung von multinationalen, international agierenden Unternehmungen lässt den Begriff der darüber hinausgehenden gesellschaftlichen Verantwortung einer Unternehmung laut werden. Dabei führt vor allem ihr erhebliches Potential, auch gesellschaftliche Entwicklungen anzustoßen, dazu, dass die gesellschaftliche Verantwortung einer Unternehmung nicht nur im öffentlichen Diskurs, sondern auch in der Wissenschaft durch viele Disziplinen hinweg tiefgreifend thematisiert wird. Hierbei können insbesondere die Geistes-, Sozial- und Wirtschaftswissen-

19 Pearlstein (1999), S. 1.

20 Aufgrund der meist synonymen Verwendung dieser Begriffe in der Literatur soll an dieser Stelle keine begriffliche Unterscheidung gemacht werden. Vgl. Kap. 3.3.3.1.2, ebenda.

21 Altman (1998), S. 43.

schaften genannt werden, die mit Hilfe der für ihre Disziplinen geltenden Modell- und Theorieansätze versuchen, den Verantwortungsbegriff auf verschiedene Art und Weise herzuleiten und zu erklären.
Um im (betriebswirtschaftlichen) Kontext der vorliegenden Arbeit den Begriff der Unternehmensverantwortung theoretisch herleiten zu können, werden zunächst der Begriff und das Konstrukt der Unternehmung näher untersucht. Hierzu wird das Unternehmensmodell aus systemorientierter Sicht gewählt, da es grundlegende Erkenntnisse über unternehmerische Aktivitäten und Beziehungen mit seiner Umwelt erklärt und daraus direkte Schlüsse über die Unternehmensverantwortung gezogen werden können. In einem weiteren Schritt werden daraufhin mit Hilfe des Stakeholder-Ansatzes konkrete Ansprüche dieser Beziehungen der Unternehmung mit ihrer Umwelt hergeleitet, die abschließend in das Modell der Unternehmensverantwortung einfließen, welches für die weiteren Ausführungen dieser Arbeit die wissenschaftliche Grundlage darstellen soll.

Vor diesem Hintergrund und aus Gründen der Übersichtlichkeit werden die theoretischen Ausarbeitungen durch Zwischenergebnisse, die in Form von **Thesen** und **Leitsätzen** formuliert werden, für den Leser hervorgehoben. Diese Thesen und Leitsätze dienen in Kapitel 3.1.4 als Grundlage der Modellbildung.

### 3.1.2 Unternehmensmodell aus systemorientierter Sicht

Der systemorientierte Ansatz fand Mitte der siebziger Jahre Eingang in konzeptionelle Überlegungen der Betriebswirtschaftlehre. Er veränderte die Sichtweise dessen, was als betriebswirtschaftliche Problemstellung zu betrachten und wie an die Lösung solcher Probleme heranzugehen sei, weitgehend und bestimmt sie bis heute. Darum scheint es berechtigt, diesen Ansatz (neben dem entscheidungsorientierten Ansatz) als einen der beiden betriebswirtschaftlichen Grundkonzeptionen zu bezeichnen und ihn als Ausgangspunkt für alle weiteren Ausführungen der vorliegenden Arbeit heranzuziehen.[22]

---

[22] Vgl. Marr (1993), S. 55.

Als Repräsentant des systemorientierten Ansatzes ist vor allem Hans Ulrich zu nennen. Seiner Auffassung nach liegt der Systemtheorie letztlich zugrunde, dass sowohl natürliche als auch von Menschen gestaltete Erscheinungen der Wirklichkeit gewisse Gemeinsamkeiten aufweisen, die allgemeingültig beschreibbar sind. Zahllose reale Erscheinungen wie Lebewesen, anorganische Stoffe, Maschinen, soziale Gruppierungen usw., aber auch Theorien können als Systeme bezeichnet werden.[23]

**These 1:** **Unternehmungen sind Systeme, die wiederum in Gebilden von Systemen (Mega-/Sub- und Teilsysteme) eingebettet sind.**

Ulrich sieht demnach Betriebe[24] als reale, dynamische Systeme, die sich von anderen Systemen abgrenzen lassen, aus einer Mehrzahl von unterscheidbaren Teilen oder Elementen bestehen, welche zueinander in Beziehung stehen können und sich somit (untereinander) *verhalten*.[25]

**These 2:** **Unternehmungen sind offene, soziale Systeme, d.h. sie sind durch (ökonomische, ökologische und soziale) Beziehungen sowohl innerhalb des Systems als auch darüber hinaus zwischen mehreren Systemen untereinander charakterisiert.**

Bei den Merkmalen können vor allem die Offenheit und die Zweckorientierung hervorgehoben werden.[26] Offene Systeme stehen mit ihrer Umwelt in vielfältigster Art und Weise in Beziehung, was eine differenzierte Analyse der Umwelt erfordert.[27] Zum einen werden innerhalb der Unternehmung Aufgaben und Prozesse ausgeführt (z.B. bei der Produktion oder im Management), zum anderen kommt es zum Austausch von Beziehungen zwischen der Unternehmung und ihrer Umwelt (z.B. bei der Beschaffung oder der Distribution

---

23 Ulrich (1970), S. 105 f.

24 In der (betriebwirtschaftlichen) Literatur werden die Begriffe „Betrieb", „Unternehmen" und „Unternehmung" parallel angewandt. Eine klare Abgrenzung voneinander fehlt meist. Siehe hierzu Ulrich (1970), S. 153 f.; Gutenberg (1971), S. 510 ff.; Dyckhoff (1994), S. 7 f.; Schierenbeck (2000), S. 22 ff.; Wöhe (2002), S. 12 f. In dieser Arbeit werden die Begriffe synonym verwendet. Im Folgenden wird stellvertretend der Begriff der ***Unternehmung*** gewählt.

25 Vgl. Ulrich (1970), S. 155.

26 Vgl. Ulrich (1970), S. 112 u. 114 f.

27 Vgl. Kapitel 3.1.3.1, ebenda.

von Gütern).[28] Derartige Beziehungen erfordern den Austausch von Informationen, Material und Energie, welcher wiederum für die Unternehmung zur Erfüllung ihrer Unternehmensziele von elementarer Bedeutung ist.[29]

**These 3:** **Beziehungen aus systemtheoretischer Sicht werden u.a. durch Ressourcenaustausch charakterisiert. Hierzu zählen vor allem Kapitalressourcen (u.a. Finanz-, Human- und Bodenkapital), aber auch Vertrauen, gesellschaftliche Akzeptanz und Informationsflüsse.**

Diese Zweck- bzw. Zielorientierung bekommt in Verbindung mit der Offenheit einen bedeutungsvollen Interpretationsrahmen. Ulrich versteht unter Zweck „die Funktion, welche ein System in seiner Umwelt ausübt bzw. ausüben soll“[30], während Ziele „die vom System selber angestrebten Verhaltensweisen oder Zustände der Outputgrößen“[31] sind. Diese Außenorientierung der Zwecksetzung definiert die Umwelt als Anspruchsträger, dessen Forderungen an die Unternehmung weit über die Bereitstellung von Produkten und Dienstleistungen hinausgeht.[32]

**These 4:** **Aus Beziehungen können sich Ansprüche und Forderungen gegenüber der Unternehmung oder aber auch wechselseitig gegenüber anderen Systemelementen (Anspruchsgruppen/Akteure) begründen.**

Die Unternehmung als ökonomisches, produktives, sehr komplexes offenes und zweckorientiertes System[33] wird durch seine Beziehungen (intern und extern) mit seiner Umwelt beeinflusst. Diese Beziehungen können sowohl eine ‚Existenzgrundlage' als auch deren ‚Gefährdung' darstellen:[34]

**Existenzgrundlage**[35]: Die Unternehmung muss sich zum einen zur Aufrechterhaltung ihrer Aktivitäten (Beziehungen zur Umwelt sowohl intern als auch extern) ihrer Umwelt anpassen bzw. sie interaktiv mit gestalten (was

---

28 Vgl. Ulrich (1970), S. 155 ff.; Ulrich (1978), S. 49; Ulrich/Fluri (1995), S. 31.
29 Vgl. auch Figge/Schaltegger (2000), S. 11 ff.
30 Ulrich (1970), S. 114.
31 Ulrich (1970), S. 114.
32 Vgl. Ulrich (1970), S. 182 f.; Marr (1993), S. 62 f.; Ulrich/Probst (1991), S. 247.
33 Vgl. Ulrich (1970), S. 155 ff.; Ulrich (1978), S. 49; Ulrich/Fluri (1995), S. 31 f.
34 Zu Legitimitätsproplemen siehe auch Meffert (1998), S. 33 ff.
35 Hierzu auch Ulrich/Probst (1991), S. 247; Ulrich (1970), S. 161.

zum Ausdruck bringen soll, dass es sich nicht nur um passives Anpassen handeln soll, sondern um aktives Mitgestalten im gesamten System).[36]

**Gefährdung**[37]: Zum anderen sollte sie die aus der Vielzahl von Einflussbeziehungen resultierenden internen und externen Ansprüche wahren und idealer Weise in ihre Zielsetzungen und Verhaltensweisen mit einbeziehen.

**These 5: Beziehungen können Unternehmungen positiv und/oder negativ in Form von Existenzberechtigung und -grundlage bzw. Existenzgefährdung durch Beziehungsstörungen beeinflussen.**

Unternehmungen sind in diesem Sinne nicht nur Wirtschaftsgebilde, sondern ***Multi-Zweck-Gebilde***, die sich nicht als autonome Handlungsträger mit einer Beschränkung auf eindeutige ökonomische Ziele, sondern als ***gesellschaftliche Institution*** zu begreifen haben.[38]

Schon 1970 erkennt Ulrich, „dass dieses Problem der Eingliederung der Unternehmung in Gesellschaft und staatliche Organisation immer wichtiger werden wird und dass sich keine Unternehmensleitung der Aufgabe wird entziehen können, sich mit diesem Problem auseinander zu setzen“[39]. Der Systemansatz bietet dabei in besonderer Weise Möglichkeiten zur Einbeziehung nicht nur gesamtwirtschaftlicher, sondern auch gesamtgesellschaftlicher Analysen.[40]

Um die Komplexität des systemorientierten Ansatzes und des daraus hergeleiteten Begriffsverständnisses der Unternehmung plastisch darzustellen, werden im Folgenden einzelne relevante Elemente des Systemgebildes einer Unternehmung näher erläutert.

---

36 Siehe hierzu vor allem Müller-Christ (2002), der gerade diese Wechselseitigkeit der Beziehungen betont und von „wechselseitigen Ressourcenbeziehungen“ spricht. Siehe dazu Müller-Christ (2002), S. 37; Müller-Christ/Hülsmann (2003), S. 245 ff.

37 Zu Systemstörungen durch Umweltkopplungen bzw. Veränderungen der Umwelt siehe insbesondere Schmid (1989), S. 34 und Ulrich (1970), S. 128 f.

38 Vgl. Ulrich (1970), S. 182; Marr (1993), S. 62.

39 Ulrich (1970), S. 182.

40 Vgl. Ulrich (1970), S. 184.

Abbildung 1 zeigt die Unternehmung in ihrem Systemgebilde:

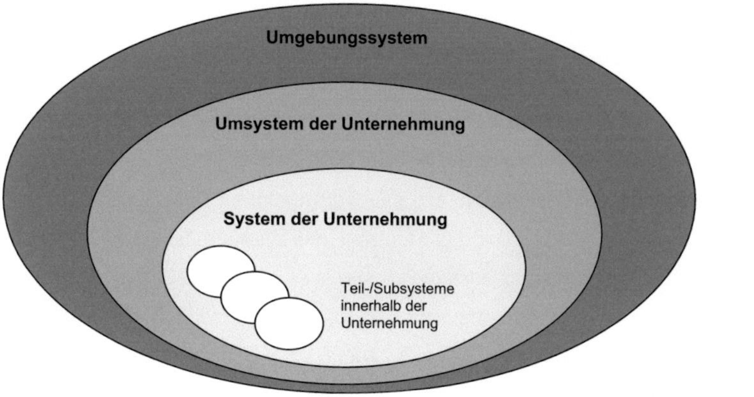


**Abbildung 1: Unternehmung aus systemorientierter Sicht**

Die gewählte Darstellungsform wirft zunächst die elementare Frage der Abgrenzung der einzelnen Systeme untereinander und vor allem der Unternehmung zu seinem Umsystem bzw. seinem Umfeld auf.[41] Die externe Abgrenzung der Systeme wird auch als *Systemschnitt*[42] bezeichnet, welcher bei der Frage nach den Kriterien der Abgrenzung Probleme hervorruft.[43] Auf eine detaillierte Auseinandersetzung mit dieser Problematik soll an dieser Stelle verzichtet werden.

Für die weitere Betrachtung wird davon ausgegangen, dass das Umsystem der Unternehmung alle diejenigen Elemente umfasst, die als für die Unternehmung *relevant* erscheinen. Sie sollen mit Hilfe ausgewählter Kriterien definiert werden. Dazu können z.B. Formal- oder Sachziele einer Unternehmung als Auswahlkriterium gelten.[44] Weiter ist davon auszugehen, dass der Grad der Relevanz unternehmensspezifisch ist und somit jede Unternehmung ihre spezifische, letztendlich subjektive Abgrenzung finden wird.[45]

---

41 Zu den verschiedenen Bezeichnungen von Umsystem, Subsystem, Untersystem, Teilsystem und Sub-Sub-System siehe Ulrich (1970), S. 107; Raffée (1993), S. 33 f.

42 Vgl. Ulrich (1970), S. 108; Schiemenz (1993), Sp. 4128.

43 Vgl. hierzu Ulrich (1970), S. 107 f. u. 155 f.; Kubicek/Thom (1976), Sp. 3984 ff.; Marr (1993), S. 60 f.; Schreyögg (1993), Sp.4232 f.

44 Zu den Termini Formal- und Sachziel siehe Schierenbeck (2000), S. 62; Wöhe (2002), S. 99; Koppelmann (2006), S. 30 u. 80 ff. Zu weiteren Auswahlprinzipien vgl. Ulrich (1970), S. 155 f.; Marr (1993), S. 71 und Kubicek/Thom (1976), Sp. 3984 f.

45 Siehe hierzu auch Marr (1993), S. 72, der die relevante Umwelt einer Unternehmung als subjektiven Tatbestand bezeichnet. Was für die Unternehmung relevant ist, hängt nach

**These 6: Unternehmungen treffen aufgrund ihrer spezifischen Rahmenbedingungen unterschiedliche Abgrenzungen bezüglich der Relevanz einzelner Elemente des Umsystems bzw. deren Beziehungen.**

Anzumerken sei noch, dass der Begriff der Relevanz neben der erwähnten Dimension der *Bedeutsamkeit* für die Zielerreichung einer Unternehmung noch eine zweite Dimension enthält: *Notwendigkeit der Zuwendung von Aufmerksamkeit*. Tatbestände der Umwelt, die zwar die Zielerreichung einer Unternehmung erheblich beeinflussen, die aber keine große Aufmerksamkeit verlangen, weil sie leicht durchschaubar sind und sich im Zeitablauf nicht ändern, verlieren an Relevanz (i.S. einer subjektiven Bedeutungseinschätzung). Demgegenüber gewinnen Tatbestände der Umwelt an Relevanz, je schwerer sie für den Entscheidungsträger durchschaubar sind und je höher ihre Veränderungsrate ist, weil dadurch das Ausmaß ihrer Einflussnahme auf die Zielerreichung nicht verlässlich beurteilt werden kann.[46]

Das ***Umgebungssystem*** kann als allumfassendes ***Supersystem*** bezeichnet werden. Es beinhaltet zum einen alle nicht zum Umsystem der Unternehmung gehörenden Elemente, wie z.B. Fauna, Flora, Boden, Luft, Wasser und Menschheit global betrachtet. Zum anderen beinhaltet es die Elemente, welche in direkter und indirekter Beziehung zur Unternehmung stehen und die das sog. Umsystem der Unternehmung bilden.

Die Summe aller Elemente, die in direkter oder indirekter Beziehung zur Unternehmung stehen, wird als ***Umsystem der Unternehmung*** bezeichnet. In der Literatur werden diese Elemente auch als Umweltsegmente einer Unternehmung bezeichnet.[47] Dazu zählen zum Beispiel die schon erwähnten externen Anspruchsgruppen (wie z.B. Kunden oder Lieferanten), aber auch allgemeine Rahmenbedingungen (wie z.B. Ressourcen- und Kapitalströme).

---

Marr ab von ihren Zielen, ihrem gespeicherten Informationsstand, ihrem Bild der Situation und ihrem Informationsverarbeitungsverfahren; vgl. auch Schreyögg (1993), Sp. 4232 f.

[46] Vgl. Marr (1993), S. 73.

[47] Vgl. Marr (1993), S. 75; Wagner (1997), S. 2.

Das ***System der Unternehmung*** selbst umfasst alle Elemente, die innerhalb der Unternehmung in Beziehung zueinander treten. Dazu gehören zum einen die internen Anspruchsgruppen – in erster Linie Mitarbeiter – zum anderen aber auch Funktionsbereiche wie Beschaffung, Produktion und Vertrieb, die wiederum einzelne Teilsysteme darstellen können.

Vor dem Hintergrund der Erarbeitung eines für diese Arbeit grundlegenden Begriffs der Unternehmensverantwortung werden im Folgenden das Umsystem der Unternehmung und das System der Unternehmung selber einer näheren Analyse unterzogen.

#### 3.1.2.1 Inhaltliche Bestimmung von Umweltsegmenten

Bei der inhaltlichen Bestimmung der Umweltsegmente einer Unternehmung findet sich zunächst eine Zweiteilung z.B. in ***globale Umwelt*** und ***Interaktionsumwelt***[48], ***globales Umfeld*** und ***Aufgabenumfeld***[49] oder in ***näheres*** und ***weiteres Umfeld***, bezeichnet als ***Mikro-*** und ***Makroumfeld*** bzw. als unternehmerische ***Marktumwelt*** und ***außer-marktliche Umwelt***[50].[51]
Ihr liegt die Unterscheidung aus funktionaler und institutioneller Sichtweise zugrunde. Diese analytische Vorgehensweise erlaubt eine pragmatische, aber detaillierte Erfassung aller Aspekte, die gerade in Bezug auf die Erarbeitung des Begriffes der Unternehmensverantwortung zielführend wirkt. Sie wird im Folgenden näher betrachtet.

---

48 So z.B. bei Meffert/Kirchgeorg (1993a), S. 62 f.; Wagner (1997), S. 3.
49 Vgl. Schreyögg (1993), Sp. 4236 ff.
50 Siehe hierzu auch Marr (1993), S. 70 samt Abbildung.
51 Auf die synonyme Verwendung der Begriffe ‚Umsystem', ‚Umfeld' und ‚Umwelt' wurde an früherer Stelle schon hingewiesen. Diese führt auch hier zu den unterschiedlichen Bezeichnungen.

Die Abbildung zeigt beispielhaft ein Umsystem der Unternehmung aus institutionaler und funktionaler Sicht:

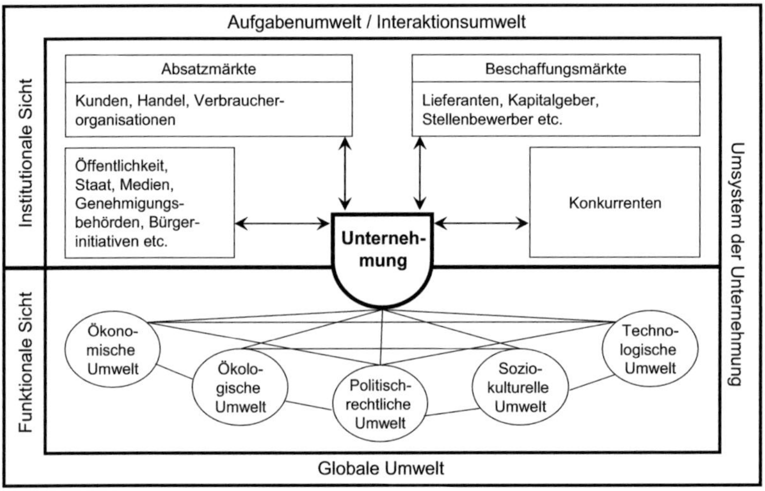


**Abbildung 2: Umsystem der Unternehmung aus institutionaler und funktionaler Sicht**[52]

Der Erfassung und der Analyse der **globalen Umwelt**[53] liegt eine **funktionale Sichtweise** zugrunde. Hiernach wird die globale Umwelt gedanklich in verschiedene Komponenten, Segmente, Dimensionen oder aber Elemente aufgeteilt.[54] Auch wenn die Bezeichnungen in der Literatur unterschiedlicher Art sind, können einheitlich folgende fünf Komponenten globaler Umwelt definiert werden als:[55]

- **Ökonomische Umwelt:** bezeichnet diejenigen Rahmenbedingungen, die generelle ökonomische Gegebenheiten erzeugen. Auf einer Makroebene gehört dazu z.B. die allgemeine Wirtschaftsentwicklung mit den Größen Wachstumsrate, Arbeitslosigkeit und Inflationshöhe. Diese sind dadurch charakterisiert, dass sie für alle Wirtschaftssubjekte

---

52 In Anlehnung an Wagner (1997), S. 3.

53 Im Folgenden wird der Begriff der ‚Globalen Umwelt' nach Meffert/Kirchgeorg (1993a), S. 62, für die weiteren Ausführungen dieser Arbeit gewählt.

54 Vgl. Meffert/Kirchgeorg (1993a), S. 61; Janzen (1996), S. 4; Macharzina (1995), S. 18.

55 Diese Einteilung findet sich z.B. bei Schaltegger/Sturm (1990), S. 274; Schreyögg (1993), Sp. 4237 ff.; Meffert/Kirchgeorg (1998), S. 81 ff.; Günther (1994), S. 25 f.; Wagner (1997), S. 3 ff.; Marr (1993), S. 76 ff.; wohingegen Macharzina in sechs Dimensionen unterscheidet, indem er die politische und rechtliche trennt. Vgl. Macharzina (1995), S. 18 ff.

des gleichen Raumes gelten. Sind ökonomische Rahmenbedingungen hingegen auf eine Gruppe von Wirtschaftssubjekten, z.B. einer Branche, begrenzt wirksam, werden sie als ökonomische Rahmenbedingungen der Mikroebene bezeichnet. Hierzu zählen z.B. Branchenentwicklung und Branchenkonkurrenzverhalten.[56]

- **Ökologische Umwelt:** umfasst im weiteren Sinn geographische und klimatische Bedingungen. Im engeren Sinn zählen zu ihr alle ökologischen Rahmenbedingungen, die mit der unternehmerischen Tätigkeit zusammenhängen (z.B. Ressourcenverbrauch, Endlichkeit von Ressourcen, aber auch der Tatbestand der Emissionen und Immissionen).[57]
- **Politisch-rechtliche Umwelt:** umfasst die Gesamtheit rechtlicher Regelungen (Gesetze und Verordnungen) und deren Handhabung durch Rechtsprechung und Verwaltung sowie deren Veränderungstendenzen. Aspekte sind u.a. Staatsform und Wirtschaftsordnung (z.B. Wettbewerbsordnung), Sozialordnung (u.a. Arbeits- und Sozialrecht, Mitbestimmung) und Wirtschafts- und Rechtspolitik.[58]
- **Sozio-kulturelle Umwelt:** bezeichnet die sozio-kulturelle Situation im Sinne der gesellschaftlichen Struktur (z.B. homogen oder heterogen, Stärke der sozialen Schichtung), der demographischen Gegebenheiten (z.B. Altersaufbau und Geschlechterverteilung), des Bildungssystems und der Normen sowie Wertehaltung (z.B. Religion, aber auch Leitbilder und Prinzipien, wie z.B. Nachhaltige Entwicklung[59]).[60]
- **Technologische Umwelt:** stellt die wissenschaftlich-technologische Situation im Sinne des Standes und der Veränderungsgeschwindigkeit insbesondere naturwissenschaftlich-technischen Wissens und seiner Umsetzung in konkrete technische Entwicklungen dar. Dazu zählen

---

56 Siehe hierzu Marr (1993), S. 76 f.; Günther (1994), S. 27; Macharzina (1995), S. 18 f.; Wagner (1997), S. 6.

57 Vgl. Wagner (1997), S. 4; Marr (1993), S. 77; Günther (1994), S. 34; Meffert/Kirchgeorg (1998), S. 83 f. Zur Endlichkeit der natürlichen Ressourcen siehe vor allem Meadows et al. (1972), die diese Thematik – insbesondere die Endlichkeit mineralischer und fossiler Ressourcen wie bspw. Metalle, Kohle und Öl – bereits 1972 in der ‚Club of Rome-Studie' thematisierten, vgl. Meadows at al. (1972), S. 45 ff.

58 Vgl. Macharzina (1995), S. 24 ff.; Marr (1993), S. 77; Meffert/Kirchgeorg (1998), S. 105.

59 Vgl. hierzu insbesondere Kapitel 3.2, ebenda.

60 Vgl. Marr (1993), S. 77; Wagner (1997), S. 4; Meffert/Kirchgeorg (1998), S. 82; Macharzina (1995), S. 22 f.

vor allem Produkt- und Verfahrensinnovationen, aber auch Forschungsförderung und Innovationshilfen.[61]

Werden die ersten vier Komponenten zusammengefasst, wird auch von einem ***gesellschaftlichen Umsystem*** gesprochen, welches vom natürlich-ökologischen Umsystem umfasst wird.[62] Folgende Abbildung zeigt zusammenfassend die Umweltsegmente einer Unternehmung aus funktionaler Sicht:

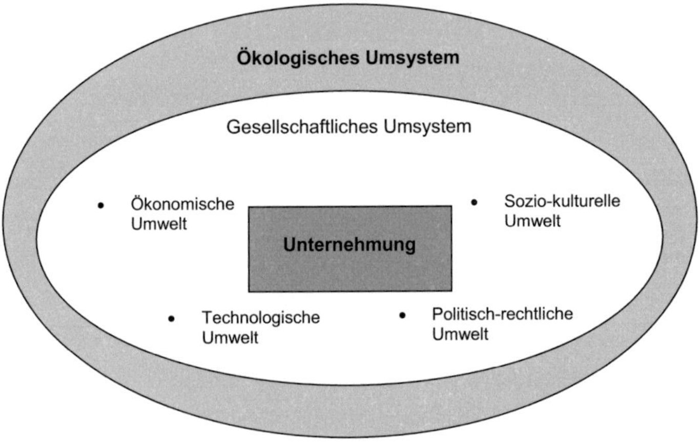


**Abbildung 3: Segmente der Unternehmensumwelt aus funktionaler Sicht**

Hervorzuheben sei an dieser Stelle noch einmal, dass die Segmentierung und inhaltliche Ausfüllung kein konkretes Abbild der Umwelt einer Unternehmung per se darstellt, sondern nur als Orientierungshilfe dienen soll. Die einzelne Unternehmung muss vielmehr die für sie relevanten Aspekte identifizieren und Analyseinstrumente entwickeln. Dabei ist auch den **wechselseitigen Beziehungen** zwischen den einzelnen Umweltsegmenten Rechnung zu tragen.[63]

**These 7: Aus funktionaler Sicht besteht die globale Umwelt der Unternehmung aus dem gesellschaftlichen Umsystem (bestehend aus ökonomischer, sozio-kultureller, politisch-**

[61] Vgl. Wagner (1997), S. 5 f.; Marr (1993), S. 77; Macharzina (1995), S. 23.
[62] Vgl. hierzu Beuermann/Sekul/Sieler (1994), S. 7 f.
[63] Vgl. Wagner (1997), S. 3; Marr (1993), S. 78; Meffert/Kirchgeorg (1998), S. 82.

**rechtlicher und technologischer Umwelt), das vom natürlich-ökologischen Umsystem (ökologische Umwelt) umfasst wird. Innerhalb und zwischen den Systemen existieren wechselseitige Beziehungen.**

Entwicklungen und Änderungen der Rahmenbedingungen der einzelnen Komponenten der globalen Umwelt können für die Unternehmung erhebliche Veränderungen mit sich bringen. Daraus resultierende Chancen und Risiken gilt es zu identifizieren, darauf zu reagieren oder aber im Vorfeld aktiv zu agieren.[64] Dies setzt aber voraus, dass die oben dargestellten Einflüsse in Form von Ansprüchen auch bekundet werden. Demzufolge ist der funktionalen Betrachtung des Umsystems der Unternehmung eine institutionale Betrachtung hinzuzufügen, die im Folgenden als ***Interaktionsumwelt*** charakterisiert wird.

**These 8: In der Analyse der Interaktionsumwelt einer Unternehmung werden Beziehungen und daraus resultierende Ansprüche und Forderungen institutionalisiert bzw. personifiziert.**

Die **institutionale Sichtweise** beschreibt die **Interaktionsumwelt**[65] demnach als Menge derjenigen Elemente des Umsystems der Unternehmung, mit denen die Unternehmung zur Realisierung ihrer Zwecke und Ziele (Sachziel, Zweck- und Zielorientierung) in Interaktion treten, treten können oder aber aufgrund direkter Vorgaben und Vorschriften in Interaktion treten müssen.[66] Charakteristisch für die institutionale Sichtweise ist dabei, dass die Interaktion der Unternehmung mit konkreten Akteuren oder Anspruchsgruppen analysiert wird, die konkrete Ansprüche aus den vielseitigen Beziehungen und Aktivitäten mit der Unternehmung geltend machen. Dabei können Anspruchsgruppen aus einzelnen Individuen bestehen, aber auch durch Zusammenschlüsse mehrerer Individuen, z.B. Organisationen, Institutionen, etc., charakterisiert sein. Zu den Hauptelementen der Interaktionswelt gehören diejenigen Segmente aus dem Umsystem der Unternehmung, deren Akteure die Unternehmung bei der Aufgabenerfüllung unmittelbar tangieren.

---

64 Siehe hierzu auch Ausführungen in Kapitel 3.1.3; zur Herleitung der im Kontext der vorliegenden Arbeit entwickelten Unternehmensverantwortung siehe insbesondere Kapitel 3.1.4 ebenda.

65 Im Folgenden wird der Begriff der ‚Interaktionsumwelt' nach Meffert/Kirchgeorg (1993a), S. 62, für die weiteren Ausführungen dieser Arbeit gewählt.

66 Vgl. Wagner (1997), S. 2 ff.; Meffert/Kirchgeorg (1998), S. 95; Ulrich (1970), S. 181 ff.

Dazu zählen vor allem Akteure aus Absatz- und Beschaffungsmärkten (wie Kunden, Händler, Lieferanten, Kapitalgeber), Konkurrenten, Öffentlichkeit und Medien, sowie staatliche Institutionen und Bürgerinitiativen.[67] Ähnlich der Segmentierung aus funktionaler Sicht können die verschiedenen Akteure und Anspruchsgruppen zu politisch-rechtlichen, gesellschaftlichen bzw. soziokulturellen und marktbezogenen Austauschpartnern zusammengefasst werden.[68]

Analog zur Segmentierung der globalen Umwelt stellt diese Unterteilung möglicher Anspruchsgruppen nur eine Orientierungshilfe für Unternehmungen dar. Auch hier gilt das Relevanzpostulat. Jede Unternehmung wird diejenigen Anspruchsgruppen in ihre Überlegungen und ihre Zielgestaltung mit einbeziehen, die sie für ihre spezifische Aufgabenerfüllung als relevant einstuft.

**These 9: Zur Interaktionsumwelt einer Unternehmung zählen aus systemorientierter Sicht Akteure, Anspruchsgruppen und Institutionen, die mit der Unternehmung in Interaktion treten (können) und damit einen Einfluss auf ihre Zweck- und Zielerreichung haben (können).**

Wie nachfolgend Tabelle 1 zeigt, existieren neben den aus dem Umsystem der Unternehmung kommenden Anspruchsgruppen (in der Literatur auch als externe Anspruchsgruppen bezeichnet) ebenfalls Anspruchsgruppen und Akteure (als interne Anspruchsgruppen bezeichnet), die im System der Unternehmung selber aufgrund von Austauschbeziehungen Forderungen und Ansprüche an die Unternehmung stellen können (z.B. Mitarbeiter oder Eigner der Unternehmung) und somit für die Erarbeitung eines ganzheitlichen Begriffsverständnisses von Unternehmensverantwortung hinzugezogen werden sollten.[69]

---

67 Vgl. Wagner (1997), S. 2 ff.; Meffert/Kirchgeorg (1993a), S. 62 f.; Marr (1993), S. 77.

68 Siehe hierzu auch Wagner (1997), S. 3; Kirchgeorg (1990), S. 60.

69 Vgl. Marr (1993), S. 63; Ulrich/Fluri (1995), S. 77 ff.; Freeman (1984), S. 12; Cyert/March (1963), S. 28.

**These 10: Relevante Akteure und Anspruchsgruppen einer Unternehmung können sowohl im Umsystem der Unternehmung (externe) als auch in der Unternehmung selber (interne) existieren.**

Folgende Tabelle zeigt mögliche Anspruchsgruppen (hier als Koalitionspartner bezeichnet) und ihre ***typischen Ansprüche*** an eine Unternehmung:[70]

| **Koalitionspartner** | | **Typische Ansprüche** = Ziele, die durch Leistungen von Beiträgen an das System erreicht werden sollen |
|---|---|---|
| **Unternehmens-systeminterne** Koalitionspartner | oberste Systemleitung (Top-Management) | Einfluss auf das System und seine Umwelt (Macht); Prestige; hohes Einkommen; Verwirklichung schöpferischer Ideen |
| | Leitungen von Subsystemen (Bereichsleitungen) und Spezialisten | Einfluss auf andere Subsysteme und auf die oberste Systemleitung (Macht); Anwendung und Erweiterung professioneller Kenntnisse und Fähigkeiten; Prestige; hohes Einkommen |
| | übrige Systemmitglieder ("Belegschaft") | hohes Einkommen; soziale Sicherheit; Selbstentfaltung am Arbeitsplatz; zufriedenstellende Arbeitsbedingungen und zwischenmenschliche Beziehungen |
| **Unternehmens-systemexterne** Koalitionspartner | Eigenkapitalgeber | Hohe Gewinnausschüttung; Teilnahme an Wertsteigerungen durch Kursentwicklung und günstige Angebote bei Kapitalerweiterungen; Einfluss auf oberste Systemleitung |
| | Fremdkapitalgeber (Gläubiger) | hohe Verzinsung; pünktliche Rückzahlung und Sicherheit des zur Verfügung gestellten Kapitals |
| | Lieferanten von Material und Maschinen | günstige Lieferantenkonditionen; Zahlungsfähigkeit; anhaltende Liefermöglichkeiten |
| | Kunden | qualitativ hochwertige Leistung zu günstigen Preisen; Nebenleistungen (Konsumentenkredite, Service, Ersatzteile, Beratung, usw.); gesicherte Warenversorgung |
| | regulatorische Gruppen: | |
| | Kommunalbehörden | Bereitstellung von Arbeitsplätzen; Beiträge an die Infrastruktur und an Kultur- und Bildungsinstitutionen |
| | Staat | Einhaltung gesetzlicher Vorschriften; Export; Steuereinnahmen |
| | Gewerkschaften | Anerkennung von Gewerkschaftsvertretern als Verhandlungspartner und faire Verhandlungstechnik; Möglichkeiten, Gewerkschaftsanliegen innerhalb der Unternehmung zu propagieren, Mitglieder zu werben, usw. |
| | Unternehmensverbände, politische Parteien, Kartellpartner, usw. | Ausrichtung unternehmerischer Entscheidungen an den Interessen solcher Gruppen; Leistung von finanziellen Beiträgen |

**Tabelle 1: Koalitionspartner einer Unternehmung und deren Ziele**[71]

Mit der Gesamtheit der Anspruchsgruppen und Interessengruppen innerhalb des unternehmerischen Kalküls beschäftigt sich in der Literatur der sogenannte **Stakeholderansatz**. Er stellt eine konzeptionelle und umfassende Methodik dar, mit Hilfe dessen erstmals eine umfassende Analyse sämtli-

[70] Entsprechende Einteilungen und Ansprüche finden sich auch bei Ulrich (1970), S. 183; Marr (1993), S. 63; Ulrich/Fluri (1995), S. 79.

[71] In Anlehnung an Ulrich (1970), S. 183.

cher, gerade auch gesellschafts- und ökologiebezogener Anspruchsgruppen möglich ist. Die Grundzüge des Stakeholderansatzes sollen in Kapitel 3.1.3 analysiert werden. Zunächst erfolgt jedoch eine Zusammenfassung aller Erkenntnisse (Leitsätze/Thesen), die durch die vorangegangenen Ausführungen gerade im Hinblick auf die Erarbeitung des Modells der Unternehmensverantwortung von elementarer Bedeutung sind. Daraus werden im Folgenden Kriterien einer im Kontext der vorliegenden Arbeit definierten Unternehmensverantwortung hergeleitet, die es beim Aufbau des Modells der Unternehmensverantwortung zu beachten gilt.

#### 3.1.2.2 Systemtheorieorientierte Erkenntnisse zur Unternehmensverantwortung

Das Unternehmensmodell aus systemtheoretischer Sicht gibt zum einen den Rahmen bzw. die Grenzen vor, in denen sich eine Unternehmung mit ihren Aktivitäten, d.h. ihrer Wertschöpfung, Leistungserstellung und darüber hinausgehenden Tätigkeiten, befindet. Des Weiteren gibt die Analyse aus institutionaler Sicht Aufschluss darüber, welche Beziehungen eine Unternehmung mit ihrer Umwelt – personifiziert in Akteuren, Anspruchsgruppen und Institutionen – eingeht, eingehen kann oder eingehen muss.

Im Hinblick auf die Erarbeitung einer im Kontext der vorliegenden Arbeit im Vordergrund stehenden Definition der Unternehmensverantwortung sollten demnach folgende Kriterien beachtet werden:

**I. Unternehmensverantwortung kann sich auf verschiedene Systemebenen beziehen.**

Somit bezieht sich Unternehmensverantwortung im Kontext der vorliegenden Arbeit zum einen auf das System der Unternehmung selber, d.h. die Unternehmung ist verantwortlich für Tätigkeiten und Beziehungen innerhalb ihrer Systemgrenzen (z.B. Produktion, Mitarbeiter). Darüber hinaus ist sie jedoch auch aufgrund ihrer externen Austauschbeziehung zu anderen Systemen (Systemebenen), anders ausgedrückt zu ihrer Umwelt, verantwortlich für die dadurch entstehenden externen Aktivitäten bzw. Beziehungen und Betroffenheiten.

**II. Unternehmensverantwortung ist sowohl aus funktionaler als auch aus institutionaler Sicht zu definieren.**

Analog zur globalen Umwelt (Systemtheorie) einer Unternehmung ergeben sich funktional betrachtet die bereits genannten Verantwortungsfelder einer Unternehmung: ökologische, technologische, rechtlich-politische oder soziokulturelle Verantwortung. Entsprechend der institutionalen Sicht (Interaktionsumwelt) kann Unternehmensverantwortung jedoch auch direkt auf einzelne Personen/Akteure oder aber mehrere Partner (in Form von Anspruchsgruppen) bezogen werden.

**III. Unternehmensverantwortung bezieht sich direkt oder indirekt auf Anforderungen, Ansprüche oder Betroffenheiten der (relevanten) Stakeholder einer Unternehmung.**

Ein direkter Bezug besteht immer dann, wenn durch die Ansprüche der Stakeholder schon explizit Unternehmensverantwortung gefordert wird, z.B. Kundenanspruch: Kauf eines einwandfreien Premium-Produktes. Sind Ansprüche und Anforderungen dagegen nicht direkt zuordnungsfähig oder aber noch nicht ausgesprochen, d.h. potentieller Natur, können sie als indirekt auf die Unternehmensverantwortung einwirkbar (mittelbar) bezeichnet werden.

**IV. Unternehmensverantwortung sollte sowohl pro- als auch reaktiv sein. Somit kommt ihr eine (unternehmens-) strategische Bedeutung zu.**

Unternehmensverantwortung ist nicht nur als Reaktion auf bestehende Anforderungen, Ansprüche oder Betroffenheiten zu sehen. Eine Unternehmung muss proaktiv, im Sinne eines präventiven und antizipativen Handelns, mögliche Verantwortungsfelder in ihre Verantwortung mit einbeziehen. Aufgrund dieser Ausrichtung kommt der Unternehmensverantwortung eine strategische Bedeutung zu, da die Beachtung bzw. Nichtbeachtung von Ansprüchen und Anforderungen der Stakeholder einer Unternehmung direkten Einfluss auf ihre Existenz (Existenzgrundlage bzw. Existenzgefährdung) hat.

Untenstehende Tabelle fasst alle Erkenntnisse in Bezug auf die Erarbeitung des Modells der Unternehmensverantwortung zusammen:

| Nr. | Thesen | Anspruch/Anforderung an die Unternehmensverantwortung |
|---|---|---|
| 1 | Unternehmungen sind Systeme, die wiederum in Gebilden von Systemen (Mega-/Sub- und Teilsysteme) eingebettet sind. | systemorientiert |
| 2 | Unternehmungen sind offene, soziale Systeme, d.h. sie sind durch ökonomische, ökologische und soziale Beziehungen sowohl innerhalb des Systems als auch darüber hinaus zwischen mehreren Systemen untereinander charakterisiert. | multiperspektivisch |
| 3 | Beziehungen aus systemtheoretischer Sicht werden u.a. durch Ressourcenaustausch charakterisiert. Hierzu zählen u.a. Finanz-, Human- und Bodenkapitalressourcen, aber auch Vertrauen, gesellschaftliche Akzeptanz und Informationsflüsse. | ressourcenorientiert/ Beziehungsverhältnisse widerspiegelnd |
| 4 | Aus Beziehungen können sich Ansprüche und Forderungen gegenüber der Unternehmung oder aber auch wechselseitig gegenüber anderen Systemelementen (Anspruchsgruppen/Akteure) begründen. | wechselseitig |
| 5 | Beziehungen können Unternehmungen positiv (Existenzberechtigung und -grundlage) und/oder negativ (Existenzgefährdung durch Beziehungsstörungen) beeinflussen. | strategisch; proaktiv/reaktiv |
| 6 | Unternehmungen treffen aufgrund ihrer spezifischen Rahmenbedingungen unterschiedliche Abgrenzungen bezüglich der Relevanz einzelner Elemente des Umsystems bzw. deren Beziehungen. | rahmenbedingungsabhängig, relevanzabhängig, subjektiv |
| 7 | Aus funktionaler Sicht besteht die globale Umwelt der Unternehmung aus dem gesellschaftlichen Umsystem (bestehend aus ökonomischer, sozio-kultureller, politisch-rechtlicher und technologischer Umwelt), das vom natürlich-ökologischen Umsystem (ökologische Umwelt) umfasst wird. Innerhalb und zwischen den Systemen existieren wechselseitige Beziehungen. | funktionsbezogen, funktional |
| 8 | In der Analyse der Interaktionsumwelt einer Unternehmung werden Beziehungen und daraus resultierende Ansprüche und Forderungen institutionalisiert bzw. personifiziert. | personenbezogen, institutional |
| 9 | Zur Interaktionsumwelt einer Unternehmung zählen aus systemorientierter Sicht Akteure, Anspruchsgruppen und Institutionen, die mit der Unternehmung in Interaktion treten (können) und damit einen Einfluss auf ihre Zweck- und Zielerreichung haben (können). | dynamisch, interaktiv |
| 10 | Relevante Akteure und Anspruchsgruppen einer Unternehmung können sowohl im Umsystem der Unternehmung (externe) als auch in der Unternehmung selber (interne) existieren. | systemübergreifend: innerbetrieblich, außerbetrieblich |

**Tabelle 2: Zusammenhang des systemtheoretischen Unternehmensmodells und der Unternehmensverantwortung**

### 3.1.3 Unternehmensverantwortung und Stakeholder

Wie schon bei Ulrich erwähnt, ist das Unternehmensverständnis durch die Einbeziehung vielfältigster Wechselbeziehungen mit seiner Umwelt zu erweitern. Somit können solche Unternehmungen als „quasi-öffentliche Institutionen“[72] betrachtet werden, denen aufgrund ihres Machtpotentials eine besondere moralische Verpflichtung und gesellschaftliche Verantwortung zu-

[72] Ulrich (1977), der schon im Titel seines Werkes darauf hinwies, dass Unternehmungen Funktionen in der Gesellschaft wahrzunehmen haben. Dabei wird die Unternehmung als multifunktionale und pluralistisch legitimierte Wertschöpfungseinheit betrachtet. Werden dabei gesellschaftliche Funktionen übernommen, ist die Unternehmung nicht mehr Privatangelegenheit der Eigentümer, sondern berührt elementare Interessen der Gesellschaft und kann somit als quasi-öffentliche Institution angesehen werden. Ebenso bei Ulrich/Fluri (1995), S. 60 f. und Ulrich (1970), S. 182.

kommt.[73] Eine analytische Auseinandersetzung mit den Anforderungen der Akteure und Anspruchsgruppen einer Unternehmung ist demzufolge ein wichtiger Bestandteil der Erarbeitung des Begriffes der Unternehmensverantwortung.

#### 3.1.3.1 Ursprung und Konzeption des Stakeholder-Ansatzes

Der ***'Stakeholder-Approach'***[74] baut auf Überlegungen zum strategischen Management auf.[75] Demnach sind in der Stakeholder-Theorie – analog zum Konzept des strategischen Managements – die Erkenntnisse der unternehmerischen, strategischen Planung (Cyert/March), der Systemtheorie (Ulrich), der Sozialverantwortlichkeit der Unternehmung sowie der Organisationstheorie zusammengefasst.[76] Die Grundidee des Stakeholder-Ansatzes besagt, dass für die Sicherung der langfristigen Wettbewerbsfähigkeit einer Unternehmung die Berücksichtigung von Ansprüchen und Interessen ihrer Stakeholder sowie der Schaffung eines Gleichgewichtszustandes zwischen diesen Ansprüchen und Interessen notwendig ist.[77] Unter *Berücksichtigung* wird in

---

73 Vgl. Kapitel 3.1.2, ebenda.

74 Freeman (1984), S. 46. In der deutschsprachigen Literatur wird das Konzept unter der Verwendung der Übersetzung „Anspruchsgruppen-Ansatz" [Wagner (1997), S. 19] oder „Anspruchsgruppen-Konzept" [Schmid (1996), S. 633] oder Mischformen wie bspw. „Stakeholder-Ansatz" [Macharzina (1995), S. 8] verwendet. Im weiteren Verlauf werden diese Termini synonym verwendet.

75 Als Ausgangspunkt der Konzeption des Stakeholder-Ansatzes wird die Koalitionstheorie angesehen, die erstmals von Barnard (1938) erwähnt und auf unternehmerischer Ebene von March/Simon (1958) und Cyert/March (1963) weiterentwickelt wurde [zitiert nach Meier-Scherling (1996), S. 48]. Aufbauend auf systemorientierten Überlegungen (siehe Kapitel 3.1.2, ebenda) wird die Unternehmung als offenes und soziales System betrachtet, das mit seinen Koalitionspartnern interagiert. Siehe zur Koalitionstheorie vor allem Günther (1994), S. 52; Cyert/March (1963), S. 26 ff.

76 Vgl. Freeman (1984), S. 32 ff. Das strategische Management kann als „process through which managers ensure the long-term adaption of their firm to its environment" [Chakravarthy (1995), S. 252] definiert werden; vgl. zum Begriff und der Entwicklung des strategischen Management auch Günther (1991), S. 43 ff.

77 Vgl. Freeman (1984), S. 107 f. „(...) corporate survival depends in part on there being some fit between the values of the corporation and its managers, the expectations of stakeholders in the firm and the societal issues (...)" [Freeman (1984), S. 107]. Der Gleichgewichtszustand ist dabei nicht mit einer first-best-Lösung oder einem Pareto-Optimum, d.h. mit einer optimalen Befriedigung aller Stakeholder-Interessen gleichzusetzen, sondern erfordert eine Kompromisslösung bzw. einen Abwägungsvorgang zwischen den verschiedenen relevanten Interessenlagen, vgl. Meier-Scherling (1996), S. 107 f.; Schaltegger (1999), S. 5. Nicht zuletzt aufgrund dieses Abwägungsvorganges und den damit verbundenen Transaktionskosten stößt der Stakeholder-Ansatz in der Literatur auch auf Kritik, vgl. zu den einzelnen Kritikpunkten (z.B. auch Vieldeutigkeit des Stakeholder-Begriffes) Nork (1992), S. 178; Argenti (1997), S. 443 ff.; Bühner/Tuschke (1997), S. 502 ff. Vgl. zur Entgegnung auf die meisten Kritikpunkte Campbell (1997), S. 448 f.

diesem Kontext die strategische Analyse und Aufnahme in das unternehmerische Entscheidungskalkül verstanden.[78]

**These 11: Die Sicherung langfristiger Wettbewerbsfähigkeit einer Unternehmung ist nur unter Berücksichtigung von Ansprüchen und Interessen ihrer Stakeholder (Anspruchsgruppen) möglich.**

Bei dem Begriff des *Stakeholder* wird in der Literatur auf Freeman (1984) und seine Definition von Stakeholder als „Any group or individual who can affect or is affected by the achievement of the firm's objectives"[79] verwiesen, doch wurde der Begriff – so wie es Freeman beschreibt – bereits 1963 auf einem internen Memorandum des Stanford Research Institute in Anlehnung an den Terminus Stockholder[80] (Anteilseigner) geprägt.[81] Mit der Erweiterung der strategischen Unternehmensführung um die Interessen der nicht nur finanziell oder monetär ausgerichteten Anspruchsgruppen fand ein Perspektivenwandel von einer eindimensionalen zu einer multiperspektivischen Sichtweise statt.[82]

Als ***Stakeholder*** werden nach Freeman alle unternehmensinternen und/oder externen Personen, Personengruppen und/oder Institutionen bezeichnet, die sowohl auf die Aktivitäten der Unternehmung direkten oder indirekten Einfluss ausüben können („...who can affect...") oder aber durch die Aktivitäten der Unternehmungen direkt und/oder indirekt selber beeinflusst werden („...is

[78] Vgl. Freeman (1984), S. 52 ff.

[79] Freeman (1984), S. 25. Diese Definition von Stakeholder geht auf diejenige von Thompson (1967) [Stakeholder sind „those groups which make a difference"] zurück, vgl. Freeman (1984), S. 46.

[80] Der Begriff des Stockholders wird heute eher durch den geläufigeren Begriff des *Shareholders* ersetzt und bezeichnet den finanziellen Anteilseigner als Kapitalgeber einer Unternehmung (Aktionär).

[81] Vgl. Freeman (1984), S. 31. Durch die Anlehnung an ‚Stockholder' wurden die *Stakeholder* in dieser frühen Begriffsfassung als „those groups without whose support the organization would cease to exist" [Freeman (1984), S. 31] definiert.

[82] Vgl. zur eindimensionalen Sicht insbesondere Ausführungen zum sog. Shareholder-Value, z.B. Rappaport (1986), S. 76 ff. u. Kap. 3.1.3.3. Der Stakeholder-Ansatz liefert mit seiner mehrdimensionalen Anspruchsgruppenanalyse wesentliche Erkenntnisse im Kontext einer Nachhaltigkeitsbetrachtung; vgl. Schneidewind et al. (2002), S. 12. Darüber hinaus dienen diese der vorliegenden Arbeit auch in Bezug auf die Konzeption und konkrete Ausgestaltung einer nachhaltigen Unternehmensleistungsmessung. Zum Begriff der Nachhaltigkeit siehe Kapitel 3.2, ebenda; zur konkreten Definition und Ausgestaltung unternehmerischer Nachhaltigkeitsleistungsmessung siehe Kap. 4, ebenda.

affected by...").[83] Aktivitäten der Unternehmung können sich in diesem Kontext z.B. auf Unternehmensziele, deren Erreichung oder aber die Leistungserstellung an sich beziehen. Auch sollen jegliche Arten von Anreizen und Beiträgen seitens der Unternehmung an die Anspruchsgruppen bzw. umgekehrt im Konstrukt des Stakeholder-Ansatzes analysiert werden.[84] In der deutschsprachigen Literatur wird ‚*Stakeholder*' oftmals mit dem Begriff Anspruchsgruppe übersetzt, da aus den Beiträgen zur Unternehmungsleistung Ansprüche oder Forderungen an die Unternehmung erwachsen.[85]

**These 12:** **Als Stakeholder werden alle Akteure, Anspruchsgruppen oder Institutionen bezeichnet, die mit der Unternehmung in irgendeiner Art von Beziehung – direkt (am Wertschöpfungsprozess beteiligt) oder indirekt (außerhalb des Wertschöpfungsprozesses) – stehen.**

#### 3.1.3.2 Anspruchsgruppenanalyse einer Unternehmung

Bei der Analyse und Berücksichtigung aller Anspruchsgruppen und ihrer Anliegen können Schwierigkeiten auftreten. Allein die Identifikation und Erfassung der für eine Unternehmung relevanten Anspruchsgruppen und der an die Unternehmung herangetragenen Ansprüche in ihrer **Vielfalt** und **Vielzahl** an sich stellt die Unternehmung vor eine gewaltige Herausforderung.[86] Darauf begründet ist auch die Möglichkeit von **Konfliktpotentialen** zwischen einzelnen an die Unternehmung herangetragenen Ansprüchen und/oder Anspruchsgruppen, wenn sich Interessen nicht immer komplementär zueinander verhalten. Die Unternehmung hat dann die Aufgabe, diese in der Literatur als **'Trade-Offs'** bezeichneten Interessenkonflikte frühzeitig zu erkennen, um sie bestenfalls im Vorfeld zu verhindern, oder aber durch ein angemessenes Management der einzelnen konträren Stakeholderinteressen zu berücksich-

---

[83] Vgl. Freeman (1984), S. 46; Dyllick (1984), S. 74 ff.; Schaltegger/Sturm (1990), S. 274 ff.; Schaltegger/Sturm (1992), S. 216; Ulrich/Fluri (1995), S. 77 f.

[84] Siehe hierzu auch Koppelmann (2000), S. 61 f. Ausgehend von der Koalitionstheorie bildet die Anreiz-Beitrags-Theorie eine weitere Grundlage der mehrdimensionalen Sichtweise. Sie besagt, dass sich die Leistungen einer Anspruchsgruppe an eine Unternehmung (Beiträge) in etwa mit den Gegenleistungen der Unternehmung an die Anspruchsgruppe (Anreiz) decken sollte, damit sich ein wechselseitiger Nutzen aus der Koalition für beide Partner ergibt (Win-Win-Situation). Vgl. auch March/Simon (1976).

[85] Vgl. Schaltegger (1999), der als Stakeholder alle Individuen oder Gruppen mit einem materiellen oder immateriellen Anspruch an die Unternehmung bezeichnet und folglich die Begriffe Stakeholder, Anspruchs- und Interessengruppe synonym verwendet; vgl. Schaltegger (1999), S. 3 u. S. 18. Ebenfalls bei Hill (1996), S. 415.

[86] Vgl. Dyllick (1989a), S. 38, Dyllick (1989b), S. 205 ff.; Wagner (1997), S. 60 ff.

tigen.[87] In diesem Zusammenhang kann ein funktionierendes Stakeholder-Management der Unternehmung frühzeitig Veränderungen der Ansprüche und Interessen der Stakeholder anzeigen und somit die Möglichkeit frühen Handelns implizieren. Das Stakeholder-Management kann somit zum wichtigen Teil des unternehmerischen Frühwarn- bzw. Früherkennungssystems werden.[88]

**These 13: Stakeholder können Ansprüche und Forderungen an die Unternehmung stellen, die konträr zueinander ausgerichtet sein können. Daraus resultierende Konflikte (Trade-offs) und Überschneidungen gilt es in einem angemessenen Stakeholdermanagement zu analysieren und zu bewältigen.**

Analog zur inhaltlichen Bestimmung der Umweltsegmente im systemorientierten Ansatz gilt auch bei der Identifikation der Anspruchsgruppen einer Unternehmung die ***Relevanzproblematik***. Das bedeutet, dass jede Unternehmung aufgrund ihrer unterschiedlichen Struktur, Zweck- und Sachzielorientierung und ihrer spezifischen Leistungserstellung unterschiedliche Interessengruppen und Ansprüche als relevant erachtet. Unterschiede können sowohl bei der Identifikation als auch bei der Intensität der Einflüsse der jeweiligen Ansprüche bzw. Anspruchsgruppen bestehen.[89]

Die Fokussierung auf relevante Stakeholder sollte einem festgelegten Prozess folgen, der u.a. Phasen der Wahrnehmung und Identifikation der Stakeholder und ihrer Ansprüche, die Analyse ihrer Einflüsse und die Bewertung und Empfehlungen zum Umgang mit den Stakeholdern und ihrer Ansprüche (Stakeholdermanagement) für die Unternehmung beinhaltet.[90]

---

87 Vgl. dazu auch Freeman (1984), S. 52 ff.

88 Vgl. hierzu Horváth (1994), S. 26 ff.; Marr (1993), S. 103.

89 Siehe hierzu Freeman (1984), S. 54 f. So können z.B. erhebliche Unterschiede in Umfang und Einflusspotential relevanter Stakeholder und deren Ansprüchen an einen Automobilhersteller und einem Dienstleistungsunternehmen bestehen. Zur eingehenden Stakeholder-Analyse in der Automobilbranche siehe Kapitel 4 ebenda.

90 Freeman bezeichnet die Auswahl der relevanten Stakeholder als „Stakeholder-Map"; Freeman (1984), S. 54. Schaltegger (1999), S. 14 f. spricht in diesem Zusammenhang auch von *kritischen Stakeholdern* und betont damit ihren erheblichen Einfluss (Durchsetzbarkeit ihrer Ansprüche).

**These 14: Jede Unternehmung wählt aufgrund spezifischer Rahmenbedingungen die für sich selbst als relevant erachteten Stakeholder durch einen Analyseprozess aus (Relevanzproblematik).**

Ausgehend von der Analyse der Einflüsse können Stakeholder prinzipiell in drei Gruppen aufgeteilt werden:[91]

***Strategische Anspruchsgruppen*** sind unternehmensinterne und -externe Akteure, Personengruppen und/oder Institutionen, die die **Wettbewerbsfähigkeit** der Unternehmung durch konkrete Ansprüche bzw. Forderungen und potentielle Sanktionsmöglichkeiten nachhaltig beeinflussen können. Damit entsprechen sie der von Freeman existierenden Definition von Stakeholder als „those groups without whose support, the organisation would cease to exist“[92]. Demnach werden sowohl Einfluss als auch Durchsetzungskraft strategischer Anspruchsgruppen als sehr hoch eingestuft, was dazu führen kann, dass einer Unternehmung bei Missachtung der Bedürfnisse dieser Stakeholdergruppe ihre Existenzgrundlage entzogen werden kann. Kunden, Mitarbeiter und Lieferanten können als Beispiel für strategische Anspruchsgruppen genannt werden.

***Interessengruppen*** stehen in direktem oder indirektem Kontakt zur Unternehmung und haben ein deutliches Interesse an ihrem **Verhalten**. Im Gegensatz zu den strategischen Anspruchsgruppen wirken sie jedoch nicht direkt auf die Leistungserstellung ein, so dass ihr Einfluss eher als mittelbar eingestuft werden kann. Ihr Interesse, ihre Forderungen zu formulieren (und durchzusetzen), ist jedoch sehr hoch, was sie von den Bezugsgruppen maßgeblich unterscheidet. Zu den Interessengruppen zählen bspw. Verbände und NGO´s.

---

91 Diese Klassifizierung, die die Stakeholder gemäß der Kriterien der tatsächlichen Einflussnahme und der Stärke des Einflusses kategorisiert, findet sich in der Literatur z.B. bei Schmid (1997), S. 634. Vgl. hierzu auch Speckbacher (1997), S. 633 f., der zwischen sog. expliziten, d.h. vertraglich fixierten (z.B. durch einen Arbeitsvertrag), und impliziten Ansprüchen (z.B. durch die Zusage der Arbeitsplatzsicherheit) der Stakeholder differenziert. Je nachdem, ob ein expliziter oder impliziter Anspruch vorliegt, kann der jeweilige Stakeholder somit zur konkreten Anspruchsgruppe oder zur Interessen-/Bezugsgruppe gerechnet werden. Vgl. auch Seisreiner (1999), S. 116 (Unterscheidung von primären Stakeholdern (mit vertraglichen Beziehungen zum Unternehmen) und von sekundären Stakeholdern (mit indirektem oder potentiellem Einfluss)). Die letztliche Entscheidung darüber, welche Stakeholder-Gruppe als strategische Anspruchsgruppe, als Interessen- oder Bezugsgruppe einzustufen ist, hängt von einer unternehmensspezifischen detaillierten Stakeholder-Analyse ab.

92 Freeman (1984), S. 31.

***Bezugsgruppen*** beinhalten somit alle (übrigen) Akteure, mit denen eine Unternehmung tatsächlich oder potentiell Kontakt hat oder haben wird. Diese eher weit gefasste Klassifizierung deutet schon darauf hin, dass dieser Gruppe von Stakeholdern sowohl ein geringer Einfluss als auch eine geringe Durchsetzungskraft bzw. ein geringer Durchsetzungswille zugeordnet werden kann.

Aus institutioneller Sicht kann darüber hinaus eine Aufteilung in sog. ***interne*** und ***externe Stakeholder*** vorgenommen werden, die explizit darauf abzielt, den Bezug zur Unternehmung hervorzuheben.[93] Aufbauend auf Überlegungen der Systemtheorie wird hier die Unterscheidung anhand der Systemgrenze einer Unternehmung vorgenommen. Somit ist das Kriterium der Unterteilung in intern oder extern damit verbunden, ob die Anspruchsgruppe innerhalb der Unternehmung tätig ist bzw. in Beziehung tritt – z.B. in Form von finanziellen Beteiligungen – (interne Stakeholder) oder aber ihre Austauschbeziehungen und daraus resultierende Ansprüche und Forderungen außerhalb der Unternehmungsgrenzen zu finden sind (externe Stakeholder).[94]

Folgende Tabelle zeigt potentielle interne und externe Stakeholder nach Freeman (1984):

| Art des Beziehungsfeldes | Stakeholder/Stakeholder-Gruppe |
|---|---|
| Intern | Owners (Eigentümer)<br>Boss/Senior Management (Unternehmensleitung)<br>Unions (Gewerkschaften)<br>Employees (Mitarbeiter)<br>Customers (Kunden)<br>Suppliers (Lieferanten) |
| Extern | Government (Staat, Behörden)<br>Competitors (Wettbewerber)<br>Consumer Advocates (Verbraucherverbände)<br>Environmentalists (Umweltschutzverbände)<br>Special Interest Groups (politische Interessensvertretungen)<br>Media (Medien) |

**Tabelle 3: Potentielle interne und externe Stakeholder einer Unternehmung**[95]

---

[93] Hierzu Schaltegger/Sturm (1994), S. 10; Schmid (1996), S. 92; Meffert/Kirchgeorg (1998), S. 54.

[94] Diese Unterteilung findet sich schon bei Freeman (1984), S. 12 u. 216 ff. Siehe auch Cyert/March (1963), S. 28; Ulrich/Fluri (1995), S. 79; Wagner (1997), S. 60 ff.

[95] In Anlehnung an Freeman (1984), S. 13.

Zu beachten ist, dass in der Darstellung nach Freeman die Anspruchsgruppen der Kunden und der Lieferanten als interne Stakeholder bezeichnet werden. In der Literatur finden sich demgegenüber zahlreiche Ausführungen, in denen sowohl Kunden als auch Lieferanten den externen Stakeholdern zugeordnet werden.[96] Diese Abgrenzung folgt dem bereits in Kapitel 3.1.2 erörterten systemorientierten Verständnis der Unternehmung und seiner Umwelt und wird demnach als plausibel im Kontext des theoretischen Rahmens dieser Arbeit angesehen.

Externe Stakeholder werden darüber hinaus in marktliche und nicht-marktliche Anspruchsgruppen und Akteure unterschieden.[97] Zu den marktlichen externen Stakeholdern zählen jene, die am unternehmensübergreifenden Wertschöpfungsprozess beteiligt sind – z.B. Lieferanten, Kunden, Händler und Fremdkapitalgeber. Als nicht-marktliche externe Stakeholder werden dagegen diejenigen Akteure, Anspruchsgruppen und Institutionen bezeichnet, die nicht oder nur mittelbar am Wertschöpfungsprozess beteiligt sind – wie z.B. Verbände, NGO´s, der Staat oder aber andere gesellschaftliche Anspruchsgruppen.

**These 15: Stakeholder können durch verschiedene Kriterien klassifiziert werden. Dazu zählt zum einen das Kriterium der Einflussstärke und Durchsetzbarkeit ihrer Ansprüche (strategische Anspruchsgruppen, Interessengruppen und Bezugsgruppen), zum anderen aber auch das Kriterium der Systemzugehörigkeit (interne vs. externe Stakeholder).**

Aufbauend auf den Ausführungen zum Unternehmensmodell aus systemorientierter Sicht in Kapitel 3.1.2 wird für den weiteren Verlauf der vorliegenden Arbeit die Einteilung in interne und externe Anspruchsgruppen gewählt. Sie dient zum einen einer übersichtlichen Analyse der relevanten Anspruchsgruppen einer Unternehmung und ihrer Umwelt. Zum anderen zeigt sie direkte und indirekte Beziehungen und Austauschaktivitäten zwischen den einzelnen Akteuren und/oder Anspruchsgruppen und der Unternehmung auf, die auch im Kontext dieser Arbeit in Bezug auf die Identifikation von **Verantwor-**

---

96 Vgl. Ulrich/Fluri (1995), S. 79; Wagner (1997), S. 61.
97 Vgl. Meffert/Kirchgeorg (1998), S. 95; Schaltegger (1999), S. 6.

**tungsfeldern** einer Unternehmung von besonderer Bedeutung sind.[98] Des Weiteren wird die Abgrenzung in interne und externe Stakeholder insbesondere beim Aufbau des **Modells zur Messung unternehmerischer Nachhaltigkeitsleistung** in Kapitel 4 zur Anwendung kommen.[99]

Abschließend zeigt untenstehende Tabelle einen Überblick über mögliche interne und externe Stakeholder einer Unternehmung und deren Ansprüche bzw. Beiträge:

| | Stakeholder | Beitrag für die Unternehmung | Anspruch an die Unternehmung |
|---|---|---|---|
| Interne | Eigentümer / Anteilseigner | • Eigenkapital | • hohe Verzinsung der Kapitalanlage, hohe Dividende, Marktwert, Mitsprache |
| | Management / Mitarbeiter | • Arbeitskraft, Kompetenz, Engagement, Erfahrung | • Einkommen, Macht und Prestige, Arbeitsplatzsicherheit, Aus- und Weiterbildung, soziale Absicherung |
| Marktbezogene externe | Fremdkapitalgeber | • Fremdkapital | • feste Verzinsung, sichere Kapitalanlage |
| | Lieferanten | • Termingerechte Lieferung | • stabile und faire Geschäftsbeziehung, Zahlungsfähigkeit |
| | Kunden | • Kauf der Produkte, Markentreue | • qualitativ hochwertige Leistungen zu günstigen Preisen, Service und Beratung, gesicherte Versorgung |
| | Konkurrenten | | • Einhaltung fairer Grundsätze und Spielregeln der Marktkonkurrenz, Kooperation auf branchenpolitischer Ebene |
| Nicht-marktbezogene externe | Behörden / Staat | • Bereitstellung von Infrastruktur, Subventionen, Rechtssicherheit | • Steuereinnahmen, Schaffung und Sicherung von Arbeitsplätzen, Einhaltung von Gesetzen |
| | Umweltorganisationen | • Prüfung auf ökologische Verträglichkeit | • Verbesserung der ökologischen Wirkungen |
| | Medien | • Kommunikationsinstrument zur Meinungsbildung | • Bereitstellung von Informationen, Werbeeinnahmen |
| | Nachbarn | • gutes nachbarschaftliches Verhältnis | • keine Schädigung der Umgebung |

**Tabelle 4: Interne und externe Stakeholder**[100]

In diesem Zusammenhang sei abschließend darauf hingewiesen, dass (neben den eingangs erörterten Problemen Vielfalt, Vielzahl und Konfliktpotential der Stakeholder) diese gewählte Einteilung der Stakeholder auch **analytische Schwächen** aufweist. So können bei der Abgrenzung der Stakeholdergruppen **Überschneidungen** und **Redundanzen** auftreten, wenn ein und derselbe Akteur mehreren Anspruchsgruppen zugeordnet werden kann und somit unter Umständen mehrere sogar konträr zueinander wirkende Ansprüche gegenüber der Unternehmung wirksam würden.[101] Zu beachten ist außerdem, dass Unternehmungen mit ihren Austauschbeziehungen einem dy-

---

98 Siehe zum Modell der Unternehmensverantwortung und den Verantwortungsfeldern Kapitel 3.1.4 ebenda.

99 Zur Ausgestaltung einer konkreten Stakeholder-Analyse siehe Kap. 4.4.2.1, ebenda.

100 In Anlehnung an Ulrich (1970), S. 183.

101 Zur Überschneidungsproblematik siehe Schaltegger/Sturm (1994), S. 10.

namischen Prozess unterliegen und somit das eher statische Konstrukt des Stakeholder-Ansatzes insbesondere bei der Operationalisierung auf Unternehmensebene einem ständigen Anpassungsprozess unterliegen sollte.

**These 16: Klassifizierung der Stakeholder kann analytischen Schwächen in Form von Überschneidungen und Redundanzen unterliegen.**

Neben der hier dem Stakeholder-Ansatz zugrunde gelegten mehrdimensionalen bzw. multiperspektivischen Sichtweise – d.h. einer Perspektivenerweiterung der Unternehmensführung um die Interessen der nicht nur finanziell oder monetär ausgerichteten Anspruchsgruppen – findet sich in der unternehmerischen Praxis immer noch die eindimensionale Sichtweise, die auf rein monetären Aspekten basiert und als ***Shareholder-Value*** bezeichnet wird. Zum besseren Verständnis und der Vollständigkeit halber werden im nächsten Kapitel beide Ansätze kurz gegenübergestellt.

#### 3.1.3.3 Shareholder-Value-Ansatz vs. Stakeholder-Ansatz

Der Shareholder-Value-Ansatz (SHV)[102] wird oftmals diametral zum Stakeholder-Ansatz gesehen.[103] Diese Beurteilung basiert auf der grundsätzlichen Forderung des Shareholder-Value-Konzeptes, die Orientierung an den Interessen der Eigenkapitalgeber/Eigentümer (Shareholder) auszurichten und damit die Maximierung des Unternehmenswertes[104] als alleiniges Unternehmensziel zu postulieren.[105] Dadurch werden andere Interessen, d.h. Interessen von anderen Stakeholdern, lediglich dann berücksichtigt, wenn diese auf die Steigerung des Unternehmenswertes einen Einfluss haben.[106] Der Sta-

---

[102] Der SHV-Ansatz geht auf Alfred Rappaport zurück, vgl. Rappaport (1986), S. 1; Wöhe (2002), S. 72; Baum/Coenenberg/Günther (1999), S. 273; Mandl/Rabel (1997), S. 30.

[103] Vgl. zur Kritik am SHV-Ansatz auf Grundlage des stakeholderorientierten Gedankengutes Bühner/Tuschke (1997), S. 500 f., Noppeney (1997),S. 15 f. sowie Wöhe (2002), S. 76 f. u. 95 ff.

[104] Der Unternehmenswert oder SHV wird dabei durch den Barwert der zukünftigen Free Cash Flows gebildet. Vgl. Rappaport (1986), S. 51 f.; Drukarczyk (1998), S. 176.

[105] Vgl. Speckbacher (1997), S. 630 ff., der zwischen der Norm (ausschließliche Orientierung an den Shareholder-Interessen) – hier als Zielsetzung verstanden – und der Methode des SHV-Ansatzes (Anwendung von dynamischer Investitionsrechnung zur Ermittlung des Unternehmenswertes als objektiver Marktwert oder als subjektiver Ertragswert) unterscheidet. Durch die Zielsetzung der Unternehmenswertmaximierung steht die Frage der Wertentstehung und nicht die der Verteilung der entstandenen Werte im Vordergrund, vgl. Bühner/Tuschke (1997), S. 501; Drukarczyk (1998), S. 176 ff.

[106] Vgl. Bühner/Tuschke (1997), S. 502.

keholder-Ansatz geht dagegen davon aus, dass für die Sicherung der langfristigen Wettbewerbsfähigkeit des Unternehmens nicht nur die Eigentümer als eine Stakeholder-Gruppe sowie weitere strategische Anspruchsgruppen, die den Unternehmenswert beeinflussen, zu integrieren sind, sondern auch die Interessen der sog. Bezugs- und Interessengruppen beachtet werden müssen, die potentiell Einfluss nehmen können.[107]

Analog zum SHV hat sich in der auf mehreren Perspektiven aufbauenden Stakeholder-Sichtweise die Konzeption des sog. ***Stakeholder-Value*** quasi als Gegenpart herausgebildet. Darunter soll die Steigerung des Unternehmenswertes in Bezug auf möglichst alle an der Unternehmung beteiligten Anspruchsgruppen verstanden werden.[108] Jedoch kann in der Literatur bis dato noch keine eindeutige Definition des *Stakeholder-Value* gefunden werden.

Trotz dieses grundsätzlichen Unterschiedes der primären Fixierung auf die Shareholder versus der eher allgemeinen Orientierung an den Stakeholdern wird in der Literatur von einigen Autoren die diametrale Sichtweise mit folgenden Argumenten abgelehnt:

- Neben den Eigentümern werden auch beim SHV-Konzept noch weitere Stakeholder berücksichtigt; dies zeigt sich u.a. bei der Bildung des Eigenkapitalgewinnes, der sich erst nach Abzug anderer Leistungen (wie z.B. Löhne und Gehälter für die Arbeitnehmer des Unternehmens) ergibt.[109] Die Maximierung des Unternehmenswertes führt somit auch zu einer Steigerung der Leistungen an die anderen Stakeholder, die implizit mit ihren Interessen der Unternehmenswertmaximierung zugrunde liegen.[110]

---

[107] Auf Grundlage seiner Unterscheidung in explizite und implizite Ansprüche (vgl. Fn. 90) geht Speckbacher davon aus, dass beim Stakeholder-Ansatz sowohl die expliziten als auch die impliziten Ansprüche Berücksichtigung finden, während sich das SHV-Konzept primär auf die expliziten Ansprüche konzentriert, vgl. Speckbacher (1997), S. 634; Wöhe (2002), S. 76 ff. Siehe auch Ausführungen in Kap. 3.1.3, ebenda.

[108] Vgl. Schaltegger/Figge (2000), S. 15 ff.

[109] Vgl. Günther (1997), S. 399.

[110] Bühner/Tuschke (1997) formulieren in dem Zusammenhang: „Eine ausreichende Berücksichtigung aller Ansprüche ist dabei auch im Interesse des Unternehmens, dessen Erfolg von einer guten Zusammenarbeit mit Zulieferern, Mitarbeitern, staatlichen Behörden usw. abhängt", Bühner/Tuschke (1997), S. 502. Vgl. hierzu auch Hill (1996), S. 417; Knorren/Weber (1998), S. 254.

- Das Ziel, die langfristige Wettbewerbsfähigkeit bzw. die Unternehmensexistenz zu sichern, steht zwar im Fokus des Stakeholder-Ansatzes, bedeutet aber nicht zwingend einen Widerspruch zum Ziel der Unternehmenswertmaximierung, da die Eigentümer am Fortbestand des Unternehmens (und damit an der Sicherung ihrer Renditen) ebenfalls Interesse haben.[111]

Eine generelle Unvereinbarkeit des SHV-Konzeptes und des Stakeholder-Ansatzes kann somit – insbesondere bei Vorliegen strategischer Stakeholder-Ansprüche an das Unternehmen[112] – nicht konstatiert werden.[113]
Im Kontext der vorliegenden Arbeit werden Shareholder als eine Gruppe von Stakeholdern aufgefasst, deren Interessen – neben denen der anderen Stakeholder – ebenso im unternehmerischen Entscheidungsprozess Berücksichtigung finden sollen.[114]

#### 3.1.3.4 Stakeholderansatzorientierte Erkenntnisse zur Unternehmensverantwortung

Analog zu Kapitel 3.1.2.2 werden in diesem Abschnitt Erkenntnisse des Stakeholder-Ansatzes, die im Hinblick auf die Erarbeitung des Modells der Unternehmensverantwortung als bedeutend erachtet werden, zusammengefasst und einer ersten Bewertung unterzogen.

Aufbauend auf den Erkenntnissen der Systemtheorie und dem daraus resultierenden Unternehmensmodell setzt sich der Stakeholder-Ansatz eingehend mit der Analyse der Anspruchsgruppen einer Unternehmung auseinander. Die daraus gewonnenen Erkenntnisse sind nicht nur in strategischer Hinsicht

---

[111] Vgl. Speckbacher (1997), S. 631. Lediglich unter der Zielvorgabe einer kurzfristigen Renditeorientierung ist eine Vereinbarkeit zwischen Stakeholder- und SHV-Ansatz nicht möglich, vgl. zur Förderung von langfristigen Unternehmensstrategien durch das SHV-Konzept o.V. (1997), S. 550 ff. Für Speckbacher existieren aufgrund der unterschiedlichen Wirtschaftsordnungen, die die Anwendung der jeweiligen Ansätze prägen, zwei Modelle: Das angelsächsische Modell, bei dem aufgrund der Bedeutung des Kapitalmarktes das SHV-Konzept dominiert, sowie das deutsche Modell, das wegen der stärkeren Beeinflussung der Unternehmensführung durch eine Vielzahl von Gruppen (z.B. Eigentümer, Gläubiger, Arbeitnehmer) vom Stakeholder-Ansatz ausgeht, vgl. Speckbacher (1997), S. 635; vgl. hierzu auch Bühner/Tuschke (1997), S. 504 und S. 513 f.

[112] Vgl. Fn. 84 und 91.

[113] Vgl. hierzu auch Schmid (1997), S. 634; Noppeney (1997), S. 17.

[114] Vgl. Wöhe (2002), S. 76 f.

für eine Unternehmung von besonderem Interesse, z.B. zur Aufrechterhaltung der langfristigen Wettbewerbsfähigkeit, sondern können auch Aufschluss darüber geben, in welcher Art und Weise eine Unternehmung Verantwortung übernimmt bzw. übernehmen sollte.
Im Hinblick auf die Erarbeitung einer im Kontext der vorliegenden Arbeit im Vordergrund stehenden Definition der Unternehmensverantwortung sollten demnach folgende Kriterien beachtet werden (fortlaufende Nummerierung aus Kapitel 3.1.2.2):

**V. Unternehmensverantwortung bezieht sich immer auf die von einer Unternehmung spezifisch (letztendlich subjektiv) festgelegten eigenen relevanten Verantwortungsfelder (Relevanzproblematik).**

Jede Unternehmung hat ihre eigenen Rahmenbedingungen, ihre eigene Struktur und ihre eigene Sachziel- und Zweckorientierung. Dementsprechend wird sie ihre spezifischen und relevanten Verantwortungsfelder festlegen müssen, die sich von anderen Unternehmungen stark unterscheiden können. Dabei wird der Grad der Unterscheidung umso stärker ausfallen, desto größer die Konkretisierung der einzelnen Verantwortungsfelder voranschreitet. So können Verantwortungsfelder multinationaler Großkonzerne (einer Branche) auf abstrakter Ebene sehr wohl identisch sein – wie z.B. Verminderung des Treibhaus-Effektes, keine Kinderarbeit, etc. – in ihrer konkreten Ausgestaltung auf Werksebene z.B. kann sich die jeweilige Ausgestaltung und Umsetzung jedoch sehr wohl unterscheiden. Dementsprechend muss jede Unternehmung die für sich relevanten Verantwortungsfelder festlegen.

**VI. Wird Unternehmensverantwortung direkt oder indirekt von Ansprüchen, Anforderungen und Betroffenheiten der relevanten Stakeholder einer Unternehmung hergeleitet, so kann auch ein direkter bzw. indirekter Bezug von Unternehmensverantwortung und Sicherung der langfristigen Wettbewerbsfähigkeit einer Unternehmung hergestellt werden (strategische Komponente der Unternehmensverantwortung).**

Wird dieser Zusammenhang hergestellt, sollte Unternehmensverantwortung in das unternehmerische Zielsystem einfließen. Dazu gehört zum einen die Verankerung der Unternehmensverantwortung in unternehmenseigenen *Leit-*

*linien* oder *Business Principles*[115] auf strategischer Unternehmensebene, zum anderen müssen Zielgrößen zur Messung und Bewertung der Unternehmensverantwortung auf operativer Unternehmensebene bestimmt werden.

**VII. Unternehmensverantwortung – im Kontext von Beachtung bzw. Befriedigung von Ansprüchen und Anforderungen der Stakeholder – kann für die Unternehmung bei Nichtbeachtung zur Existenzbedrohung werden (Beachtung, d.h. Existenzberechtigung; Nichtbeachtung, d.h. Existenzgefährdung).**

Damit soll ausgedrückt werden, dass Unternehmensverantwortung eng mit der Beachtung bzw. Befriedigung von Ansprüchen und Anforderungen der Stakeholder einer Unternehmung verbunden ist. Werden diese Ansprüche oder Anforderungen missachtet oder fehlinterpretiert, kann es aufgrund der Beziehungsstörungen zu sog. Ressourcenverweigerungen kommen (Kapitalressourcen, u.a. Finanz- und Humankapital, aber auch Vertrauen, Akzeptanz und Informationsfluss werden der Unternehmung entzogen), was wiederum nicht selten zur Existenzgefährdung/-bedrohung führt. Daraus lässt sich der strategische Charakter der Unternehmensverantwortung direkt herleiten.

**VIII. Unternehmensverantwortung kann in ihrer Ausgestaltung für eine Unternehmung auch Konfliktpotentiale beinhalten.**

Analog zu den Konfliktpotentialen, die aus der Vielzahl und Vielfältigkeit der Ansprüche und Anforderungen der einzelnen Stakeholder einer Unternehmung entstehen, kann es auch bei der Ausgestaltung der Unternehmensverantwortung zu Konfliktfeldern kommen. So können relevante Verantwortungsfelder der Unternehmung z.B. aus Sicht der Unternehmenseigner (Shareholder) konträr zu den relevanten des Managements (Stakeholder) definiert werden.[116]

**IX. Wenn Unternehmensverantwortung u.a. auf den Ansprüchen, Interessen und Forderungen der Stakeholder einer Unternehmung beruht, dann können analog zur Klassifizierung der Stakeholder auch verschiedene Bereiche unternehmerischer Verantwortung**

---

115 Zur konkreten inhaltlichen Ausgestaltung solcher Leitlinien in einer Unternehmung siehe beispielsweise Kap. 4.1.2, ebenda.

116 Siehe hierzu auch Ausführungen zum Principal-Agent-Ansatz, vgl. Wöhe (2002), S. 69 f.; Schierenbeck (2000), S. 61.

**zusammengefasst werden. Diese werden im Folgenden als Verantwortungsfelder einer Unternehmung bezeichnet.**

Entsprechend der Klassifizierung interner und externer Stakeholder können auch im Kontext der Unternehmensverantwortung interne und externe Verantwortungsfelder einer Unternehmung identifiziert werden. Inhalt eines internen Verantwortungsfeldes könnte demnach z.B. die Einhaltung hoher Standards bei der Arbeitssicherheit für die eigenen Mitarbeiter einer Unternehmung sein, oder aber die Vorgabe, dass alle Produktionsstandorte einer Unternehmung ISO 14001 zertifiziert sind.

Analog zu Kapitel 3.1.2.2 können aufbauend auf den Erkenntnissen des Stakeholder-Ansatzes folgende Kriterien einer im Kontext der vorliegenden Arbeit definierten Unternehmensverantwortung zusammengefasst werden. Dabei werden der Vollständigkeit halber auch diejenigen Kriterien aufgezählt, die bereits aus den Erkenntnissen der Systemtheorie hergeleitet wurden und dementsprechend hier zu einer Doppelnennung führen.[117]

Folglich sollte Unternehmensverantwortung:

- sowohl strategisch als auch operativ umsetzbar,
- multiperspektivisch bzw. mehrdimensional,
- sowohl wertschöpfungsprozessbezogen als auch nicht-wertschöpfungsprozessbezogen,
- überschneidungsfrei, konfliktfrei[118],
- relevanzabhängig [subjektiv auf jede Unternehmung spezifisch abgestimmt] und
- klar abgrenzbar[119] sein.

---

[117] Vgl. Kap. 3.1.2.2, ebenda. Eine Zusammenführung aller Erkenntnisse und Kriterien der Unternehmensverantwortung erfolgt in Kap. 3.1.4.4, ebenda.

[118] Die potentiellen durch unterschiedliche Stakeholderanforderungen hervorgerufenen Konfliktsituationen (sog. Trade-offs) gilt es in einem ausgewogenen ‚Verantwortungsmanagement' wahrzunehmen, zu analysieren und bestenfalls zu lösen. Vgl. Kap. 3.1.4.4 und Kap. 4, ebenda.

[119] Mit der Definition von sog. Verantwortungsfeldern einer Unternehmung wird eine unternehmensspezifische Klassifizierung vorgenommen, in der einzelne Verantwortungsfelder klar voneinander abzugrenzen sind. Bei der strategischen, vor allem aber operativen Umsetzung in Unternehmungen kann es jedoch leicht zu Überschneidungen einzelner Ziele für das ein oder andere Verantwortungsfeld kommen, bzw. eine Zielgröße für mehrere Verantwortungsfelder definiert werden. Zur Abgrenzungsproblematik siehe auch Kap. 4, ebenda.

Untenstehende Tabelle fasst alle Erkenntnisse in Bezug auf die Erarbeitung des Modells der Unternehmensverantwortung zusammen:

| Nr. | Thesen | Anspruch/Anforderung an die Unternehmensverantwortung |
|---|---|---|
| 11 | Die Sicherung langfristiger Wettbewerbsfähigkeit einer Unternehmung ist nur unter Berücksichtigung von Ansprüchen und Interessen ihrer Stakeholder (Anspruchsgruppen) möglich. | strategisch |
| 12 | Als Stakeholder werden alle Akteure, Anspruchsgruppen oder Institutionen bezeichnet, die mit der Unternehmung in irgendeiner Art von Beziehung – direkt (am Wertschöpfungsprozess beteiligt) oder indirekt (außerhalb des Wertschöpfungsprozesses) – stehen. | multiperspektivisch, direkt oder indirekt auf Wertschöpfungsprozess bezogen |
| 13 | Stakeholder können Ansprüche und Forderungen an die Unternehmung stellen, die konträr zueinander ausgerichtet sein können. Daraus resultierende Konflikte (Trade-offs) und Überschneidungen gilt es in einem angemessenen Stakeholdermanagement zu analysieren und zu bewältigen. | überschneidungsfrei, konfliktfrei |
| 14 | Jede Unternehmung wählt aufgrund spezifischer Rahmenbedingungen die für sich als relevant erachteten Stakeholder durch einen Analyseprozess aus (Relevanzproblematik). | rahmenbedingungsabhängig, relevanzabhängig, subjektiv |
| 15 | Stakeholder können durch verschiedene Kriterien klassifiziert werden. Dazu zählt zum einen das Kriterium der Einflussstärke und Durchsetzbarkeit ihrer Ansprüche (strategische Anspruchsgruppen, Interessengruppen und Bezugsgruppen), zum anderen aber auch das Kriterium der Systemzugehörigkeit (interne vs. externe Stakeholder). | klassifizierbar (analog zur Klassifizierung der Stakeholder) |
| 16 | Klassifizierung der Stakeholder kann analytischen Schwächen in Form von Überschneidungen und Redundanzen unterliegen. | klar abgrenzbar |

**Tabelle 5: Zusammenhang Unternehmensmodell (Systemtheorie) und Unternehmensverantwortung**

Zusammen mit den Kriterien aus Kap. 3.1.2.2 sollen obengenannte Kriterien in das Modell der Unternehmensverantwortung einfließen.[120]

### 3.1.4 Modell der Unternehmensverantwortung

"Der Markt ist ein Sortiermechanismus, mit dem Effizienz von Ineffizienz getrennt wird, nicht aber ein Ersatz für unser aller Verantwortlichkeit."
(Charles Handy 1995)[121]

Zum Verständnis der Unternehmensverantwortung wird zunächst ein Überblick über die Verwendung und Beurteilung in der Literatur gegeben, woraufhin eine Präzisierung des Begriffes der Unternehmensverantwortung durch die Festlegung der Definition als korporative Verantwortung erfolgt. In einem

---

[120] Siehe hierzu Kap. 3.1.4.4 und Kap. 4, ebenda.
[121] Handy (1995a), S. 22. Charles Handy (1932 in Kildare, Irland geboren) ist ein bedeutender Wirtschafts- und Sozialphilosoph, der einer der Mitgründer der *London Business School* 1972 war. Mittelpunkt seiner Auseinandersetzungen waren Fragen der Veränderung der Gesellschaft und Arbeitswelt. Handy gilt als einer der einflussreichen Managementdenker. Siehe hierzu auch Handy (1991), S. 19 ff.; Handy (1995b), S. 57 ff.

nächsten Schritt werden Anforderungen und Kriterien korporativer Unternehmensverantwortung aufgestellt, die letztendlich zur Abbildung der Verantwortungsfelder einer Unternehmung führen, welche in das zu erarbeitende Modell der Unternehmensverantwortung einfließen. Dieses Modell der Unternehmensverantwortung bildet die Grundlage für die weiteren Ausarbeitungen der vorliegenden Arbeit.

#### 3.1.4.1 Unternehmensverantwortung in der Literatur

Die unternehmerische Verantwortung wird in der Literatur kontrovers thematisiert und diskutiert. Die Vertreter der ökonomischen Position sehen die unternehmerische Verantwortung ausschließlich in der Maximierung ihrer Gewinne. Sehr grundlegend äußert sich dazu etwa Nickel (1993), der anmahnt, die interessant zu diskutierende Frage der sozialökologischen Verantwortung nicht mit der unternehmerischen Realität zu verwechseln. Es sei nicht Aufgabe der Unternehmung, den Mantel mit den Bedürftigen zu teilen, sondern ihn zu produzieren.[122]

In der Entwicklung unternehmerischer Strategien sowie in der betriebswirtschaftlichen Theorienbildung findet andererseits auch eine Auseinandersetzung mit dem Thema einer über das unternehmerische Gewinninteresse hinausgehenden Verantwortung statt.[123] Der erste Ansatz zu einer gesellschaftlichen Verantwortung von Unternehmungen beschäftigt sich mit der sozialen Verantwortung der Unternehmensführung (Heald 1957; Hunziker 1980), die letztlich einen Appell an das Verantwortungsgefühl des individuellen Managers darstellt und als substanzlos, naiv und als pseudonormative Leerformel kritisiert wurde.[124] Auch der insbesondere im US-amerikanischen Raum verbreitete Ansatz einer Managerethik (Laczianika/Murphy 1985) verankert Verantwortung letztlich beim Individuum.

Der ‚social responsiveness'-Ansatz (Frederick 1986) hingegen stellt **Verantwortung als das unternehmerische Reagieren auf gesellschaftliche Entwicklungen und Ansprüche** erstmals in organisationalen Strukturen

[122] Vgl. Nickel (1993), S. 2.
[123] Vgl. Hansen (2000), S. 149.
[124] Vgl. Oppenrieder (1986), S. 2; Ulrich (1981), S. 63 ff.; Steinmann (1973), S. 470.

dar.[125] Auch der in Kapitel 3.1.3 erörterte Stakeholder-Ansatz nach Freeman (1984) ist in diesem Zusammenhang aufzuführen. Diese auf Entwicklungen und Ansprüche der Organisationsumwelt (Unternehmensumwelt) eingehende – als **korporativ** zu verstehende – **Verantwortung** wird im Schrifttum etwas uneinheitlich als soziale bzw. sozial-ökologische Verantwortung[126], gesellschaftliche Verantwortung[127] oder auch politische bzw. republikanische Verantwortung[128] bezeichnet, ihr jedoch einhellig ein moralisch-ethischer Charakter zugeschrieben.[129] In diesem Zusammenhang finden sich zahlreiche Ausführungen zur Begründung einer moralischen Verantwortung von Unternehmungen, die der vorliegenden Arbeit als Grundlage dienen und im Folgenden näher erläutert werden.[130]

Abschließend sei angemerkt, dass im Zusammenhang mit der Konzeption der unternehmerischen Verantwortung in der betriebswirtschaftlichen Literatur die Ansätze der Unternehmensethik die Frage thematisieren, wie Unternehmungen diese Verantwortung wahrnehmen können, d.h. an welchem Maßstab bzw. an welchen Werten und Normen sich dieses verantwortliche Handeln orientieren soll. Damit stellen diese Ansätze grundsätzlich sicherlich ein mögliches Fundament für die Konzeption einer unternehmerischen Verantwortung im Kontext der vorliegenden Arbeit dar. Unternehmensethische Ansätze wurden in den letzten Jahren zahlreich im Schrifttum erörtert. Zwei wesentliche Forschungsrichtungen zeichnen sich hier ab:

Die einen – vor allem im deutschsprachigen Raum zu findenden – Ansätze (im Wesentlichen Homann/Blome-Drees 1992, Homann 1994, Ulrich 1994, Steinmann/Löhr 1994) fokussieren im Allgemeinen unter Rückgriff auf philosophische Grundlagen insbesondere auf die theoretische Verhältnisbestim-

---

[125] Vgl. Frederick (1986), S. 126 ff.

[126] Vertiefend hierzu Schulz/Drews/Schmidt-Dorrenbach (1990), S. 12 f.; Dierkes/Zimmermann (1991), S. 24 ff.; Göbel (1992), S. 48 ff.; Walton (1999), S. 16 ff.

[127] Vertiefend hierzu Knyphausen-Aufseß (1998), S. 25 ff. und Furger (2000), S. 177 ff.

[128] Vertiefend hierzu Scherer (2000), S. 1 ff.; Steinmann/Scherer (1997), S. 23 ff.; Steinmann/Löhr (1994), S. 121 f.

[129] Der Verantwortungsbegriff kann auch in einem juristischen Sinn verstanden werden. Etymologisch zwar auf das Rede-und-Antwort-Stehen vor Gericht zurückgehend, hat der Begriff gleichwohl im Wesentlichen materiell-rechtliche Bedeutung und wird inhaltlich im Zivilrecht etwa durch den Begriff der Haftung bestimmt und verfassungsrechtlich begründet; siehe hierzu Gröschner (1998), S. 61.

[130] Vgl. Lenk/Maring (1992), S. 153 ff., Lenk/Maring (1998), S. 19 ff.; Steinmann/Löhr (1994), S. 144 f.

mung von Ethik und Ökonomie und beschäftigen sich stärker mit einer idealen und deduktiven Normenbegründung als mit der praktischen Normfindung und -umsetzung.[131]

Im Gegensatz dazu beschäftigen sich die anderen – meist US-amerikanischen – Ansätze[132] weniger mit den Grundsatzfragen als vielmehr mit einer induktiven, pluralistischen und empirischen Normfindung und deren pragmatischen Umsetzung.
Grundsätzlich weisen beide Forschungsschwerpunkte Probleme auf. Je stringenter und eindimensionaler die ethische Theorie, desto zahlreicher die von denselben Ethikern aufgestellte moralische Forderung, für die nicht ersichtlich ist, wie sie sich aus den bereitgestellten theoretischen Grundlagen deduzieren lassen soll (exemplarisch: Kant). Je enger sich die Ethik andererseits an die konkreten moralischen Institutionen hält, desto unsystematischer und beliebiger die resultierende Theorie (exemplarisch: Aristoteles). Indem die induktiven Theorien des letzteren Typs bestimmte vorzufindende Praxisnormen mehr oder weniger nur abbilden, büßen sie sowohl an Erklärungskraft als auch an kritischer Funktion ein. Sie können die gelebte Moral nur noch spiegeln, nicht aber begründen, verändern oder umgestalten.[133] Aus diesen Gründen wird auf Ansätze der Unternehmensethik zur Erklärung der Unternehmensverantwortung in der vorliegenden Arbeit nicht weiter eingegangen.

#### 3.1.4.2 Definition der Unternehmensverantwortung

Wird Verantwortung – auch die unternehmerische – als Verpflichtung (Verantwortlichkeit) für die Auswirkungen der getroffenen Entscheidungen einzustehen, begriffen, wird deutlich, dass ein ausschließlich ökonomisch verstandener letztlich im Gewinnstreben liegender oder auf ihn zurückführbarer Verantwortungsbegriff zu kurz kommt.[134] Auf eine explizite begriffliche Abgren-

[131] Vgl. Homann (1994), S. 109 ff.; Ulrich (1993), S. 173 ff.; Ulrich (1994), S. 75 ff.; Steinmann/Löhr (1994), S. 145 ff.
[132] Die meisten Veröffentlichungen in den USA zum Thema Unternehmensethik zeichnen sich durch eine fallbezogene Methodik aus und versuchen, konkrete Problemfälle anhand allgemeiner ethischer Theorien zu analysieren. Dabei lässt sich ein abgrenzbarer theoretischer Ansatz nicht erkennen. Siehe hierzu Shaw (1996), S. 12 ff.
[133] Vgl. Birnbacher (1988), S. 21 ff.
[134] Vgl. Dülfer (1991), S. 129.

zung von Verantwortung und Verantwortlichkeit soll hier verzichtet werden, zumal beide Begriffe umgangssprachlich mit einem breiten, gegenseitig nicht scharf abgegrenzten Begriffsverständnis verwendet werden. Verantwortung ist dennoch mehr im Sinne von Selbstverpflichtung und überzeugtem Bekenntnis zu verstehen, Verantwortlichkeit mehr im Sinne zugewiesener Pflichten.[135]

Im Folgenden wird ein problemadäquates Begriffsverständnis globaler Verantwortung entwickelt und im Weiteren im Hinblick auf die Handlungspraxis von Unternehmungen präzisiert, welches dieser begrifflichen Trennung entspricht. Nichtsdestotrotz werden sich in den weiteren Ausführungen Aspekte der Verantwortung mit solchen der Verantwortlichkeit vermengen. Für das Begriffsverständnis sind zunächst zwei grundlegende Gesichtspunkte von Bedeutung: Zum einen stellt sich die Frage, inwieweit Unternehmungen als korporativen Akteuren über ihre originäre Funktion hinausgehende (moralische) Verantwortung zugerechnet werden kann, da sich der Verantwortungsbegriff zunächst auf individuelle Handlungsweisen bezieht. Zum anderen sind die Merkmale des die weitere Argumentation fundierenden Verständnisses unternehmerischer Verantwortung zu entfalten.

#### 3.1.4.3 Unternehmensverantwortung als korporative Verantwortung

Das Grunddilemma der Begründung von Verantwortung von Organisationen liegt darin, dass alle traditionellen Ansätze auf Handlungen und Entscheidungen von Individuen als autonome, ihrem Gewissen verantwortliche Einzelwesen aufbauen.

Dementsprechend stellen die Bedingungen für Verantwortung ausschließlich anthropomorphe Kategorien dar und sind in ihrer Anwendung auf Unternehmungen als Organisationen problematisch.[136]

Drei Ansätze zur korporativen – also auf Entwicklungen und Ansprüche der Organisationsumwelt (Unternehmensumwelt) eingehende – Verantwortung sind in der Literatur zu finden.

---

[135] Vgl. Müller-Merbach (1994), S. 126.
[136] Vgl. Goodpaster (1983), S. 7 ff.

3.1.4.3.1 Theorieansätze korporativer Verantwortung

Das **Aggregationsmodell** versteht die Organisation als Summe individueller Handlungen sowie Interaktionen und reduziert somit korporative Verantwortung ausschließlich auf individuelle Verantwortung.[137]
Auch das **Strukturmodell** schreibt Organisationen keinen moralischen Status zu, da die Dominanz von Organisationsstrukturen eine Zweckrationalität impliziert, die keinen Handlungsspielraum lässt. Damit entziehen sich Handlungen von Organisationen jeder moralischen Beurteilung.[138]

Lediglich der **Ansatz zur Personenanalogie** geht schließlich davon aus, dass Unternehmungen grundsätzlich ebenso wie Personen als verantwortlich zu betrachten sind.[139]

Zur Klärung der offensichtlich umstrittenen Frage nach der Verantwortungsfähigkeit von Unternehmungen lassen sich Ansatzpunkte in einem *rechtswissenschaftlichen Exkurs* finden, da die Auseinandersetzung mit der Möglichkeit korporativer Verantwortung im Hinblick auf Haftungsfragen in dieser Disziplin von offensichtlicher Bedeutung ist. Der Begriff der Verantwortung umfasst eine dreiteilige Beziehung. „Er bezeichnet (1) die Urheberschaft oder Zuständigkeit von einer Person [Verantwortungssubjekt]; (2) für das eigene Tun oder Unterlassen, auch für deren Zusammenhang, für Handlungsgrundsätze, Lebensformen und deren subjektive Befestigung, den Charakter, auch für Personen oder bestimmte Aufgaben(bereiche); (3) vor einer Instanz, die Rechenschaft sucht [Verantwortungsobjekt]“[140].

Verantwortung bezieht sich also demnach grundsätzlich auf Handlungsweisen, die von einem Verantwortungssubjekt durchgeführt und von denen ein Verantwortungsobjekt in irgendeiner Art und Weise betroffen wird. Für dieses Tun oder Lassen, ebenso wie für übernommene Aufgaben und Charaktereigenschaften trägt das Verantwortungssubjekt die Verantwortung gegenüber anderen Personen oder einer Instanz.[141]

---

137 Vgl. Werhane (1985), S. 31 ff.; Werhane (1992), S. 329 ff.
138 Vgl. De George (1983), S. 58 f.; Donaldson (1982), S. 23 f.
139 Siehe hierzu vor allem French (1984), S. 31 ff.; French (1992), S. 317 ff.
140 Höffe (1986), S. 233.
141 Vgl. Höffe (1986), S. 263 f.; Nummer-Winkler (1993), S. 1186.

Damit ist der Verantwortungsbegriff ein Beziehungsbegriff und ein Zuschreibungskonstrukt. Zentrales Zuschreibungskriterium ist die Handlungsfähigkeit, die nach Schwemmer (1987) darin besteht, dass ein Subjekt, das bestimmte Intentionen hat, versucht, diese durch ein bestimmtes Handeln zu realisieren, welches i.d.R. zusätzliche Wirkung zeigt.[142]

Die Handlungen eines Kollektivsystems (Organisation/Unternehmung) zeichnen sich jedoch insbesondere dadurch aus, dass mehrere Individuen (Subjekte) handeln, die Wirkungen dieser Handlungen eine größere Reichweite haben, Organisationen eine größere Macht aufweisen und aufgrund der Arbeitsteilung und Komplexität in Unternehmungen weder Intentionen offensichtlich sind noch unmittelbare Rückmeldung über die Handlungsfolgen und keine Zurechnung derselben erfolgt.[143]

Aus der Sicht ***nominalistischer Rechtstheorien*** können Organisationen deshalb keine Verantwortung tragen, da diese die für eine Verantwortungszurechnung notwendigen Merkmale eines Akteurs – das Verfügen über ein Minimalwissen über moralische Regeln und empirische Handlungsfolgen, Handlungs- und Wissensfreiheit und darin impliziert eine Absichtlichkeit des Handelns – nicht offensichtlich aufweisen.[144]

Wird eine Unternehmung als ein System verstanden, das aus individuellen Handlungen ebenso wie auch aus interaktionalen, kollektiven Handlungen und strukturellen, systemischen Zusammenhängen besteht, dann wird offensichtlich, dass unternehmerische Verantwortung ebenso wenig auf die Verantwortung der Korporationsmitglieder reduziert werden kann wie unternehmerisches Handeln auf das Handeln isolierter Individuen.

Als „nicht greifbare […] Person, die das Gesetz ‚fiktive[…] Person' nennt"[145] kann einer Unternehmung vordergründig kein beabsichtigtes Handeln oder ein freier Wille zugeschrieben werden.[146] Verantwortung wird demnach einer

---

142 Vgl. Schwemmer (1987), S. 194.
143 Vgl. Lenk/Maring (1998), S. 21 ff.
144 Vgl. Nummer-Winkler (1993), S. 1185.
145 Coleman (1986), S. 17.
146 Siehe hierzu auch Colvin (1995), S. 2 ff.

Unternehmung nur dann zugeordnet, wenn eine bestimmte Handlungsweise einem bestimmten Organisationsmitglied zugerechnet werden kann, das für sein Handeln zur Rechenschaft gezogen werden kann. Organisatorische Verantwortung ist die repräsentative Verantwortung eines Individuums.[147]

***Realistische Theorieansätze***, die bspw. im Strafrecht der USA im Rahmen der ‚Federal Sentencing Guidelines of Organizations' Eingang finden, gehen hingegen davon aus, dass die in der Unternehmensverfassung festgelegten Regeln bestimmte Handlungen als Handlungen der Unternehmung ausweisen können, da es sich bei Unternehmungen um Korporationen handelt, die sich als zielgerichtetes selbstständiges Handlungssystem durch eine Herrschaftsstruktur, interne Entscheidungsstrukturen und -prozeduren auszeichnen.[148]

Handlungen und Entscheidungen von Unternehmungen können letztlich weder auf einzelne Individuen innerhalb des Systems noch auf externe Handlungssysteme zurückgeführt werden. Organisationen entwickeln darüber hinaus eigene Interessen und Ziele, die zwar individuelle Interessen und Ziele widerspiegeln können, dies aber nicht vollständig tun müssen.[149] Diese Interessen und Ziele schlagen sich in Unternehmenspolitik und -strategie nieder.[150] Schließlich verfügen Unternehmungen sogar über Ressourcen, die es ihnen ermöglichen, negative Auswirkungen ihres Handelns auf ihr Umfeld zu vermeiden.[151] Unter Rückgriff auf das eingangs skizzierte Handlungsverständnis wird deutlich, dass die Unternehmung als „überindividueller Akteur sui generis"[152] zu begreifen ist. Diese Handlungsfähigkeit von Unternehmungen impliziert Verantwortungsfähigkeit. Demnach ist einer Unternehmung grundsätzlich Verantwortung für ihr Handeln – welches als zielorientiertes kollektives Handeln mehrerer Mitglieder eines arbeitsteiligen Kollektivsystems zu verstehen ist – zuzurechnen.

---

[147] Vgl. Feinberg (1970), S. 222 f.
[148] Vgl. Lenk/Maring (1998), S. 21 ff.
[149] Vgl. Maring (1989), S. 37.
[150] Vgl. French (1995), S. 182.
[151] Vgl. Knyphausen-Aufseß (1998), S. 47.
[152] Enderle (1988), S. 36.

Wird die Unternehmung – wie in Kapitel 3.1.2 – als ein System, das aus individuellen Handlungen ebenso wie aus interaktionalen, kollektiven Handlungen und strukturellen, systemischen Zusammenhängen besteht, verstanden, wird offensichtlich, dass unternehmerische Verantwortung ebenso wenig auf die Verantwortung der Korporationsmitglieder reduziert werden kann wie unternehmerisches Handeln auf das Handeln isolierter Individuen. Eine Unternehmung ist weder als bloße Kombination individueller Handlungen zu begreifen noch mit einem Organismus oder einer Maschine zu vergleichen.[153]

Vielmehr soll nach **French (1984)** die Unternehmung – analog zu den rechtlichen Begriffen der ‚natürlichen' bzw. ‚juristischen' Person – als ‚moralische Person' verstanden werden und „kann […] zu Recht als moralischer Akteur bezeichnet werden"[154].[155]

***Unternehmerische Verantwortung*** ist im Kontext der vorliegenden Arbeit demnach als ***korporative Verantwortung*** zu verstehen.

***Korporative Verantwortung*** meint die sekundäre Verantwortung eines sekundär handelnden Systems der Meso-Ebene, welches sich durch Herrschafts- und Entscheidungsstrukturen und -prozeduren als kollektiver Akteur manifestiert.[156] Sekundäres Handeln umfasst die Handlungen, die aus primären Handlungen der Mitglieder resultieren und deren Handlungsfolgen an den unternehmerischen Zielen reflektiert werden, sich jedoch dennoch nicht allein auf das primäre Handeln zurückführen lassen.[157]
Demnach hängt korporative Verantwortung als sekundäre Verantwortung von der primären individuellen Verantwortung ab, kann jedoch nicht ausschließlich auf diese reduziert werden, sondern muss diese vielmehr ergänzen.[158]
„Verantwortlich für die Folgen von Einzelhandlungen, die zur Erreichung des korporativen Zwecks ausgeführt werden, sind […] nicht die individuellen Personen, die sie konkret umsetzen. Stattdessen wird die moralische Verantwor-

---

153 Vgl. Danley (1995), S. 188.
154 Enderle (1993), S. 211.
155 Vgl. French (1984), S. 31 ff.; French (1992), S. 317 ff.
156 Vgl. Maring (1989), S. 25 ff.
157 Vgl. Werhane (1985), S. 128; Werhane (1992), S. 329 ff.
158 Die Beziehung der korporativen und der individuellen Verantwortung zueinander soll an dieser Stelle nicht diskutiert werden. Ausführlich hierzu siehe Lenk/Maring (1998), S. 19 ff.

tung dafür derjenigen Instanz zugeschrieben, die die Folgen ihres Zusammenspiels intendiert hat und davon profitiert. Im ökonomischen Kontext heißt das, dass die einzelne Unternehmensorganisation selber als Subjekt moralischer Verantwortung betrachtet wird, sofern sie Träger von Aktivitäten ist, die ausschließlich der Erreichung der Unternehmensziele dient. Die Frage der moralischen Verantwortung des Einzelnen wird dabei zur Frage der Mitverantwortung bei den so bestimmten Unternehmens-Aktivitäten“[159].

Organisationstheoretische Überlegungen sprechen demnach sogar dafür, korporativen Akteuren eine höhere Verantwortungsfähigkeit als Individuen zuzumuten, nicht zuletzt aufgrund der Entscheidungsstrukturen in Organisationen, die eine rationale Entscheidung in komplexen Entscheidungssituationen ermöglichen.[160]

Basierend auf diesem Ansatz sollen Dimensionen korporativer Verantwortung erarbeitet werden, um festzustellen, inwieweit dieser Ansatz zur Erklärung und zum Aufbau eines – im Kontext der vorliegenden Arbeit entsprechenden – Konzepts unternehmerischer Verantwortung herangezogen werden kann.

#### 3.1.4.3.2 Dimensionen korporativer Verantwortung

Der Auffassung von Unternehmungen als verantwortungsfähigem Akteur ist nun gleichsam die Frage nach dem Verständnis der unternehmerischen korporativen Verantwortung inhärent, welches zum Ersten durch die Frage nach den **Verantwortungsobjekten** konstituiert wird, deren Beachtung, Förderung oder Erhaltung Gegenstand ihrer Verpflichtung sind. Die zweite, das moralische Verantwortungsverständnis der Unternehmung betreffende, konstituierende Grundfrage betrifft den **Adressaten**, demgegenüber man Rechenschaft ablegen muss.[161]

---

[159] Kleinfeld (1998), S. 97 f.

[160] Vgl. Kaufmann (1992), S. 84 f.; Geser (1990), S. 401 ff. Nach French (1992) ist es gerade der Entscheidungsprozess, der bestimmte Ziel- und Mittelwahlen als korporative Ziele auszeichnet. Er verweist darauf, dass die Organisationsstruktur Kompetenzen und Verfahrensweisen regelt. Entspricht die Entscheidungsfindung diesen Regeln, handelt es sich um eine korporative Entscheidung, deren Konsequenzen die Unternehmung zu verantworten hat, vgl. French (1992), S. 325.

[161] Vgl. Kaufmann (1992), S. 24 ff.

Analog zur individuellen Verantwortung lassen sich nach den *Verantwortungsobjekten* die **Dimensionen korporativer Verantwortung** unterscheiden.[162] Unternehmungen tragen demzufolge eine allgemeine Handlungsergebnisverantwortung, d.h. sie sind für ihr Tun und die Folgen verantwortlich. Diese Verantwortung umfasst dabei neben der ex-post-facto Rechenschaft für begangene Taten zudem eine „Determinierung des Zu-Tuenden"[163] und impliziert demnach auch die Reflexion des zukünftigen Handelns und der diesem zugrunde liegenden Handlungsnormen. Diese kausale handlungsgebundene Verantwortung ist zunächst als formale Einteilung zu sehen und erfährt erst durch eine inhaltliche Aufgaben- und Rollenspezifizierung oder die rechtliche bzw. moralische Deutung den Bezug auf den entsprechenden Wert- und Normbereich. Neben der aufgabenspezifischen, im Wesentlichen der Umsetzung des Gewinnziels entsprechenden ökonomischen sowie der rechtlichen Verantwortung ist Unternehmungen demzufolge auch eine über das rechtlich Fassbare hinausgehende moralische oder moralanaloge Verantwortung zuzuweisen.

Abbildung 4 zeigt die Dimensionen korporativer Verantwortung:

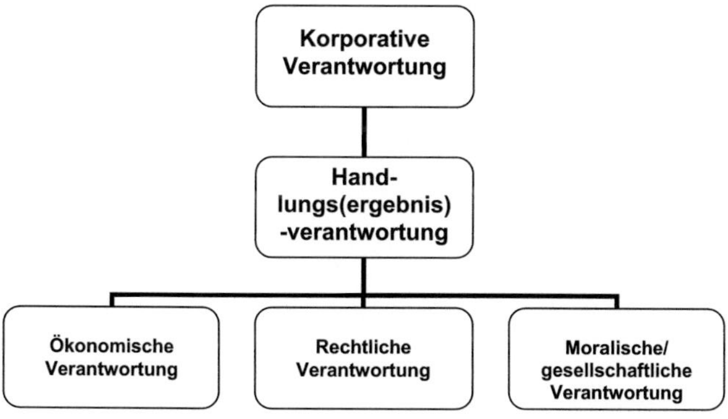


**Abbildung 4: Dimensionen korporativer Verantwortung einer Unternehmung**[164]

Während die ökonomische und rechtliche Verantwortung unumstritten und im einschlägigen Schrifttum auch hinreichend belegt ist, bedarf insbesondere die moralische oder im Kontext der vorliegenden Arbeit auch als gesellschaft-

162 Vgl. Lenk/Maring (1992), S. 159 f.; Lenk/Maring (1998), S. 28 f.
163 Jonas (1989), S. 174.
164 In Anlehnung an Lenk/Maring (1998), S. 23.

liche[165] bezeichnete Dimension der Verantwortung von Unternehmungen einer weiteren Präzision. Verantwortung ist „die Vorbedingung der Moral, aber noch nicht selber Moral“[166].

Moral drückt sich darin aus, dass Handlungen bzw. Handlungsgründe als *gut* oder *schlecht* beurteilt werden.[167] Damit konstituiert sich Moral einerseits durch Werte und andererseits durch normierte Forderungen der Verwirklichung dieser Werte. „Zur Verantwortung, zur Rechenschaft ziehen heißt [dann, Anm. d. Verf.], sich Gründe für das Handeln nennen oder aber vorhalten lassen, Gründe, die der Handelnde entweder schon vorher [...] vor Augen hat oder über die er sich erst im Nachhinein klar wird, und zwar Gründe, durch die das Handeln als gelungen: als gut und richtig, oder aber als misslungen: als schlecht, falsch und böse, erscheint“[168].
Handlungen und Handlungsnormen müssen demnach zur Legitimierung begründet werden. Konkrete unternehmerische Handlungen, also tatsächliche oder geplante Unternehmensstrategien, sind demzufolge nicht nur an der ökonomischen Rationalität des (kurzfristigen) Gewinnprinzips als Handlungsnorm der Rollen- und Aufgabenverantwortung bzw. geltenden Rechtsvorschriften als Handlungsnormen der rechtlichen Verantwortung zu begründen, sondern auch an moralischen bzw. gesellschaftlichen Werten und Normen zu reflektieren. Die strikte (kurzfristige) Gewinnmaximierung kann angesichts des dargestellten Verantwortungsverständnisses von Unternehmungen keine legitime unternehmerische Handlungsorientierung sein, vielmehr ist legitimes (kurzfristiges) Gewinnstreben stets moralisch begrenztes Gewinnstreben.[169]

Die zweite, das moralische Verantwortungsverständnis von Unternehmungen konstituierende Grundfrage betrifft den Adressaten, dem gegenüber Rechenschaft abzulegen ist.[170] Wird der Verantwortung die kausale Zurechnung von

165 Unter die gesellschaftliche Dimension sei an dieser Stelle auch die ökologische Verantwortung einzuordnen, die im weiteren Verlauf der vorliegenden Arbeit jedoch aufgrund ihrer gleichzusetzenden Bedeutung als eigene Dimension der Unternehmensverantwortung – neben der ökonomischen und gesellschaftlichen/sozialen Dimension – analysiert werden wird. Siehe dazu Kap. 3.1.4.5 und Kap. 3.2, ebenda.
166 Jonas (1989), S. 174.
167 Vgl. Leisinger (1997), S. 13 ff.
168 Höffe (1986), S. 34.
169 Vgl. Ulrich P. (1998), S. 3.
170 Vgl. Kaufmann (1992), S. 24.

Handlungen zugrunde gelegt, deren ‚conditio sine qua non' die kausale Macht ist, wird deutlich, dass die unternehmerische Verantwortung in der neuen Wirtschaftswelt einerseits angesichts ihrer grenzüberschreitenden Tätigkeit, deren Auswirkungen ebenfalls nationale Grenzen überschreiten, und andererseits aufgrund ihres Machtpotentials gegenüber Nationalstaaten eine globale Dimension aufweisen muss. (Multinationalen) Unternehmungen sind daher spezifische globale Verantwortungsbeziehungen zuzuschreiben, die durch ihren weltweiten Unternehmensverbund entstehen.[171] Machen Bezugsgruppen (Stakeholder) ihre Anliegen geltend, führt unternehmerisches Handeln zu möglichen Konflikten, fehlt dem unternehmerischen Handeln die Legitimationsbasis.[172]

***Unternehmensverantwortung*** wird somit für den weiteren Verlauf der Arbeit als ***korporative Verantwortung*** verstanden. Demnach wird die Unternehmung – analog zu den rechtlichen Begriffen der natürlichen und juristischen Person – als moralische Person verstanden, die als sog. ***Verantwortungssubjekt*** für ihre wirtschaftlichen Tätigkeiten und Aktivitäten (betrieblich und außerbetrieblich) in direktem Zusammenhang ihren sog. ***Verantwortungsobjekten*** (Stakeholder) gegenüber verantwortlich ist. Korporative Verantwortung als Handlungsergebnisverantwortung von Unternehmungen kann in inhaltlich unterschiedliche Dimensionen unterteilt werden.

Nachdem eine der Arbeit zugrunde liegende Definition korporativer Unternehmensverantwortung erarbeitet wurde, erfolgt in einem nächsten Analyseschritt der Aufbau des Modells der Unternehmensverantwortung.

---

171 Vgl. Dülfer (1991), S. 132.
172 Vgl. Ausführungen in Kapitel 3.1.3, ebenda.

Folgende Abbildung stellt die einzelnen Schritte/Phasen des Modells der Unternehmensverantwortung dar:

| Modell der Unternehmensverantwortung | |
|---|---|
| 1. Schritt | **Definition:** korporative Unternehmensverantwortung (UV)<br>Bestimmung des **Verantwortungssubjektes** |
| 2. Schritt | **Kriterien:** zur Strategie- und Zielbestimmung der UV |
| 3. Schritt | **Verantwortungsfelder:** Bestimmung des Verantwortungsobjektes |
| 4. Schritt | **Umsetzung:** unternehmensspezifisch auf strategischer und operativer Unternehmensebene |

**Abbildung 5: Schematische Darstellung des Modells der Unternehmensverantwortung**

Dazu werden zunächst spezifische Kriterien für die inhaltliche Ausgestaltung der Unternehmensverantwortung aufgestellt. Daneben erfolgt die Entwicklung möglicher Verantwortungsfelder einer Unternehmung. Die Umsetzungsphase schließt das Modell der Unternehmensverantwortung ab.

### 3.1.4.4 Anforderungen und Kriterien der Unternehmensverantwortung

Grundlage für die Herleitung der Begriffserklärung der Unternehmensverantwortung in Kapitel 3.1.2 und 3.1.3 waren Ausführungen zum Unternehmensmodell aus systemtheoretischer Sicht und zu dem darauf aufbauenden Stakeholder-Ansatz. Aus den Erkenntnissen dieser Theorien wurden **sechzehn Thesen** erstellt und **Kriterien** hergeleitet, die als Grundlage zum Aufbau eines **Modells der Unternehmensverantwortung** dienen sollen.

Folgende Tabelle zeigt die hergeleiteten Thesen und Kriterien aus den theoretischen Modell-Ansätzen:

| Nr. | Thesen | Anforderung an das Modell der Unternehmensverantwortung |
|---|---|---|
| 1 | Unternehmungen sind Systeme, die wiederum in Gebilden von Systemen (Mega-/Sub- und Teilsysteme) eingebettet sind. | systemorientiert |
| 2 | Unternehmungen sind offene, soziale Systeme, d.h. sie sind durch (ökonomische, ökologische und soziale) Beziehungen sowohl innerhalb des Systems als auch darüber hinaus zwischen mehreren Systemen untereinander charakterisiert. | multiperspektivisch |
| 3 | Beziehungen aus systemtheoretischer Sicht werden u.a. durch Ressourcenaustausch charakterisiert. Hierzu zählen vor allem Kapitalressourcen (u.a. Finanz-, Human- und Bodenkapital), aber auch Vertrauen, gesellschaftliche Akzeptanz und Informationsflüsse. | ressourcenorientiert/ Beziehungsverhältnisse widerspiegelnd |
| 4 | Aus Beziehungen können sich Ansprüche und Forderungen gegenüber der Unternehmung oder aber auch wechselseitig gegenüber anderen Systemelementen (Anspruchsgruppen/Akteure) begründen. | wechselseitig |
| 5 | Beziehungen können Unternehmungen positiv (Existenzberechtigung und -grundlage) und/oder negativ (Existenzgefährdung durch Beziehungsstörungen) beeinflussen. | strategisch; proaktiv/reaktiv |
| 6 | Unternehmungen treffen aufgrund ihrer spezifischen Rahmenbedingungen unterschiedliche Abgrenzungen bezüglich der Relevanz einzelner Elemente des Umsystems bzw. deren Beziehungen. | rahmenbedingungsabhängig, relevanzabhängig, subjektiv |
| 7 | Aus funktionaler Sicht besteht die globale Umwelt der Unternehmung aus dem gesellschaftlichen Umsystem (bestehend aus ökonomischer, soziokultureller, politisch-rechtlicher und technologischer Umwelt), das vom natürlich-ökologischen Umsystem (ökologische Umwelt) umfasst wird. Innerhalb und zwischen den Systemen existieren wechselseitige Beziehungen. | funktionsbezogen, funktional |
| 8 | In der Analyse der Interaktionsumwelt einer Unternehmung werden Beziehungen und daraus resultierende Ansprüche und Forderungen institutionalisiert bzw. personifiziert. | personenbezogen, institutional |
| 9 | Zur Interaktionsumwelt einer Unternehmung zählen aus systemorientierter Sicht Akteure, Anspruchsgruppen und Institutionen, die mit der Unternehmung in Interaktion treten (können) und damit einen Einfluss auf ihre Zweck- und Zielerreichung haben (können). | dynamisch, interaktiv |
| 10 | Relevante Akteure und Anspruchsgruppen einer Unternehmung können sowohl im Umsystem der Unternehmung (externe) als auch in der Unternehmung selber (interne) existieren. | systemübergreifend: innerbetrieblich, außerbetrieblich |
| 11 | Die Sicherung langfristiger Wettbewerbsfähigkeit einer Unternehmung ist nur unter Berücksichtigung von Ansprüchen und Interessen ihrer Stakeholder (Anspruchsgruppen) möglich. | strategisch |
| 12 | Als Stakeholder werden alle Akteure, Anspruchsgruppen oder Institutionen bezeichnet, die mit der Unternehmung in irgendeiner Art von Beziehung – direkt (am Wertschöpfungsprozess beteiligt) oder indirekt (außerhalb des Wertschöpfungsprozesses) – stehen. | multiperspektivisch, direkt oder indirekt auf Wertschöpfungsprozess bezogen |
| 13 | Stakeholder können Ansprüche und Forderungen an die Unternehmung stellen, die konträr zueinander ausgerichtet sein können. Daraus resultierende Konflikte (Trade-offs) und Überschneidungen gilt es in einem angemessenen Stakeholdermanagement zu analysieren und zu bewältigen. | überschneidungsfrei, konfliktfrei |
| 14 | Jede Unternehmung wählt aufgrund spezifischer Rahmenbedingungen die für sich als relevant erachteten Stakeholder durch einen Analyseprozess aus (Relevanzproblematik). | rahmenbedingungsabhängig, relevanzabhängig, subjektiv |
| 15 | Stakeholder können durch verschiedene Kriterien klassifiziert werden. Dazu zählt zum einen das Kriterium der Einflussstärke und Durchsetzbarkeit ihrer Ansprüche (strategische Anspruchsgruppen, Interessengruppen und Bezugsgruppen), zum anderen aber auch das Kriterium der Systemzugehörigkeit (interne vs. externe Stakeholder). | klassifizierbar (analog zur Klassifizierung der Stakeholder) |
| 16 | Klassifizierung der Stakeholder kann analytischen Schwächen in Form von Überschneidungen und Redundanzen unterliegen. | klar abgrenzbar |

**Tabelle 6: Theorieerkenntnisse zum Modell der Unternehmensverantwortung – Thesen 1-16**

Aus diesen Erkenntnissen wurden Kriterien hergeleitet, die Anforderungen an das Modell der Unternehmensverantowrtung beinhalten.

***Unternehmensverantwortung*** ist in diesem Zusammenhang

- systemorientiert, d.h. sowohl systembezogen (unternehmensintern) als auch systemübergreifend (unternehmensextern),
- multiperspektivisch bzw. mehrdimensional ausgerichtet,
- ressourcenorientiert,
- strategisch, pro- und reaktiv,
- relevanzabhängig,
- funktions- bzw. personenbezogen,
- dynamisch, interaktiv,
- sowohl strategisch als auch operativ anwendbar,
- sowohl wertschöpfungsprozessbezogen als auch nicht-wertschöpfungsprozessbezogen,
- überschneidungsfrei, konfliktfrei[173] und
- klar abgrenzbar[174]

zu definieren.

Aufbauend auf diesen Kriterien kann eine **Checkliste**[175] erstellt werden, die zur Überprüfung der inhaltlich ausgestalteten Elemente des Modells der Unternehmensverantwortung (z.B. Strategien und Ziele einer Unternehmung) dienen soll.[176] Dazu werden im folgenden Kapitel zunächst aus den Erkenntnissen der Systemtheorie hergeleitete sogenannte Verantwortungsfelder einer Unternehmung entwickelt.

---

[173] Die potentiellen durch unterschiedliche Stakeholderanforderungen hervorgerufenen Konfliktsituationen (sog. Trade-offs) gilt es in einem ausgewogenen ‚Verantwortungsmanagement' wahrzunehmen, zu analysieren und bestenfalls zu lösen. Vgl. Kap. 3.1.3.4 und Kap. 4, ebenda.

[174] Mit der Definition von sog. Verantwortungsfeldern einer Unternehmung wird eine unternehmensspezifische Klassifizierung vorgenommen, in der einzelne Verantwortungsfelder klar voneinander abzugrenzen sind. Bei der strategischen, vor allem aber operativen Umsetzung in Unternehmungen kann es jedoch leicht zu Überschneidungen einzelner Ziele für das ein oder andere Verantwortungsfeld kommen bzw. eine Zielgröße für mehrere Verantwortungsfelder definiert werden. Zur Abgrenzungsproblematik siehe auch Kap. 4, ebenda.

[175] Siehe Kap. 3.4, ebenda.

[176] Siehe Kap. 3.1.5, und Kap. 5, ebenda.

#### 3.1.4.5 Verantwortungsfelder einer Unternehmung – Modellansicht

Aufgrund der bisherigen Ausführungen – vor allem Kapitel 3.1.2 (Unternehmungen und ihre Umwelt) und Kapitel 3.1.3 (Unternehmungen und ihre Beziehungen zu ihren Stakeholdern) – und dem im Kontext der vorliegenden Arbeit gelegten Schwerpunkt auf die Unternehmensverantwortung im Hinblick auf Aspekte der Nachhaltigkeit wird im weiteren Verlauf der Arbeit eine Unterteilung der (korporativen) Unternehmensverantwortung in die drei Dimensionen

- Ökonomische Verantwortung
- Ökologische Verantwortung und
- Gesellschaftliche/Soziale Verantwortung

vorgenommen.[177]

Abweichend von der Definition der Dimensionen korporativer Verantwortung aus Kapitel 3.1.4.3.2 soll für die weiteren Ausführungen die obengenannte Einteilung verfolgt werden. Dabei entspricht die Dimension *Ökonomische Verantwortung* weitestgehend der Dimension der Definition der korporativen Verantwortung. Die dort definierte Dimension der rechtlichen Verantwortung wird bei der obengenannten Unterteilung analog zur Klassifizierung der gesellschaftlichen Umwelt einer Unternehmung als ein Bestandteil der gesellschaftlichen Verantwortung definiert. Die bei der Definition der Dimensionen korporativer Verantwortung nicht explizit erwähnte ökologische Verantwortung stellt im Kontext der vorliegenden Arbeit einen gesonderten Untersuchungsgegenstand dar und wird demnach als eigenständige Dimension definiert und einer eigenständigen Analyse unterworfen, was obige Einteilung zeigt. Gesellschaftliche/Soziale Verantwortung kann schließlich ebenfalls inhaltliche Aspekte der Dimension der moralischen Verantwortung korporativer Verantwortung beinhalten, geht aber in der oben dargestellten Definition weit über eine rein ethisch orientierte Betrachtungsebene hinaus.

---

[177] Eine derartige Einteilung findet sich auch bei Andriof/McIntosh (2001), S. 15 ff.

Folgende Abbildung zeigt die drei Dimensionen korporativer Unternehmensverantwortung:

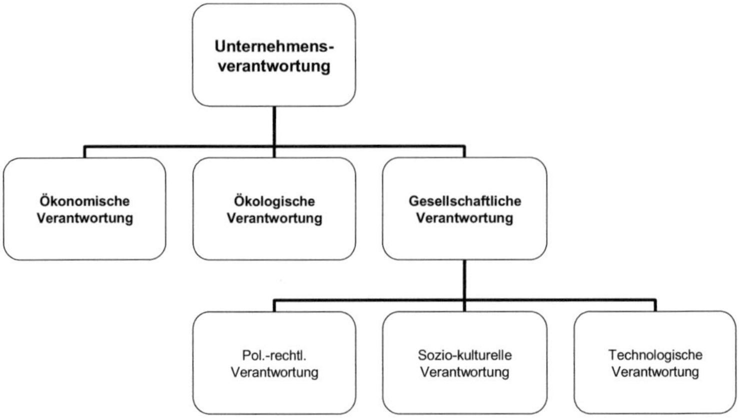


**Abbildung 6: Dimensionen korporativer Unternehmensverantwortung des Unternehmensverantwortungsmodells**

Aufbauend auf den Erkenntnissen der Systemtheorie in Bezug auf die Beziehungen einer Unternehmung zu ihrer Umwelt bzw. ihrem Umfeld (globaler Umwelt) können die obengenannten Dimensionen inhaltlich unterschiedliche Elemente enthalten. Diese Elemente werden im Folgenden als ***Verantwortungsfelder*** einer Unternehmung bezeichnet.[178] Verantwortungsfelder werden durch eine Analyse der für die jeweilige Unternehmung relevanten Rahmenbedingungen erfasst.[179] Dazu sollte sowohl eine interne Unternehmensanalyse aller relevanten Einflüsse (interne Stakeholderansprüche, Unternehmensstruktur (rechtlich, organisational), etc.), als auch eine externe Umfeldanalyse (externe Rahmenbedingungen, externe Stakeholderansprüche, etc.) durchgeführt werden.[180] Entsprechend dieser Analysen können inhaltlich voneinander abweichende Verantwortungsfelder für unterschiedliche Unternehmungen festgelegt werden. Dabei kann der Grad der Unterscheidung mit zunehmender Konkretisierung der Verantwortungsfelder einer Unternehmung steigen.

---

178 Vgl. Andriof/McIntosh (2001), S. 15.
179 Vgl. Andriof/McIntosh (2001), S. 16.
180 Vgl. Meffert (1998), S. 61 ff. Siehe auch Kap. 4.3.2.2, ebenda.

Exemplarisch zeigt folgende Abbildung mögliche Elemente der einzelnen Dimensionen unternehmerischer Verantwortung:

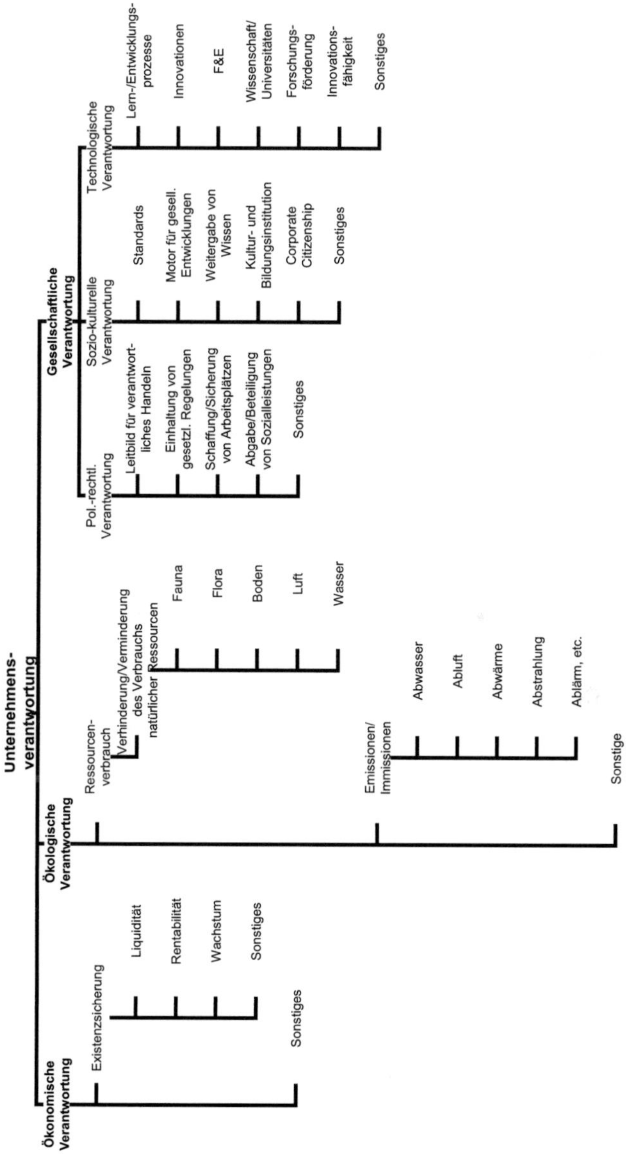


**Abbildung 7: Mögliche Verantwortungsfelder einer Unternehmung**

Die ***ökonomischen Verantwortungsfelder*** einer Unternehmung beziehen sich im Wesentlichen auf ihre ***Existenzbedingungen*** und somit auf die Erhaltung der Liquidität, der Rentabilität und des Wachstums.[181] Zielgrößen zur Erhaltung der Existenzsicherung einer Unternehmung können u.a.

- Steigerung des Firmenwertes,
- Ertragswachstum
- Produktivitätssteigerung
- Kosteneffizienz
- Kapitalkostensenkung
- Gewinn- und Umsatzsteigerung und
- Marktanteilssteigerung

sein.[182]

Durch die ökonomische Verantwortung einer Unternehmung werden direkte Anforderungen und Ansprüche der Kapitalgeber (Eigen- und Fremdkapitalgeber) erfüllt, aber auch indirekt Ansprüche der übrigen Stakeholder (z.B. Mitarbeiter, Lieferanten, Händler, Kunden, etc.) befriedigt, da auch sie ein elementares Interesse an der Existenzsicherung und damit am Fortbestand der Unternehmung bzw. den Unternehmenstätigkeiten haben.

Die ***ökologische Verantwortung*** einer Unternehmung kann u.a. *prozessbezogen*, aber auch *produktbezogen* analysiert werden.[183] Prozessbezogen sind hier vor allem die Produktionsprozesse zu untersuchen. Im Hinblick auf die *Produktion* kann die ökologische Verantwortung sowohl aus input- als auch outputbezogener Sicht analysiert werden. Bei der *inputbezogenen* Sichtweise bezieht sie sich auf den ***Ressourcenverbrauch*** (aus Fauna, Flora, Boden, Wasser und Luft) einer Unternehmung.[184] Zielgrößen sind hier

- Verhinderung des Verbrauchs natürlicher Ressourcen oder
- Verminderung des Verbrauchs natürlicher Ressourcen.

---

181 Vgl. Schierenbeck (2000), S. 60, Wöhe (2002), S. 95 ff.; Andriof/McIntosh (2001), S. 15 f. Siehe auch Ausführungen in Kap. 3.3.1, ebenda.

182 Siehe zu ökonomischen Zielen einer Unternehmung auch Wöhe (2002), S. 98; Schierenbeck (2000), S. 61 ff.

183 Strenggenommen bezieht sie sich auf den gesamten Produktlebenszyklus der Produkte und somit auf die Herstellung, Distribution, Nutzung und Entsorgung/Recycling, vgl. Meffert (1998), S. 329 ff.; Koppelmann (2001), S. 107 ff.; Wöhe (2002), S. 115 f.; Promberger/Spiess/Kössler (2006), S. 136 ff.; Wagner (1997), S. 45.

184 Vgl. Schierenbeck (2000), S. 75. Siehe hierzu auch Kap. 3.2.2.1.2, Kap. 3.2.3.2 und Kap. 3.3.3, ebenda.

Aus *outputorientierter* Sicht bezieht sich ökologische Verantwortung einer Unternehmung auf die ***Belastung der natürlichen Ressourcen*** (*Immissionen*).[185] Zielgröße ist hier die

- Verminderung der Umweltverschmutzung, d.h. einer Belastung der Umwelt mit Schadstoffen (***Immissionen*** bzw. ***Emissionen***) in Form von Abwasser, Abluft, Abwärme, Abstrahlung, Ablärm, u.a., aber auch durch prozessbedingte Abfallprodukte, wie bspw. Elektroschrott, Altautos, etc.

Dabei stellt der Terminus *Verhinderung* auf die Vermeidung oder Beseitigung eines ökologischen Risikos[186] ab; *Verminderung* dagegen bezieht sich auf die Reduktion eines bereits wirksamen ökologischen Schadens.

Bezieht sich die ökologische Verantwortung auf die *Produkte* einer Unternehmung tritt u.a. die ***Produkthaftung*** und die ***Entsorgung*** in den Vordergrund der Analyse.[187] Daneben kann die produktbezogene ökologische Verantwortung analog zur produktionsbezogenen Analyse ebenfalls die oben genannten Zielgrößen zum Inhalt haben. Durch die Ausgestaltung der ökologischen Verantwortung werden Bedürfnisse und Anforderungen speziell ökologieorientierter Stakeholder befriedigt. Dazu zählen u.a. ökologieorientierte Kunden, Mitarbeiter und Lieferanten, aber auch Umweltorganisationen, Rating-Agenturen und Medien, die ökologiebewusstes unternehmerisches Handeln immer mehr in den Fokus der Öffentlichkeit rücken.

***Gesellschaftliche Verantwortungsfelder***

Analog zur Umweltsegmentierung der gesellschaftlichen Umwelt einer Unternehmung aus systemtheoretischer Sicht kann auch bei der Analyse der gesellschaftlichen Verantwortung in folgende drei Dimensionen unterschieden werden:[188]

---

185 Vgl. Schierenbeck (2000), S. 75.

186 Ökologisches Risiko wird in diesem Kontext als Maßgröße für die Möglichkeit einer negativen Abweichung des realisierbaren vom ursprünglich geplanten Zielerreichungsgrad, betriebswirtschaftlich ausgedrückt also als Maßgröße für die Möglichkeit eines Zurückbleibens des realisierbaren hinter dem ursprünglich geplanten Erwartungswert des Gewinns im Zeitablauf definiert; vgl. Wagner (1997), S. 50 ff.; Wagner/Matten (1992), S. 365.

187 Vgl. Wagner (1997), S. 45; Koppelmann (2001), S. 605 ff.

188 Vgl. Schaltegger/Sturm (1990), S. 274; Schreyögg (1993), Sp. 4237 ff. Siehe auch Kap. 3.1.2.1, Kap. 3.1.3.2 und Kap. 3.1.4.5, ebenda.

- Politisch-rechtliche,
- Sozio-kulturelle und
- technologisch-wissenschaftliche Verantwortung einer Unternehmung.

Inhaltlich beziehen sich die drei Dimensionen auf folgende Aspekte unternehmerischer Verantwortung:[189]

Die *rechtliche* Komponente beinhaltet primär die Forderung nach Einhaltung von Gesetzen und Verordnungen. Dabei sind neben den handels- und strafrechtlichen Rechtsnormen vor allem auch Gesetze, Verordnungen und Richtlinien des Umweltschutzes und der Arbeitssicherheit zu beachten.[190] Unter der *politischen* Komponente können Aspekte unternehmerischer Verantwortung im Bereich Schaffung und Sicherung von Arbeitsplätzen, Standortwahl, Abgabe von bzw. Beteiligung an sozialen Abgaben und Sozialleistungen für den Staat oder aber auch der reine Vorbildcharakter verantwortlich wirtschaftender Unternehmungen analysiert werden.[191]

*Sozio-kulturelle Verantwortung* enthält allgemein Aspekte der Unternehmensverantwortung, die aus wirtschaftlichen Tätigkeiten und Beziehungen der Unternehmung mit der Gesellschaft an sich und den durch unternehmerische Tätigkeiten betroffenen Kulturen entstehen können. Unternehmungen werden durch ihr Machtpotential auch als Motoren gesellschaftlicher Entwicklungen gesehen. Die Steuerung dieser Entwicklungen in verantwortungsvoller Weise stellt eine weitere mögliche inhaltliche Ausgestaltung dieser Dimension der sozio-kulturellen Verantwortung dar.

In diesem Zusammenhang ist auch die Aufstellung und Einhaltung sozialer Standards u.a. in den Bereichen Human Rights, Arbeitssicherheit, Chancengleichheit (Diversity) etc. durch die Unternehmung zu untersuchen.[192] Aufgabe einer Unternehmung in Bezug zu ihrer gesellschaftlichen Verantwortung kann darüber hinaus in der Verpflichtung zur Förderung und Weitergabe von Wissen, z.B. in Form von Aus- und Weiterbildung ihrer Mitarbeiter, speziellen Programmen für Hochschulabsolventen, etc., und zum Aufbau einer Kultur- und Bildungsinstitution gesehen werden. Auch Aspekte des Corporate Citizenship (bürgerliches und gesellschaftliches Engagement von Unterneh-

---

[189] Vgl. hierzu auch Schierenbeck (2000), S. 72 f.; Wöhe (2002), S. 96 ff.
[190] Siehe auch Ausführungen in Kap. 4.2.2, ebenda.
[191] Vgl. Wöhe (2002), S. 96 f.; Schierenbeck (2000), S. 72 f.
[192] Vgl. Kap. 4.2.3 und 4.4.2.3, ebenda.

mungen) können in die inhaltliche Ausgestaltung der Dimension der soziokulturellen Verantwortung einfließen.[193]

Die *technologisch-wissenschaftliche* Verantwortung umfasst zum einen die Forschung und Entwicklung innovativer Prozesse, Verfahren und Technologien, die innerhalb einer Unternehmung vorangetrieben werden können. Darüber hinaus können auch Aspekte der Verbesserung der Zusammenarbeit mit Forschungseinrichtungen und Universitäten genannt werden. Aus monetärer Sicht fallen sicherlich auch Ausgaben für F&E-Investitionen in den Bereich der technologisch-wissenschaftlichen Verantwortung.

Ausgangspunkt der Definition relevanter Verantwortungsfelder einer Unternehmung sind die interne Unternehmens- bzw. externe Umfeldanalyse.[194] Da diese auf den Anforderungen interner und externer Stakeholder basieren, können auch den einzelnen Verantwortungsfeldern jeweils die relevanten Anspruchsgruppen einer Unternehmung bzw. der Unternehmensverantwortung direkt zugeordnet werden.[195]

Analog zu der Klassifizierung der Stakeholder und deren Schwierigkeiten können auch bei der Einordnung und Gliederung der Verantwortungsfelder und der Zuordnung der jeweiligen Stakeholder zum einen Überschneidungen, zum anderen Konflikte auftreten.[196] Diese gilt es bei der jeweiligen Ausgestaltung der Verantwortungsfelder einer Unternehmung mit in die Analyse einzubeziehen.

---

[193] Vgl. Kap. 3.1.5 und Kap. 4.2.4, ebenda.
[194] Vgl. vor allem Kap. 4.3.2.2.1 und 4.3.2.2.2, ebenda.
[195] Vgl. Wöhe (2002), S. 96.
[196] Siehe hierzu Ausführungen in Kap. 3.1.3.4, ebenda.

Abschließend fasst die folgende Tabelle die erläuterten Verantwortungsfelder und die entsprechenden Zielgrößen einer Unternehmung in Bezug zu den relevanten Anspruchsgruppen noch einmal zusammen:

| Verantwortungsfelder einer Unternehmung | | Zielgröße für Unternehmensverantwortung | relevante Stakeholder |
|---|---|---|---|
| Ökonomische Verantwortung | existenzsicherungsbezogene | **Firmenwertsteigerung** (gesteigerter Markenwert "Goodwill" - verbesserte Corporate Identity); Verbesserung der Transparenz durch Stakeholder Dialoge | Shareholder; Mitarbeiter, Lieferanten, Händler, Kunden |
| | | **Ertragswachstum** (Marktwachstum durch Innovationen und neue Anwendungsgebiete, neue Kunden- und Marktsegmente erschließen) | |
| | | **Produktivitätssteigerung** (Prozessverbesserungen u. -vereinfachungen, Verbesserung der Informations- u. Kommunikationskanäle) | |
| | | Verbesserte **Kosteneffizienz** (u.a. Kostenreduktion von Prozesskosten: Material- u. Energiekosten, Entsorgung, Steuern) | |
| | | Verringerte **Kapitalkosten** (Eigenkapital- und/oder Fremdkapitalkosten), verringerter WACC | |
| | | Steigerung von **Gewinn, Umsatz** und **Marktanteil** | |
| Ökologische Verantwortung | prozessbezogenen (input- und outputbezogene) | Verhinderung oder Verminderung* des **Verbrauchs natürlicher Ressourcen** (Fauna, Flora, Boden, Luft, Wasser); Verminderung der **Umweltbelastung** durch schädigende Emissionen jeglicher Art (Abwasser, Abluft, Abwärme, Abstrahlung, Ablärm, u.a.) und Abfall. | ökologiebewußte Kunden, Mitarbeiter, Umweltorganisationen, Medien |
| | produktbezogene | **Produkthaftung**, Entsorgung u.a. | Kunden |
| Gesellschaftliche Verantwortung | politisch-rechtliche | **Leitbild** für verantwortliches Wirtschaften | Kunden, Verbände, NGO´s |
| | | **Einhaltung** gesetzlicher **Vorschriften,** Verordnungen, etc. | Staat, Behörden |
| | | Schaffung und Sicherung von **Arbeitsplätzen** | Mitarbeiter |
| | | Abgabe/Beteiligungen an **Sozialleistungen** (vorgeschriebene und freiwillige) | Mitarbeiter, Staat |
| | sozio-kulturelle | **Motor für gesellschaftliche Entwicklungen** (Lern- u. Entwicklungsprozesse) | Staat, Verbände, NGO´s, Medien |
| | | Vorbildcharakter stärken (*erzieherische* Wirkung) | Kunden, Staat, Verbände, NGO´s, Medien |
| | | Weitergabe von **Wissen** (Aus- und Weiterbildung) | Mitarbeiter, Kunden |
| | | Ausbau als **Kultur- und Bildungsinstitution** | Mitarbeiter, Kunden, Gesellschaft (Verbände, NGO´s, etc.), Medien |
| | | Auf-/Ausbau von Corporate Citizenship (gesellschaftliches Engagement) | geographische Nachbarn, Kunden, Mitarbeiter, Gesellschaft i.w.S., Medien |
| | technologisch-wissenschaftliche | **Forschung und Entwicklung** innovativer Prozesse, Verfahren und Technologien | Kunden, Mitarbeiter |
| | | Verbesserung der Zusammenarbeit mit Forschungseinrichtungen und Universitäten | |

*Die Komponente *Verhinderung* stellt dabei jeweils auf die Vermeidung oder Beseitigung eines ökologischen Risikos ab, die Komponente *Verminderung* dagegen auf die Reduktion eines bereits wirksamen ökologischen Schadens.

**Tabelle 7: Verantwortungsfelder, -ziele und relevante Stakeholder einer Unternehmung**

### 3.1.4.6 Umsetzung der Unternehmensverantwortung auf Unternehmensebene

Nachdem sowohl Kriterien zur Bestimmung der Strategie- und Zielwahl zur Unternehmensverantwortung aufgestellt als auch eine Klassifizierung möglicher Verantwortungsfelder einer Unternehmung vorgenommen wurden, beinhaltet der vierte und letzte Schritt des Modells der Unternehmensverantwortung die praktische Umsetzung auf Unternehmensebene. Folgende Abbildung zeigt noch einmal die einzelnen Stufen des Modells der Unternehmensverantwortung und ihre inhaltliche Ausarbeitung auf:

**Modell der Unternehmensverantwortung**

*1. Schritt*

**Definition**: korporative Unternehmensverantwortung (UV)
Bestimmung des **Verantwortungssubjektes**

*2. Schritt*

**Kriterien:** zur Strategie- und Zielbestimmung der UV

| | |
|---|---|
| • systemorientiert | • dynamisch, interaktiv |
| • multiperspektivisch | • strategisch |
| • multidimensional | • operational |
| • ressourcenorientiert | • überschneidungsfrei |
| • funktions- oder personenbezogen | • konfliktfrei |
| • relevanzabhängig | • klar abgrenzbar |
| • wertschöpfungsprozessorientiert | • ... |

*3. Schritt*

**Verantwortungsfelder:** Bestimmung Verantwortungsobjekt

| Ökonom. Verantwortung | Ökologische Verantwortung | Gesell. Verantwortung |
|---|---|---|
| • Existenzsicherung | • Ressourcenverbrauch | • politisch-rechtliche |
| • Liquidität | • Emissionen/Immissionen | • sozio-kulturelle |
| • sonstige | • sonstige | • technologische |

*4. Schritt*

**Umsetzung**: unternehmensspezifisch auf strategischer und operativer Unternehmensebene

**Abbildung 8: Inhaltliche Ausgestaltung des Modells der Unternehmensverantwortung**

In der Praxis existieren verschiedene Ansätze, wie der Aspekt der Unternehmensverantwortung von Unternehmungen umgesetzt wird. Viele dieser Ansätze haben dabei jedoch eine eher eindimensionale Ausrichtung auf die rein soziale Verantwortung gemeinsam. Unterschiedliche Formen der Umsetzung werden im folgenden Kapitel näher erläutert. Dabei soll gezeigt werden, dass die vorherrschenden Ansätze in Bezug auf die Erfüllung der oben erarbeiteten Kriterien und inhaltlichen Anforderungen meist nicht als annehmbare Umsetzungsvarianten für das Modell der Unternehmensverantwortung, wie es im Kontext der vorliegenden Arbeit definiert wurde, zur Verfügung stehen. Als mögliche Annäherung soll dann das Konzept der Nachhaltigkeit als denkbarer Ansatz zur Umsetzung der Unternehmensverantwortung auf Unternehmensebene erörtert werden.

### 3.1.5 Unternehmensverantwortung – Probleme der Umsetzung und Ausgestaltung in der Praxis

Die Umsetzung und Ausgestaltung der Unternehmensverantwortung wird in diesem Kapitel aus zwei Sichtweisen betrachtet. Zunächst wird ein *Überblick* über die *'gelebte'* Unternehmensverantwortung auf Unternehmensebene in der Praxis gegeben. Inhaltliche Bestandteile sind hier vor allem die Ausrichtung der Unternehmensleitlinien an verantwortungsbewusstem Handeln der Unternehmungen (***Codes of Conducts***), die damit verbundene ***Berichterstattung*** und das ***Stiftungswesen***. Im zweiten Teil des Kapitels wird dann durch eine theoriegebundene Aufarbeitung der gezeigten Umsetzung und Ausgestaltung unternehmerischer Verantwortung ein Bezug zum ***theoretischen Kontext*** der Arbeit hergestellt. Nach einer kurzen Erläuterung der *Umsetzungsschwierigkeiten* erfolgt abschließend die Überleitung zum Konzept der Nachhaltigkeit als tragfähiges Konzept zur Umsetzung der Unternehmensverantwortung.

In der Unternehmenspraxis erfährt der Begriff der *Unternehmensverantwortung* eine vielfältige und umfangreiche inhaltliche Ausgestaltung, die vor allem durch eine uneinheitliche Begriffsbestimmung gekennzeichnet ist.[197] Es hat den Anschein, dass jede Unternehmung für sich selber einen neuen Begriff geschaffen hat, um die jeweils auf ihre unternehmerischen Aktivitäten zu beziehende Verantwortung zu definieren. Unter den Termini ***Unternehmensverantwortung***, unternehmerische Verantwortung, ***Corporate Social***

[197] Vgl. Loew et al. (2004), S. 17; Meffert et al. (2006), S. 9.

***Responsibility (CSR)***[198], ***Corporate Citizenship (CC)***[199] und ***Corporate Foundation***[200] (Stiftungswesen) versuchen die Unternehmungen, ihre Absicht zu dokumentieren, Verantwortung für ihre wirtschaftlichen Aktivitäten und darüber hinaus für die Gesellschaft zu übernehmen.[201]

Unter CSR wird allgemein die soziale und gesellschaftliche Verantwortung verstanden, die Unternehmungen freiwillig über Gesetzesvorgaben hinaus wahrnehmen.[202] CC wird als das über die eigentliche Geschäftstätigkeit hinausgehende Engagement der Unternehmung zur Lösung sozialer Probleme im lokalen Umfeld der Unternehmung und ihrer Standorte definiert.[203] Corporate Citizenship umfasst Spenden und Sponsoring (Corporate Giving), die Gründung von gemeinnützigen Unternehmensstiftungen (Corporate Foundation) und ein Engagement für soziale Zwecke unter direktem Einbezug der Mitarbeiter (Corporate Volunteering).[204]

In der Praxis bedienen sich Unternehmungen sowohl der Aspekte der CSR – insbesondere bei der Formulierung normativer Werte zum Aufbau einer verantwortungsorientierten Unternehmenskultur – als auch des CC – hier vor allem der Instrumente des Sponsoring und der Unternehmensstiftungen.[205] Daneben gewinnt die an ökologischen und sozialen Aspekten orientierte Berichterstattung zunehmend an Bedeutung.[206] Kein großer Konzern lässt es sich nehmen, seine so gewollte und zu verstehende Unternehmensverantwortung darzustellen und vor allem zu kommunizieren.[207] Neben den auf Ö-

---

198 Im Deutschen meist als ‚soziale oder globale Verantwortung von Unternehmungen' bezeichnet, vgl. EU-Kommission (2001a), S. 3; Seitz (2002), S. 35; EK (2002), S. 457.

199 CC wird im Deutschen meist mit ‚bürgerliches Engagement von Unternehmungen' übersetzt, siehe hierzu vor allem EK (2002), S. 456 ff.; EK (2003) S. 7; Maaß/Clemens (2002), S. 7.

200 Vgl. u.a. Boateng et al. (2001), S. 11 ff.; Meffert et al. (2006), S. 9 ff.

201 Loew et al. (2004), S. 18.

202 Vgl. Loew et al. (2004), S. 24. Caroll (1999) gibt einen umfassenden Überblick über die Entwicklung des CSR-Begriffes, Caroll (1999), S. 268 ff. Zur Definitionsvielfalt des Begriffes CSR siehe auch nachfolgende Ausführungen, ebenda.

203 Vgl. Westebbe/Logan (1995), S. 17.

204 Vgl. Mutz/Korfmacher/Arnold (2001), S. 17; Mutz/Korfmacher (2003), S. 45 ff.; Lang (2003), S. 219 ff.; Westebbe/Logan (1995), S. 13.

205 Vgl. Meffert et al. (2006), S. 12.

206 Vgl. Häßler et al. (2000), S. 13; Loew et al. (2004), S. 75 ff.

207 Einen detaillierten Überblick über die Umwelt- und Nachhaltigkeitsberichterstattung der DAX 30-Unternehmungen geben Loew et al. (2004), vgl. Loew et al. (2004), S. 76. Darunter befinden sich Unternehmungen wie Bayer, BMW, Henkel, Lufthansa, BASF, RWE, Siemens, DaimlerChrysler, VW, u.a.

konomie basierenden kommunizierten Geschäfts- und Jahresberichten erlangen auch ***Umwelt-, Sozial- und Nachhaltigkeitsberichte*** der Unternehmungen eine zunehmende Beachtung.[208] Sie dienen in erster Linie der Kommunikation zwischen Unternehmungen und ihren Stakeholdern und sollen deren Ansprüche auf Transparenz und Offenlegung aller unternehmerischen Aktivitäten und deren Auswirkungen auf die Gesellschaft erfüllen.[209] Die Nachhaltigkeitsberichterstattung der Unternehmungen basiert nicht selten auf unternehmenseigenen ***selbstverpflichtenden Verhaltensnormen***, die als *‚Code of Conduct'* und damit als *Geschäftsgrundsätze* oder aber *‚Business Principles'* bezeichnet werden.[210]

NGO'S fordern darüber hinaus – auch basierend auf den bereits erläuterten Problemen einer zunehmend globalisierten Wirtschaftswelt – gerade für multinationale Unternehmungen die Schaffung von international verbindlichen Regelungen. Die derzeit von großen Teilen der Wirtschaft und der Politik favorisierten freiwilligen Instrumente können zwar auch einen Beitrag für eine Nachhaltige Entwicklung leisten, greifen jedoch vielfach zu kurz oder sind nur bedingt wirksam, wie eine Studie der OECD (Organization for Economic Cooperation and Development)[211] nachgewiesen hat.[212] Das Ergebnis der Studie sagt aus, dass freiwillige sowie allein auf der Logik des Marktes beruhende Instrumente nicht ausreichen, um soziale, ökologische und menschenrechtliche Normen durchzusetzen.[213]

Als solche international verbindlichen Regelungen werden zum einen die sog. ***OECD-Leitlinien*** aus dem Jahr 2000 (*‚Guidelines for Multinational En-*

---

208 Vgl. Häßler et al. (2000), S. 21 ff. u. S. 40 ff.; Loew et al. (2004), S. 75 u. S. 77.

209 Im Kontext der Nachhaltigkeitsberichterstattung sind vor allem die Bemühungen der Global Reporting Initiative (GRI) hervorzuheben, die einen konkreten Kennzahlenkatalog für Unternehmungen entwickelt hat, der neben relevanten ökonomischen Kennzahlen insbesondere ökologie- und sozialbezogene Kennzahlen zur Unternehmensbewertung enthält. Vgl. GRI (2002), S. 12 ff. und Ausführungen in Kap. 4.3.2.4.3, ebenda.

210 Eine Reihe von Firmen wie z.B. Karstadt/Quelle AG, Neckermann, Adidas und Otto Versand haben sich selbst soziale Verhaltensnormen in einem Code of Conduct gesetzt, durch den auch die Geschäftspartner gebunden sind, vgl. o.V. (2007c), S. 7; zur Einhaltung sozialer Mindeststandards beim Otto Versand siehe beispielhaft Otto (2006). Zu Ausführungen der ‚Business Principles' bei der Ford Motor Company siehe vor allem Kap. 4.2.3, ebenda.

211 Organisation für wirtschaftliche Zusammenarbeit und Entwicklung, siehe auch OECD (2006).

212 Vgl. OECD (2003a); OECD (2003b), S. 2 ff.

213 Vgl. OECD (2003b), S. 2.

*terprises'*) bzw. der *‚European Code of Conduct for European Enterprises'* der EU aus dem Jahr 1989, der ***Verhaltensregeln*** für europäische Unternehmen enthält, gesehen.[214]
Das amerikanische Gegenstück dazu bietet der von UN-Generalsekretär Kofi Annan vorgeschlagene und im Jahr 2000 ins Leben gerufene ***‚Global Compact'*** der Vereinten Nationen (UNO), dem sich Konzerne mit der Verpflichtung anschließen können, sich zumindest zu bemühen, bestimmte ökologische, soziale und menschenrechtliche Prinzipien einzuhalten.[215]

Sowohl die OECD-Leitlinien als auch der ‚Global Compact' stellen neben etlichen (kleineren und unbekannteren) Leitlinien jedoch *keine* für Unternehmungen verbindlichen und vor allem *international standardisierten* Verhaltensregeln auf, worin ihr größter ***Schwachpunkt*** gesehen wird. Denn dadurch – so die Kritiker – werde der ‚Global Compact' wirkungslos, da er auf freiwilliger Teilnahme basiere und die Befolgung seiner zehn vorgegebenen Verhaltensprinzipien durch die Vereinten Nationen nicht überwacht und somit auch nicht sanktioniert werde. Dementsprechend werfen manche Kritiker den Unternehmungen vor, sich nur zum Schein am ‚Global Compact' zu beteiligen, um ihr Renommee durch die Verbindung mit den Vereinten Nationen zu verbessern, ohne jedoch ihre Einstellung und ihre Unternehmensführung nachhaltig zu verändern.[216]
Seit 2004 wird durch die internationale Normierungsorganisation ISO[217] an einer standardisierten internationalen Richtlinie zur gesellschaftlichen Verantwortung von Organisationen und Unternehmungen (‚ISO 26000') gearbeitet.[218] Diese soll bis 2008 eingeführt werden. An Stelle einer begrüßenswerten, mit bspw. ISO 14001 vergleichbaren Zertifizierung dieser Richtlinien sollen stattdessen mit dem Hinweis auf eine *‚bessere weltweite Akzeptanz'* nur Best-Practice-Beispiele in Form eines leicht verständlichen Leitfadens aufgestellt werden.[219] Somit können die bereits oben dargestellten Kritikpunkte schon im Vorfeld auf die ISO 26000 übertragen werden.

---

214 Vgl. OECD (2004); EU (2004).
215 Vgl. United Nations (2006); Klee/Klee (2003), S. 44 ff.
216 Vgl. Klee/Klee (2003), S. 52.
217 International Organization for Standardization.
218 Vgl. Bauer (2006), S. 1; siehe hierzu auch ISO (2006).
219 Vgl. Bauer (2006), S. 1. Aus dieser Formulierung kann bereits abgelesen werden, dass u.a. aufgrund des erheblichen Drucks der Wirtschafts- und Unternehmensverbände eine

Neben der möglichen Umsetzung der Unternehmensverantwortung durch unternehmenseigene Geschäftsgrundsätze, Nachhaltigkeitsberichterstattung oder aber der Teilnahme an den OECD-Leitlinien bzw. am ‚Global Compact', kann als weitere Form das ***Stiftungswesen*** genannt werden. Gerade in Deutschland und den USA haben Stiftungen eine lange Tradition. Insbesondere in Deutschland existiert eine Reihe von durch Unternehmungen gegründete Stiftungen, die soziale, kulturelle und bildende Einrichtungen unterstützen. Besonders hervorzuheben sind die Robert-Bosch-Stiftung[220], die Bertelsmann-Stiftung[221] und die Volkswagenstiftung[222], die vor allem im gesellschaftspolitischen, wissenschaftlichen und kulturellen Bereich gesamtstaatliche Bedeutung erlangt haben.[223]

Die wachsende gesellschaftliche Verantwortung auch der Wirtschaft liegt nicht zuletzt darin begründet, dass immer mehr Unternehmungen erkannt haben, dass überdurchschnittliche sozial- und umweltverträgliche Unternehmenspraktiken Auswirkungen auf die Rentabilität haben: In Deutschland wurde für den Zeitraum von 2001 bis 2003 eine Studie mit dem Titel ‚Nachhaltigkeit und Geschäftserfolg' durch die Rating-Agentur ‚oekom-research AG' erstellt. Diese kam zu dem Ergebnis, dass es einen positiven Zusammenhang zwischen der Gesamtnote des *Corporate Responsibility Ratings* von oekom research[224] und den finanziellen Kennzahlen Return on Investment (ROI) sowie Earnings per Share (EPS) gibt.[225]
Darüber hinaus wollen verantwortungsvoll handelnde Unternehmungen erreichen, die besten Arbeitskräfte zu verpflichten und zu binden und sich somit auch einen Vorsprung im technologischen Rennen und damit einen alles entscheidenden Wettbewerbsvorteil zu verschaffen.[226] Auch bei Kreditinstituten zeichnet sich der Trend ab, dass sie zur Bewertung der sozialen Verant-

---

in ihren Ansätzen gut durchdachte Möglichkeit einer standardisierten Zertifizierung sozusagen in ihrem Keim erstickt wurde, da eine solche Regulierung von den Unternehmungen und den Industrieverbänden nicht erwünscht wird.

220 Vgl. Robert Bosch Stiftung (2006).

221 Vgl. Bertelsmann-Stiftung (2006); o.V. (2007c), S.13 ff.

222 Vgl. VW-Stiftung (2006).

223 Vgl. o.V. (2007c), S. 7.

224 Insgesamt hat die oekom research AG im Laufe der Zeit 704 Unternehmungen bewertet. Davon wurden für die Studie 333 Unternehmungen einer detaillierten Analyse unterzogen und in die Studie aufgenommen. Vgl. Glaser (2005). Siehe auch oekom (2006); Schäfer (2003), S. 60 ff.

225 Vgl. Glaser (2005); Falck/Heblich (2006), S. 10.

226 Vgl. o.V. (2007c), S. 4.

wortung sowie des Umweltbewusstseins der Unternehmungen Checklisten heranziehen, um damit das Risiko der Kreditvergabe an Unternehmungen und von Investitionen besser bewerten zu können.[227]

Dadurch wird suggeriert, dass *sozial verantwortlich handelnde* anerkannte Unternehmungen konkrete finanzielle Vorteile bspw. durch die Aufnahme in einen auf ethischen Kriterien basierenden Aktienindex erlangen können.[228] Aktienindizes, die soziale und ethische Kriterien einbeziehen, sind daher nützliche Benchmarks für die positiven Auswirkungen des sozialpolitischen Handelns auf die finanzielle Leistung einer Unternehmung. Beispielsweise hat der Domini 400 Social Index (DSI) seit seiner Einführung im Mai 1990 im Jahresgesamtergebnis und unter Berücksichtigung der Risikogewichtung den S&P 500 um mehr als 1% übertroffen.[229] Ein weiterer Benchmark, der Dow Jones Sustainable Index, hat seit 1993 um 180% zugelegt, der Dow Jones Global Index im selben Zeitraum lediglich um 125%.[230]
Obwohl sich bereits viele Studien mit dem Zusammenhang der sozialen und ökonomischen Performance einer Unternehmung beschäftigen, wie die vorangegangenen Ausführungen beispielhaft gezeigt haben, besteht insgesamt in diesem Bereich aber noch Bedarf, die Auswirkungen der sozialen Verantwortung von Unternehmungen auf die Unternehmensleistung zu verdeutlichen.[231]

Wie aus den vorangegangenen Ausführungen ersichtlich ist, gibt es im Bereich der Umsetzung und Ausgestaltung der Unternehmensverantwortung auf Unternehmensebene eine Fülle von Möglichkeiten und eine entfachte Diskussion darüber, wie Unternehmungen ihre gesellschaftliche Verantwortung darlegen sollten.
Konzepte zur Verankerung bzw. Umsetzung der Unternehmensverantwortung auf Unternehmensebene in der Praxis reichen dabei:

---

227 Vgl. Ebinger/Schwarz (2003), S. 314 f.; Gabriel (2005), S. 13 ff.; Schäfer (2003), S. 12. Siehe auch Ausführungen in Kap. 4.3.2.4, ebenda.
228 Vgl. o.V. (2007c), S. 4; Gabriel (2005), S. 17 ff.; Falck/Heblich (2006), S. 10 ff.
229 Vgl. o.V. (2007c), S. 4.
230 Vgl. DJSI (2007a). Zur Bedeutung von Ratings für Unternehmungen siehe auch Kap. 4.2.3.4, ebenda.
231 Vgl. Gabriel (2005), S. 19 ff.

- von einer losgelösten reinen kommunikativen Definition einer unternehmerischen Verantwortung (z.B. im Vorwort eines Geschäftsberichtes einer Unternehmung oder im Internetauftritt),
- bis hin zu einer konkreten Verankerung auf normativer Unternehmensebene (z.B. in Form von Unternehmensleitlinien für die Ausgestaltung der Unternehmenskultur/Unternehmensvision).

Konkrete Konzepte zur Verankerung bzw. Umsetzung der Unternehmensverantwortung auf strategischer und operativer Unternehmensebene können in der Unternehmenspraxis jedoch kaum festgestellt werden. Dabei ist gerade die Verankerung der Unternehmensverantwortung auf diesen beiden Ebenen für eine ganzheitliche und werteorientierte Unternehmensführung, wie sie im Kontext der vorliegenden Arbeit als wegweisend gesehen wird, nicht nur in der Theorie, sondern auch in der Praxis von elementarer Bedeutung:[232]

- Eine Implementierung der Unternehmensverantwortung auf ***strategischer Ebene*** ist durch die Herleitung konkreter *Strategien* und *Maßnahmen* zur Umsetzung der normativen Leitlinien der Unternehmensverantwortung charakterisiert;
- diese Strategien und Maßnahmen gilt es auf ***operativer Unternehmensebene*** durch geeignete *Zielgrößen* und *Kennzahlen* zu erfassen und zu bewerten.

Neben der Verankerung der Unternehmensverantwortung in Unternehmensleitbild und -strategie bzw. den Bereichen Struktur und Systeme einer Unternehmung wird darüber hinaus eine Verankerung vor allem in der Unternehmenskultur und Personalführung gefordert.[233]

In diesem Zusammenhang erscheinen alle Anstrengungen der Unternehmungen, die in einer alleinigen Verankerung der Unternehmensverantwortung auf der normativen Unternehmensebene beruhen, als unzureichend und auch unbefriedigend.

---

232 Siehe hierzu auch Meffert et al. (2006), S. 16.
233 Vgl. Meffert et al. (2006), S. 17 f.

Vielmehr wird – auch durch das in Kap. 3.1.4 erarbeitete Modell der Unternehmensverantwortung – die Anforderung nach einer ***ganzheitlichen Einbeziehung unternehmensverantwortlicher Aspekte*** in alle Unternehmensebenen gestellt. Daraus leitet sich die Forderung nach einer ***wertorientierten Unternehmensführung***, die auch als ***nachhaltigkeitsorientierte Unternehmensführung***[234] bezeichnet werden kann, her.[235]

Zur (theoretischen) Einordnung der Begriffe Nachhaltigkeit, Nachhaltige Entwicklung (Sustainability, Sustainable Development), Corporate Sustainability, CSR und CC erfolgt ein kurzer Überblick über ihre Definitionen. Daraus soll ersichtlich werden, dass zur ganzheitlichen Einbeziehung unternehmensverantwortlicher Aspekte auf allen Unternehmensebenen und zur Umsetzung nur das ***Konzept der Nachhaltigen Entwicklung*** als diesbezüglich tragfähig zu bezeichnen ist.[236]

Wie bereits erwähnt, haben sich in der Literatur für Maßnahmen und Aktivitäten zur gesellschaftlichen Verantwortungsübernahme von Unternehmungen neben dem Begriff der ***Nachhaltigkeit*** (*Corporate Sustainability)* und dem Begriff Business Ethics bzw. ***Unternehmensethik*** in der Unternehmenspraxis vor allem die Begriffe *Corporate Social Responsibility (CSR)* und *Corporate Citizenship (CC)* durchgesetzt.[237]

In einem von der ***EU-Kommission*** (2001) vorgestellten sog. *Grünbuch* wird CSR als „Konzept, das den Unternehmen als Grundlage dient, auf freiwilliger Basis soziale Belange und Umweltbelange in ihre Unternehmenstätigkeit und in die Wechselbeziehungen mit ihren Stakeholdern zu integrieren“[238] definiert. Das Grünbuch enthält darüber hinaus eine umfassende Übersicht der mit der CSR in Zusammenhang stehenden Forderungen an die Unternehmungen.[239] Demnach haben Unternehmungen einerseits eine ‚geschäftliche

---

234 Vgl. Biedermann (2005), S. 17 ff.

235 Siehe auch Ausführungen in Kap. 3.4, ebenda.

236 Zum Konzept der Nachhaltigkeit, ihrer Definition und inhaltlichen Ausgestaltung siehe vor allem Kap. 3.2, ebenda.

237 Vgl. Biedermann (2005), S. 15 f.

238 EU-Kommission (2001a), S. 7; EU-Kommission (2001b).

239 Diese umfassen die Themenfelder Mitarbeiter, Umweltschutz, Menschenrechte, lokale Gemeinschaften, soziale Auditierung, Nachhaltigkeits-, Sozial- und Umweltberichterstattung, Qualitätsmanagement, Sozial- und Umweltsiegel, sozial verantwortliches Invest-

Verantwortung', welche sich auf das erfolgreiche Wirtschaften bezieht, und andererseits eine ‚soziale Verantwortung', welche die Rolle der Unternehmung in der Gesellschaft betrifft.[240] Darüber hinaus zielt eine weitere Definition auf eine Verantwortungsübernahme der Unternehmung gegenüber jeder ihrer relevanten Interessengruppen (Stakeholder) ab.[241]
Ein weiteres Merkmal der CSR bringt die Definiton der britischen Organisation ***‚Business for Social Responsibility (BSR)'*** zum Ausdruck.[242] Sie definiert CSR als die Ausrichtung der Entscheidungen einer Unternehmung sowohl an gesetzlichen Anforderungen als auch an übergeordneten Aspekten, wie dem Respekt vor Menschen, der Gemeinschaft, der Umwelt und der Orientierung an ethischen Grundsätzen. Damit betont sie, dass es sich um eine *Selbstverpflichtung* der Unternehmung handelt, die über die Einhaltung gesetzlich bereits festgelegter Standards hinausgeht.

Neben den genannten existiert noch eine Vielzahl von weiteren CSR-Definitionen, die sich jedoch inhaltlich an die vorgestellten anlehnen.[243]

Unter Corporate Citizenship (CC) wird das gesamte koordinierte, einer einheitlichen Strategie folgende und über die eigentliche Geschäftstätigkeit hinausgehende Engagement einer Unternehmung zur Lösung gesellschaftlicher Probleme verstanden.[244] Hierbei sollen alle Arten von Ressourcen der Unternehmung unter besonderer Berücksichtigung seiner spezifischen Kompetenzen genutzt werden. Wesentliches Element von Corporate Citizenship ist die bewusste und gezielte Kommunikation des gesellschaftlichen Engagements gegenüber möglichst vielen Zielgruppen.[245]
Zur Umsetzung von CC auf Unternehmensebene dienen die Instrumente des Corporate Foundation (Unternehmensstiftungen), des Corporate Giving

ment/ethisches Investment und Unternehmensführung nach sozial verantwortlichem Bewußtsein, vgl. EU-Kommission (2001a), S. 1-36; siehe hierzu auch EU (2006).

240 Siehe hierzu auch Bethin/Vandenhende (2003), S. 201 ff.

241 Vgl. Bethin/Vandenhende (2003), S. 195.

242 Vgl. BSR (2003).

243 Vgl. hierzu auch Hardtke/Prehn (2001), S. 150; Caroll (1999), S. 268 ff.

244 Vgl. Maaß/Clemens (2002), S. 8.

245 Siehe hierzu auch Westebbe/Logan (1995), S. 17; Seitz (2002), S. 64; Hardtke/Prehn (2001), S. 145 ff.

(Sponsoring/Spenden) und des Corporate Volunteering.[246] Folgende Abbildung zeigt den Bezug und die Unterordnung der erläuterten Begriffe:

**Abbildung 9: Elemente der Unternehmensverantwortung**[247]

Für die Abgrenzung von CSR und CC gibt es in der Literatur verschiedene Ansätze.[248] Im Kontext der vorliegenden Arbeit wird CC – wie die Abbildung zeigt – als ein Teilbereich von CSR gesehen, welches wiederum Bestandteil der ‚Corporate Responsibility', also der ganzheitlichen Unternehmensverantwortung, ist.[249]

Die Begriffe CSR und CC werden auch in Bezug auf das sog. ***Sustainable Management***[250] bzw. ***Corporate Sustainability (CS)***[251] verwendet und im Deutschen unter der Thematik einer ***nachhaltigkeitsbezogenen*** oder ***werteorientierten Unternehmensführung*** diskutiert. Darunter wird ein nachhaltigkeitsorientiertes Managementkonzept (Sustainable Management) verstanden, das sich an dem Konzept der *Nachhaltigen Entwicklung* (Sustainable Development) orientiert.[252] Diese Nachhaltigkeitsorientierung ist dann auf allen Unternehmensebenen, also auf der normativen, der strategischen und

---

246 Vgl. Mutz/Korfmacher (2003), S. 45 ff.
247 In Anlehnung an Mutz/Korfmacher (2003), S. 47.
248 Vgl. Loew et al. (2004), S. 70 ff.
249 Vgl. Mutz/Korfmacher (2003), S. 47 ff.
250 Vgl. Baumgartner (2005), S. 51.
251 Vgl. Loew et al. (2004), S. 72.
252 Vgl. hierzu auch Ausführungen in Kap. 3.2, ebenda.

der operativen Ebene, ausgehend von der Wertedimension bis hin zu operativen Handlungen, umzusetzen.[253]

Die Einordnung der Begriffe Sustainable Development, CS, CSR und CC untereinander zeigt die folgende Abbildung:

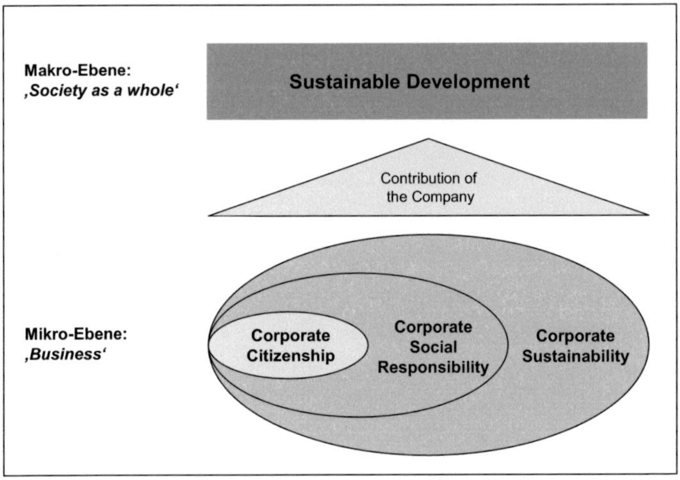


**Abbildung 10: Verhältnis von CSR, CC und CS zu Nachhaltiger Entwicklung**[254]

Wie die Abbildung zeigt, bildet das Konzept der *Nachhaltigen Entwicklung* auf Makro-Ebene ein überspannendes Dach. Darunter können sodann auf Mikro-Ebene (Unternehmensebene) die Begriffe CS, CSR und schließlich CC untergeordnet werden. Eine in den vorangegangenen Ausführungen definierte Unternehmensverantwortung lässt sich somit ebenfalls unter das Konzept der *Nachhaltigen Entwicklung* einordnen.[255]
Abschließend können die Erkenntnisse für die weiteren Ausführungen wie folgt zusammengefasst werden:

(1) Das Bewusstsein für eine über die eigentliche Geschäftstätigkeit hinausreichende gesellschaftliche Verantwortung nimmt bei den Unternehmungen, nicht zuletzt durch das gestiegene Anspruchsniveau ihrer

[253] Vgl. Biedermann (2005), S. 18 f.
[254] In Anlehnung an Loew et al. (2004), S. 13.
[255] Vgl. Loew et al. (2004), S. 71.

Stakeholder, eine immer bedeutendere Stellung innerhalb ihres Entscheidungskalküls ein.

(2) Jedoch können bei der Umsetzung und Ausgestaltung in der Unternehmenspraxis noch erhebliche Defizite und Probleme identifiziert werden.

(3) Dies hängt häufig mit einer unzureichenden Umsetzung der Unternehmensverantwortung auf allen Ebenen der Unternehmensführung zusammen, da die bestehenden Instrumente (CSR, CC, Codes of Conduct, etc.) nur Teile der Unternehmensführung betreffen.

(4) Ein tragfähiges Instrument bzw. Konzept zur Umsetzung der im Kontext der vorliegenden Arbeit definierten Unternehmensverantwortung stellt (nur) das Konzept der Nachhaltigen Entwicklung dar.

Definition, Inhalt und Bedeutung des Nachhaltigkeitskonzeptes gerade auch im Hinblick auf eine ganzheitliche Umsetzung der Unternehmensverantwortung, wie es das aufgebaute Modell der Unternehmensverantwortung fordert, werden in Kapitel 3.2 näher erläutert.

## 3.2 Nachhaltigkeit

„Nachhaltige Entwicklung bedeutet nicht mehr als langfristig profitable Unternehmensführung."[256]

(Jan Olaf Willums, President WBCSD Foundation)

Bedingt durch einen – durch Prozesse der Globalisierung noch verstärkten – gesellschaftlichen Wandel entwickelt sich auch in der Wirtschaft seit einigen Jahrzehnten ein stärkeres Bewusstsein dafür, dass wirtschaftliches Handeln direkte und indirekte, vor allem aber langfristige Auswirkungen im Hinblick auf mögliche Grenzen des Wachstums, den Verbrauch von (endlichen) natürlichen Ressourcen, die Umweltverschmutzung und die sozialen Unausgewogenheiten verursacht.[257]

---

256 Willums (2001), zitiert nach Hardtke/Prehn (2001), S. 65.

257 Vgl. Kap. 3.1.1 und die schon erwähnte Studie zur Endlichkeit der natürlichen Ressourcen des Club of Rome (1972), siehe hierzu Meadows et al. (1972), S. 36 ff. Dazu auch Grießhammer (1998), S. 2.

Dazu führt auch die Erkenntnis, dass eine unkontrollierte Weiterentwicklung der Wirtschaft, die dem reinen Prinzip des Marktes folgt, ohne die Einbeziehung z.B. externer Effekte[258], in naher Zukunft weitreichende Konsequenzen haben und langfristig zu einer elementaren Bedrohung des ohnehin schon nicht mehr ausbalancierten ökonomischen, ökologischen und sozialen Gleichgewichtes werden wird.[259]

Mit dem zunehmenden Bewusstsein der Gefahren dieser unkontrollierbaren Entwicklung entstehen bis heute zahlreiche Versuche, die Nachhaltige Entwicklung unserer Gesellschaft, ihres Wirtschaftssystems und seiner Akteure in die Praxis umzusetzen.[260]

In den vergangenen Jahren hat sich auf internationaler Ebene der Begriff der ***Nachhaltigen Entwicklung*** (Sustainable Development) zu einem integrierten Leitbild für Umwelt, Wirtschaft und Gesellschaft entwickelt. Ausgehend von der Konferenz für Umwelt und Entwicklung im Jahre 1992 in Rio de Janeiro und fortgesetzt durch die Folgekonferenz im Jahre 2002 in Johannesburg hat in der Öffentlichkeit, aber auch in vielen Unternehmungen ein Umdenken begonnen. Dabei vollzieht sich ein stetiger Wandel von einer dynamischen, isolierten Betrachtung umwelt- und gesellschaftsbezogener Themen hin zu einer globalen und ganzheitlichen Sichtweise.[261]

Die inhaltliche Konkretisierung geht mit Interpretations- und Abgrenzungsproblemen einher, vor allem aufgrund der Übersetzungsmöglichkeiten der fremdsprachigen Termini *Sustainability* und *Sustainable Development*. Im Kontext des *Sustainable Development* bspw. existieren circa 70 verschiedene Definitionen und inhaltliche Interpretationen. Diese Vielfalt immer komplexerer und abstrakterer Definitionen des Leitbildes der Nachhaltigkeit und der Nachhaltigen Entwicklung lassen vor allem Unternehmungen zunehmend an ihre Grenzen der Verständlichkeit und vor allem der Umsetzbarkeit stoßen, da eine inhaltliche Klarheit trotz oder aber gerade wegen dieser Vielfalt nicht

---

258 Vgl. Wagner (1997), S. 174 ff.; Böventer von (1993), Sp. 1000 ff.
259 Vgl. EK (1994), S. 55.
260 Zur Sensibilisierung von Gesellschaftsgruppen und der Notwendigkeit einer ökologischen Unternehmensführung siehe auch Günther (1994), S. 1 ff.
261 Vgl. Wagner (1997), S. 34 f.

zu erkennen ist.[262] Mit traditionellen Vorgehensweisen bei der Konzeptionierung und Umsetzung entsprechender Nachhaltigkeitsstrategien haben insbesondere sie gewaltige Schwierigkeiten, da die Definitionen und Leitbilder oftmals nicht fassbar und für den Umgang in der Unternehmenspraxis nicht (direkt) übertragbar erscheinen.

Nachhaltigkeit für Unternehmungen, Nachhaltigkeit in Unternehmungen, kurz unternehmerische Nachhaltigkeit – was steckt dahinter, wie können Inhalte unternehmerischer Nachhaltigkeit aussehen und wie kann unternehmerische Nachhaltigkeit auf Unternehmensebene (strategisch und operativ) umgesetzt bzw. gemessen werden? Diesen Fragen widmet sich das nächste Kapitel eingehend. Dabei sollen Erkenntnisse darüber erarbeitet werden, ob sich das Konzept Nachhaltigkeit bzw. Nachhaltiger Entwicklung als ein mögliches Instrument zur Umsetzung der in der vorliegenden Arbeit erarbeiteten Begriffsdefinition der Unternehmensverantwortung eignet und angemessen erscheint. Dazu werden zunächst die Begriffe Nachhaltigkeit und Nachhaltige Entwicklung in ihrer Historie erläutert, bevor auf ihre inhaltliche Ausgestaltung im Hinblick auf Dimension, Prinzipien und Ziele näher eingegangen wird. Neben den daraus hergeleiteten sog. Nachhaltigkeitsherausforderungen für eine Unternehmung stehen im letzten Abschnitt des Kapitels 3.2 vor allem die bis dato bestehenden Umsetzungsschwierigkeiten des Konzeptes der Nachhaltigkeit auf Unternehmensebene im Vordergrund.

### 3.2.1 Nachhaltige Entwicklung – Historie und Definition

Der Begriff der Nachhaltigkeit[263] ist bisher trotz seiner breiten Bedeutung und vielseitigen Verwendung noch vielgestaltig und mehrdeutig geblieben. Er ist Gegenstand dynamischer Entwicklungen (‚Sustainable Development').[264]

---

262 Vgl. Mathieu (2002), S. 11.

263 Die Begriffe *Nachhaltigkeit* und *Sustainability* bzw. *Nachhaltige Entwicklung* und *Sustainable Development* werden im weiteren Verlauf der vorliegenden Arbeit als Synonyme gesehen. Auf die in der Literatur vorzufindende Unterscheidung der Begriffe *dauerhaft umweltgerechte Entwicklung* [SRU, (1996)], *nachhaltige zukunftsverträgliche Entwicklung* [EK, (1998)], *dauerhafte Entwicklung* [Hauff, (1987)], *zukunftsfähige Entwicklung/Zukunftsfähigkeit* [BUND/Misereor, (1996); Eppler, (2003)], die letztendlich alle darauf abzielen, eine möglichst treffende Übersetzung des ursprünglichen Begriffs *Sustainable Development* gemäß der jeweils verfolgten Schwerpunktsetzung zu liefern, wird hier nicht eingegangen. Stattdessen werden im Folgenden hauptsächlich die umfassend zu verstehenden Begriffe Nachhaltigkeit und Nachhaltige Entwicklung verwendet.

264 Vgl. Bieker et al. (2001), S. 4.

Historisch gesehen lassen sich drei Quellen des Nachhaltigkeitsbegriffes finden:

I. Der Terminus Nachhaltigkeit oder *Nachhaltige Entwicklung*[265] stammt ursprünglich aus der mitteleuropäischen ***Forstwirtschaft*** Anfang ***des 17. Jahrhunderts***. Als Schöpfer des forstlichen Nachhaltigkeitsbegriffes gilt *Hans Carl von Carlowitz*, Oberhauptmann am kursächsischen Hof Freiberg (Sachsen), der 1713 mit seinem Werk *‚Sylvicultura oeconomica'* oder *‚Hauswirtschaftliche Nachricht und Naturmäßige Anweisung zur wilden Baumzucht'* als erster das Prinzip der Nachhaltigkeit formulierte.[266] Der Begriff der Nachhaltigkeit beruht auf dem einfachen Grundprinzip, dass in einem bestimmten Zeitraum nur soviel Holz geschlagen werden darf, wie (durch Neupflanzungen) nachwachsen kann. Als solche fand die erste Nachhaltigkeitsforderung Anfang des 19. Jahrhunderts ihre erste gesetzliche Verankerung in den Forstgesetzen der damaligen Zeit. Der ursprüngliche Grundsatz bezeichnet anders formuliert also die Forderung, natürliche Ressourcen nur derart zu nutzen, dass sie dauerhaft erhalten bleiben und ihre langfristige Nutzbarkeit durch spätere Generationen gewährleistet ist.[267] Über diese forstwirtschaftliche Interpretation hinaus wurde der Nachhaltigkeitsbegriff erst nach seiner Übertragung auf die zentralen umweltpolitischen Herausforderungen, implizit dem globalen Ressourcenschutz für zukünftige Generationen, bekannt.[268]

Das englische ‚sustainable' ist viel älter. Es wird vom lateinischen ‚sustinere' hergeleitet und kann mit ‚aufrechterhalten, durchhalten' übersetzt werden. Darum wird in der Literatur *nachhaltig* von manchen Autoren auch im Sinn von *‚zukunftsfähig'* verwendet. Beeindruckend äußert sich dazu Erhard Eppler (2003) in seiner Rede anlässlich der Bilanz- und Perspektivenkonferenz der Agenda 21 NRW in Bonn. „*Sustainable Development* ist also eine Entwicklung, die sich durchhalten lässt, die nicht im eigenen Kot stecken bleibt, die Zukunft hat. Daher steckt im englischen *sustainable* eine Dramatik, die

---

265 Der Termini ***Nachhaltige Entwicklung*** stellt einen eigenständigen Begriff dar, was die gewählte Schreibweise widerspiegelt.

266 Vgl. Loew et al. (2004), S. 56. Siehe auch o.V. (2005); [Anm. d. Verf.: im Folgenden beziehen sich Quellenangaben ohne Seitenzahl auf Internetverweise, deren *Links* und *Zugangsdaten* im Literaturverzeichnis aufgeführt sind.].

267 Vgl. Blank (2001), S. 375.

268 Vgl. Ewringmann (1999), S. 10.

dem Wort *nachhaltig* fehlt. Wer *Sustainable Development* fordert, stellt damit fest, dass, was wir bislang betrieben und betreiben, nicht durchzuhalten ist, in Sackgassen gerät, sich festfressen muss: jene Entwicklung, die immer mehr Kohlendioxyd freisetzt, immer mehr Landschaften zubetoniert, die Böden vergiftet und die Meere leer fischt. Diese Botschaft sendet das Wort nachhaltig nicht aus.“[269]

II. Weltweite Aufmerksamkeit bekam der Begriff Nachhaltigkeit jedoch erst aufgrund des **1987** erschienenen UN-Berichts ***'Our common future – Unsere gemeinsame Zukunft'***, der von der Weltkommission für Umwelt und Entwicklung (World Commission on Environment and Development – WCED) verfasst wurde. Dieser Abschlussbericht der Kommission der Vereinten Nationen wurde auch nach ihrer Vorsitzenden, der damaligen norwegischen Umweltministerin Brundtland, benannt. Nach der, wohl am häufigsten zitierten, Definition des **Brundtland-Berichtes** ist „dauerhafte Nachhaltigkeit (...) eine Entwicklung, welche die Bedürfnisse der Gegenwart befriedigt, ohne zu riskieren, dass zukünftige Generationen ihre eigenen Bedürfnisse nicht befriedigen können“[270]. Ein konsistentes Programm für eine Nachhaltige Entwicklung enthält der Bericht zwar nicht, jedoch fand die oben zitierte Definition nachhaltiger Entwicklung in der Literatur eine große Resonanz und Akzeptanz.[271] Die durch den Brundtland-Bericht verbundenen Erkenntnisse beziehen sich vor allem auf die Bedürfnisorientierung, inter- und intragenerative Gerechtigkeit sowie integrative Aspekte, die im weiteren Verlauf der Ausführungen noch näher erläutert werden.[272]

III. Zum weltweiten Durchbruch verhalf dem Konzept der Nachhaltigen Entwicklung im Jahr 1992 die UN-Konferenz für Umwelt und Entwicklung („Erdgipfel“) in Rio de Janeiro, welche vor allem in Form der ***„Agenda 21“***[273] ein umfassendes politisches Programm verabschiedete, um im Verlauf des 21. Jahrhunderts Nachhaltigkeit im globalen Maßstab zu erreichen. Demgemäß

---

269 Eppler (2003), S. 1 f.
270 Hauff (1987), S. 46. Bei dieser Quelle handelt es sich um die deutsche Übersetzung des Berichts der WCED [WCED, 1987], die sich inhaltlich lediglich durch das vom Herausgeber verfasste Vorwort von dem ursprünglichen Bericht unterscheidet.
271 Vgl. Voss (1997), S. 8; Köppl (2005), S.10.
272 Vgl. dazu Kanning/Müller (2001), S. 18. Siehe auch Kap. 3.2.2.2, ebenda.
273 Agenda für eine Nachhaltige Entwicklung. Zur Fassung der Agenda 21 und der anderen Abkommen von Rio siehe auch Keating (1993), S. 4 ff.

kann wirtschaftliche Entwicklung nur dann nachhaltig sein, wenn dabei die Tragfähigkeit natürlicher und sozialer Systeme gesichert und erhalten wird.[274]

Der Rio-Konferenz folgten eine Reihe weiterer Schritte auf dem Weg zu einer nachhaltigen Entwicklung, die im Einzelnen nicht weiter erläutert werden sollen. Beispielhaft seien hier nur die Gründung der UN-Kommission für Nachhaltige Entwicklung (Commission on Sustainable Development - CSD) im Jahre 1992 und die Sondergeneralversammlung der UN, Earth Summit +5 (Erdgipfel fünf Jahre nach Rio), 1997 in New York genannt. Zehn Jahre nach dem Erdgipfel in Rio de Janeiro kam die Staatengemeinschaft im Jahr 2002 in Johannesburg zum Weltgipfel (World Summit) für Nachhaltige Entwicklung zusammen.

Die zentrale Frage in Johannesburg beschäftigte sich damit, inwieweit das Leitbild einer nachhaltigen Entwicklung, auf das sich die Staats- und Regierungschefs in Rio verständigt hatten, in Zeiten der Globalisierung und des rasanten technologischen Fortschritts in die Praxis umgesetzt worden ist bzw. noch umzusetzen ist. Auf dem Gipfel sollten die Staats- und Regierungschefs Entscheidungen treffen, welche die Umsetzung bestehender internationaler Vereinbarungen weiter vorantreiben und darüber hinaus den seit Rio neu entstandenen Herausforderungen Rechnung tragen.

Die Themen des Gipfels wurden unter Berücksichtigung der Resultate nationaler, regionaler und internationaler Vorbereitungskonferenzen mit folgenden Schwerpunkten festgelegt:

- Ressourcenschutz und Ressourceneffizienz, insbesondere nachhaltige Energiepolitik und Wasserwirtschaft,
- Armutsbekämpfung und Umweltschutz,
- Globalisierung und Nachhaltige Entwicklung,
- Stärkung der UN-Strukturen in den Bereichen Umwelt und Nachhaltige Entwicklung sowie
- Finanzierung.

[274] Eine vertiefte Auseinandersetzung mit dem Konzept und der Geschichte nachhaltiger Entwicklung findet sich u.a. bei Minsch et al. (1996), S. 15 ff.

Derartige Konferenzen zeigen, dass Nachhaltigkeit in den letzten Jahren vorrangig ein politisches Leitbild darstellte, welches nicht nur auf internationaler, sondern auch auf nationaler Ebene zu vielfältigen Programmen und Maßnahmen geführt hat. Nachhaltigkeit ist aber nicht nur bzw. nicht mehr nur ein rein ‚politisches Projekt'.

Vielmehr ist festzustellen, dass es mittlerweile auch zu einem ‚wirtschaftlichen Projekt' geworden ist, welches Unternehmungen und Märkte unter Anpassungsdruck setzt.[275]

Als sog. ***Nachhaltigkeitstreiber***[276] wirken ganz unterschiedliche Aspekte und Rahmenbedingungen auf die Unternehmungen ein und sorgen damit für eine zunehmende Aufmerksamkeit für dieses Thema. Diese Nachhaltigkeitstreiber reichen vom Problemdruck der Nachhaltigkeitsprobleme selbst über politische Programme, öffentlichen Druck, Forderungen von NGO's bis hin zu den Auswirkungen technischer Problemlösungen auf dem Markt, dem Einfluss nachhaltiger Kapitalanlagen und *ergrünender* Kapitalmärkte sowie Konkurrenzaktivitäten. Folgende Tabelle zeigt mögliche Nachhaltigkeitstreiber für Unternehmungen auf:

| Nachhaltigkeitstreiber | Inhalt und Anspruch der Nachhaltigkeitstreiber |
|---|---|
| Nachhaltigkeitsprobleme | Energie, Mobilität, Ernährung, Armut, u.a. |
| Politische Programme | Globale Ebene (Kyoto), Nationale Ebene (Landschaft, Transport, $CO_2$ Ökosteuer), lokale Ebene (Agenda 21 Prozesse) |
| Transparenz und öffentlicher Druck | Trend zur 'gläsernen' Unternehmung, Recht auf Information, Druck bzw. öffentlicher Rechenschaftslegung, Internet |
| NGO's | Menschenrechte, Umwelt, Entwicklung, Konsumenten, u.a. |
| Technische Entwicklung | Energieeffizienz, Erneuerbare Energien, Brennstoffzellen, Null-Emissions-Autos, Bio-Lebensmittel, Bio-Textilien, Bio-Technologien |
| Kapitalmärkte | Nachhaltige Investments, Dow Jones Sustainability Group Indizes, Risikobewertung (Basel II) |
| Konkurrenz | Vermeidung von Nachhaltigkeitsrisiken und Ausnützung von Nachhaltigkeitsschancen |

**Tabelle 8: Nachhaltigkeitstreiber für unternehmerische Nachhaltigkeit**[277]

[275] Vgl. Bieker et al. (2001), S. 17.
[276] Vgl. Bieker et al. (2001), S. 18.
[277] In Anlehnung an Bieker et al. (2001), S. 18.

Hieraus ergeben sich für die Unternehmungen einerseits Nachhaltigkeitsrisiken, andererseits aber auch Nachhaltigkeitschancen.
Um diese genauer bestimmen zu können, soll eine Analyse des Nachhaltigkeitskonzeptes vor allem auf die inhaltliche Interpretation der ‚Brundtland-Definition von Nachhaltigkeit' und der damit verbundenen Erkenntnisse für das Konzept, die Bedeutung und Umsetzbarkeit der Nachhaltigkeit für Unternehmungen eingehen.

Dazu erfolgt in den weiteren Abschnitten zunächst die Definition der dem Nachhaltigkeitskonzept zugrunde liegenden drei Dimensionen (ökonomische, ökologische und soziale) der Nachhaltigkeit, ihren Prinzipien und den allgemeinen Nachhaltigkeitszielen/Herausforderungen, bevor in einem abschließenden Abschnitt auf Probleme der Umsetzung des Nachhaltigkeitskonzeptes insbesondere auf Unternehmensebene eingegangen wird.

### 3.2.2 Grundsätze, Dimensionen, Prinzipien und Regeln

Neben der allgemein anerkannten Definition Nachhaltiger Entwicklung aus dem Brundtland-Bericht wurden noch weitere Definitionen begründet, aus denen sich grundsätzlich vier wesentliche Erkenntnisse herleiten lassen:[278]

(1) Der Schlüssel für die Gestaltung Nachhaltiger Entwicklungsprozesse liegt in der Auseinandersetzung mit den menschlichen Bedürfnissen, sowohl

(2) gegenwärtiger als auch zukünftiger Generationen (intergenerative Gerechtigkeit).

(3) Gleichzeitig ist hiermit die Forderung nach einem Ausgleich zwischen Industrie- und Entwicklungsländern verbunden (intragenerative Gerechtigkeit) und

(4) die Einsicht, dass ökonomische, ökologische und soziale Entwicklungen notwendig als eine Einheit zu sehen sind (integrativer Aspekt).

---

[278] Vgl. Kanning/Müller (2001), S. 18.

Daraus leiten sich drei zentrale **Nachhaltigkeitsgrundsätze** ab:[279]

***„Vom Einkommen leben, nicht vom Kapital"***[280]:

Aus der betriebswirtschaftlichen Perspektive ist das ***Prinzip der Kapitalerhaltung*** unumstritten und kennzeichnet ein gleichermaßen erfolgreiches wie verantwortungsvolles Wirtschaften. Seine Anwendung auf das ökologische und soziale Kapital findet dagegen eher selten statt.[281] Die Einbeziehung gerade dieser beiden Dimensionen des Kapitalbegriffes stellen jedoch einen der Hauptgrundsätze des Nachhaltigkeitsgedankens dar. Vor allem Anzeichen einer ökologischen Ausbeutung, vorwiegend in Ländern der Ersten Welt, und eine soziale Auszehrung, vor allem in Ländern der Dritten Welt, gaben nicht zu letzt den Anstoß zur politischen Debatte und zum politischen Aufstieg des Themas *Nachhaltiger Entwicklung.*

***„Kurz- und langfristige Aspekte integrieren"***[282]:

Das ***Prinzip einer dauerhaft tragfähigen Entwicklung*** verlangt eine zeitlich dauerhafte Ausrichtung wirtschaftlicher Entwicklungen. Demgegenüber sind wirtschaftliche Entwicklungen, die aufgrund zunehmend kürzerer Zeit- und Planungshorizonte der Akteure dazu neigen, kurzfristige Erfolge überzubewerten, vor dem Hintergrund einer Nachhaltigen Entwicklung abzulehnen. In der finanzwirtschaftlichen Praxis werden immer noch absolut gleich große Erfolge dennoch geringer bewertet, wenn sie erst in der Zukunft eintreten. Diese Betrachtungsweise unterstützt „eine Politik der verbrannten Erde"[283], wie es im Bereich der Ausbeutung von Naturschätzen und Regenwäldern oder dem Leerfischen der Meere zu erkennen ist.

***„Ökonomische, ökologische und soziale Aspekte integrieren"***[284]:

Die Integration der Anforderungen aller drei Dimensionen der Nachhaltigkeit beinhaltet diese dritte Nachhaltigkeitsregel. Ein ganzheiltlicher Erfolg bemisst sich dementsprechend daran, wie zielführend Entwicklungen im Hinblick auf das Erreichen sowohl ökonomischer, ökologischer als auch sozialer Ziele

---

279 Vgl. Bieker et al. (2001), S. 14 f.
280 Bieker et al. (2001), S. 14.
281 Vgl. zu den unterschiedlichen Kapitalbegriffen auch Kap. 3.2.5, ebenda.
282 Bieker et al. (2001), S. 14.
283 Bieker et al. (2001), S. 14.
284 Bieker et al. (2001), S. 14.

sind. In der Literatur wird die umfassende Wertschöpfung in allen drei Dimensionen auf betriebswirtschaftlicher Ebene auch als *'Tripple-bottom-line'* bezeichnet.[285] Diejenigen Konzepte, die sich an dieser umfassenden integrativen Betrachtung orientieren, werden in der deutschsprachigen Literatur auch als 'Drei-Säulen-Konzepte' oder 'Drei-Säulen-Modell' der Nachhaltigkeit bezeichnet.[286]

#### 3.2.2.1 Das Dreisäulenmodell

Die drei Säulen der Nachhaltigkeit stehen, wie die obigen Erläuterungen gezeigt haben, für Anforderungen von und Herausforderungen an die Ökonomie, Ökologie und die Gesellschaft. Ökonomische, ökologische und soziale Aspekte gilt es gleichzeitig zu berücksichtigen und in Einklang zu bringen.[287] Während ein relativ umfassender Konsens im Hinblick auf die grundlegende Vorgehensweise der mehrdimensionalen Betrachtung besteht, ist in der Literatur andererseits festzustellen, dass im Hinblick darauf, was die einzelnen Dimensionen konkret bedeuten bzw. beinhalten, erhebliche Unterschiede und Unklarheiten bestehen.[288] Einen Überblick über die vorwiegend definierten Inhalte der drei Dimensionen der Nachhaltigkeit gibt das folgende Kapitel.

##### 3.2.2.1.1 Ökonomische Dimension

In ökonomischer Hinsicht ergibt sich aus der Zielsetzung der Erhaltung der ökonomischen Leistungsfähigkeit der Gesellschaft und Versorgung der gegenwärtigen und künftigen Generationen mit Gütern und Dienstleistungen die Aufgabe, ein angemessenes Wachstum (quantitativ, aber vor allem auch qualitativ) zu erreichen.[289]

---

285 Vgl. Elkington (1997), S. 24; Dresner (2002), S. 63.

286 In diesem Kontext wird jedoch angemerkt, dass das Postulat einer gleichberechtigten Berücksichtigung der Dimensionen allerdings noch keinen konkreten Beitrag zu einer Operationalisierung der Nachhaltigkeit in der Unternehmung leistet, vgl. Voss (1997), S. 24.

287 Zur Integration der drei Säulen der Nachhaltigkeit vgl. auch Eberle (1998), S. 105 ff.

288 Vgl. Busch (2001), S. 85 ff.

289 Vgl. Voss (1997), S. 24. Zum *(kritischen) Wachstumsbegriff* vergleiche auch Erläuterungen im weiteren Verlauf der vorliegenden Arbeit.

Folgende Tabelle zeigt verschiedene Interpretationen der ökonomischen Dimension:

<table>
<tr><th rowspan="2">Dimension</th><th rowspan="2">Weltbank</th><th rowspan="2">Vereinte Nationen</th><th rowspan="2">Ziele der Enquete Kommision 1994</th><th colspan="2">Enquete Kommision 1998</th></tr>
<tr><th>Ziele</th><th>Regeln</th></tr>
<tr><td rowspan="7">Ökonomisch</td><td rowspan="3">▪ Nachhaltiges Wachstum</td><td>▪ Förderung der internationalen Zusammenarbeit zur Steigerung eines nachhaltigen Wachstums</td><td>Erhalt der Anpassungsfähigkeit des zentralen organisierten marktwirtschaftlichen Systems durch:</td><td rowspan="3">▪ Sicherstellung von Rahmenbedingungen, die effizientes Wirtschaften fördern</td><td rowspan="2">▪ Gewährleistung einer Wirtschaftsordnung, die Eigeninitiative fördert und das Eigeninteresse in den Dienst des Gemeinwohls stellt</td></tr>
<tr><td>▪ Wandel zu ressourcen- und energiesparenden Konsummustern</td><td>▪ Kalkulierbare politische Rahmenbedingungen</td></tr>
<tr><td>▪ Stärkung finanzieller Transfers</td><td>▪ Erhalt des unternehmerischen Handlungsspielraums</td><td>▪ Preise sollen die realen Knappheiten widerspiegeln</td></tr>
<tr><td rowspan="4">▪ Steigerung der Kapitalintensität</td><td rowspan="4">▪ Transfer umweltschonender Technologien</td><td>▪ Berücksichtigung der begrenzten Anpassungskapazität von Wirtschaft, HH und Staat</td><td rowspan="4">▪ Erhaltung und Sicherung der Wettbewerbsfunktionen</td><td>▪ Funktionsfähiger Wettbewerb</td></tr>
<tr><td>▪ Kalkulierbare Umweltpolitik</td><td rowspan="3">▪ Erhalt bzw. Verbesserung der ökonomischen Leistungsfähigkeit und des Produktivkapitals</td></tr>
<tr><td>▪ Ungehinderte betriebliche Innovationsprozesse</td></tr>
<tr><td>▪ Internationale Harmonisierung zur Vermeidung von Wettbewerbsverzerrungen</td></tr>
</table>

**Tabelle 9: Inhaltliche Spezifikation der ökonomischen Dimension Nachhaltiger Entwicklung**

Tabelle 9 zeigt Inhalte der ökonomischen Dimension, wie sie von der Weltbank[290], den Vereinten Nationen[291] und der deutschen Bundesregierung[292] definiert werden. Dabei soll sie darüber Aufschluss geben, was im Folgenden unter der ökonomischen Dimension verstanden wird. Grundsätzlich handelt es sich bei dieser Aufzählung um eine Zusammenfassung derjenigen Punkte, die mehr oder weniger konkret in den Formulierungen der einzelnen Institutionen enthalten sind.

---

290 Zu Inhalten der ökonomischen Dimension aus Sicht der Weltbank vgl. Serageldin (1996), S. 3 f.

291 Da von den Vereinten Nationen (UN) keine explizite Konkretisierung der Dimensionen gegeben wird, orientieren sich die Inhalte an dem Raster, das für die Strukturierung von Indikatoren für eine Nachhaltige Entwicklung aufgestellt wurde, welches sich seinerseits an den Kapiteln der Agenda 21 orientiert, vgl. CSD (1996), S. 18 ff.

292 Vgl. EK (1994), S. 54 ff. und EK (1998), S. 17 ff.

Das Ziel des nachhaltigen Wachstums, welches sich sowohl bei der Weltbank als auch bei den Vereinten Nationen findet, wird im Kontext einer gleichwertigen und gleichberechtigten Betrachtungsweise aller Dimensionen der Nachhaltigkeit jedoch als kritisch beachtet. Kritik an dem Wachstumsziel wird meist im Rahmen der Diskussion um eine umweltverträgliche Entwicklung geäußert. Sie resultiert also letztlich aus dem Zielkonflikt zwischen den Zielen der ökologischen (und auch zum Teil sozialen) Dimension und den hier angeführten Zielen der ökonomischen Dimension.[293]

Aus Sicht der ökologischen Ökonomie stellt das unkorrigierte und unkontrollierte Wachstumsparadigma eine der zentralen Schwächen des herrschenden ökonomischen Systems dar, welche z.B. für die wesentlichen Probleme innerhalb der ökologischen Dimension verantwortlich sind. In Verbindung mit der Identifikation weiterer negativer Auswirkungen, z.B. auf das Ziel Vollbeschäftigung oder das Ziel Verteilungsgerechtigkeit, wird folglich die Schlussfolgerung gezogen, dass das Ziel Wachstum nicht die anderen Ziele dominieren darf, bzw. dass Alternativen zur Wachstumsgesellschaft – wie z.B. ökologische Innovationen, Entwicklungen ohne Wachstum und qualitative Verbesserungen, gefunden werden müssen.[294]

Unter Berücksichtigung der vorangegangenen Diskussion werden im Folgenden unter der ökonomischen Nachhaltigkeit die nachstehenden Aspekte verstanden:

---

[293] Vgl. zu dieser grundlegenden Diskussion der Grenzen des Wachstums bspw. Bartmann (1999), S. 321 ff.; Daly (1999), S. 223 f.; Ayres (1998), S. 24 f.; Blazejczak (1998), S. 7 f. und nicht zuletzt die schon erwähnte Studie des ‚Club of Rome' (1972), siehe Meadows et al. (1972), S. 73 ff.

[294] Vgl. Daly (1999), S. 224 ff.

- Schaffung von materiellem Wohlstand unter Berücksichtigung, dass dieser nicht die einzige Quelle des Wohlstandes darstellt – Erreichung eines angemessenen Wachstums[295],
- Erhalt der Leistungs-, Anpassungs- und Innovationsfähigkeit eines wettbewerblichen (dezentral organisierten marktwirtschaftlichen) Systems,
- Förderung einer weltweiten Nachhaltigen Entwicklung durch Unterstützung von Technologie- und Finanztransfers und
- Vermeidung von Wettbewerbsverzerrungen durch internationale Politikharmonisierung, durch Schaffung internationaler Institutionen und durch internationale Kooperationen.

**Abbildung 11: Ökonomische Dimension der Nachhaltigen Entwicklung**

#### 3.2.2.1.2 Ökologische Dimension

In ökologischer Hinsicht stehen vor allem die Nichtüberschreitung der Belastbarkeit des Ökosystems, die Sicherung dessen Funktions- und Leistungsfähigkeit sowie der Erhalt und die Sicherung der Natur als Lebensgrundlage im Vordergrund. Auch hier gibt die folgende Tabelle 10 einen Überblick über Inhalte der ökologischen Dimension aus Sicht der Weltbank[296], der Vereinten Nationen[297] und der deutschen Bundesregierung[298].

Vergleichsweise einfach fällt es, einen Konsens darüber zu erzielen, was unter ökologischer Nachhaltigkeit zu verstehen ist. In dieser Dimension unterscheiden sich die einzelnen obengenannten und repräsentativen Ausführungen grundsätzlich nur in Einzelheiten.

---

[295] Im Sinne der vorangegangenen kritischen Auseinandersetzung mit dem Begriff des Wachstums soll mit *angemessenem Wachstum* ein vor allem *qualitatives Wachstum* verstanden werden. Vgl. Fn. 277.

[296] Vgl. Serageldin (1996), S. 3 f.

[297] Vgl. CDS (1996), S. 18 ff. und Anmerkung aus Fn. 279.

[298] Vgl. EK (1994), S. 54 ff. und EK (1998), S. 17 ff.

| Dimension | Weltbank | Vereinte Nationen | Ziele der Enquete Kommision 1994 | Enquete Kommision 1998 Ziele | Regeln |
|---|---|---|---|---|---|
| | ▪ Gewährleistung von Ökosystemstabilität | ▪ Schutz von (Grund)-wasser, Ozeanen und Küsten | Vermeidung von | ▪ Erhalt und Wiederherstellung der vielfältigen Funktionen der Natur zum Nutzen der Menschen | ▪ Die Abbaurate erneuerbarer Ressourcen darf die Regenerationsrate nicht übersteigen |
| | ▪ Schonung natürlicher Ressourcen | ▪ Nachhaltige Landnutzung | ▪ Gefährdungen der menschlichen Gesundheit | | |
| | ▪ Erhalt der Biodiversität | ▪ Schutz der Ökosysteme: Bekämpfung der Desertifikation und Schutz der Bergregionen | ▪ Treibhauseffekt | | ▪ Nutzung nicht erneuerbarer Ressoucen nur, soweit Ersatz geschaffen wird |
| Ökologisch | ▪ Erhalt der ökologischen Tragfähigkeit | ▪ Nachhaltige Landwirtschaft und ländliche Entwicklung | ▪ Ausdünnung der Ozonschicht | ▪ Eingriffe in die Umwelt sollen sich an der Leistungsfähigkeit der betroffenen Systeme orientieren | ▪ Einträge in die Umwelt nur, soweit die Systeme nicht überlastet werden |
| | | ▪ Bekämpfung der Abholzung | ▪ Versauerung | | ▪ Anpassung des Zeitmaßes anthropogener Eingriffe an das der Umwelt |
| | | ▪ Erhalt der Artenvielfalt | ▪ Photosmog | | |
| | | ▪ Umweltgemäßer Umgang mit Biotechnologie, Abfall und Abwasser, toxischen Chemikalien, gefährlichen Abfällen und radioaktivem Abfall | ▪ Meeresverschmutzung | | |
| | | | ▪ Bodendegradierung u. Bodenerosion | | ▪ Vermeidung von Gefahren und unvertretbaren Risiken |
| | | | ▪ Arten- und Biotopschwund | | |
| | | ▪ Schutz der Atmosphäre | ▪ Wachsende Abfallmengen | | ▪ Erhalt der Artenvielfalt |
| | | | ▪ Intensive Flächennutzung | | |
| | | | ▪ Trinkwasserverknappung | | |
| | | | ▪ Entforstung | | |
| | | | ▪ Lärm | | |

**Tabelle 10: Inhaltliche Spezifikation der ökologischen Dimension Nachhaltiger Entwicklung**

In diesem Sinne können unter der ökologischen Nachhaltigkeit folgende vier Aspekte verstanden werden, die sich recht deutlich und umfassend in allen bisher betrachteten Auseinandersetzungen wiederfinden:

- Gewährleistung der Leistungs- und Funktionsfähigkeit der Ökosysteme,
- Erhalt bzw. Schonung natürlicher Ressourcen,
- Erhalt der Biodiversität und
- Erhalt der Assimilationsfähigkeit der ökologischen Systeme.

**Abbildung 12: Ökologische Dimension Nachhaltiger Entwicklung**

### 3.2.2.1.3 Soziale Dimension

Bei der sozialen Dimension der Nachhaltigkeit geht es vor allem um soziale Stabilität und Gerechtigkeit, Chancengleichheit und individuelle Freiheit. Auch hier zeigt untenstehende Abbildung die inhaltliche Ausgestaltung der sozialen Dimension der Nachhaltigkeit aus Sicht der Weltbank[299], Vereinten Nationen[300] und der deutschen Bundesregierung[301]:

| Dimension | Weltbank | Vereinte Nationen | Ziele der Enquete Kommision 1994 | Enquete Kommision 1998 Ziele | Enquete Kommision 1998 Regeln |
|---|---|---|---|---|---|
| Sozial | ▪ Fairness | ▪ Armutsbekämpfung | ▪ Intra- und intergenerative Gerechtigkeit | ▪ Erfüllung der Grundbedürfnisse | ▪ Erhalt der Menschenwürde und der Möglichkeiten zur freien Entfaltung |
| | ▪ Soziale Mobilität | ▪ Nachhaltige Bevölkerungsentwicklung | ▪ Versorgungssicherheit | | |
| | ▪ Partizipation | ▪ Förderung der Ausbildung und des öffentlichen Bewußtseins | ▪ Bekämpfung der Arbeitslosigkeit | | ▪ Soziale Sicherheit gemäß Versicherungsprinzip und Bedürftigkeit |
| | ▪ Empowerment | ▪ Gesundheitsvorsorge und Schutz der Gesundheit | ▪ Frieden | ▪ Sicherung von Gesundheit, Erwerbsfähigkeit und -möglichkeit, Bildungschancen, Altersversorgung | ▪ Beiträge zum System der sozialen Sicherheit gemäß individueller Leistungsfähigkeit |
| | | | ▪Vorsorgender Gesundheits- und Arbeitsschutz | | |
| | | ▪ Förderung nachhaltiger Siedlungsstrukturen | ▪ Soziale Stabilität | | |
| | | | ▪ Rechtssicherheit und parlamentarische Demokratie | | |
| | | | ▪ Sozialstaat | | |
| | | | ▪ Lebensqualität | | |
| | | | ▪ Erhalt der Handlungsautonomie | | |
| | | | ▪ Akzeptanz in der Bevölkerung | | |

**Tabelle 11: Inhaltliche Spezifikation der sozialen Dimension Nachhaltiger Entwicklung**

Um zu präzisieren, was unter der sozialen Dimension zu verstehen ist, werden ähnlich wie bei der ökonomischen Dimension wiederum aus der Fülle von unterschiedlichen Aspekten der in der obigen Tabelle aufgeführten Quellen die wesentlichen und zentralen Aspekte in folgenden Inhalten der sozialen Dimension gesehen.

[299] Vgl. Serageldin (1996), S. 3 f.
[300] Vgl. CSD (1996), S. 18 ff. und Anmerkung aus Fn. 279.
[301] Vgl. EK (1994), S. 54 ff. und EK (1998), S. 17 ff.

- Vorsorgender Schutz der menschlichen Gesundheit,
- Gerechtigkeit im Sinne des Abbaus von inakzeptablen Ungleichheiten,
- Erhalt und Stärkung der Partizipationsmöglichkeiten und der Handlungsautonomie (Sicherung der Demokratie),
- Sicherung der Möglichkeiten zur Partizipation am materiellen Wohlstand (Existenz von Erwerbsmöglichkeit, Gewährleistung sozialer Sicherung bei unverschuldetem Ausschluss von Erwerbsmöglichkeiten) und
- Chancengleichheit (z.B. durch Zugang zu Ressourcen und Bildung und auch, um soziale Mobilität zu gewährleisten).

**Abbildung 13: Soziale Dimension Nachhaltiger Entwicklung**

Obwohl die aufgezeigten Inhalte der drei Dimensionen der Nachhaltigkeit schon in einer begrüßenswerten konkreten Art und Weise von den jeweiligen Institutionen formuliert wurden, weisen sie aufgrund der gesamtwirtschaftlichen Zusammenhänge und Sachverhalte immer noch im Hinblick auf die Umsetzbarkeit auf Unternehmensebene einen (zu) hohen Abstraktionsgrad auf. Ihre Einbeziehung und Berücksichtigung in Entscheidungen und Handlungen auf Unternehmensebene setzt die Operationalisierung des Nachhaltigkeitsbildes in Form von Zielen, Strategien, Maßnahmen und Instrumenten voraus.

#### 3.2.2.2 Nachhaltigkeitsprinzipien

Die konkrete Umsetzung der nachhaltigen Entwicklung setzt vor allem entsprechende Leitbilder auf der einzelwirtschaftlichen Ebene voraus. In betriebswirtschaftlicher Hinsicht wird in diesem Zusammenhang zwischen drei wesentlichen sog. Nachhaltigkeitsprinzipien unterschieden. Sie werden auch als die drei Kernelemente des Leitbildkonzeptes einer nachhaltigen Entwicklung gesehen.[302] Dazu zählen das ***Verantwortungsprinzip***, das ***Kreislaufprinzip*** und das ***Kooperationsprinzip***.

302 Vgl. Meffert/Kirchgeorg (1993b), S. 34 f.; Wagner (1997), S. 42 f.; Matten (1995), S. 338 ff.

Das ***Verantwortungsprinzip*** stellt den zentralen ethischen Ansatzpunkt des Konzeptes Nachhaltiger Entwicklung dar. Es reflektiert in seiner intra- und intergenerativen Ausformulierung in starkem Maße die *Kant'sche Pflichtenethik*, zusammengefasst im Kategorischen Imperativ: „Handle nur nach derjenigen Maxime, durch die du zugleich wollen kannst, dass sie ein allgemeines Gesetz werde“[303]. Das Verantwortungsprinzip bezieht sich auf die normative Ausgestaltung unternehmerischer Nachhaltigkeit.[304] Es verlangt zum einen, dass die Unternehmungen sich zur Verantwortung für die heute lebende Generation bekennen. Aus gesamtgesellschaftlichem Blickwinkel wird dabei die Verantwortung für den Abbau des Wohlstandsgefälles zwischen Industrie- und Entwicklungsländern in den Mittelpunkt gestellt (intragenerative Gerechtigkeit). Zum anderen sollen Unternehmungen Verantwortung für künftige Generationen übernehmen und in ihr gegenwärtiges Entscheidungs- und Handlungskalkül mit einbeziehen (intergenerative Gerechtigkeit).[305] Aus ökologischer bzw. umwelt(schutz)bezogener Perspektive bedeutet das Verantwortungsprinzip, dass jeder Einzelne die Ressourcen so beansprucht, dass die Maxime seines Handelns, hier also seine Entnahme- und Immissionsrate, zum allgemeinen Gesetz erhoben werden kann, und zwar sowohl innerhalb der lebenden Generation (intragenerative Gerechtigkeit), wie auch zwischen einander folgenden Generationen (intergenerative Gerechtigkeit).[306]

Das ***Kreislaufprinzip*** basiert auf den Ansätzen der biologischen Ökosystemforschung (circular economy).[307] Dabei liegt dem Kreislaufprinzip die Vorstellung zugrunde, dass auch techno-ökonomische Prozesse wie z.B. die industrielle Produktion analog biologischer Kreisläufe zu organisieren sind, wie sie sich bspw. im System des Tropischen Regenwaldes finden lassen. Die weitere Verminderung natürlicher Ressourcenbestände soll durch den möglichst fortwährenden Wiedereinsatz rückgewonnener Ressourcen verhindert wer-

---

303 Kant (1785/1995), S. 215; Kant (1838); zitiert im vorliegenden Zusammenhang z.B. auch von Bausch, (1994), S. 20.
304 Vgl. Schmid (1999), S. 288.
305 Vgl. Kanning/Müller (2001), S. 22 f.
306 Vgl. Wagner (1997), S. 35 f.
307 Vgl. Heinrich/Marstaller/Bährmann (1991), S. 251 ff.; Haber (1995), S. 193 ff.

den.[308] Zur Umsetzung des Kreislaufprinzips wird von Unternehmungen ein enormer technologischer Fortschritt verlangt.[309] Auf Unternehmensebene fordert das Prinzip den Aufbau von geschlossenen Kreislaufsystemen, den Einsatz von Recyclingformen, die Substitution von nicht regenerierbaren Rohstoffen, die Lebensdauerverlängerung zur Erhöhung der Ressourceneffizienz sowie die Vermeidung und Verminderung von Emissionen und Abfällen über den gesamten Produktlebenszyklus.[310]

Das ***Kooperationsprinzip*** als drittes Kernelement des Nachhaltigkeitskonzeptes ist darauf ausgerichtet, ökologische und ökonomische Prozesse einer arbeitsteiligen Volkswirtschaft verstärkt aufeinander abzustimmen. Dadurch wird die Vorstellung geschlossener Kreisläufe des Kreislaufprinzips von der Unternehmensebene auf die Gesellschaftsebene (überbetriebliche Ebene) projiziert. Bezogen auf den Produktlebenszyklus beruht das Kooperationsprinzip auf der Erkenntnis, dass bei einer überbetrieblichen Arbeitsteilung eine Kooperation sämtlicher an den jeweiligen Stoff- und Wertschöpfungsketten Beteiligter unumgänglich ist.[311]

Das Verantwortungsprinzip gilt als Basis für nachhaltigkeitsorientierte Konzepte. Die Orientierung am Verantwortungsprinzip erfordert vor allem eine weitgehende Umsetzung des Kreislaufprinzips. Der Aufbau möglichst geschlossener Kreisläufe bedingt vorwiegend zwischen- und überbetriebliche Kooperationen, die sich aus der Verfolgung des Kooperationsprinzips ergeben.[312]

---

308 Auch wenn in der Realität durch das Vorhandensein bestimmter Material- und/oder Energieverluste bei technologisch-ökonomischen Kreisläufen das Kreislaufprinzip nie vollständig erfüllt werden kann, steht hinter dem Prinzip die permanente Aufforderung, sich im Rahmen der Organisation von Produktionsprozessen stets dem Leitbild geschlossener Stoffkreisläufe anzunähern, vgl. Wagner (1997), S. 42.

309 Vgl. Meffert/Kirchgeorg (1998), S. 448.

310 Vgl. Kirchgeorg (1995), S. 232 ff.

311 Vgl. Wagner (1997), S. 42.

312 Vgl. Kanning/Müller (2001), S. 22 f.

Folgende Abbildung zeigt die drei Kernelemente in ihrem hierarchischen Ineinanderwirken:

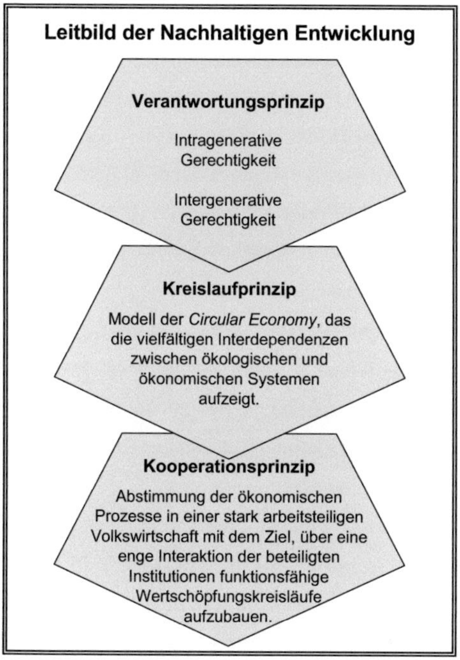


**Abbildung 14: Kernprinzipien des Sustainable Development Konzeptes**[313]

### 3.2.2.3 Ziele und Managementregeln

Die *Brundtland-Definition* bildet die Basis für eine breite internationale Diskussion über die gesamtheitliche Verantwortung von Staaten, Gemeinwesen und gesellschaftlichen Akteuren, die auch für Unternehmungen an Relevanz gewinnt. Für konkrete Strategien und Maßnahmen ist allerdings die Brundtland-Definition zu konkretisieren und zu operationalisieren.

Auf der Grundlage der Brundtland-Definition lässt sich der Prozess Nachhaltiger Entwicklung durch folgende ***Ziele*** charakterisieren:[314]

313 In Anlehnung an Wagner (1997), S. 43.
314 Vgl. Robert et al. (2002), S. 199 ff.

(1) Der anthropogene Beitrag zur Zunahme der Konzentration von Stoffen sowie deren Umwandlungsprodukten in der Natur ist zu vermeiden bzw. zu verhindern.
(2) Der Beitrag zu steigenden Konzentrationen von anthropogen produzierten Stoffen ist zu vermeiden bzw. zu vermindern.
(3) Die systematische Überlastung natürlicher Systeme durch Entnahmeraten, die höher als die Reproduktionsfähigkeit dieser Systeme sind (z.B. Landwirtschaft oder Überfischung), durch Veränderung dieser Systeme und Einführung systemfremder Spezies oder sonstiger Veränderungen ist zu vermeiden.
(4) Alle Anstrengungen sind zu unternehmen, um die sozialen und wirtschaftlichen Bedürfnisse regional, national und global unter Beachtung der ersten drei Teilziele für die derzeit lebende Generation zu befriedigen unter Beachtung zukünftiger Bedürfnisse.

Die Forderung nach Bewahrung der natürlichen Ressourcen wurde durch die Aufstellung sog. ***Managementregeln***[315] präzisiert. In der Literatur werden Pearce/Turner (1990) und Daly (1990) als erste Verfasser dieser Regeln genannt.[316] Allerdings wurden sie inhaltlich, wie oben erläutert, schon durch den Brundtland-Bericht 1987 dargestellt.[317]

Die *Managementregeln* setzen sich aus den folgenden Thesen zusammen:[318]

I. Die Abbaurate bei erneuerbaren Ressourcen darf die Regenerationsrate bzw. die natürliche Wachstumsrate dieser Ressourcen nicht übersteigen ***(Regenerationsregel)***:

Wenn sich der Bestand einer Fischart in 10 Jahren unter natürlichen Entwicklungsbedingungen verdoppelt, kann der Bestand alle 10 Jahre halbiert werden, ohne dass er sich langfristig verändern würde.

II. Stoffeinträge in die Umwelt dürfen die Assimilationskapazität der Umwelt nicht überschreiten ***(Assimilationsregel)***:

---

315 Vgl. Daly (1990), S. 1.
316 Vgl. Ewers/Rennings (1996), S. 154 f.; Klauer (1998), S. 40.
317 Vgl. WCED (1987), S. 45 ff.; Hauff (1987) S. 46 ff.
318 Vgl. Daly (1990), S. 1 ff.; Ewringmann (2000), S. 113 f.; Brenck (1992), S. 389 ff.

Die aus Produktion und Konsum stammenden Reststoffe beeinträchtigen die Funktionsfähigkeit natürlicher Systeme, wenn sie über deren Fähigkeit zur Selbstreinigung, Neutralisierung oder Assimilation hinausgehen. Ein Teil der CO2-Emissionen wird z.B. in sogenannten Senken (Wälder, Weltmeere) verarbeitet und stellt insoweit keine Klimaveränderung dar.

> III. Erschöpfbare Ressourcen dürfen nur in dem Maße entnommen und verbraucht werden, wie funktionsgleiche Substitute geschaffen werden, wobei diese Substitute vor allem in regenerierbaren Ressourcen bestehen sollen (***Substitutionsregel***):[319]

Bei nicht-erneuerbaren Ressourcen bedeutet jede Nutzung zugleich Bestandsverringerung. Im strengen Sustainability-Konzept müsste die Nutzung solcher Ressourcen ausgeschlossen werden (***starke Nachhaltigkeit – ‚strong sustainability')***. Da dies auf Dauer gelten müsste, hätte allerdings keine Generation einen unmittelbaren Nutzen. Die Auflockerung des Prinzips sieht daher eine Bindung der Nutzung an funktionsäquivalente Potentialentwicklungen vor. In vielen Bereichen gilt dies gegenwärtig als relativ unproblematisch (z.B. Cadmium, Zink, Quecksilber). Engpässe werden vor allem bei den fossilen Energieträgern gesehen.[320]

Mit der Aufstellung solcher Regeln ist zwar ein wichtiger Schritt zur Konkretisierung des Nachhaltigkeitskonzeptes getan. Da jedoch der natürliche Kapitalstock und seine Funktionstüchtigkeit nur schwer erfassbar und operationalisierbar sind, müssen Zwischen- und Hilfsgrößen bzw. Indikatoren entwickelt werden, die beobachtbar sind und anhand derer die Annäherung an die *Nachhaltigkeitsschwelle* und ihre Verletzungen beurteilt werden können.

### 3.2.3 Nachhaltigkeitsanforderungen und Nachhaltigkeitsherausforderungen

Den bisherigen Ausführungen folgend bedingt die Umsetzung des Konzeptes der Nachhaltigen Entwicklung, seiner Prinzipien, Ziele und Regeln auf Unternehmensebene vor allem eine adäquate Anpassung oder Neuorientierung

---

319 Unter dieser Voraussetzung wird in der Literatur auch von ‚schwacher Nachhaltigkeit – *weak sustainability'* gesprochen; siehe dazu auch Dresner (2002), S. 63 ff.; Ewringmann (2000), S. 112; Cansier, (1995), S. 129 ff.

320 Vgl. Ewringmann (2000), S. 113 f.

der ***Unternehmenskultur*** (Unternehmensvision und Unternehmensmission). Aber auch die Anpassung der ***Unternehmensstrategie*** und ***Unternehmensstruktur*** sind von elementarer Bedeutung für eine erfolgreiche Operationalisierung und Implementierung nachhaltiger Aspekte.[321]

In Bezug auf die *Unternehmenskultur* ist die erfolgreiche Umsetzung in wesentlichem Maße von einer *Verankerung* der Prinzipien der Nachhaltigen Entwicklung in den Werten und Normen einer Unternehmung abhängig, welche durch ein leitbildorientiertes Unternehmenskulturmanagement unterstützt werden kann. In diesem Zusammenhang ist die Bedeutung von Führungsverhalten, Anreizsystemen, Mitarbeiterausbildung und -motivation sowie interner und externer Kommunikation der Unternehmenskultur hervorzuheben.[322]

Darüber hinaus sind die Prinzipien der Nachhaltigkeit auch auf die strategische Unternehmensebene – die *Unternehmensstrategie* – zu übertragen. Hierbei ist eine direkte Ausrichtung der Unternehmensstrategie auf die Realisierung des Verantwortungsprinzips, des Kreislaufprinzips und des Kooperationsprinzips von elementarer Bedeutung. Wettbewerbsstrategien können dabei eine wesentliche Rolle für die Umsetzung in der Unternehmung spielen.

Zur Umsetzung der auf Nachhaltigkeitsprinzipien ausgerichteten Unternehmensstrategien ist jedoch vorab eine Anpassung der *Unternehmensstrukturen* – z.B. intern bei der Aufbau- und Ablauforganisation – notwendig. Zusätzlich zu internen Strukturanpassungen setzt die Umsetzung der Nachhaltigkeitsprinzipien, insbesondere beim Kreislaufprinzip, eine unternehmensübergreifende Kooperation und organisatorische Verankerung von Wertschöpfungskreisläufen voraus. Insbesondere die Forderung nach einer langfristigen Institutionalisierung des Dialoges mit allen beteiligten Akteuren und relevanten Anspruchsgruppen sei – gerade im Kontext der vorliegenden Arbeit – zu erwähnen.[323]

---

[321] Vgl. Meffert/Kirchgeorg (1993b), S. 36; für die folgenden Ausführungen zur *Unternehmenskultur*, *Unternehmensstrategie* und *Unternehmensstruktur* vor allem Meffert/Kirchgeorg (1998), S. 451 ff.

[322] Zur nachhaltigkeitsorientierten Unternehmensführung vgl. auch Biedermann (2005), S. 18 ff.

[323] Vgl. Meffert/Kirchgeorg (1998), S. 454.

Die vorherigen Ausführungen haben gezeigt, dass sich für Unternehmungen aus der Nachhaltigkeitsorientierung die wesentliche Aufgabe ergibt, ein unternehmensspezifisches Nachhaltigkeitsmanagement aufzubauen und es in das herkömmliche (ökonomische) Management zu integrieren. Aufbauend auf dieser Forderung können aus dem Konzept der Nachhaltigen Entwicklung konkrete sog. ***Nachhaltigkeitsherausforderungen*** für Unternehmungen hergeleitet werden.[324]

#### 3.2.3.1 Ökologische Herausforderung

Die in Verbindung mit den steigenden wirtschaftlichen Aktivitäten entstehenden ***Umweltbeeinträchtigungen*** (Umweltein- und -auswirkungen) einerseits und ***Grenzen der Belastbarkeit der Ökosysteme*** andererseits erfordern den langfristigen Schutz der natürlichen Umwelt und die Sicherung ihrer Funktionen. Somit besteht die ökologische Herausforderung für Unternehmungen in der Minimierung der direkten und indirekten durch wirtschaftliche Aktivitäten verursachten absoluten Höhe der Umweltbelastung. Die Minimierung der absoluten Höhe der Umweltbelastung kann auch als Verbesserung der Umweltbelastung definiert werden. In der Literatur wird dafür der Begriff der Steigerung der ***Öko-Effektivität*** verwendet.[325]

#### 3.2.3.2 Soziale Herausforderung

Als gesellschaftliche Institutionen sind Unternehmungen auf Akzeptanz angewiesen. Da sie durch ihre Aktivitäten öffentliche Interessen berühren und auch selber von gesellschaftlichen Ansprüchen betroffen sind, können sie zu Recht als ***öffentlich exponiert*** betrachtet werden.[326] Die Aufrechterhaltung gesellschaftlicher Legitimation und Akzeptanz ist langfristig nur unter Berücksichtigung erwünschter sozialer Folgen der unternehmerischen Entscheidungen und Handlungen sowie Einbeziehung gesellschaftlicher Ansprüche in die Unternehmenspolitik möglich.

Für die Unternehmung besteht die soziale Herausforderung demnach primär in ihrer Existenz- und Erfolgssicherung sowie der Berücksichtigung sozial-

---

[324] Vgl. Schaltegger et al. (2002), S. 6 ff.; Schaltegger/Dyllick (2002), S. 32 ff.

[325] Zur tieferen Auseinandersetzung des Begriffes der Öko-Effektivität siehe auch Bieker et al. (2001), S. 20 ff.

[326] Vgl. Dyllick (1989a), S. XVI.

gesellschaftlicher Ansprüche und Anforderungen der relevanten Anspruchsgruppen. Die soziale Herausforderung kann somit durch die Vermeidung und Verminderung sozial negativer und die Förderung sozial positiver Unternehmensaktivitäten definiert werden. Auch hier wird in der Literatur die absolute Verbesserung der *'sozialen Situation'* als Steigerung der ***Sozial-Effektivität*** bezeichnet.[327]

#### 3.2.3.3 Ökonomische Herausforderung

Die ökonomische Herausforderung des Nachhaltigkeitskonzeptes wird – abweichend von der Definition der ökologischen und sozialen Nachhaltigkeitsherausforderung – nicht nur durch die Forderung nach einer Verbesserung der ***ökonomischen Effizienz***[328] (monetäre Erfolgsgrößen und Rentabilitätskennzahlen) definiert. Sie enthält darüber hinaus noch zwei weitere Komponenten, die sich auf die ökonomische Bewertung der Öko-Effektivität und der Sozial-Effektivität beziehen: zusätzlich wird die ökonomische Nachhaltigkeitsherausforderung durch die sog. ***Öko-Effizienz***[329] (ökonomisch-ökologische Effizienz) und die sog. ***Sozial-Effizienz*** (ökonomisch-soziale Effizienz) ausgedrückt. Im Unterschied zur Forderung nach einer absoluten Verbesserung im Falle der Öko- und Sozial-Effektivität geht es im Fall der Öko-Effizienz um das Verhältnis von Wertschöpfung (Umsatz abzüglich Vorleistungen) zu ökologischem Schaden. Der ökologische Schaden bzw. die ökologische Schadschöpfung umfasst die Summe aller Umweltbelastungen. Analog dazu umfasst die Sozial-Effizienz das Verhältnis von Wertschöpfung zu sozialem Schaden, wobei dieser sich wiederum aus der Summe aller unerwünschten sozialen Auswirkungen zusammensetzt. Die Optimierung der Öko- und Sozialeffizienz soll durch Verringerung der Schadschöpfung und/oder Verbesserung der Wertschöpfung erreicht werden.[330]

Zur ganzheitlichen Beurteilung auch rein ökologischer Aktivitäten und sozialem Engagement einer Unternehmung sollte demnach auf Größen der öko-

---

327 Zum Begriff der Sozial-Effektivität vor allem Schaltegger et al. (2002), S. 8 und Bieker et al. (2001), S. 22.

328 Zum Begriff der ökonomischen Effizienz siehe auch Ausführungen in Kap. 3.3.1, ebenda.

329 Vgl. Schmidheiny (1992), S. 38; Schaltegger/Sturm (1990), S. 280 ff.; Schaltegger/Sturm (1994), S. 33 ff.; Meffert/Kirchgeorg (1993b), S. 35.

330 Vgl. Schaltegger et al. (2002), S. 8.

nomischen Zielerreichung nicht gänzlich verzichtet werden. Vor diesem Hintergrund kann mit der Darstellung der so definierten Öko- und Sozial-Effizienz zugleich eine im Kontext der Nachhaltigen Entwicklung geforderte Verknüpfung zwischen ökonomischer, ökologischer und sozialer Dimension erfolgen.

#### 3.2.3.4 Integrationsherausforderung

Wie die vorausgegangenen Erläuterungen gezeigt haben, stellt die ***Verknüpfung*** zwischen ökonomischer, ökologischer und sozialer Dimension der Nachhaltigkeit eine große Herausforderung für Unternehmungen dar. Die wesentliche Aufgabe der Integrationsherausforderung an Unternehmungen besteht somit darin, die zuvor skizzierten ökonomischen, ökologischen und sozialen Herausforderungen gleichzeitig zu erfüllen. Als vorrangiges Ziel der Integrationsherausforderung wird infolgedessen die ***simultane Berücksichtigung*** und Verbesserung von Öko- und Sozial-Effektivität *sowie* Öko- und Sozial-Effizienz (neben der ökonomischen Effizienz) gesehen.[331] Daneben wird die Integrationsherausforderung für Unternehmungen in der Bildung eines umfassenden integrierten Nachhaltigkeitsmanagements gesehen. Umwelt- und Sozialmanagement sollen in das konventionelle ökonomische Management eingebettet werden.[332] In diesem Zusammenhang wird konstatiert, dass die separate Aufstellung eines

- ökologischen Managements (Umweltmanagementsysteme nach ISO 14001 oder EMAS)[333] und/oder
- sozialen Managements (SA 8000 oder AA 1000)[334]

neben dem strategischen Management einer Unternehmung zur Folge haben kann, dass Gemeinsamkeiten und Konflikte übersehen und Synergieeffekte nicht erzielt werden können.[335] In der Unternehmenspraxis stellt der Fall einer Einbeziehung ökologischer und sozialer Aspekte in das traditionelle strategische Management einer Unternehmung derzeit jedoch noch die seltene

---

331 Vgl. Schaltegger et al. (2002), S. 10; Figge et al. (2001), S. 5 ff.

332 Vgl. Schaltegger/Dyllick (2002), S. 34; Figge et al. (2001), S. 7.

333 Vgl. hierzu auch Müller (2001), S. 39 ff.; Löbel/Schröger/Closhen (2005), S. 101 ff.; Schaltegger et al. (2002), S. 115 f.

334 Vgl. Schaltegger et al. (2002), S. 99 f.; Promberger/Spiess/Kössler (2006), S. 173 ff.; Löbel/Schröger/Closhen (2005); S. 64 ff.; SAI (2004); SA (2004).

335 Vgl. Löbel/Schröger/Closhen (2005); S. 64 ff.

Ausnahme dar.[336] Auf Ursachen und Gründe der Umsetzungsschwierigkeiten eines integrierten ganzheitlichen Nachhaltigkeitsmanagements soll im nächsten Kapitel näher eingegangen werden.

### 3.2.4 Bedeutung und Umsetzungsschwierigkeiten von Nachhaltigkeit in Unternehmungen

Die *Rolle der Unternehmungen* bei der Verfolgung einer Nachhaltigen Entwicklung kann durch folgende Aspekte aufgezeigt werden:

- Zunehmende globale Ausweitung unternehmerischer Tätigkeiten (Machtzentren)
- Gestiegener Ressourcenverbrauch, erhöhte Ressourcennutzung bzw. Ausscheidung von Substanzen und Energien
- Einfluss auf Lebensstile und Konsumentenverhalten
- Zentrum ökologischer, ökonomischer und sozialer Innovationen.

Durch die zunehmende globale Ausweitung wirtschaftlicher Tätigkeiten werden, wie anfangs schon erwähnt, große Unternehmungen und Konzerne zu Machtzentren, die ein erhebliches Potential aufweisen, gesellschaftliche Entwicklungsprozesse anzustoßen oder zu beeinflussen.[337] Aufgrund der Internationalität ihrer Handlungen und Aktivitäten reichen Gesetze und Vorschriften oftmals nicht (mehr) aus, um geltende Sanktionsmöglichkeiten bei Verstoß gegen widerrechtliches bzw. unverantwortliches Handeln durchzusetzen. Durch die Einsicht der Unternehmung in die Notwendigkeit verantwortungsvollen Handelns für das Zusammenleben, also die Einsicht in die Notwendigkeit der Umsetzung einer nachhaltigen Entwicklung zur Lösung der beschriebenen Konflikte, kann eine ganz neue Vertrauens- und Handlungsbasis für das Wirtschaften im 21. Jahrhundert geschaffen werden. Gerade im Hinblick auf den – auch mit bzw. gerade wegen der Zunahme der globalen Ausweitung wirtschaftlicher Tätigkeiten – gestiegenen Ressourcenverbrauch, die erhöhte Ressourcennutzung und die vermehrte Ausscheidung von Substanzen sind Unternehmungen durch den öffentlichen Druck und das gestiegene Anspruchsniveau ihrer Stakeholder dazu verpflichtet, ihre wirtschaftlichen Tätigkeiten an ökologische und sozial Anforderungen und Vor-

---

[336] Siehe dazu auch Löbel/Schröger/Closhen (2005); S. 76 f.
[337] Vgl. Kap. 3.1, ebenda.

gaben anzupassen.[338] Durch ihr gestiegenes Machtpotential und ihren großen Einfluss auf Lebensstile und das Konsumverhalten können sie durch verantwortliches und nachhaltiges Verhalten als Vorbildcharakter gesellschaftliche Entwicklungs- und Lernprozesse anstoßen. In diesem Sinne gelten sie als Zentren ökologischer, ökonomischer und sozialer Innovationen und werden als potentielle Problemlöser angesehen.[339]

Eine nachhaltige Unternehmensführung sollte demnach die Ziele der *Nachhaltigen Entwicklung* unterstützen und somit die Aspekte der Effizienz und Innovation, der Stakeholder und der dauerhaften Sicherung der unternehmerischen Ressourcenbasis beinhalten. Bei der Beantwortung der Frage, warum nachhaltige Unternehmensführung für Unternehmungen einen Mehrwert darstellt, können folgende Gründe erläutert werden:[340]

***Politisch-ethische Motive***

Bei den *politisch-ethischen* Motiven werden Aspekte der unternehmerischen *Verantwortung* und des *aufgeklärten Selbstverständnisses* betont.[341] Soziale Aspekte aus normativ-ethischer Sicht beinhalten bspw. die Forderung an die Unternehmungen, *Mindeststandards* zu erfüllen, zudem damit Vorteile, wie z.B. erhöhte Mitarbeiterzufriedenheit, Legitimation und Reputation, in enger Verbindung zu sehen sind. Als *ethischer* Aspekt wird angeführt, dass ein ethisches Verhalten der Unternehmung einen positiven Einfluss auf die *Unternehmenskultur* aufweisen kann und die *Kommunikation* mit relevanten Stakeholdern erleichtert.[342]

***Strategische Motive***

*Strategische* Motive einer Unternehmung für die Integration von Nachhaltigkeitsaspekten in ihre Unternehmensführung beinhalten vor allem die *langfristige Absicherung* des Unternehmenserfolgs, die Vermeidung von Konflikten mit Anspruchsgruppen, die *Sicherung von Akzeptanz* und Legitimität (***'License to operate'***) und die Identifikation von *Innovations*- und *Marktpotentia-*

[338] Vgl. Kap. 3.1.3.4, ebenda.
[339] Vgl. Bieker et al. (2001), S. 24.
[340] Vgl. im Folgenden Baumgartner (2005), S. 54 ff.
[341] Siehe auch Bieker et al. (2001), S. 19.
[342] Vgl. Baumgartner (2005), S. 55.

*len* (Differenzierung, Zukunftssicherung). Somit stehen Wirtschaftlichkeit, Wettbewerbsfähigkeit, Image und Reputation im Vordergrund.[343] Nachhaltiges Verhalten leistet einen Beitrag zur *Wettbewerbsfähigkeit* einer Unternehmung, wenn die Ziele und Aspekte unternehmensspezifisch und im Einklang mit den Rahmenbedingungen und Anforderungen der Stakeholder umgesetzt werden. Zudem besteht die Aufgabe des strategischen Managements in der langfristigen Absicherung der *Ressourcenbasis* einer Unternehmung.[344]

Eine nachhaltige Unternehmung wird als solche definiert, wenn sie Strategien und Aktivitäten entwickelt und implementiert, die Bedürfnisse der Unternehmung und seiner relevanten Stakeholder im Einklang mit Zielen der *Nachhaltigen Entwicklung* erfüllt.[345] Als *Bedürfnisse* der Unternehmung werden in diesem Zusammenhang u.a. *ökonomische Aspekte* in Form von Gewinn, Wertsteigerung, marktbezogenen und technologischen Zielen, *ökologische Aspekte* in Form von Umweltleistung, umweltfreundlichen Produkten, *‚grünes'* Image und *soziale Aspekte*, bspw. Mitarbeiterzufriedenheit, bezeichnet. Daneben stellen die Stakeholder ebenfalls individuelle Anforderungen in Form von ökonomischen, ökologischen und sozialen Zielen an die Unternehmung. Eine werteorientierte, nachhaltige Unternehmensführung hat darüber hinaus die Aufgabe, die absoluten Ziele einer *Nachhaltigen Entwicklung* zu beachten.

Aufbauend auf dieser Definition einer nachhaltigen Unternehmung bzw. einer werteorientierten nachhaltigen Unternehmensführung kann ein sog. ***Nachhaltigkeitsmanagements*** (*Sustainable Business Management*) definiert werden. Dieses stellt für die Unternehmung ein integrales Konzept zur Strategieentwicklung und -umsetzung dar, welches durch einen adäquaten Instrumenteneinsatz unterstützt werden kann.[346]

---

343 Vgl. Bieker et al. (2001), S. 19.
344 Vgl. Baumgartner (2005), S. 54.
345 Vgl. Labuschagne et al. (2005), S. 373.
346 Vgl. Löbel/Schröger/Closhen (2005), S. 71 ff.; Baumgartner (2005), S. 55; Biedermann (2005), S. 17 ff.

Für eine Unternehmung bedeutet Nachhaltigkeit in diesem Sinne:

***Erfolg und Kontinuität für die Unternehmung und seine weitere Entwicklung sichern***, indem

- die *Forderungen* der relevanten Anspruchsgruppen (interne und externe Stakeholder) berücksichtigt werden,
- Beiträge zu einer *dreidimensionalen Wertschöpfung* geleistet werden, somit ökonomische, ökologische und soziale Aspekte in die Unternehmensführung integriert werden und
- sowohl *Risiken* als auch *Chancen* genutzt werden, die sich im Nachhaltigkeitskontext ergeben.

In der Unternehmenspraxis existieren jedoch noch erhebliche ***Umsetzungsschwierigkeiten***, die vor allem durch die folgenden Anforderungen an ein Nachhaltigkeitsmanagement auf Unternehmensebene hervorgerufen werden:

- ***Strategiefindung (strategische Ebene)***
  Die Implementierung auf strategischer Unternehmensebene erfordert die Definition von Ergebnis- und Leistungsgrößen, die Aspekte der Nachhaltigen Entwicklung enthalten.

- ***Messung und Bewertung (operative Ebene)***
  Auf der operativen Unternehmensebene ist eine Erweiterung zu einem über monetäre Leistungsgrößen hinausgehenden Messsystem für Planungs-, Steuerungs- und Kontrollprozesse erforderlich. Daneben müssen mögliche Interdependenzen einzelner Zielgrößen und Kennzahlen innerhalb, aber vor allem zwischen den Dimensionen (ökonomisch, ökologisch, sozial) identifiziert werden und in die Messung und Bewertung einfließen.

Daneben können sog. kritische Faktoren existieren, die den Aufbau einer werteorientierten und nachhaltigen Unternehmensführung behindern können:[347]

---

[347] Vgl. im Folgenden Baumgartner (2005), S. 60 ff.

(1) ***Potentiale einer nachhaltigen Unternehmensführung werden nicht erkannt.*** Demnach wird *Nachhaltige Entwicklung* als Risiko für die Wettbewerbsfähigkeit und als Kostentreiber gesehen.

(2) ***Erwartungen der relevanten Stakeholder sind unbekannt.*** Können Anforderungen von relevanten Stakeholdern hinsichtlich ihrer ökonomischen, ökologischen und sozialen Ziele nicht von der Unternehmung identifiziert werden, können daraus auch keine konkreten Ziele für die unternehmensspezifische Gestaltung des Nachhaltigkeitsmanagements definiert werden.

(3) ***Fehlende Kommunikation und fehlende Leistungsbewertung.*** Können Ziele, Maßnahmen und Erfolge der nachhaltigen Unternehmensführung nicht gemessen und somit auch nicht kommuniziert werden, können auch keine (positiven) langfristigen Erfolge für die Unternehmung eintreten, da die Stakeholder aufgrund der fehlenden Einbeziehung und Information darauf nicht reagieren.

(4) ***Fehlender Druck durch Stakeholder.*** Erhält die Unternehmung kein Feedback ihrer relevanten Stakeholder und insbesondere ihre Kunden, weil für diese u.a. nachhaltige Aspekte keine oder nur eine untergeordnete Rolle spielen, kann die werteorientierte Unternehmensführung in Frage gestellt werden. Dies kann zusätzlich durch fehlende oder kontraproduktive Rahmenbedingungen, wie z.B. fehlende Förderung im F&E-Bereich oder Subventionen nicht-nachhaltiger Bereiche, verstärkt werden.[348]

Die Ausführungen zeigen, dass die Umsetzung und Einbeziehung nachhaltiger Aspekte in eine werteorientierte Unternehmensführung und somit die Aufstellung eines Nachhaltigkeitsmanagements vor allem an der konkreten Umsetzung auf strategischer (Strategiefindung)[349] und operativer (Messung und Bewertung) Unternehmensebene scheitert. Während bei der Strategiefindung vor allem die im Fokus stehenden Handlungsebenen zu unterschei-

[348] Siehe Baumgartner (2005), S. 60.
[349] Zur Strategiefindung siehe vor allem Baumgartner (2005), S. 61 ff.

den sind, d.h. soll die Strategie outputbezogen, produktionsprozessbezogen, management- und supportprozessbezogen, lebenszyklusbezogen und/oder stakeholderbezogen definiert werden, steht bei der Messung und Bewertung vor allem das Problem der Integration sog. weicher Daten im Vordergrund.

Da die Messung und Bewertung der unter Nachhaltigkeitsaspekten gesehenen Unternehmensleistung, im Folgenden als ***Nachhaltigkeitsleistung*** bezeichnet, im Fokus der momentanen Forschungsdiskussion stehen und auch im Kontext der vorliegenden Arbeit hervorgehoben werden sollen, erfolgt in den folgenden Ausführungen eine nähere Analyse der Nachhaltigkeitsleistung.

### 3.2.5 Nachhaltigkeit und Nachhaltigkeitsmessung

In der Vergangenheit standen in der betrieblichen Umwelt- und Sozialökonomie die Identifikation der ökologieorientierten und sozialen Anforderungen an Unternehmungen durch relevante ***Stakeholder***, die Entwicklung entsprechender ökologieorientierter und sozialer ***Strategien*** und die Installation von ***Qualitäts-***, ***Sozial-*** und ***Umweltmanagementsystemen*** auf Unternehmensebene im Vordergrund.[350]

Dagegen sind in jüngster Zeit – auch unter dem Einfluss des Konzeptes *Nachhaltiger Entwicklung* – Fragen nach den tatsächlichen Ergebnissen, u.a. der betrieblichen Umweltschutzbemühungen bzw. nach der ***Nachhaltigkeitsleistung*** einer Unternehmung sowie nach konsistenten ***Kriterien zur Messung*** dieser Nachhaltigkeitsleistung von großem Forschungsinteresse. Neben der reinen Definitionsfrage von Nachhaltigkeitsleistung hängt auch die Frage, wie die Nachhaltigkeitsleistung eines Unternehmens gemessen werden kann, eng mit der Wahl eines bestimmten Bewertungsverfahrens zusammen. Hierbei wird das (umwelt-)politische Leitbild einer *Nachhaltigen Entwicklung* sowohl von Seiten der betrieblichen (Umwelt-)Ökonomie als auch von Seiten der Unternehmungen verstärkt als Bewertungsgrundlage gefordert und diskutiert. Eine Zielstellung der vorliegenden Arbeit ist dem-

[350] Vgl. Promberger/Spiess/Kössler (2006), S. 89 ff.

nach die ***Operationalisierung des Leitbildes einer Nachhaltigen Entwicklung für die Bewertung der betrieblichen Nachhaltigkeitsleistung***.

Der Begriff Nachhaltigkeitsleistung einer Unternehmung wurde in der Literatur bisher kaum diskutiert. Eine mögliche Definition bezeichnet nachhaltige Unternehmensleistungen als ***„Marktleistungen, die den Prinzipien der Nachhaltigen Entwicklung entsprechen. Sie integrieren somit ökonomische, ökologische und soziale Aspekte im Sinne eines dreidimensionalen Leistungskonzeptes und gehorchen darüber hinaus den Prinzipien der Kapitalerhaltung und einer dauerhaft tragfähigen Entwicklung.“***[351]

Demnach genügt es nicht, wenn Unternehmensleistungen ökonomisch erfolgreich sind, sie müssen darüber hinaus im Vergleich zu herkömmlichen Angeboten im Markt auch einen ökologischen und sozialen ***Mehrwert***[352] erbringen. Dabei sind neben den direkten Wirkungen auch die indirekten Wirkungen über den gesamten Lebenszyklus zu betrachten, also von der Leistungserstellung bis hin zu ihrem Konsum und ihrer Entsorgung.

Mit einer Messung der Nachhaltigkeitsleistung einer Unternehmung kann auch die Berechnung des ***Unternehmenswertes*** von einer rein auf ökonomische Größen beschränkten Sichtweise zu einer mehrdimensionalen Sichtweise erweitert werden.[353] Dabei fließen nicht nur quantitative, sondern gerade auch qualitative Faktoren in die Berechnung mit ein. Diese als ***„weiche Werttreiber“***[354] bezeichneten Faktoren werden in letzter Zeit auch bei der Unternehmensbewertung auf dem Finanzmarkt stärker berücksichtigt, wie z.B. durch SAM und dem DJSI.[355]

In Deutschland sei hier bspw. die Umsetzung der neuen Baseler Eigenkapitalvereinbarung (Basel II) erwähnt, die bei der Bestimmung der Eigenkapitalquote bei der Kreditvergabe eine Reihe von einfachen und fortgeschrittenen

---

351 Bieker et al. (2001), S. 23.

352 Zum Nachhaltigen Unternehmenswert, der den klassischen Unternehmenswert um ökologieorientierte, soziale, prozessorientierte und image- und reputationsbezogene Aspekte übersteigt, siehe vor allem Ebinger/Schwarz (2003), S. 312 ff.

353 Vgl. Ebinger/Schwarz (2003), S. 314 f.; Haller (1998), S. 261 ff.

354 PricewaterhouseCoopers (2002a), S. 6.

355 Zum Rating durch SAM und dem DJSI siehe Kap. 4.3.2.4.1.1 und Kap. 4.3.2.4.2.1, ebenda.

Ansätzen zur Messung des Kreditrisikos und des operationalen Risikos einsetzen. Basel II sieht dabei für die Risikogewichtung der Kredite ein internes und externes Rating der Banken vor, von dem die notwendige Unterlegung mit Eigenkapital abhängt. Das Rating stellt demnach eine Aussage über die zukünftige Fähigkeit einer Unternehmung zur vollständigen und termingerechten Tilgung und Verzinsung ihrer Schulden dar. In das Rating fließen sowohl quantitative als auch qualitative Daten, wie Qualität des Managements, als weiche Werttreiber mit ein. Im Unterschied zur traditionellen Kreditwürdigkeitsprüfung werden diese qualitativen Faktoren in Basel II stärker gewichtet, außerdem weist die Bewertung beim Rating einen stärkeren Zukunftsbezug auf.[356]

Demnach besteht der ***Nachhaltige Unternehmenswert***[357] neben der Messung des *klassischen Unternehmenswertes*, der die ökonomischen Werttreiber *Anlagevermögen* und *Finanzvermögen* als Kerngrößen beinhaltet und damit rein auf das Interesse der *Investoren* ausgerichtet ist, noch eine ***erweiterte Perspektive*** sowohl hinsichtlich weiterer quantitativer und *qualitativer Werttreiber* als auch einer Einbeziehung *weiterer Interessengruppen* (Stakeholder).

Als *weiche Werttreiber* werden hier in die Bewertung z.B. die Berücksichtigung sozialer und ökologischer Aspekte in der Strategie und im Unternehmenshandeln miteinbezogen. Darüber hinaus ist der erweiterte Bezug auf Kunden, Mitarbeiter, Partner und diverse Akteure aus dem gesellschaftlichen Umfeld der Unternehmung für die Bestimmung des nachhaltigen Unternehmenswertes ausschlaggebend.[358]

Die Erweiterung der Sichtweise von der traditionellen ökonomischen Dimension zur mehrdimensionalen, d.h. die Berücksichtigung der ökologischen und der sozialen Dimension, sichert damit die Stabilität und das Erreichen eines dauerhaften Erfolgs des Wirtschaftens einer Unternehmung.

---

[356] Vgl. Ebinger/Schwarz (2003), S. 315.

[357] Vgl. Pricewaterhouse Coopers (2002), S. 24 ff.

[358] Vgl. Ebinger/Schwarz (2003), S. 315. Zur Berücksichtigung relevanter Stakeholder siehe auch Kap. 3.1.3 und Kap. 4.4.2.1, ebenda.

Folgende Abbildung zeigt Elemente eines nachhaltigen Unternehmenswertes:

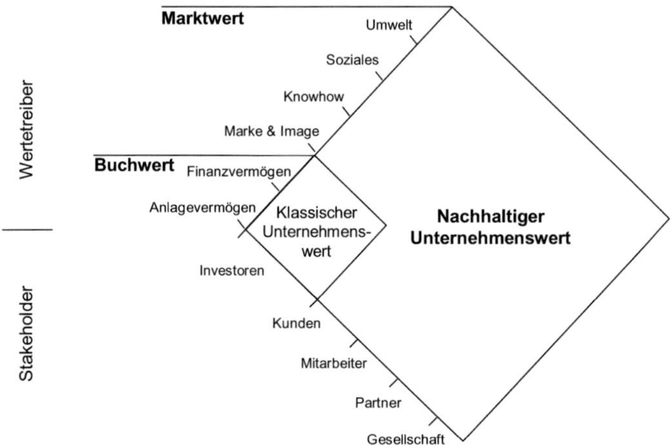


**Abbildung 15: Nachhaltiger Unternehmenswert**[359]

Ziel der nachhaltigkeitsorientierten Unternehmung ist somit der Erhalt, aber auch die Schaffung ökonomischer, ökologischer und sozialer Werte. Die Begriffe des Werteerhalts bzw. der Werteschaffung hängen eng mit der Definition des Kapitals zusammen, welches bei einer nachhaltigkeitsorientierten Sichtweise jedoch einer viel breiteren Konzeption als im Rahmen wirtschaftswissenschaftlicher und umweltwirtschaftlicher Ansätze bedarf.[360] Neben den drei Hauptformen können insgesamt sieben Unterformen von Kapital unterschieden werden:

(1) ***Ökonomisches Kapital***: Das ökonomische Kapital besteht aus traditioneller betriebswirtschaftlicher Sicht aus dem *Finanzkapital* – in Form von Beteiligungen, Wertschriften (Eigen- und Fremdkapital) – und dem *Realkapital* – u.a. Maschinen, Anlagen und Immobilien. Daneben existiert das sog. *Wissenskapital*, welches bspw. durch Know-how, Erfahrungen oder *'intellectual capital'* ausgedrückt wird.

---

359 In Anlehnung an Ebinger/Schwarz (2003), S. 315.

360 Vgl. nachfolgend auch Bieker et al. (2001), S. 15 f.

Das ökonomische Kapital fließt vor allem in die Bewertung des Buchwertes der Bilanz und den Börsenwerten einer Unternehmung ein.[361]

(2) ***Natürliches Kapital***: Ökologische Ansätze der Bewertung setzen die *natürliche Ressource* als ökologische Form des Kapitals in den Vordergrund der Betrachtung. Natürliche Ressourcen können in erneuerbare (z.B. Holz, Fisch, Getreide) und nicht erneuerbare Ressourcen (u.a. fossile Brennstoffe, Artenvielfalt, Boden) unterschieden werden. Natürliche Ressourcen können zum einen die Grundlage für unternehmerische Produktionsprozesse darstellen, zum anderen werden sie jedoch auch durch diese aufgezehrt. Natürliche Ressourcen stellen eine Gefahr für die Unternehmung dar, wenn sie z.B. die auf ihnen basierenden Produktionsprozesse durch ihre ***Knappheit*** begrenzen (bspw. wenn das benötigte Zinn für das Löten von Schaltkreisen fehlt). Als zweite Form des natürlichen Kapitals wird das sog. *Dienstleistungskapital* definiert, das die von der Natur bereitgestellten (frei verfügbaren) Ökosystemdienstleistungen erfasst. Diese Form des natürlichen Kapitals ist bisher erst wenig thematisiert worden, obwohl deren Bedeutung und Nutzen (z.B. für die Klimastabilisierung, Selbstreinigung des Wassers, Zersetzung organischer Abfälle, Bodenremediation und Reproduktion von Lebewesen) für Gesellschaft und Wirtschaft sehr hoch einzuschätzen sind.[362]

(3) ***Soziales Kapital***: Das soziale Kapital kann einerseits in *Humankapital* und andererseits in *gesellschaftliches Kapital* unterteilt werden. Das Humankapital beinhaltet u.a. Aspekte der Fähigkeiten, Motivation oder Loyalität von Mitarbeitern und Geschäftspartnern. Das gesellschaftliche Kapital dagegen greift Aspekte der Bildung, des Gesundheitswesens, öffentlicher Dienste, kultureller Institutionen u.a. auf, die sich positiv oder negativ auf die wirtschaftlichen Tätigkeiten einer Unternehmung auswirken können.[363]

---

361 Vgl. Bieker et al. (2001), S. 15; Schierenbeck (2000), S. 303 ff.; Wöhe (2002), S. 82 f. u. S. 599 ff.

362 Vgl. Bieker et al. (2001), S. 15.

363 Vgl. Bieker et al. (2001), S. 15.

Für eine erfolgreiche nachhaltige wirtschaftliche Entwicklung ist die Beachtung aller gezeigten Formen des Kapitals von elementarer Bedeutung. Die Auflösung der traditionellen Strukturen, in denen rein wirtschaftliche Tätigkeiten traditionellerweise ausschließlich auf die Erhaltung und Mehrung des ökonomischen Kapitals zielten und die Pflege des natürlichen und sozialen Kapitals Aufgabe des Staates bzw. der Organe der Zivilgesellschaft waren, hat zur Folge, dass die Unternehmung alle Kapitalbegriffe zur Entfaltung ihres nachhaltigen Unternehmenswertes in ihr Entscheidungskalkül und damit in ihr Management aufnehmen und berücksichtigen muss.[364] Gerade auch in diesem Zusammenhang ist eine Messung und Bewertung der Nachhaltigkeitsleistung einer Unternehmung, die die erläuterten Kapitalformen in ihre Zielgrößen mit einbezieht, von großem Interesse.

Zur tieferen Analyse des Begriffes der Nachhaltigkeitsleistung und ihrer Messung erfolgt zunächst ein kurzer theoretischer Einstieg in die betriebswirtschaftliche Leistungs- und Leistungsmessungsthematik. Nach der Herleitung von *Kriterien* zur Nachhaltigkeitsleistungsmessung (Sustainability Performance Measurement) erfolgen die in der vorliegenden Arbeit verwendete *Definition* von Nachhaltigkeitsleistung einer Unternehmung und die *Darstellung* der Grundzüge ihrer Messung.

---

[364] Zwischen dem Kapitalbegriff der Nachhaltigen Entwicklung und dem der klassischen Ökonomie sind drei elementare Unterschiede zu beachten. Während die Ökonomie davon ausgeht, dass verschiedene Kapitalarten substituierbar sind, konstatiert die Nachhaltigkeitsforschung, dass natürliches und soziales Kapital meist nur begrenzt durch ökonomisches Kapital substituierbar ist. Da zudem der Verbrauch des natürlichen und sozialen Kapitals meist nicht linear und nur begrenzt reversibel ist, sind die Prinzipien nachhaltiger Kapitalerhaltung von denen der Ökonomie zu unterscheiden. Zur begrenzten Substituierbarkeit, Irreversibilität und Nicht-Linearität vgl. Bieker et al. (2001), S. 15 f.; Busch (2001), S. 61, aber auch Kap. 3.2.2.3, ebenda.

## 3.3 Unternehmensleistungsmessung

Der folgende Abschnitt soll einen Überblick über den Begriff der Unternehmensleistung aus traditioneller ökonomischer Sicht, aber auch über den in der vorliegenden Arbeit hervorgehobenen, um ökologische und soziale Aspekte erweiterten nachhaltigen Leistungsbegriff einer Unternehmung geben. Dazu werden zunächst Definition und Messung der Unternehmensleistung aus traditionell ökonomischer Sicht erläutert, bevor in einem weiteren Schritt die Definition der Nachhaltigkeitsleistung einer Unternehmung aus erweiterter Perspektive erfolgt. Darauf aufbauend werden Elemente der Messung dieser Nachhaltigkeitsmessung dargestellt, die zum Aufbau des Sustainability-Performance-Measurement-Modells führen und den Abschnitt damit abschließen.

### 3.3.1 Definition von Unternehmensleistung

Für die *Messung* der (nachhaltigen) Unternehmensleistung – d.h. der ökonomischen, ökologischen und sozialen Unternehmensleistung – sind *Ziele* notwendig, da *Leistung* im Kontext der vorliegenden Arbeit als Ergebnis der betrieblichen Tätigkeit, die aus der Verfolgung bestimmter ökonomischer, ökologischer und sozialer Unternehmensziele resultiert, aufgefasst werden soll.[365]

Als Unternehmensziel kann „ein künftiger Zustand der Unternehmung (...), der als erstrebenswert angesehen wird“[366], definiert werden.[367]

Betriebliches Handeln wird in der Literatur als spezifische Form zielgerichteten Handelns definiert.[368] Daraus folgt, dass die betrieblichen Tätigkeiten einer Unternehmung, das Prinzip der Rationalität vorausgesetzt, zielgerichtet sind. Ziele haben somit einen konstitutiven Charakter für alle Tätigkeiten und Entscheidungen einer Unternehmung und geben Auskunft über angestrebte

---

365 Vgl. Friemuth/Sesterhenn (1997), S. 60. Dabei kann Messung als Zuordnung von Kennzahlen zu Merkmalen nach bestimmten Regeln, d.h. nach Zielen, definiert werden, siehe hierzu Chmielewicz (1994), S. 67; Müller (1995), S. 68 f. Vgl. auch Plinke (1993), Sp. 2563, der diese Definition von Leistung (Ergebnis der betrieblichen Tätigkeit) als weiteste Definition klassifiziert.

366 Heinen (1976), S. 49.

367 Vgl. auch Dellmann (1993), Sp. 2245.

368 Vgl. Schierenbeck (2000), S. 56; Hamel (1992), Sp. 2634; Frese (1993), S. 136.

zukünftige Zustände und Ergebnisse, die durch Handlungen der Unternehmung zu erreichen sind.[369] Dabei werden die Ziele einer Unternehmung durch Zielentscheidungsprozesse[370] festgelegt, in die sowohl Ziele der Unternehmensträger als auch ihrer Umwelt – Rahmenbedingungen (funktional) und Stakeholder (institutional) – einfließen.[371] Somit erfüllen Ziele eine Koordinations-, Steuerungs- und Kontrollfunktion, da durch sie eine Ausrichtung aller unternehmerischen Aktivitäten und Entscheidungen auf die Verwirklichung des Gesamtzieles erst ermöglicht wird.[372]

Unternehmungen verfolgen eine Vielzahl von Einzelzielen, die sowohl ökonomischer als auch ökologischer und sozialer Art sind.[373] Die Gesamtheit der Ziele bildet das sog. ***Zielsystem einer Unternehmung***, das durch *horizontale* (zwischen Zielen gleicher Ebenen) und/oder *vertikale* (zwischen Zielen unterschiedlicher Ebenen) Beziehungen der Einzelziele charakterisiert ist, die sich sowohl kompatibel als auch konfliktär gestalten können.[374] Ziele lassen sich darüber hinaus hinsichtlich ihrer ***Eigenschaften*** (Zieldimensionen) nach ***Inhalt***, ***Ausmaß*** und ***Zeitbezug*** näher bestimmen.[375]

Dabei beinhaltet die Zieldimension ***Zielinhalt*** die Festlegung dessen, was durch das Ziel angestrebt wird. In der Literatur wird eine Unterscheidung in eine ***Formalziel-*** und ***Sachzielkomponente*** vorgenommen.[376] *Formalziele* sind dabei weitgehend auf die Wirtschaftlichkeit ökonomischen Handelns

---

369 Vgl. Kubicek (1981), S. 458; Corsten (1988), S. 337; Hahn (1997), S. 303.

370 Vgl. Kern (1972a), S. 311.

371 Siehe Schierenbeck (2000), S. 56. Entsprechend dieser Unterscheidung werden Ziele als diejenigen Größen definiert, „welche die Unternehmensleitung aus der Interessenlage der Unternehmung selbst bzw. aus der Interessenlage der Interessengruppen, durch welche sie unmittelbar legitimiert ist, anstrebt", Ulrich/Fluri (1995), S. 97; vgl. auch Kap. 3.1.2.2 und Kap. 3.1.3.4, ebenda.

372 Vgl. Meffert/Kirchgeorg (1989), S. 5 f. Unterschiedliche Klassifizierungen der Zielfunktionen finden sich bei Koppelmann (1997), S. 241 oder Macharzina (1995), S. 179.

373 Vgl. Hahn (1997), S. 303 ff.; Hamel (1992), Sp. 2635; Beuermann/Cicha-Beuermann (1992), S. 376.

374 Siehe hierzu Kern (1972a), S. 314; Kern (1972b), S. 360 f.; Heinen (1976), S. 23 f.; Kubicek (1981), S. 459 ff.; Beuermann/Cicha-Beuermann (1992), S. 378 f.; Bidlingmaier/Schneider (1978), S. 54 ff.; Kern (1974), S. 54 ff.

375 Vgl. Heinen (1976), S. 59 ff.; Wöhe (2002), S. 98 f.; Schierenbeck (2000), S. 62 ff.

376 Die Zweiteilung des Zielinhaltes in Sach- und Formalziel geht auf Kosiol zurück, der zwischen einem Sachziel, das sich als ‚Bedarfsdeckung' umschreiben lässt, und einem Formalziel, welches durch das ‚ökonomische Prinzip' bestimmt ist, unterscheidet, vgl. Kosiol (1961), S. 130; Kosiol (1968), S. 261 f. Siehe auch Koppelmann (2000), S. 103; Kubicek (1981), S. 460; Kern (1974), S. 50; Schierenbeck (2000), S. 62; Wöhe (2002), S. 99.

ausgerichtet und beinhalten die Festlegung von Erfolgs-, Vermögens- und Umsatzzielen.[377] Sie geben an, unter welchem übergeordneten Aspekt (Zweckbezug) Sachziele zu erfüllen sind. *Sachziele* haben demnach *Instrumentalcharakter*[378] und geben konkrete Wege an (operative Zielgrößen), auf denen Formalziele erreicht werden sollen (z.B. in Form von Leistungs- und Finanzzielen, die Art, Menge, Qualität und Zeitpunkt der zu erbringenden Leistung bestimmen).[379] Formalziele haben folglich eher *strategischen*, Sachziele *operativen* Charakter.

Die Dimension ***Zielausmaß*** beinhaltet die Art der Ausprägung der Zielvariablen und bestimmt somit einen absoluten oder relativen Zielerreichungsgrad (Effektivität und Effizienz).[380] Dabei lassen sich die Extremierung (Maximierung oder Minimierung) und die Satisfizierung (Fixierung oder Begrenzung) als verschiedene Ausprägungsformen unterscheiden.[381] Durch die *Effektivität* wird der Grad der Zielerreichung von Unternehmenszielen, z.B. die Steigerung des Gewinns oder der Liquidität, beschrieben,[382] wodurch sich die Effektivität direkt auf die gesetzten Zielvorgaben bezieht. Damit kommt der Effektivität eine strategische Bedeutung zu,[383] die oftmals auch mit der englischen Beschreibung ‚to do the right things – die richtigen Dinge tun' versehen wird.[384] Von der Effektivität ist die *Effizienz* (‚to do the things right – die Dinge richtig tun') zu trennen,[385] da sich die Effizienz mit der wirtschaftlichen (d.h.

---

377 Vgl. Kern (1974), S. 50; Kosiol (1968), S. 261; Kubicek (1981), S. 460; Schierenbeck (2000), S. 62; Wöhe (2002), S. 99.

378 Zur Mittel-Zweck-Relation siehe auch Bidlingmaier (1968), S. 105; Stölzle (1993), S. 60; Baum/Günther/Wittmann (1996), S. 15; Schierenbeck (2000), S. 81.

379 Vgl. Kern (1974), S. 53; Wöhe (2002), S. 99; Schierenbeck (2000), S. 62.

380 Vgl. Heinen (1982), S. 618. In der Literatur werden die Begriffe Effektivität und Effizienz uneinheitlich verwendet, vgl. Frei (1998), S. 42; Eichhorn (2000), S. 140; Ulrich (1987), S. 28; Prammer (1998), S. 53.

381 Vgl. Macharzina (1995), S. 195; Berthel (1992), S. 950.

382 Vgl. Bohr (1993), Sp. 867. Nach Seisreiner (1999) kann die Effektivität deshalb auch als „Erfolgskriterium" [Seisreiner (1999), S. 62] bezeichnet werden, d.h. sie dient als *Beurteilungsmaßstab für die Unternehmensleistung*. Seidel (1996) weist darauf hin, dass in der betriebswirtschaftlichen Literatur Effektivität und Effizienz durchaus unterschiedlich als die folgenden, vorgestellten Definitionen interpretiert werden, vgl. hierzu Seidel (1996), S. 93; Becker/Benz (1997), S. 657 f.

383 Bei der strategischen Planung der Unternehmung besteht die Funktion bzw. Zielsetzung in der Sicherung der Effektivität, während sich die operative Planung auf die Effizienzsicherung bezieht, vgl. Ulrich/Fluri (1995), S. 133.

384 Vgl. Bohr (1993), Sp. 855; Dellmann/Pedell (1994), S. 25. Effektivität bezieht sich in diesem Kontext auf die Zielwirkung von Maßnahmen, siehe auch Thommen (1991), S. 126; Scholz (1992), Sp. 535.

385 Vgl. auch Neely/Gregory/Platts (1995), S. 80, für die der Unterschied zwischen Effektivität und Effizienz in der Unternehmensperspektive besteht: Während sich die Effektivität

mit möglichst geringem Ressourceneinsatz) Erfüllung eines vorgegebenen Ziels und damit mit der operativen Ebene beschäftigt.[386] Das Zielausmaß hat insbesondere für die Auswahl und Beurteilung der Handlungsalternativen große Bedeutung.[387]

Die Zieldimension ***Zeitbezug*** bestimmt den Zeitpunkt oder Zeitraum der Zielerfüllung. Dabei wird in kurz-, mittel- und langfristige Ziele unterschieden.[388]

Neben dieser dimensionalen Unterscheidung von Unternehmenszielen spielt auch die Analyse ihrer Rangordnung und Zielhierarchie im Zielsystem einer Unternehmung eine entscheidende Rolle. Dabei wird in der Literatur zwischen Basiszielen, Funktionsbereichszielen und Instrumentalzielen unterschieden.[389] Basisziele haben Grundsatz-Charakter, sind meist langfristiger Natur und bestimmen somit die Gesamtheit unternehmerischen Handelns.[390] Damit stellen sie sog. Leitlinien dar, aus denen die meist strategischen Funktionsbereichsziele und die konkreten, meist operativen Instrumentalziele abgeleitet werden.[391] Sie liefern darüber hinaus Kriterien zur Herleitung von *Unternehmensstrategien* und *Maßnahmen*.
Erkenntnisse der empirischen Zielforschung[392] zeigen, dass ***das Existenzsicherungsziel, das langfristige Überleben, definiert als langfristige Sicherung der Wettbewerbsfähigkeit*** der Unternehmung, als oberstes Unternehmungsziel bestimmt werden kann.[393] Dieses Oberziel wird in der Literatur durch die drei Basisziele Leistungs-, Markt- und Ertragsziele dargestellt, wo-

---

auf unternehmensexterne Einflüsse bezieht (z.B. Kundenanforderungen), greift die Effizienz unternehmensinterne Anforderungen auf.

386 Vgl. Schmelzer/Friedrich (1997), S. 334; als Beispiel für eine betriebswirtschaftliche Effizienzkennzahl kann die Rentabilität (Gewinn/Kapital) dienen, vgl. Bohr (1993), Sp. 866. Von der betriebswirtschaftlichen Definition von Effizienz (als Wertumwandlungsprozess) ist die naturwissenschaftliche Definition (als Energieerhaltungsprozess) abzugrenzen, vgl. Seidel (1996), S. 93. Als Produktivität kann das Verhältnis von Output zu Input bezeichnet werden, vgl. Haller (1997), S. 298; die Produktivität kann aber auch mit der Effizienz gleichgesetzt werden, vgl. Bohr (1993), Sp. 865 f.

387 Vgl. hierzu auch Kap. 4.4.2.6, ebenda.

388 Vgl. Macharzina (1995), S. 195; Wöhe (2002), S. 104 f.; Kern (1974), S. 58 ff.

389 Siehe hierzu vor allem Koppelmann (2001), S. 250 ff.; Koppelmann (2000), S. 123 ff. Daneben lässt sich auch die Einteilung in Ober-, Zwischen- und Unterziele finden, vgl. bspw. Wöhe (2002), S. 100 f.

390 Vgl. Koppelmann (2001), S. 251.

391 Vgl. Koppelmann (2001), S. 255 ff.

392 Siehe hierzu vor allem Kubicek (1981), S. 461 f.; Macharzina (1995), S. 193 f.; Balderjahn (1995), S. 805 f.; Meffert/Kirchgeorg (1995a), S. 819 f.

393 Vgl. Steger (1993), S. 189; Hamel (1992), Sp. 2639; Coenenberg (1994), S. 39.

bei Ertragsziele *Formalziele* und Leistungs- bzw. Marktziele *Sachziele* darstellen.[394] Leistungsziele sind durch diejenigen Ziele charakterisiert, deren Erfüllung von internen und externen Anspruchsgruppen erwartet wird. Hierzu zählen u.a. Qualität sowie soziale und ökologische Verantwortung. Durch sie werden Ansprüche der relevanten Stakeholder erfüllt, was zur Sicherung der gesellschaftlichen Legitimation der Unternehmung dient. Eine Missachtung dieser Leistungsziele dagegen gefährdet die langfristige Existenzsicherung der Unternehmung. Marktziele beinhalten u.a. langfristige Umsatzziele, Marktanteilsziele und das Ziel der Erschließung neuer Märkte. Ertragsziele umfassen Finanz- und Gewinnziele.[395]

Der Begriff der (traditionellen ökonomischen) Unternehmensleistung wird auf die Ziel- bzw. Ergebnisgrößen der betrieblichen Tätigkeit bezogen, d.h. die *Leistung bzw. Performance* einer Unternehmung wird als *Erfolgspotential* (strategisch) und *Erfolg* (operativ) definiert.

Wird unter der Unternehmensperformance die Schaffung bzw. Steigerung des Erfolgspotentials verstanden, so ist diese Leistung im strategischen Sinne als Leistungsfähigkeit zu klassifizieren.[396] Mit der Unternehmensleistung im operativen Sinne (auch als eigentliche oder tatsächliche Leistung bezeichnet) wird dagegen die (operative) Ziel- bzw. Ergebnisgröße *Erfolg* bezeichnet.[397]

---

394 Vgl. Fritz et al. (1985), S. 381 f.; Beuermann/Cicha-Beuermann (1992), S. 378; Steger (1993), S. 189 f. Daneben finden sich auch abweichende Einteilungen, wie bspw. Leistungs-, Finanz- und Erfolgsziele bei Schierenbeck (2000), S. 62; Erfolgs-, Markt-, Finanzziele sowie Leistungs-, Finanz- und Sozialziele bei Welge (1985), S. 64 oder erwerbswirtschaftliche, sicherungs- und einfluß- sowie gemeinwohlorientierte Ziele bei Koppelmann (2001), S. 251 ff.; siehe auch Meuser (1993), S. 35; Berthel (1992), S. 952.

395 Vgl. Fritz et al. (1985), S. 381 f.; Steger (1993), S. 189 f.; Schierenbeck (2000), S. 62.

396 Im Englischen existiert für den Begriff der Leistungsfähigkeit der der „strategic performance“, Chakravarthy (1995), S. 252. Wenn z.B. das Erfolgspotential als Shareholder Value (SHV) definiert wird, dann stellt der SHV die Zielgröße, die Erhöhung des SHV um 10% die Zielsetzung und die Unternehmensleistung den tatsächlich realisierten SHV dar. (Bei einer Definition von Unternehmensleistung als Zielerreichungsgrad wäre die Unternehmensleistung die erreichte SHV-Steigerung in Bezug auf die Zielsetzung von 10%).

397 Siehe hierzu Gälweiler (1986), S. 134.

Folgende Abbildung zeigt diesen Zusammenhang:

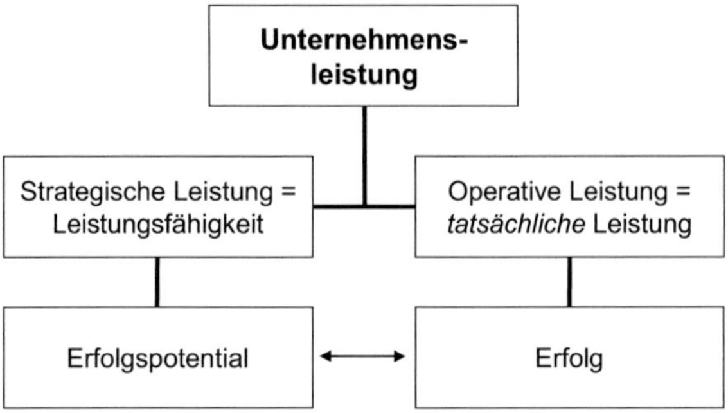


**Abbildung 16: Ziel- und Ergebnisgrößen der (ökonomischen) Unternehmensleistung**

Vor diesem Hintergrund können Unternehmensziele auch in ***Erfolgspotentiale*** (strategische Orientierung und langfristiger Zeitbezug) und ***Erfolg*** (operative Ausrichtung und mittel- bis kurzfristiger Zeitbezug) unterschieden werden.[398] Dabei umschreibt der Begriff des Erfolgspotentials das strategische Ziel der *langfristigen Sicherung des Unternehmensbestandes.*[399] Die Entwicklung des Unternehmensziels bzw. der strategischen Zielgröße[400] Erfolgspotential und seine in jüngster Zeit gestiegene Bedeutung sind im Zusammenhang mit der höheren Komplexität des Unternehmensumfeldes und den sich in diesem Umfeld rascher vollziehenden Veränderungen zu sehen. Für die Unternehmungen resultiert daraus eine erhöhte Unsicherheit hinsichtlich der zukünftigen Umfeldentwicklung und, damit verbunden, der eigenen Entwicklung und des Bestandes.[401] Um dieser Unsicherheit begegnen zu können, sollen nachhaltige Wettbewerbsvorteile (Erfolgspotentiale) geschaffen werden, die auf der Grundlage einer (externen) Umfeldanalyse bzw. einer Analyse der Chancen und Risiken für die Unternehmungen sowie auf der Basis einer (internen) Unternehmensanalyse bzw. einer Untersuchung der

398 Vgl. Meffert (1998), S. 1040; Coenenberg (1993), Sp. 3680; Gälweiler (1986), S. 134 ff.; Gälweiler (1990), S. 28; o.V. (1996), S. 201.

399 Vgl. Gälweiler (1974), S. 132; Gälweiler (1986), S. 246; Gälweiler (1990), S. 35. Siehe zur Potentialanalyse auch Koppelmann (2001), S. 280 ff.

400 Die Zielgröße stellt das Erfolgspotential dar, das korrespondierende Unternehmensziel wäre die Erhaltung oder Steigerung des Erfolgspotentials. Da in der Literatur diese Unterscheidung aber nicht getroffen wird, werden die Begriffe im Folgenden synonym verwendet.

401 Vgl. Coenenberg (1993), Sp. 3680.

Stärken und Schwächen des Unternehmens zu ermitteln sind.[402] Damit wird das Unternehmensziel Erfolgspotential u.a. durch eine Analyse externer und interner Stakeholder-Interessen gebildet.[403] Die strategische Analyse zur Bestimmung der *Erfolgspotentiale* stellt folgende Abbildung graphisch dar:

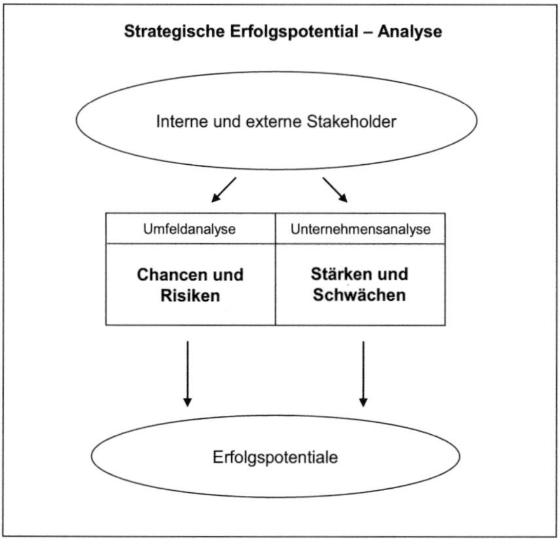


**Abbildung 17: Erfolgspotential – Analyse**

Das Erfolgspotential nimmt dabei eine Vorsteuerungsfunktion für den Erfolg wahr, d.h. der Erfolg ist als operative Größe – nach der Bestimmung des Erfolgspotentials – auf die Schaffung von Erfolgspotentialen auszurichten.[404]

In der Betriebswirtschaftslehre wird unter dem Begriff ***Erfolg*** die „Differenz aller Leistungen/Erträge und Kosten/Aufwendungen“[405] verstanden. Diese

[402] Vgl. Koppelmann (2001), S. 281 ff.; Meffert/Kirchgeorg (1998), S. 148 ff.; Baum/Coenenberg/Günther (1999), S. 6. Monetär betrachtet kann das Erfolgspotential durch den Zukunftserfolgswert, d.h. durch den Barwert aller zukünftigen Rückflüsse, bzw. den Shareholder Value abgebildet werden, vgl. Baum/Coenenberg/Günther (1999), S. 6 u. S. 270, d.h. eine Abbildung der unternehmensinternen Zielgröße Erfolgspotential kann im Hinblick auf die als zentral erachtete Stakeholder-Gruppe der Eigentümer durch den Shareholder Value erfolgen. Vgl. zum Shareholder Value bzw. seiner Berechnung auch Kap. 3.1.3.3, ebenda. Die zusammenfassende Darstellung der untersuchten Chancen und Risiken sowie der Stärken und Schwächen der Unternehmung wird als SWOT (Strengths-Weaknesses-Opportunities-Threats) - Analyse bezeichnet, vgl. David (1986), S. 207; Koppelmann (2001), S. 287 ff.; Meffert (1998), S. 61 ff.; Macharzina (1999), S. 805.

[403] Vgl. Hahn (1995), S. 328 und vorausgegangene Ausführungen; siehe auch Kap. 3.1.3, ebenda.

[404] Vgl. Gälweiler (1990), S. 28 f. u. S. 158; Günther (1991), S. 64; Baum/Coenenberg/Günther (1999), S. 6; Hinterhuber (1992), S. 26 ff.

Definition macht deutlich, dass unterschiedliche betriebswirtschaftliche Erfolgsdefinitionen mit jeweils unterschiedlichen Komponenten existieren.[406] Welche Komponenten berücksichtigt werden und wie Erfolg damit gemessen und definiert wird, hängt von dem jeweiligen Informationsinteresse der Adressaten ab.[407]

Abschließend zeigt nachfolgende Abbildung die Zusammenhänge zwischen strategischer und operativer Unternehmensleistung auf:

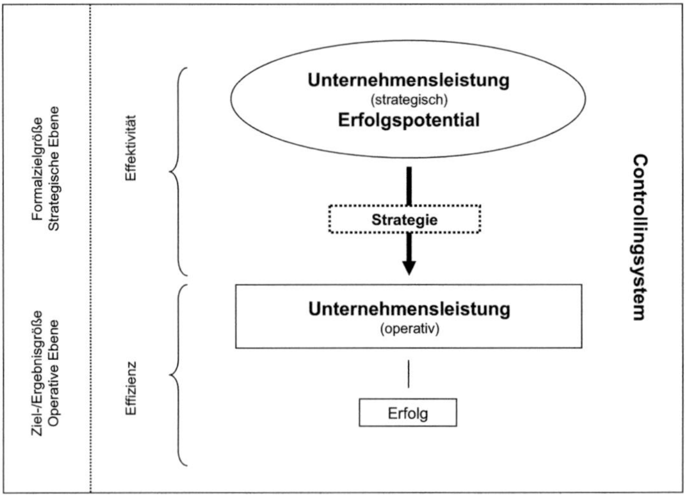


**Abbildung 18: Zusammenfassung Begriff (ökonomische) Unternehmensleistung**

Für den Einsatz neuer Konzepte und Kennzahlen zur Unternehmenssteuerung und Unternehmensleistungsmessung steht in der englischsprachigen Controlling- und Management-Accounting-Literatur seit Ende der achtziger Jahre der Begriff **Performance Measurement**.[408] Struktur und Aufbau des Performance Measurements dienen als Grundlage des im Rahmen der vor-

[405] Coenenberg (1999), S. 581.
[406] Vgl. Schierenbeck (2000), S. 62 ff.
[407] Vgl. Mandel (1987), S. 223, vgl. auch Kap. 3.1.3. Abhängig vom Informationsinteresse der internen und externen Stakeholder kann der [ökonomische, Anm. d. Verf.] Erfolg für die internen Informationsadressaten über die Kosten- und Leistungsrechnung als Saldo aus Kosten und Leistungen oder für externe Informationsadressaten über den Jahresabschluss, d.h. über die Gewinn- und Verlustrechnung (GuV) als Saldo aus Aufwand und Ertrag ermittelt werden.
[408] Vgl. Gleich (1998), S. 6; Gleich (2001a), S. 11.

liegenden Arbeit zu erarbeitenden Sustainability-Performance-Measurement-Modells[409] und werden im Folgenden näher analysiert.

### 3.3.2 Messung der Unternehmensleistung – Performance Measurement

In einer ersten Annäherung an den Begriff wird unter **Performance Measurement** der Aufbau und Einsatz meist mehrerer Kennzahlen verschiedener Dimensionen (z.B. Kosten, Zeit, Qualität, Innovationsfähigkeit, Kundenzufriedenheit, Ressourcenverbrauch) verstanden, die zur Beurteilung der Effektivität und Effizienz der Leistung und der Leistungspotentiale unterschiedlicher Objekte – sog. Leistungsebenen wie z.B. Organisationseinheiten, Mitarbeiter, Prozesse – in einer Unternehmung herangezogen werden.[410]

#### 3.3.2.1 Kennzahlen zur Leistungsmessung

Bevor das Modell des Performance Measurement näher analysiert wird, soll zunächst exkursartig auf die Definition und Funktion von Kennzahlen eingegangen werden.

##### 3.3.2.1.1 Definition und Arten von Kennzahlen

Unter Kennzahl wird eine Zahl verstanden, „die quantitativ erfassbare Sachverhalte in konzentrierter Form wiedergibt“[411]. Kennzahlen können als absolute Zahlen (Grundzahlen oder auch Basiszahlen) oder als Verhältniszahlen auftreten.[412] Absolute Zahlen werden hierbei durch Addition, Subtraktion oder Multiplikation gebildet, während Verhältniszahlen durch Division von Zahlen entstehen.[413] Als relative Kennzahlen können Gliederungs- (z.B. Eigenkapitalquote), Beziehungs- (z.B. Liquiditätsgrad) oder Indexzahlen (z.B. Veränderung der Abschreibungen im Zeitablauf) identifiziert werden.[414]

---

409 Siehe hierzu Ausführungen in Kap. 3.3.4 und Kap. 4, ebenda.

410 Vgl. Neely/Gregory/Platts (1995), S. 80; Rummler/Brache (1990), S. 16. So auch bei Gleich (2001b), S. 67.

411 Reichmann (1993), Sp. 2159, der aus dieser Definition drei Eigenschaften von Kennzahlen ableitet: (1) Informationscharakter, (2) Quantifizierbarkeit und (3) Konzentrierte Form der Informationsbereitstellung, vgl. Reichmann (1993), Sp. 2159.

412 Vgl. Küting (1991), S. 1324 f., der auf die Diskussion um Kennzahleneigenschaften von absoluten Kennzahlen eingeht.

413 Vgl. Botta (1997), S. 16. Bei den relativen Kennzahlen verweist Küting (1991) auf das sog. Entsprechungsprinzip, nach dem der Zähler und Nenner der relativen Kennzahl in einem sachlogischen Zusammenhang stehen muss, vgl. Küting (1991), S. 1324.

414 Vgl. Botta (1996a), S. 406.

#### 3.3.2.1.2 Funktionen von Kennzahlen

Als zentrale Funktion von Kennzahlen wird in der Literatur ihre Verdichtungsaufgabe herausgehoben:[415] Kennzahlen sollen relevante, quantifizierbare Unternehmensinformationen in komprimierter Form abbilden, um so die betriebliche Entscheidungsfindung zu unterstützen.[416] Dies führt zu einer Komplexitätsreduktion der vorliegenden Unternehmensprozesse und -strukturen und befähigt die Entscheidungsträger zur Unternehmensanalyse.[417] Neben dieser internen Einsatzmöglichkeit können Kennzahlen auch für die externe Unternehmensanalyse verwendet werden.[418]

Zum Zweck der *internen oder externen Unternehmensanalyse* wird dabei üblicherweise statt von einer einzelnen Kennzahl – aufgrund der begrenzten Aussagefähigkeit – von einem *Kennzahlensystem* ausgegangen, das mehrere Kennzahlen derselben Zielsetzung und mit wechselseitigem Zusammenhang beinhaltet.[419] Die Kennzahlensysteme für die interne Analyse zielen auf die Informationsbedürfnisse der internen Entscheidungsträger und werden – bei Zugrundelegung des (traditionellen) Controllingverständnisses[420] – zu Initiierungs-, Planungs-, Steuerungs- und Kontrollzwecken eingesetzt.[421] Dadurch sollen Kennzahlensysteme u.a. eine Verbesserung des Zielerreichungsgrades im Hinblick auf die angestrebten Unternehmensziele bewirken.[422]

---

415 Vgl. Kneubühler (1995), S. 39; Botta (1997), S. 16.

416 Vgl. Reichmann (1997), S. 19 f.

417 Die Komplexitätsreduktion hat weiterhin zur Folge, dass durch die Kennzahlen nicht die gesamte Wirklichkeit, sondern lediglich Ausschnitte der Realität dargestellt werden können, vgl. Kleivane (1998), S. 101.

418 Vgl. Reichmann (1993), Sp. 2159. Botta (1996a) differenziert externe und interne Kennzahlen hinsichtlich der Datenquelle, hinsichtlich des Informationsadressaten, im Hinblick auf das externe/interne Rechnungswesen und im Hinblick auf den Verwendungszweck, vgl. Botta (1996a), S. 407.

419 Vgl. Küting (1991), S. 1325; Bussiek/Fraling/Hesse (1993), S. 35; Reichmann (1997), S. 23. Bei den Kennzahlensystemen kann zwischen Ordnungssystemen (das Kennzahlensystem beruht auf sachlogischen Verknüpfungen der einzelnen Kennzahlen) und Rechensystemen (hier bestehen zwischen den einzelnen Kennzahlen mathematische Verknüpfungen, z.B. durch Multiplikation oder Division), vgl. Küting (1991), S. 1326; Botta (1996b), S. 410 f. Insbesondere bei den Rechensystemen ist es möglich, die einzelnen Kennzahlen zu einer „Spitzenkennzahl" [Botta (1997), S. 21] zu aggregieren, vgl. auch Küting (1991), S. 1327 f. Eine Aggregation wird dabei vor allem zur Unterstützung der Entscheidungsfindung vorgenommen, während die unaggregierte Form primär Analysezwecken dient.

420 Vgl. Horváth (1993), Sp. 325 ff.; Günther (1991), S. 51; Ulrich (1981), S. 11 ff.; Mussnig (1996), S. 16 ff.

421 Vgl. Groll (1990), S. 17 u. S. 46 ff.

422 Vgl. Kneubühler (1995), S. 40.

Im Hinblick auf die externe Unternehmensanalyse sind die Kennzahlensysteme dagegen vorrangig auf die Informationsbedürfnisse von externen Stakeholdern (u.a. Banken, Lieferanten, Wettbewerbern, Kunden, Eigenkapitalgebern und potentiellen Anteilseignern) und damit auf die Ziele Erfolg und Liquidität gerichtet.[423] Darüber hinaus existieren in Theorie und Praxis auch sog. *multifunktionale Kennzahlensysteme*, die sowohl für die interne als auch die externe Unternehmensanalyse geeignet sind.[424]

Bezüglich der *Leistungsmessung* besteht die Funktion der Kennzahlen bzw. Kennzahlensysteme zum einen in der Konkretisierung der Zielvorgaben für die Unternehmensleistung, zum anderen in der Abbildung der tatsächlich erreichten Leistung. Dadurch ermöglichen Kennzahlen ebenfalls die Feststellung von Zielabweichungen auf der Basis von durchgeführten Soll-Ist-Vergleichen.[425]

#### 3.3.2.2 Performance Measurement – Zielsetzung und Definition

Die zunehmend kritische Bewertung traditioneller Kennzahlen zur Leistungsmessung (aufgrund der schon erwähnten komplexeren und dynamischen Bedingungen der modernen Wirtschaftswelt) führte in den USA zum Konzept des Performance Measurement als einem Teilgebiet des Management Accounting.[426]

Die Hauptprobleme der traditionellen Ansätze des Rechnungswesens und des Controlling (bzw. des Management Accounting)[427] lassen sich prägnant

---

[423] Vgl. Reichmann (1997), S. 25.

[424] Vgl. Botta (1997), S. 29; Küting (1991), S. 1328. Als multifunktionales Kennzahlensystem kann in diesem Sinn auch das zu erarbeitende SPM-Modell charakterisiert werden, da es sowohl für interne Steuerungszwecke als auch zur externen Unternehmensanalyse dienen soll. Siehe hierzu Kap. 4, ebenda.

[425] Vgl. Friemuth/Sesterhenn (1997), S. 60 f.; aufbauend darauf auch Kap. 3.3.4 und Kap. 4, ebenda.

[426] Vgl. Klingebiel (1996), S. 77. Dabei nennt Klingebiel die Veröffentlichung von Schaffer (1991), die bereits 1974 im Harvard Business Review erschienen ist und 1991 wegen unveränderter Aktualität dort nochmals abgedruckt wurde, als Ausgangspunkt für die wissenschaftliche Diskussion um das Performance Measurement, vgl. Klingebiel (1996), S. 79. Zum Management Accounting siehe vor allem Kobayashi (1993), Sp. 1381; Lücke (1993), Sp. 1701; Horngren/Foster/Datar (1994), S. 4 und Mussnig (1996), S. 13 f.

[427] Inhaltlich kommt das Management Accounting dem dieser Arbeit zugrunde liegenden Controlling-Begriff gleich, vgl. Kobayashi (1993), Sp. 1381; Grasshoff (1996), S. 5. Lücke (1993) spricht in diesem Zusammenhang davon, dass das Management Accounting den Basisfunktionen des Managements dienen soll (funktionale Sichtweise), vgl. Lücke (1993), Sp. 1701; vgl. zu den Funktionen bzw. Charakteristika des Management Accounting auch Mussnig (1996), S. 14.

so zusammenfassen: Es wird das Falsche mit dem falschen Maßstab, zu viel und zu genau gemessen.[428]

Hauptkritikpunkte waren und sind:[429]

- die Vergangenheitsorientierung dieser Kennzahlen (dies gilt insbesondere für die Kennzahlen aus dem externen Rechnungswesen) und damit verbunden die fehlende Zukunftsorientierung,
- die mangelnde Berücksichtigung von Risiko,
- das Defizit der traditionellen Steuerungsgrößen an strategischen Elementen,[430] das sich z.B. in der mangelnden Abbildung der entscheidungsrelevanten Technologien, Produkte und Prozesse sowie des Wettbewerbsumfeldes der Unternehmung zeigt,[431]
- die fehlende Integration anderer Stakeholder-Interessen (als nur Shareholder), insbesondere von marktbezogenen Anforderungen (Kunden).[432]

Nach Atkinson/Waterhouse/Wells (1997) und Reichwald/Koller (1996) treten Positionierungsfragen, Kunden- und Mitarbeiterinformationen vor den finanziellen Stakeholdern in den Hintergrund, was zur Folge hat, dass insgesamt nur leicht messbare Sachverhalte zweifelhafter Entscheidungsrelevanz mit häufig erheblichem Aufwand (bspw. Gemeinkostenrechnung) erfasst werden.[433]

Zusammenfassend kann festgestellt werden, dass die Hauptkritik darin besteht, dass eine nachhaltige Leistungsfähigkeit der Unternehmung durch die traditionellen Erfolgs- bzw. Leistungskennzahlen nicht entsprechend abgebildet wird.[434]

---

428 Vgl. North (1998), S. 184 f.; Grüning (2002), S. 116.

429 Zu Kritikpunkten traditioneller Kennzahlen siehe auch Lynch/Cross (1991), S. 24; Peemöller (1993a), S. 11 ff.; Peemöller (1993b), S. 409 ff.; Johnson/Kaplan (1995), S. 1 ff.; Günther (1997), S. 50 ff. und Brunner/Hessing (1998), S. 22 f.

430 Vgl. Lynch/Cross (1991), S. 24; Klingebiel (1997), S. 656.

431 Vgl. Johnson/Kaplan (1995), S. 3.

432 Vgl. Chakravarthy (1995), S. 263; Klingebiel (1997), S. 657.

433 Vgl. Atkinson/Waterhouse/Wells (1997), S. 26; Atkinson et al. (1997), S. 127 ff.; Reichwald/Koller (1996), S. 133.

434 Vgl. Chakravarthy (1995), der auf der Grundlage empirischer Untersuchungen von lernfähigen („well-adapted") und nicht-lernfähigen („mal-adapted") Unternehmungen [vgl. Chakravarthy (1995), S. 253 ff.] zu der Schlussfolgerung kommt: „conventional referents of performance (traditionelle Erfolgs-/Leistungskennzahlen, Anm. d. Verf.) (...) are unsatisfactory discriminants of ‚excellence'", Chakravarthy (1995), S. 263.

Aufbauend auf den dargestellten Kritikpunkten wurde die **Zielsetzung** für die betriebliche Leistungsmessung neu formuliert:

Auf der Grundlage einer Zusammenstellung von verschiedenen quantifizierbaren, monetären und nicht-monetären Kennzahlen (Kennzahlensystem bzw. Performance-Measurement-System[435]) verfolgt das Performance Measurement die *Zielsetzung*, die „Effektivität und Effizienz der Leistung und Leistungspotentiale“[436] in der Unternehmung zu beurteilen.[437] Neben dieser Evaluierung wird in der Literatur als weitere Zielsetzung des Performance Measurement die Verbesserung der Unternehmensleistung angeführt.[438]

Soll das Ziel des Performance Measurement somit in der *Beurteilung und Verbesserung der Unternehmensperformance* bestehen, kann das Performance Measurement als Erfassung der Leistungsfähigkeit (und der Leistung) der Unternehmung mittels entsprechender (Effizienz-) Kennzahlen, als Feststellung der tatsächlichen Zielerreichung (durch Ermittlung der Effektivität) sowie als Überprüfung und potentielle Revision der zugrunde gelegten Zielvorgaben für die Leistungsfähigkeit *definiert* werden.[439] Damit können zwei Begriffsfassungen unterschieden werden:

- Eine enge Definition von Performance Measurement, die sich auf die Erfassung der Leistungskennzahlen konzentriert (*Messung i.e.S.*), und

- eine weite Definition von Performance Measurement, die das Finden von Leistungsmaßstäben bzw. -zielen, die Auswahl von Leistungskennzahlen (auf Basis der Leistungsziele),die Anwendung der Kennzahlen, die Beurteilung der Ergebnisse hinsichtlich der Zielerreichungsgrade und der gesetzten Ziele sowie die Überprüfung der Leistungsziele umfasst (*Messung i.w.S.*).

---

435 Der Begriff des Performance-Measurement-Systems bezieht sich auf ein aus den strategischen Zielvorgaben hergeleitetes Set an Leistungskennzahlen, vgl. Neely/Gregory/Platts (1995), S. 96; Morrissey/Hudson (1997), S. 48.

436 Gleich (1997a), S. 115; vgl. hierzu auch Neely/Gregory/Platts (1995), S. 80.

437 Vgl. Klingebiel (1999), S. 13 ff.

438 Vgl. Lynch/Cross (1991), S. 1; Morrissey/Hudson (1997), S. 49.

439 Die Feststellung des Zielerreichungsgrades und die Überprüfung der Zielvorgaben dienen der Beurteilung der Unternehmensleistung.

Auf der Grundlage der weiten Definition von Performance Measurement, die im Folgenden verwendet werden soll,[440] sind für die *Implementierung eines Performance-Measurement-Systems* in der Unternehmung die folgenden, idealtypischen *Ablaufschritte* erforderlich:[441]

1. *Strategiebestimmung*: Festlegung der Unternehmensstrategie (und der damit verbundenen strategischen Ziele)

2. *Kennzahlenbildung*: Auf Grundlage der Unternehmensstrategie und der entwickelten strategischen Zielvorgaben Generierung und Differenzierung der notwendigen Leistungskennzahlen in prozess- und ergebnisorientierte sowie in monetäre und nichtmonetäre Indikatoren

3. *Umsetzung*: Informationssammlung für die gebildeten Kennzahlen, Anwendung der Kennzahlen, Bestimmung der Zielerreichungsgrade für die einzelnen Kennzahlen mittels Abweichungskontrollen und -analysen sowie – falls notwendig – Erarbeitung von Vorschlägen zur Verbesserung der Zielerreichungsgrade

4. *Revision für eine kontinuierliche Verbesserung*: Iterative Überprüfung der Leistungsmessung und ihrer Ergebnisse sowie – falls erforderlich – Veränderung / Anpassung der Unternehmensstrategie.

Mit Hilfe dieser Schritte soll die Unternehmensleistung nicht nur erfasst und beurteilt, sondern auch ihre Verbesserung (durch eine entsprechende Steue-

---

[440] Nach Auffassung der Verfasserin müssen mit der Leistungsmessung neben dem reinen Meßvorgang mittels Kennzahlen auch eine Untersuchung der Leistungsmaßstäbe und deren Herleitung verbunden sein.

[441] Vgl. Morrissey/Hudson (1997), S. 49. Gleich/Haindl (1996) bezeichnen die einzelnen Ablaufschritte im Hinblick auf die Umsetzung eines Performance Measurement im betrieblichen Controlling mit: (1) Performanceziele (Unternehmensstrategie und -ziele), (2) Performance-Planung (Entwicklung der Kennzahlen und damit Festlegung der Plan-Vorgaben), (3) Performance-Messung (Erfassung der Informationen im Hinblick auf die Kennzahlen), (4) Erstellung von Performance-Berichten (Zusammenstellung der Ergebnisse der Messung) und (5) Durchführung von Abweichungskontrollen und -analysen zur Bestimmung der Zielerreichungsgrade und der Abweichungsursachen sowie Festlegung der Aktivitäten und Maßnahmen zur Verbesserung der Zielerreichung (Performance-Management), vgl. Gleich/Haindl (1996), S. 269 f.

rung bzw. Wiederholung des Performance Measurement) ermöglicht werden.[442]

Die Bildung der *Kennzahlen*, mit deren Hilfe die Messung i.e.S. erfolgt, kann für verschiedene Dimensionen bzw. Zielgrößen des Performance Measurement (z.B. Kosten, Qualität, Zeit, Flexibilität und natürliche Umwelt)[443] vorgenommen werden und sich auf unterschiedliche Objekte innerhalb des Unternehmens (z. B einzelne Organisationseinheiten, Prozesse, Mitarbeiter) beziehen.[444]

Aus der Bildung der Kennzahlen heraus ergeben sich unmittelbar die *Charakteristika* von Performance-Measurement-Konzepten:[445]

- Mehrdimensionalität hinsichtlich der erfassten Größen,
- Strategie- und Stakeholderorientierung sowie
- Quantifizierung von Zahlen und Flexibilität der entwickelten Kennzahlen.

Zusammenfassend soll unter Performance Measurement der *unternehmensinterne Ablauf* zur Messung der Leistungsfähigkeit (und der Leistung) des Unternehmens verstanden werden, der auf Basis eines *kybernetischen Planungs-, Steuerungs- und Kontroll-Prozesses* (Controlling-Prozess) die *Erfassung, Beurteilung und Verbesserung* der Leistungsfähigkeit (und der Leistung) vorsieht.

---

442 Nach Schaffer (1991) ist für die Verbesserung der Unternehmensleistung der folgende Fünf-Stufen-Plan notwendig: (1) Auswahl des/der strategischen Ziels/Ziele („goal"), (2) Transformation des strategischen Ziels in operative, messbare Ziele („targets") und damit Festlegung des Minimums an Zielerreichung, (3) Vermittlung (Kommunikation) der Zielvorgaben durch den Manager, (4) Begleitung des Prozesses der Zielerreichung (durch den Manager), aber Zuweisung von Verantwortlichkeiten, (5) Erweiterung (um neue oder revidierte strategische Ziele) und Wiederholung des Prozesses, vgl. Schaffer (1991), S. 145 ff.

443 Vgl. Neely/Gregory/Platts (1995), S. 83 f.; Andersen/Jordan (1998), S. 15, die als die fünf wichtigen Dimensionen der Leistungsmessung die Kosten, die Zeit, die Qualität, die Flexibilität und die ***natürliche Umwelt*** nennen und ebenfalls die jüngst gestiegene Bedeutung der Zielgröße Zeit betonen.

444 Vgl. Gleich (2001b), S. 67 ff.

445 Vgl. Gleich (1997a), S. 115 ff.; Klingebiel (1999), S. 13.

Als Instrumente von Performance-Measurement-Ansätzen können die Performance Pyramide[446], die Balanced-Scorecard[447] oder das Tableau de bord[448] genannt werden.

Obwohl in Deutschland im Gegensatz zu den USA eher eine Tradition der Integration von Stakeholder-Interessen verzeichnet werden kann,[449] ist das Performance Measurement durch die Berücksichtigung mehrerer Stakeholder und die Verknüpfung von monetären und nicht-monetären Kennzahlen auch für Deutschland interessant. Darauf lassen nicht zuletzt die jüngsten Anwendungen in der betrieblichen Praxis schließen.[450]

Abschließend ist anzumerken, dass insbesondere aufgrund der Stakeholderorientierung und der Einbeziehung nicht-monetärer (weicher) Faktoren eine Anwendung der Konzepte des Performance Measurement auch in der Umsetzung von Nachhaltigkeitszielen und der Messung von Nachhaltigkeitsleistung möglich ist. Ein herausragendes Beispiel dafür ist die Erarbeitung einer sog. Sustainability-Balanced-Scorecard, die versucht, durch die Integration von Umweltaspekten und sozialen Aspekten in das betriebliche Strategiesystem und deren operable Umsetzung in allen Leistungsbereichen, win-win-Potentiale auszuschöpfen und eine kausale Verknüpfung dieser Aspekte mit dem Unternehmenserfolg herzustellen.[451]

#### 3.3.2.3 Herleitung von Kriterien für die Nachhaltigkeitsleistungsmessung

Auf der Grundlage der vorgestellten neuen Ansätze im Bereich der betrieblichen Leistungsmessung können für die Nachhaltigkeitsleistungsmessung – Sustainability Performance Measurement (SPM) – die folgenden Zielsetzungen und Kriterien hergeleitet werden:

---

446 Vgl. Lynch/Cross (1991), S. 64 ff.
447 Vgl. Kaplan/Norton (1992), S. 71 ff.
448 Vgl. Lebas (1994), S. 481 ff.
449 Vgl. Speckbacher (1997), S. 635.
450 Vgl. exemplarisch zur praktischen Anwendung des Performance Measurement in Unternehmungen bzw. zu entsprechenden Erfahrungsberichten Gleich/Haindl (1996), S. 265 ff. (Umsetzung des Performance Measurement im Controlling eines Chemieunternehmens); Gleich (1997b), S. 358 ff. (Anwendung des Performance Measurement bei Hewlett Packard Deutschland GmbH).
451 Vgl. Schneidewind et al. (2002), S. 18; zur Sustainability-Balanced-Scorecard siehe Figge et al. (2001), S. 29 ff.; Bieker et al. (2001), S. 29 ff.

- *Stakeholder-Orientierung*

Wie sich bei der Diskussion des Leistungsbegriffes gezeigt hat, ist die Definition von Leistung vom Informationsinteresse der internen und externen Stakeholder der Unternehmung abhängig.[452] Leistung – als Ergebnis der betrieblichen Tätigkeit definiert – wird mit Hilfe von Unternehmenszielen ermittelt; die Beurteilung der Leistung findet dabei über einen Soll-Ist-Vergleich statt, indem die festgestellten Ergebnisse mit den Zielvorgaben verglichen werden. Damit wird deutlich, bei welchen Ansatzpunkten das Informationsinteresse der Stakeholder eine Rolle spielt: Zum einen bei der Wahl der Ziele, d.h. der Sollwerte, zum anderen aber auch bei der Bestimmung der Ergebnisse, d.h. der Istwerte.[453]

- *Strategischer Charakter*

Die jüngsten Entwicklungen im Bereich der Unternehmenssteuerung, z.B. des Performance Measurement, sind u.a. durch die oft fehlende bzw. mangelnde strategische Ausrichtung des Rechnungswesens sowie durch die Kritik an seinen traditionellen Leistungs- und Steuerungsgrößen initiiert worden.[454] Mit dem nachfolgend vorzustellenden Sustainability Performance Measurement (SPM)-Modell sollen deshalb strategische Komponenten bei der Messung der unternehmerischen Nachhaltigkeitsleistung berücksichtigt und damit eine strategische Orientierung der Nachhaltigkeitsleistungsmessung bewirkt werden. Die strategische Ausrichtung vollzieht sich über die Formulierung von nachhaltigen (also ökonomischen, ökologischen und sozialen) Unternehmenszielen und -strategien sowie über daraus hergeleiteter Ziele und Kennzahlen auf der operativen Ebene. Bei der Entwicklung von strategiebezogenen Kennzahlen spielen *nicht-monetäre Größen* eine besondere Rolle, da mit ihrer Hilfe die Treibergrößen für zukünftige Unternehmensleistungen oftmals besser abgebildet werden können als durch monetäre Kennzahlen.

---

452 Vgl. Kap. 3.3.1, ebenda.
453 Zur konkreten Ausgestaltung der Ziele der relevanten Stakeholder siehe Kap. 4.4.2, ebenda.
454 Vgl. Kap. 3.3.2.2, ebenda.

- *Unternehmensinternes und -externes Benchmarking*

Das SPM-Modell soll analog zur Zielsetzung des Performance Measurement die Beurteilung und Verbesserung der betrieblichen Nachhaltigkeitsleistung ermöglichen. Dafür wird das SPM-Modell als unternehmensinternes Konzept die Controlling-Schritte Planung, Realisation und Kontrolle beinhalten. Darüber hinaus ist zu fragen, inwieweit durch dieses unternehmensinterne Benchmarking die Voraussetzungen geschaffen werden, um ein unternehmensexternes Benchmarking durchzuführen und dadurch die relative Nachhaltigkeitsleistung der Unternehmung zu ermitteln.[455]

- *Steuerungsaspekt*

Bei der Frage der Messung und Steuerung der Unternehmung im Hinblick auf ihre zukünftige Leistung (Leistungsfähigkeit) spielt die *Prozessorientierung* eine wichtige Rolle zur Identifikation von erfolgskritischen Prozessen; diese sind auch zur Steigerung der Nachhaltigkeitsleistung von Unternehmungen relevant.

### 3.3.3 Nachhaltigkeitsleistungsmessung – Sustainability Performance Measurement

#### 3.3.3.1 Definition von Nachhaltigkeitsleistung – Sustainability Performance

Der Begriff der Nachhaltigkeitsleistung bzw. der Sustainability Performance beinhaltet allgemein die Formulierung strategischer Unternehmensziele unter Berücksichtigung des Nachhaltigkeitsprinzips sowie das Ausmaß der Erreichbarkeit im Rahmen der operativen Unternehmenstätigkeit.[456] In der Literatur ist eine (einheitliche) Definition des Begriffes der Nachhaltigkeitsleistung im Kontext der Leistungsmessung nicht zu finden.[457] Da es jedoch Ziel der vorliegenden Arbeit ist, den Aspekt der *Nachhaltigkeitsleistungsmessung* hervorzuheben, wird im Folgenden der Versuch unternommen, den Begriff der Nachhaltigkeitsleistung neu zu definieren. Dabei sollen zunächst die der Nachhaltigkeitsleistung zugrunde liegenden Termini der ökonomischen, der ökologischen und der sozialen Leistung einer Unternehmung einzeln unter-

---

455 Vgl. Kap. 3.3.3.3.2.5 und Kap. 4.4.2, ebenda.
456 Vgl. Haller (2006), S. 18 ff.
457 Vielfach wird der Begriff im Zusammenhang mit dem externen Berichtswesen verwendet. Vgl. PricewaterhouseCoopers (2002b), S. 2; siehe auch Kap. 3.2.4, ebenda.

sucht werden, um anschließend in einer Zusammenfassung der Ergebnisse den Begriff der Nachhaltigkeitsleistung neu zu definieren.

Wenn Nachhaltigkeit die Integration sowohl ökonomischer, ökologischer und sozialer Zielgrößen fordert, können dadurch Rückschlüsse auf die Definition unternehmerischer Nachhaltigkeitsleistung gezogen werden.[458] Demnach setzt sich die zu messende Nachhaltigkeitsleistung einer Unternehmung aus ihrer ökonomischen Leistung, ihrer ökologischen Leistung (Umweltleistung) und ihrer sozialen/gesellschaftlichen Leistung (Sozialleistung) zusammen, wobei gerade die bestehenden Interdependenzen und Wirkungszusammenhänge der einzelnen Leistungsbegriffe auch in die Leistungsmessung mit einzubeziehen sind. Folgende Abbildung zeigt die genannten Zusammenhänge:

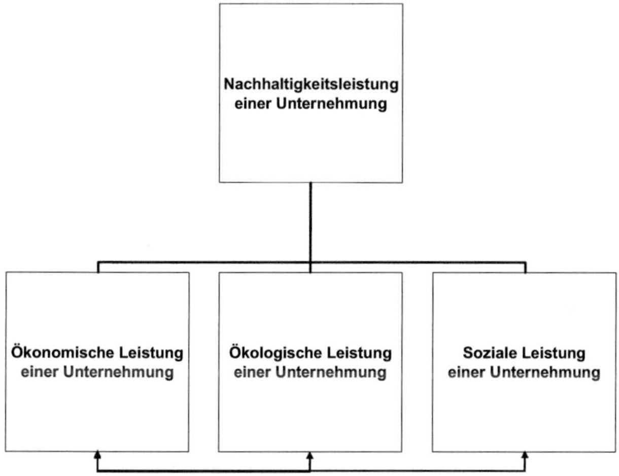


**Abbildung 19: Dimensionen der Nachhaltigkeitsleistung einer Unternehmung**

Eine Erläuterung der ökonomischen Leistung einer Unternehmung erfolgte in Kapitel 3.3.1. Danach wurde die ökonomische Leistung (Performance) einer Unternehmung u.a. durch *Erfolgspotentiale* (im strategischen Sinne) und *Erfolg* (im operativen Sinne) definiert. Zur Messung der ökonomischen Unternehmensleistung dienen sowohl traditionelle Ansätze der Leistungsmessung als auch neuere Ansätze. Dazu zählen Insrtumente und Kennzahlen wie

458 Kap. 3.2.3.4, ebenda.

bspw. Betriebsergebnis (kalkulatorischer Betriebserfolg)[459], Cash Flow (Umsatzüberschuss oder liquiditätswirksamer Jahresüberschuss)[460] bzw. Bilanzanalyse[461], aber auch Shareholder Value[462], Balanced-Scorecard[463] oder Wertschöpfungsrechnung (Value added)[464]. Da der traditionelle ökonomische Leistungsbegriff in der Literatur schon hinreichend diskutiert und erörtert wurde, wird der Schwerpunkt der folgenden Ausführungen auf der Erarbeitung des ökologischen und sozialen Leistungsbegriffes liegen. Aus diesem Grunde werden die Begriffe Umweltleistung und soziale Leistung einer Unternehmung im Folgenden kurz erläutert, um anschließend zu einer ganzheitlichen Definition der Nachhaltigkeitsleistung und ihrer inhaltlichen Ausgestaltung zu gelangen. Folgende Abbildung zeigt, analog zur Analyse des ökonomischen Leistungsbegriffes, die Darstellung der Nachhaltigkeitsleistung einer Unternehmung aus strategischer und operativer Sichtweise:

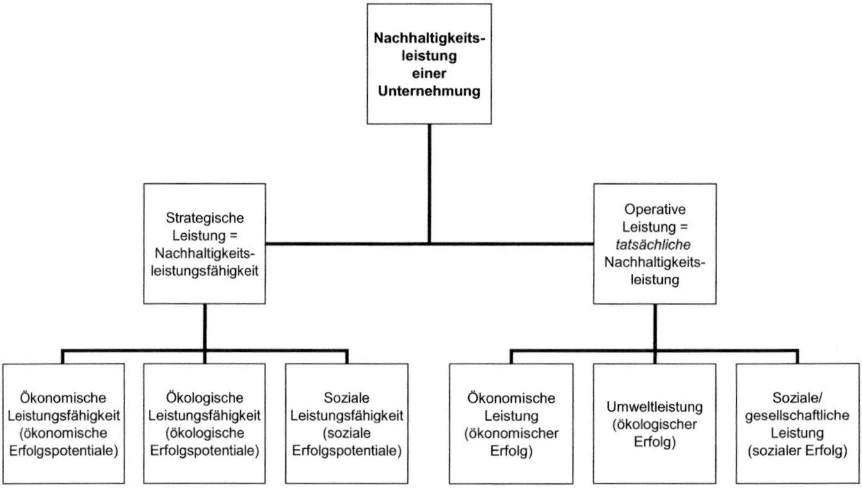


**Abbildung 20: Nachhaltigkeitsleistung aus strategischer und operativer Sicht**

---

459 Vgl. Kloock/Sieben/Schildbach (1993), S. 171; Wöhe (1990), S. 981; Botta (1997), S. 30.
460 Vgl. Buchner (1996), S. 114; Groll (1990), S. 132.
461 Vgl. Coenenberg (1997), S. 14 f.; Odenwald (1997), S. 992.
462 Vgl. Rappaport (1986), S. 51 f.; Schmidt (1996), S. 680; Günther (1997), S. 1; Baum/Coenenberg/Günther (1999), S. 275. Siehe auch Kap. 3.1.3.3, ebenda.
463 Vgl. Kaplan/Norton (1992), S. 71 ff.; Kaplan/Norton (1997), S. 2 ff.
464 Vgl. Haller (1997), S. 9 ff.

Bei der Analyse des Begriffes der Nachhaltigkeitsleistung wird analog zur Begriffserklärung der Unternehmensleistung und basierend auf einer eingehenden (umweltökonomischen) Literaturrecherche die Unterscheidung zwischen der strategischen Sichtweise (Nachhaltigkeitsleistungsfähigkeit) und der operativen Sichtweise (Nachhaltigkeitsleistung) beibehalten.

##### 3.3.3.1.1 Strategische Ebene – Nachhaltigkeitsleistungsfähigkeit

Die Nachhaltigkeitsleistung einer Unternehmung im strategischen Sinn kann als Nachhaltigkeitsleistungsfähigkeit definiert werden und setzt sich aus der *ökonomischen Leistungsfähigkeit* (Erfolgspotentiale)[465], der *ökologischen Leistungsfähigkeit* (Umweltleistungsfähigkeit)[466] und der *sozialen Leistungsfähigkeit* (Sozialleistungsfähigkeit)[467] einer Unternehmung zusammen.[468]

Als strategische Sachzielgröße einer Unternehmung ist die ***Umweltleistungsfähigkeit*** auf die Sicherung der langfristigen umweltbezogenen Reaktions- bzw. Anpassungsfähigkeit sowie der Innovationsfähigkeit einer Unternehmung gerichtet. Analog zum Begriffsverständnis der ökonomischen Leistungsfähigkeit (Erfolgspotential) wird Umweltleistungsfähigkeit als Erhalt bzw. Aufbau von Umweltleistungspotentialen definiert. Umweltpotentiale werden in der Literatur zum einen im Potential, Umweltschwachstellen richtig zu erkennen sowie diese rasch und effizient zu beseitigen, gesehen. Zum anderen wird durch sie das Ergebnis definiert, maßgeblich von der Gesellschaft (und Wissenschaft) geforderte Umweltziele zu erreichen.[469] Durch die strategische (langfristige) Ausrichtung der Umweltleistungsfähigkeit kann sie die strategischen Formalziele – Erfolgspotential und nachhaltige Existenzsicherung – unterstützen.

---

465 Vgl. Kap. 3.3.1, ebenda.

466 Vgl. Seisreiner (1999), S. 6, der auf der Sachzielebene der Unternehmung die umweltorientierte Leistungsfähigkeit bzw. die *‚ecological performance'* als *umweltorientierte Zielgröße* beschreibt. Vgl. auch Stahlmann (1996), S. 70; Bieker et al. (2001), S. 20.

467 Vgl. Hardtke/Prehn (2001), S. 204 ff.; Wöhe (2002), S. 96 f.; Bieker et al. (2001), S. 22 f.

468 Siehe auch Abbildung 20, Nachhaltigkeitsleistung aus strategischer und operativer Sicht, ebenda.

469 Vgl. Stahlmann (1996), S. 71 ff.; Meffert/Kirchgeorg (1998), S. 181 ff.; Wöhe (2002), S. 96 ff.

Hergeleitet wird die Umweltleistungsfähigkeit aus der Wahrnehmung bzw. Begegnung umweltbezogener Chancen und Risiken (Umfeldanalyse) sowie der Realisierung bzw. Eliminierung umweltbezogener Stärken und Schwächen (Unternehmensanalyse). Zur Umfeldanalyse werden – analog zur Ermittlung der ökonomischen Erfolgspotentiale[470] – externe, zur Unternehmensanalyse interne Stakeholderanforderungen an die Unternehmung zugrunde gelegt, die sich auf ökologieorientierte Ansprüche beziehen.[471]

Zur Umsetzung der strategischen Zielsetzung ‚Erhalt oder Steigerung der Umweltleistungsfähigkeit' ist eine Ausrichtung der Unternehmensstrategie an ökologieorientierten Aspekten erforderlich (***Ökologieorientierung***). Als Ökologieorientierung einer Unternehmung kann *„die Ausrichtung unternehmerischer Entscheidungen auf die ökologische Knappheit"*[472] bezeichnet werden. Daraus leitet sich ab, dass die „betrieblichen Funktionsbereiche und Tätigkeiten an ökologischen Forderungen"[473] orientiert sein sollen.

Die Ökologieorientierung basiert somit auf der ***„Vermeidung, Verminderung oder Beseitigung von Belastungen der ökologischen Umwelt auf allen Stufen der Wertschöpfung"***[474] einer Unternehmung. Erfolgt eine Ausrichtung der betrieblichen Wertschöpfung an umweltbezogenen Anforderungen und Ansprüchen interner und externer Stakeholder, kommt der Ökologieorientierung eine strategische Bedeutung zu.[475]

---

470 Siehe Abbildung 17, Erfolgspotential-Analyse, Kap. 3.3.1, ebenda.
471 Vgl. auch Kap. 3.1.3.2, ebenda.
472 Günther (1994), S. 76.
473 Zahn/Gassert (1992), S. 76. Vgl. auch Günther (1994), S. 76 ff.
474 Günther (1994), S. 76.
475 Der Begriff der Ökologieorientierung kann in diesem Kontext demnach nicht nur für die unternehmensinterne Strategiebildung herangezogen werden, sondern wird auch im Zusammenhang mit den umweltorientierten Anforderungen und Informationsinteressen der internen und externen Stakeholder verwendet. Siehe hierzu auch Kap. 3.1.3. und Kap. 4.4, ebenda.

Folgende Abbildung zeigt die Bestimmung der Umweltleistungsfähigkeit einer Unternehmung:

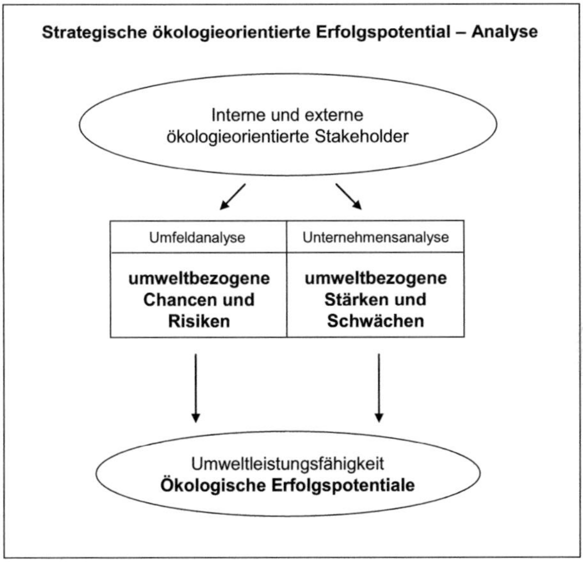


**Abbildung 21: Bestimmung der Umweltleistungsfähigkeit einer Unternehmung**

Für die Umsetzung kann das Instrument des Umweltmanagements herangezogen werden.[476] Im Rahmen eines Umweltmanagementsystems[477] werden auf der Grundlage der definierten Umweltleistungsfähigkeit Ziele und Maßnahmen für die operative Unternehmensebene hergeleitet.

---

[476] Vgl. Meffert/Kirchgeorg (1998), S. 16 ff.; Dyllick/Hamschmidt (2000), S. 109; Meffert/Kirchgeorg (1998), S. 74; Löbel/Schröger/Closhen (2005), S. 101 ff.

[477] Das Umweltmanagementsystem – als Teilbereich des betrieblichen Managementsystems – kann in Anlehnung an die DIN EN ISO 14001 und die EG-Öko-Audit-Verordnung unterteilt werden in: Zielsystem (Umweltpolitik und Umweltziele), Aktionssystem (Umweltprogramme, Arbeits- und Sicherheitsmanagement), Planungs- und Kontrollsystem (Bewertung der Umwelteinwirkungen) und einem Informationssystem. Vgl. hierzu Seisreiner (1999), S. 47 ff; Löbel/Schröger/Closhen (2005), S. 101 f.; Pfriem (1995), S. 312; Wagner/Janzen (1991), S. 121; Schaltegger/Kempke (1996), S. 150 ff.; Loew (1997), S. 11.

Die Formulierung strategischer ökologischer Ziele sowie die Ermittlung der Zielerreichungsgrade von ökonomischen Unternehmenszielen (Strategie: Ökologieorientierung) stellen die ***ökologische Effektivität***[478] dar. Auf operativer Unternehmensebene bildet die *Umweltleistung* die (operative) Zielgröße, die durch die strategischen Zielvorgaben gemessen und gesteuert werden soll. Auf diese wird in Kap. 3.3.3.1.2 näher eingegangen.

Die ***Sozialleistungsfähigkeit*** (Sozialleistung im strategischen Sinn) stellt analog zur ökonomischen und ökologischen Leistungsfähigkeit im Kontext der Nachhaltigkeitsleistungsfähigkeit die dritte strategische Sachzielgröße der Unternehmung dar. Sie ist auf die langfristige sozial- oder gesellschaftsbezogene Reaktions- bzw. Anpassungsfähigkeit sowie die Entwicklungsfähigkeit einer Unternehmung gerichtet.[479] Dabei meint Sozialleistungsfähigkeit den Erhalt bzw. Aufbau von Potentialen, die auf die sozialen und gesellschaftlichen Ansprüche interner und externer Stakeholder ausgerichtet sind.[480] Durch ihre strategische langfristige Ausrichtung kann sie – genau wie die Umweltleistungsfähigkeit – strategische Formalzielgrößen (u.a. Existenzsicherung) einer Unternehmung unterstützen. Hergeleitet wird die Sozialleistungsfähigkeit – analog zur ökonomischen und ökologischen Leistungsfähigkeit – wiederum aus der Wahrnehmung bzw. Analyse sozial- oder gesellschaftsbezogener Chancen und Risiken (Umfeldanalyse – externe Stakeholder) sowie aus der Realisierung bzw. Eliminierung sozial- oder gesellschaftsbezogener Stärken und Schwächen (Unternehmensanalyse – interne Stakeholder).[481]

---

478 Vgl. Seisreiner (1999), S. 62. Die auf die betriebliche Leistungserstellung bezogene ökologische Effektivität wird von Seisreiner auch als direkte ökologische Effektivität definiert, während sich die indirekte ökologische Effektivität auf den gesamten Produktlebenszyklus konzentriert und dadurch auch vor- und nachgelagerte Stufen des Unternehmens berücksichtigt. Neben der Identifikation der Systemgrenze nennt er als zweites wichtiges Kriterium für eine „sinnvolle Verwendung des ökologischen Effektivitätsbegriffes (...) die Kenntnis der Bewertungsgrundlage (...)“, d.h. der ökologischen Zielsetzung, vgl. Seisreiner (1999), S. 63. Bei der ökologischen Zielsetzung wird z.T. in der Literatur eine Orientierung am Ziel einer nachhaltigen Entwicklung gefordert, vgl. z.B. Stahlmann (1996), S. 72 f. u. S. 76.

479 Vgl. Hardtke/Prehn (2001), S. 204 ff.

480 Siehe auch Bieker et al. (2001), S. 22.

481 Vgl. auch Kap. 3.3.1, ebenda.

Folgende Abbildung zeigt den erläuterten Zusammenhang:

**Abbildung 22: Bestimmung der sozialen Leistungsfähigkeit einer Unternehmung**

Für die Umsetzung der strategischen Zielsetzung ‚Erhalt oder Steigerung der Sozialleistungsfähigkeit' ist eine Ausrichtung der Unternehmensstrategie an sozial- und gesellschaftsorientierten Aspekten ausschlaggebend, d.h. eine Ausrichtung der Unternehmung und ihrer Funktionsbereiche sowohl auf die internen Bedürfnisse ihrer Mitarbeiter (bspw. Arbeitssicherheit und Arbeitsschutz) als auch auf externe Ansprüche und Anforderungen des gesellschaftlichen Umfeldes (Einhaltung von Standards im Bereich der Menschenrechte, Verbot von Kinderarbeit, etc.).[482] Für die Umsetzung der sozialen Leistungsfähigkeit innerhalb der Unternehmung können Instrumente des Sozialmanagements (u.a. Sozialstandards wie ‚Social Accountability 8000' und ‚Accountability 1000')[483], des Arbeitsschutzmanagements[484] und/oder des Personalmanagements[485] herangezogen werden. Zur Erfassung und Bewertung der ‚externen sozialen bzw. gesellschaftlichen Leistungsfähigkeit' einer Unter-

[482] Vgl. Hardtke/Prehn (2001), S. 205.
[483] Vgl. Schaltegger/Herzig/Kleiber/Müller (2002), S. 99 f.
[484] Vgl. Löbel/Schröger/Closhen (2005), S. 104 ff.; Hardtke/Prehn (2001), S. 205 ff.; siehe auch Ausführungen in Kap. 3.1.5, ebenda.
[485] Vgl. Löbel/Schröger/Closhen (2005), S. 108 ff.

nehmung dienen u.a. das Stakeholder Management[486] und Instrumente wie bspw. Corporate Citizenship, Community Involvement, Corporate Volunteering.[487] In diesem Zusammenhang kann die soziale bzw. gesellschaftliche Leistungsfähigkeit auch mit dem Begriff der *Corporate Social Responsibility* in Verbindung gebracht werden.[488]

Auf eine eingehende Untersuchung der genannten Managementsysteme, die in ihrer inhaltlichen Ausgestaltung recht unterschiedliche Bereiche der Unternehmung betreffen, wird an dieser Stelle verzichtet.[489] Mit der Erläuterung der Begriffe soll dagegen gezeigt werden, mit welcher hohen Komplexität die Erarbeitung des Begriffes einer Nachhaltigkeitsleistungsmessung einer Unternehmung verbunden ist.[490]

Im Rahmen der genannten Managementsysteme, die sich auf interne und externe soziale Aspekte einer Unternehmung beziehen, sollen auf der Grundlage der definierten Sozialleistungsfähigkeit wiederum Ziele und Maßnahmen für die operative Unternehmensebene hergeleitet werden. Die Formulierung strategischer Ziele sowie die Ermittlung der Zielerreichungsgrade (Strategie: Sozial- und Gesellschaftsorientierung) können somit als ***soziale Effektivität***[491] einer Unternehmung dargestellt werden. Auf operativer Unternehmensebene wird als Ziel- oder Ergebnisgröße die *Sozialleistung* definiert, die durch die strategischen Zielvorgaben gemessen und gesteuert werden soll.

---

486 Zum Stakeholder-Ansatz und zur Stakeholder-Analyse vgl. Kap. 3.1.3, ebenda. Zum Begriff des Stakeholder-Value auch Schaltegger/Herzig/Kleiber/Müller (2002), S. 103 f.

487 Zur Definition der genannten Instrumente siehe Kap. 3.1.5, ebenda.

488 Vgl. Kap. 3.1.5, ebenda.

489 Siehe zur Umsetzung der sozialen und gesellschaftlichen Leistung / Leistungsfähigkeit einer Unternehmung auch die konkrete Ausgestaltung im Zusammenhang mit der durchgeführten Einzelfallstudie in Kap. 4, ebenda.

490 Darauf aufbauend soll dieses Kapitel zeigen, warum die Umsetzung eines Nachhaltigkeitsmanagements in Unternehmungen an Grenzen stößt.

491 Vgl. Bieker et al. (2001), S. 22. Siehe auch Kap. 3.2.2.1.3, ebenda.

Folgende Abbildung zeigt die Komponenten der Nachhaltigkeitsleistungsfähigkeit noch einmal zusammenfassend auf:

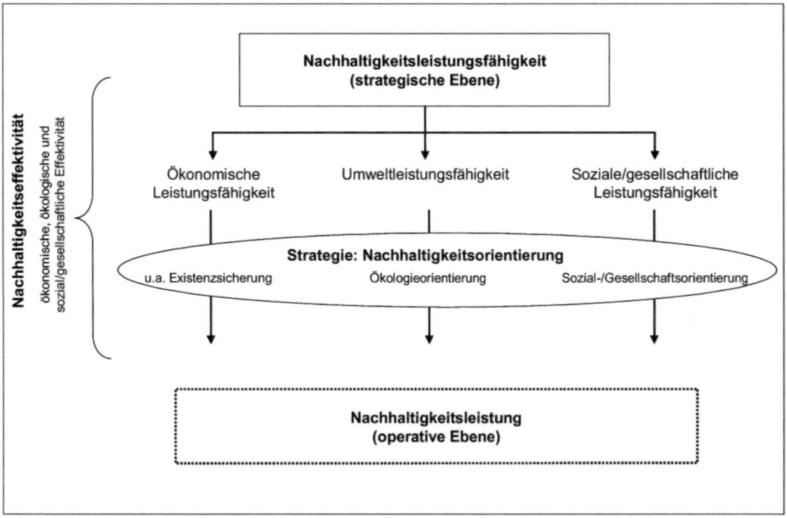


**Abbildung 23: Nachhaltigkeitsleistungsfähigkeit einer Unternehmung**

### 3.3.3.1.2 Operative Ebene – Nachhaltigkeitsleistung

Nachhaltigkeitsleistung auf operativer Ebene kann auch als tatsächliche oder eigentliche Nachhaltigkeitsleistung bezeichnet werden.[492] Analog zur Vorgehensweise der begrifflichen Abgrenzung der Nachhaltigkeitsleistungsfähigkeit werden auch hier zunächst die drei Komponenten der Nachhaltigkeitsleistung einzeln betrachtet. Demnach setzt sich die Nachhaltigkeitsleistung (im operativen Sinn) aus der ökonomischen Leistung, der ökologischen Leistung (Umweltleistung) und der sozialen bzw. gesellschaftlichen Leistung einer Unternehmung zusammen.[493]

***Umweltleistung*** (im operativen Sinne) umfasst die tatsächlichen Umwelteinwirkungen einer Unternehmung.

[492] Vgl. Kap. 3.3.1, ebenda.
[493] Vgl. Abbildung 20, ebenda.

Umwelteinwirkungen werden auch als Immissionen auf ein System (Pflanzen, Tiere, Menschen und Materialien) verstanden[494], die durch Umwelteinflüsse (Emissionen) auf bzw. in bestimmte Umweltmedien (Luft, Wasser, Boden) verursacht werden.[495] Umwelteinflüsse können an der Quelle (z.B. bei der verursachenden Unternehmung) erfasst werden. Die Ausbreitung der abgegebenen Stoffe (Emission) wird als Transmission bezeichnet.[496] Dadurch erreichen sie den Ort der Umwelteinwirkung (meist) in *geringerem Maße* als die an der Einwirkungsquelle gemessene Emission und werden dann als Immission bezeichnet. Bei der Ermittlung der Umwelteinwirkung (Immission) sind also die Effekte auf das jeweilige System zu untersuchen.[497] Immissionen können nur durch Maßnahmen gegen Emissionsquellen bekämpft werden[498]. Aus diesem Grund wird zur Bewertung der Umweltleistung in Unternehmungen in der Praxis oft auf tatsächliche Schadstoffmengen/-energien zurückgegriffen, da diese direkt an der Quelle in der Unternehmung messbar sind.[499]

Als umweltbelastend bzw. umweltentlastend können Umwelteinflüsse (Umwelteinwirkungen) bezeichnet werden, die im Vergleich zu einem bestimmten Zeitpunkt oder -raum zu einer relativen Verbesserung oder Verschlechterung der natürlichen Umwelt geführt haben.

Analog zum ökonomischen Leistungsbegriff auf operativer Ebene kann auch die Umweltleistung als ***ökologischer Erfolg*** definiert werden.[500] Demnach wird unter dem ökologischen Erfolg einer Unternehmung die „tatsächliche relative Schonung der natürlichen Ressourcen“[501] verstanden, wobei sich der

494 Umwelteinwirkungen sind „Aktivitäten des Menschen, die zu einer als negativ bewerteten Veränderung in irgendeinem Teil der natürlichen Umwelt führen“, Braunschweig/Müller-Wenk (1993), S. 29.

495 Vgl. Schulz/Schulz (1993), S. 47. Siehe auch § 3 I, II und III BImSchG, die unter Immissionen die „auf Menschen sowie Pflanzen und andere Sachen einwirkende Luftverunreinigung, Geräusche, Erschütterungen, Licht, Wärme, Strahlen und ähnliche Umwelteinwirkungen“ definieren.

496 Vgl. Schaltegger/Kubat (1995), S. 69; o.V. (1990), S. 163.

497 Vgl. Etterlin/Hürsch/Topf (1992), S. 19; Bender/Sparwasser/Engel (1995), S. 330; Günther/Schill (1997), S. 60 f.; Kloepfer (1998), S. 936.

498 Auf Immissionsverminderungen durch Einwirkungen bestimmter Umweltmedien – bspw. die Diskussion um Senken zum Abbau von $CO_2$ – soll hier nicht weiter eingegangen werden.

499 Zum Begriff der (betrieblichen) Umweltanalyse vgl. Günther (1998), S. 232 f. u. 239 f. Ebenfalls Kap. 4.3.2.2.2 und 4.4.2, ebenda.

500 Vgl. Baum/Günther/Wittmann (1996), S. 17 f.; Fritz (1995), S. 347 ff.; Meffert/Kirchgeorg (1995a), S. 817 ff.

501 Baum/Günther/Wittmann (1996), S. 17.

ökologische Erfolg auf die Umwelteinflüsse/Umweltauswirkungen einer Unternehmung bezieht und damit auf eine Zustandsveränderung der natürlichen Umwelt (relative Schonung) im Sinne von Umweltent- und -belastung.[502]

Die Bewertung der Umwelteinflüsse und damit die Feststellung der Umwelteinwirkungen dient als Grundlage für die Ermittlung des ***ökonomisch-ökologischen Erfolges (Öko-Effizienz)***[503], indem sich bei Existenz von monetären Informations- und Entscheidungsgrundlagen (z.B. Marktpreise, interne Verrechnungspreise etc.) eine ökonomische Bewertung der Umwelteinwirkungen anschließt. Damit werden für die Unternehmung die monetären Wirkungen des ökologischen Erfolges, z.B. in Form von Umweltkosten[504], transparent.

Auf operativer Ebene wird mit der Feststellung des ökologischen und des ökonomisch-ökologischen Erfolges auch die Frage der ***ökologischen Effizienz*** untersucht.[505]

Die ***Sozialleistung*** einer Unternehmung im operativen Sinne kann auch – analog zu der ökonomischen und ökologischen Leistung (operativ) – als eigentliche soziale oder gesellschaftliche Leistung bezeichnet werden, da mit ihr die tatsächlichen sozialen oder gesellschaftlichen Einwirkungen bzw. Einflüsse erfasst werden sollen. Entsprechend der Differenzierung des Bezugsobjektes (Mitarbeiter/Gesellschaft) kann eine Unterscheidung in eine interne, d.h. mitarbeiterbezogene soziale Leistung einer Unternehmung und eine ex-

---

502 Vgl. Baum/Günther/Wittmann (1996), S. 17 f. Die potentielle Ermittlung von Umweltentlastungen bzw. -belastungen erklärt auch zu einem Teil die Verwendung des Begriffs des ökologischen Erfolges, der in Anlehnung an den ökonomischen Erfolg gewählt wurde. Der ökologische Erfolg bzw. die entsprechenden Umwelteinflüsse werden zwar als absolute quantitative Mengen erfasst und dargestellt, auf dieser Basis können aber die jeweiligen Umweltentlastungen bzw. -belastungen als Differenzgrößen (ähnlich zum ökonomischen Gewinn oder Verlust) hergeleitet werden. Weiterhin soll durch den Begriff des ökologischen Erfolges deutlich werden, dass ausschließlich die Umwelteinflüsse betrachtet werden, die von einer Unternehmung ausgehen, d.h. es wird der Systemzusammenhang zwischen natürlicher Umwelt und Unternehmung untersucht. Von einer Verwendung der Begrifflichkeiten „ökologischer Gewinn" und „ökologischer Verlust" für die Umweltentlastungen bzw. -belastungen (in Anlehnung an den ökonomischen Gewinn und Verlust) soll hier abgesehen werden, da diese Verwendung zu Fehlinterpretationen im Hinblick auf eine Monetarisierung des ökologischen Erfolges führen kann.

503 Zur ökologisch-ökonomischen Effizienz (Ökoeffizienz) siehe vor allem Schaltegger/Sturm (1990), S. 280; Schmidheiny (1992), S. 38; Meffert/Kirchgeorg (1993b), S. 35.

504 Vgl. Wagner (1997), S. 175 ff.; Janzen (1996), S. 286 ff.; Kloock (1993), S. 191 f.

505 Vgl. hierzu auch Kap. 3.2.3.1, ebenda.

terne, d.h. gesellschaftsbezogene soziale Leistung einer Unternehmung vorgenommen werden, wie folgende Abbildung zeigt:

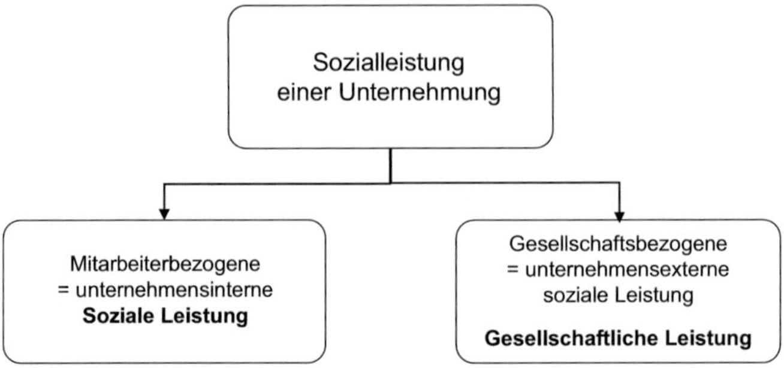


**Abbildung 24: Dimensionen der Sozialleistung einer Unternehmung**

Die im Weiteren als unternehmensinterne soziale Leistung bezeichnete mitarbeiterbezogene soziale Leistung einer Unternehmung kann – wie der Name schon sagt – diejenigen (sozialen) Einwirkungen bzw. Einflüsse einer Unternehmung beinhalten, die als Adressaten die Mitarbeiter betreffen. Demgegenüber soll sich die sog. unternehmensexterne soziale oder gesellschaftsbezogenen Leistung einer Unternehmung auf ihre relevanten sozialen Einwirkungen bzw. Einflüsse auf die Gesellschaft beziehen.[506]
Analog zum ökonomischen und ökologischen Leistungsbegriff auf operativer Ebene kann theoretisch auch die soziale Leistung einer Unternehmung als ***sozialer Erfolg*** definiert werden.[507]

Demnach wird unter dem sozialen Erfolg einer Unternehmung die tatsächliche oder absolute Vermeidung bzw. Verminderung sozial negativer bzw. die Steigerung sozial positiver Unternehmensaktivitäten gegenüber internen und externen Stakeholdern (Mitarbeiter/Gesellschaft) verstanden, wobei sich der soziale Erfolg auf die sozialen Einflüsse/Auswirkungen einer Unternehmung bezieht und damit auf eine Zustandsveränderung der sozialen internen und

[506] Im Rahmen der Sozialbilanz spricht Schierenbeck von der „Ermittlung der sozialen Leistungen (=gesellschaftlicher Nutzen der Unternehmensaktivitäten) und der sozialen Kosten (=gesellschaftliche Schäden, z.B. Umweltbelastungen, die durch die Unternehmensaktivitäten entstehen)“, Schierenbeck (2000), S. 514.

[507] Vgl. Hardtke/Prehn (2001), S. 204 ff.

externen Umwelt (Mitarbeiter/Gesellschaft) im Sinne von sozialer Ent- und Belastung.[508]

Die Bewertung und Festlegung der sozialen Einflüsse und Einwirkungen können wiederum analog zur ökonomischen und ökologischen Begriffsbestimmung als Grundlage für die Ermittlung des ***ökonomisch-sozialen Erfolges (Sozial-Effizienz)***[509]dienen, indem sich bei Existenz von monetären Informations- und Entscheidungsgrundlagen eine ökonomische Bewertung der sozialen Einwirkungen anschließt. Damit werden für die Unternehmung die monetären Auswirkungen des sozialen Erfolges, z.B. in Form von Sozialkosten[510], transparent.

Auf operativer Ebene wird mit der Feststellung des sozialen Erfolges und des ökonomisch-sozialen Erfolges auch die Frage der ***sozialen Effizienz*** untersucht.[511]

Folgende Abbildung stellt die erläuterten Begriffe und ihre Zusammenhänge noch einmal dar:

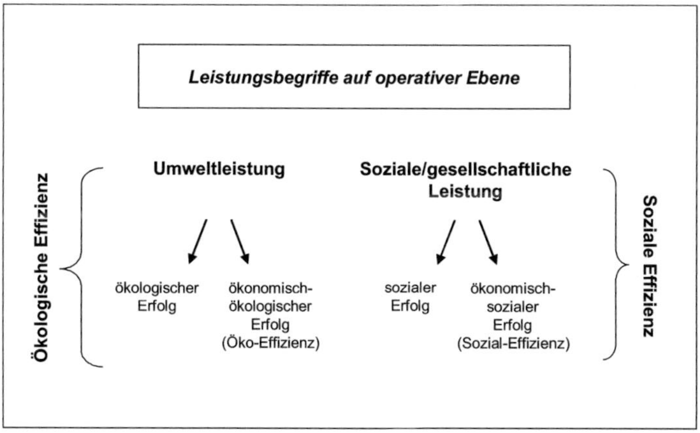


**Abbildung 25: Bestimmung der Zielgrößen von Umweltleistung und Sozialleistung auf operativer Ebene**

508 Siehe hierzu ergänzend auch Schierenbeck (2000), S. 608.
509 Vgl. Hardtke/Prehn (2001), S. 207; Schierenbeck (2000), S. 72 f.
510 Vgl. Kloock et al. (2005), S. 84 ff.; Wöhe (2002), S. 1088; Schierenbeck (2000), S. 514 u. 608 ff.
511 Vgl. Bieker et al. (2001), S. 22.

Im Hinblick auf die Erarbeitung eines nachhaltigen Performance Measurement Modells soll an dieser Stelle eine kurze Erläuterung zu Umwelt- und Sozialkennzahlen erfolgen.[512]

Kennzahlen, die einen direkten oder indirekten auf die natürliche Umwelt Einfluss nehmenden Sachverhalt quantifizieren, werden als ***Umweltkennzahlen***[513] bezeichnet. Mit Hilfe von Umweltkennzahlen kann beurteilt werden, wie ökologisch effektiv und/oder ökologisch effizient die Umweltleistung von Unternehmungen sind. Umweltkennzahlen werden in der Literatur in drei Kategorien eingeteilt:[514]

- Umweltleistungskennzahlen oder Umweltbelastungskennzahlen *(environmental operational indicators)*,
- Umweltzustandsindikatoren *(environmental condition indicators)* und
- Umweltmanagementkennzahlen (*environmental management indicators).*

***Umweltleistungskennzahlen*** bzw. ***Umweltbelastungskennzahlen***[515] orientieren sich an der Input-Output-Bilanz einer Unternehmung und beschreiben die von der Unternehmung verursachten Umwelteinwirkungen anhand der betrieblichen Stoff- und Energieflüsse sowie des Infrastruktur- und Verkehrsbereiches. Als Beispiele können Abfallmengen, Energieverbräuche oder E-missionen genannt werden. Sie geben somit über die direkte Entwicklung der Umweltleistung einer Unternehmung Auskunft.

***Umweltzustandsindikatoren*** und ***Umweltmanagementkennzahlen*** informieren dagegen nur indirekt über die von der Unternehmung ausgehende Umwelteinwirkung.

***Umweltzustandsindikatoren***[516] beschreiben den Zustand der natürlichen Umwelt in der Umgebung der Unternehmung und unterteilen sich nach den Umweltmedien Luft, Wasser, Boden bzw. Landschaft, Mensch, Flora und Fauna (z.B. Wassergüte eines nahegelegenen Sees). Über den Zustand

---

512 Vgl. nachfolgend Schaltegger et al. (2002), S. 59 f.

513 Vgl. auch Burschel/Losen/Wiendl (2004), S. 379 ff.; Clausen (1998), S. 33 ff.; Fischbach (2001), S. 514 ff.

514 Vgl. auch Meffert/Kirchgeorg (1998), S. 160 ff.; Schaltegger et al. (2002), S. 59 f.; Seidel (1999), S. 255 ff.; Seidel (1998), S. 9 ff.

515 Siehe hierzu Schaltegger et al. (2002), S. 59.

516 Vgl: Schaltegger et al. (2002), S. 60.

können Rückschlüsse auf die Belastungen, die u.a. von der Unternehmung ausgehen und auf die natürlichen Systeme einwirken (Immissionen), gezogen werden.
***Umweltmanagementkennzahlen***[517] dienen der Beurteilung der Leistungsfähigkeit des Umweltmanagementsystems (z.B. Anzahl oder Schulung der Umweltschutzmitarbeiter einer Unternehmung). Der Zusammenhang mit der Verbesserung der Umweltauswirkung kann auch hier nur mittelbar festgestellt werden. Einige Umweltmanagementkennzahlen aus der ISO-Norm (wie z.B. Arbeitssicherheit und Gesundheit) beziehen sich eher auf die soziale Leistung einer Unternehmung.

***Soziale Kennzahlen*** informieren – wie bereits erläutert – darüber, inwieweit unternehmerische Tätigkeiten als sozial effektiv und sozial effizient betrachtet werden können. Einzelne Organisationen wie Global Reporting Initiative (GRI)[518], World Business Council for Sustainable Development (WBCSD), Council on Economic Priorities (CEP), die United Nation Intergovernmental Working Group of Experts in International Standard of Accounting and Reporting (UN ISAR), New Economics Foundation (NEF) und das Institute for Social and Ethic Account Ability haben Leitfäden erarbeitet und geben Empfehlungen zu Kennzahlen, die die soziale Unternehmensleistung beschreiben sollen.[519]

Soziale Kennzahlen beziehen sich demnach in einer groben Klassifizierung auf:[520]

- die Unternehmung (z.B. ethisch/moralische Standards; Verbot von Bestechung und Korruption),
- Mitarbeiter (z.B. Arbeitssicherheit; Diversität der Belegschaft hinsichtlich Geschlecht, Herkunft, Alter; Organisationsgrad/Gewerkschaftsfreiheit),
- lokale und globale Bevölkerung (z.B. Transfer von Fähigkeiten und Wissen),

---

517 Vgl. Schaltegger et al. (2002), S. 60.
518 Zur GRI und den Indikatoren im Rahmen ihrer Leitlinien zur Nachhaltigkeitsberichterstattung siehe auch Kap. 4.3.2.4.3, ebenda.
519 Vgl. Schaltegger et al. (2002), S. 60 ff.
520 Vgl. auch Hardtke/Prehn (2001), S. 205 f..

- Zulieferer (z.B. Kriterien für den Einkauf; Partnerschaft und deren Grundprinzipien) und
- Kunden (z.B. Standards für Label, Kennzeichnung und Werbung).

Nachdem ein kurzer Überblick über mögliche Zielgrößen für eine Nachhaltigkeitsleistung auf operativer Unternehmensebene – u.a. in Form von konkreten Umwelt- und Sozialkennzahlen – aufgezeigt wurde, soll folgende Abbildung noch einmal alle Elemente einer Nachhaltigkeitsleistung auf operativer Unternehmensebene – und damit die Darstellung der Effizienz der Nachhaltigkeitsleistung – zeigen und ihre Beziehungen zusammenfassen:

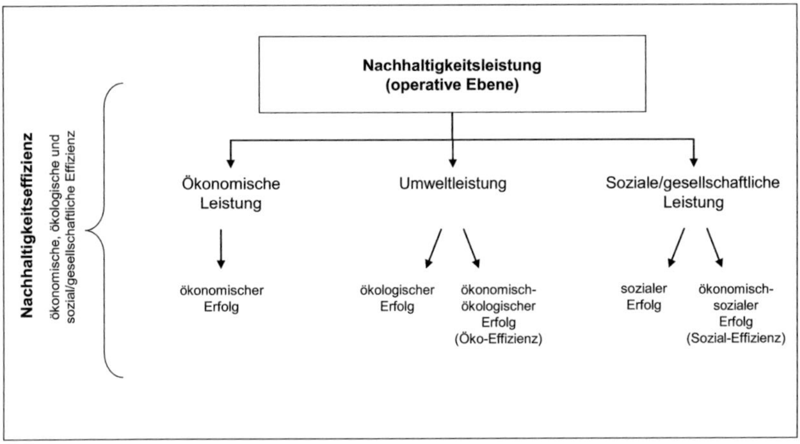


**Abbildung 26: Nachhaltigkeitsleistung auf operativer Unternehmensebene**

Die Auseinandersetzung mit dem Begriff der Nachhaltigkeitsleistung hat gezeigt, dass sich dieser aus den drei Elementen der ökonomischen Leistung, der Umweltleistung und der sozialen/gesellschaftlichen Leistung einer Unternehmung zusammensetzt. Des Weiteren wurde nachgewiesen, dass der Nachhaltigkeitsleistungsbegriff sowohl eine strategische als auch eine operative Komponente beinhaltet. Dabei besteht die strategische Komponente aus der Definition der Nachhaltigkeitsleistungsfähigkeit bzw. den drei Teilelementen ökonomische Leistungsfähigkeit, Umweltleistungsfähigkeit und soziale/gesellschaftliche Leistungsfähigkeit. Die operative Komponente dagegen enthält die Definition der eigentlichen oder tatsächlichen Nachhaltigkeitsleistung, bzw. der tatsächlichen ökonomischen, ökologischen oder sozialen/gesellschaftlichen Leistung einer Unternehmung. Somit kann sowohl die

Effektivität als auch die Effizienz der Nachhaltigkeitsleistung einer Unternehmung sichtbar gemacht werden. Die Verbindung zwischen der strategischen und operativen Unternehmensebene stellt die aufzustellende Nachhaltigkeitsstrategie her, bei der die Unternehmung sich an dem Leitbild der Nachhaltigen Entwicklung zu orientieren hat und dementsprechend ihre strategischen Ziele darauf ausrichten sollte. Somit liegt der Strategiefindung sowohl eine Orientierung an den reinen (traditionellen) ökonomischen Zielgrößen (wie u.a. der Existenzsicherung der Unternehmung) als auch einer Umweltorientierung und sozial- bzw. gesellschaftsbezogenen Orientierung zugrunde. Folgende Abbildung fasst diese Zusammenhänge abschließend graphisch zusammen:

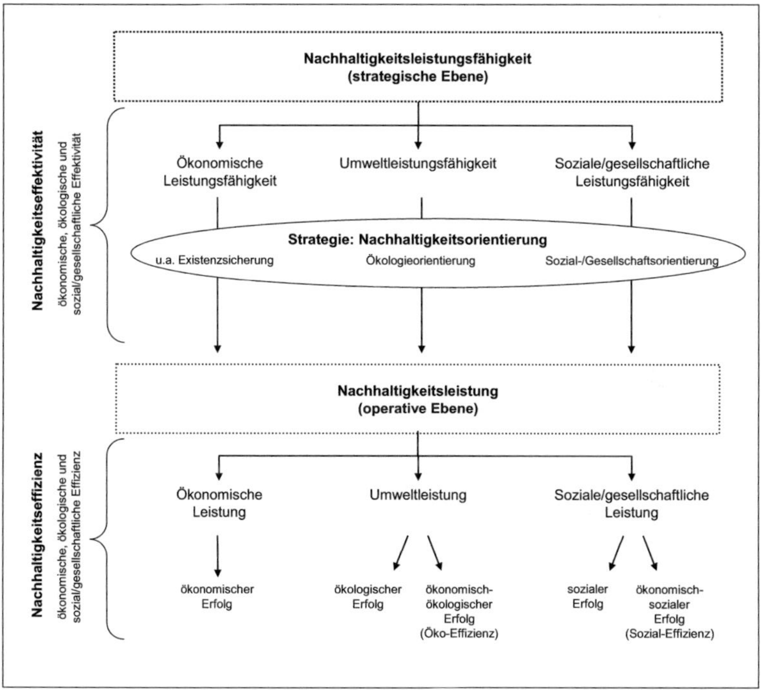


**Abbildung 27: Nachhaltigkeitsleistung auf strategischer und operativer Ebene**

### 3.3.3.2 Schlussfolgerung für die Nachhaltigkeitsleistungsmessung

Wie die Abbildung der Nachhaltigkeitsleistung auf strategischer und operativer Ebene zeigt, handelt es sich um ein sehr komplexes Gebilde von sowohl strategischen Ziel- als auch operativen Ergebnisgrößen und Kennzahlen, die inhaltlich unterschiedliche Dimensionen aufweisen (können) und die darüber hinaus untereinander in Beziehung zueinander stehen (Interdependenzen der Ziel-, Ergebnisgrößen und Kennzahlen). Zur Umsetzung in der Unternehmenspraxis wird daher ein Instrument benötigt, das sowohl strategische als auch operative Zielgrößen abbilden kann und daneben auch Ziel- und Ergebnisgrößen unterschiedlicher Dimensionen in ein und demselben Modell vereinigt. Zur Übersichtlichkeit und vor allem zur Anwendbarkeit sollte sich das Instrument bzw. das Modell durch einen verifizierbaren Auswahlprozess auf wenige aber entscheidende Größen und Kennzahlen konzentrieren und diese zur Komplexitätsreduktion verdichten. Dabei kann die Zielauswahl an den Prozess der Stakeholder-Analyse angeschlossen und Ziele daraus direkt hergeleitet werden.

#### 3.3.3.3 Nachhaltigkeitsleistungsmessung

Mit der Darstellung und Definition der unternehmerischen Nachhaltigkeitsleistung ist auch ihre konkrete Messung eng verbunden. Die nachfolgenden Kapitel zeigen diesbezüglich eine mögleiche Definition der Nachhaltigkeitsleistungsmessung auf und stellen den Aufbau eines Nachhaltigkeitsleistungsmessungsmodells (Sustainability Performance Measurement Modell – SPM-Modell) dar.

##### 3.3.3.3.1 Definition von Sustainability Performance Measurement

Die ***Nachhaltigkeitsleistungsmessung*** (Sustainability Performance Measurement – SPM) wird analog zu der bereits vorgestellten Definition der Unternehmensleistungsmessung (Performance Measurement) in eine *enge* und eine *weite Fassung* unterschieden.

In einer *engen* Fassung konzentriert sich die Nachhaltigkeitsleistungsmessung auf die Darstellung der Nachhaltigkeitsleistung durch entsprechende Kennzahlen (ökonomische Leistungskennzahlen, Umweltleistungskennzahlen und Sozialleistungskennzahlen). Dies soll als ***Messung im engen Sinne*** verstanden werden.

Daneben umfasst die Nachhaltigkeitsleistungsmessung in einer *weiten* Fassung die Prozess- bzw. Ablaufschritte und Elemente der *Entwicklung von*

*Leistungszielen*, *Bildung* und Anwendung *von entsprechenden Leistungskennzahlen*, die *Beurteilung der Ergebnisse* sowie die *Überprüfung* und gegebenenfalls eine *Revision der Leistungsziele*. Diese Fassung wird auch als ***Messung im weiteren Sinne*** verstanden.

Bei der Entwicklung des Sustainability Performance Measurement Modells (SPM-Modells) wurde die weite Definition von Nachhaltigkeitsleistungsmessung, welche die *Zielsetzung*, die *Beurteilung* und *Verbesserung* der unternehmerischen Nachhaltigkeitsleistung verfolgt, zugrunde gelegt. Damit ist für die Feststellung und Abbildung der Nachhaltigkeitsleistung einer Unternehmung neben der rein physischen Erfassung der unternehmerischen Nachhaltigkeitseinflüsse deren Bewertung und Beurteilung notwendig. Darüber hinaus beinhaltet das SPM-Modell die Herleitung von Handlungsalternativen und somit die Möglichkeit einer potentiellen Zielrevision. Auf diese Weise kann das SPM-Modell als Instrument zur Messung, Bewertung und somit zur kontinuierlichen Verbesserung der Nachhaltigkeitsleistung einer Unternehmung dienen.

#### 3.3.3.3.2 Darstellung des SPM-Modells

Bei der Entwicklung des nachfolgenden SPM-Modells waren – auf der Grundlage einer Analyse der Performance-Measurement-Konzepte – die nachfolgenden Kriterien bestimmend:[521]

- *Unternehmensinternes Benchmarking*: Das SPM-Modell wird primär als unternehmensinternes Instrument verstanden, mit dem die Unternehmung sowohl ein strategisches Sachziel – mit der Darstellung bzw. Steigerung der Nachhaltigkeitsfähigkeit einer Unternehmung – als auch ein operatives Ziel – mit der Darstellung bzw. Steigerung der Nachhaltigkeitsleistung – verfolgt.

[521] Vgl. Kap. .3.3.2.3, ebenda.

| | **Strategische Ebene** | **Operative Ebene** |
|---|---|---|
| **Formalziel** | Erfolgspotenzial | Erfolg |
| **Sachziel** | Nachhaltigkeitsleistungs-fähigkeit | Nachhaltigkeitsleistung |
| | ↑ strategische Ziele | ↑ operative Ziele |

**Abbildung 28: Strategische und operative Ziele einer nachhaltigkeitsorientierten Unternehmung**

- *Stakeholder-Bezug und strategische Orientierung*: Die strategischen Ziele für das SPM-Modell werden aus den Informationsbedürfnissen der relevanten internen und externen Stakeholder der Unternehmung hergeleitet. An diesen strategischen Zielvorgaben sind die operativen Ziele für das SPM-Modell auszurichten. Somit hat sich die Erfassung und Bewertung der Nachhaltigkeitsleistung als operatives Ziel an den strategischen Zielsetzungen zu orientieren. Diese Vernetzung zwischen strategischer und operativer Ebene soll als eines der zentralen Charakteristika des SPM-Modells aufgefasst werden. Durch die Vernetzung kann neben der Feststellung der Nachhaltigkeitsleistung einer Unternehmung auch ihre Nachhaltigkeitsleistungsfähigkeit abgebildet werden.[522]
- *Steuerungs-/Prozessorientierung*: Um die Nachhaltigkeitsleistung einer Unternehmung nicht nur abbilden, sondern auch ihre Verbesserung oder Steigerung initiieren zu können, müssen entsprechende Kennzahlen zur Steuerung der Nachhaltigkeitsleistung gebildet werden. Dadurch wird eine Prozessorientierung im SPM-Modell erreicht, die das Ziel hat, die Nachhaltigkeitsleistung einer Unternehmung als strategisches Erfolgspotential zu stärken und ihr einen neuen Stellenwert innerhalb des Nachhaltigkeitsmanagements einer Unternehmung zu geben.

[522] Vgl. Kap. 3.3.3, ebenda.

Aufbauend auf der weiten Definition der Nachhaltigkeitsleistungsmessung und den vorgestellten Kriterien wird das SPM-Modell über fünf Stufen entwickelt, die im Folgenden dargestellt werden. Einen ersten Überblick über die fünf Stufen und ihre Elemente gibt die folgende Abbildung:

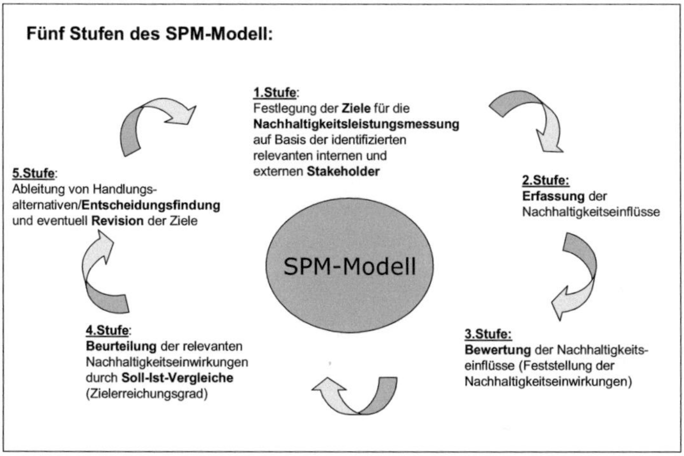


**Abbildung 29: Ablauf des SPM-Modells in fünf Stufen**

Wie aus der Abbildung ersichtlich wird, folgt der Aufbau des SPM-Modells dem traditionellen Controlling-Prozess, der durch die Phasen ***‚Plan-Do-Act-Check'*** charakterisiert wird.[523]

Dabei umfasst die ***Planung*** hauptsächlich die erste Stufe des SPM-Modells mit der Auswahl von Kennzahlen aufgrund der vorangegangenen Feststellung der Ziele für die Nachhaltigkeitsleistung. Die ***Umsetzung*** beinhaltet die Datenerfassung, Datenanalyse, Informationsbeurteilung und Berichterstattung und somit die Stufen 2-4 des SPM-Modells. Das ***Überprüfen*** und ***Handeln*** erfolgt im SPM-Modell auf der 5. Stufe und beinhaltet die Überprüfung der Datenquellen und Kriterien zur Verbesserung der Nachhaltigkeitsleistung der Unternehmung.

[523] Vgl. Horváth (1993), Sp. 325 ff.; Günther (1991), S. 51; Günther (1997), S. 53.

###### 3.3.3.3.2.1 Stufe 1: Stakeholder-Analyse und Ziele

Die erste Stufe des SPM-Modells umfasst die Bestimmung der ***Ziele*** für die (unternehmensinterne) Nachhaltigkeitsleistung auf der Grundlage von identifizierten relevanten internen und externen Stakeholdern.
Zur Identifizierung der relevanten internen und externen Stakeholder ist eine sog. ***Stakeholder-Analyse*** notwendig, die sich im idealtypischen Verlauf wie folgt gliedert:[524]

(1) Identifikation und Auswahl der für die Unternehmung relevanten Stakeholder (***objektivierte Betroffenheit*** nachhaltigkeitsbezogener Anforderungen),
(2) Analyse der nachhaltigkeitsorientierten ***Ziele*** der relevanten Stakeholder (Chancen- und Risiko-Analyse) und darauf basierend ***Bildung von Stakeholder-Gruppen*** (Klassifizierung der Stakeholder), sowie
(3) Entwicklung von nachhaltigkeitsorientierten ***Zielen*** und unternehmenseigenen ***Strategien*** zur Wahrnehmung und Bewältigung der Chancen und Risiken (Feststellung der ***subjektiven Betroffenheit*** nachhaltigkeitsorientierter Anforderungen).

Der Stakeholder-Analyse ist im Rahmen des *Issue-Managements* eine Analyse der generellen Rahmenbedingungen vorgeschaltet. Diese analysiert und bewertet Anforderungen an die Unternehmung, die potentiell durch eine entsprechende Themendiskussion aus dem ökologischen, gesellschaftlichen, rechtlichen, politischen und technologischen Umfeld für die Unternehmung resultieren können.[525]

---

[524] Zur Stakeholder-Analyse und damit letztlich zur Generierung von betrieblichen Strategien werden von Freeman (1984) sechs Schritte vorgeschlagen: Aufbauend auf der Analyse und Erklärung des Stakeholder-Verhaltens (Schritte 1 und 2) sowie der Untersuchung potentieller Koalitionen (Schritt 3) werden Normstrategien (Schritt 4) hergeleitet, die in spezielle Programme für die Stakeholder (Schritt 5) sowie in ein integratives Stakeholder-Programm (Schritt 6) münden sollen, vgl. Freeman (1984), S. 130 ff. Für die Durchführung eines Stakeholder-Audits sieht Freeman (1984) die folgende Vorgehensweise vor: (1) Bestimmung der Unternehmensvision; (2) Identifikation der Stakeholder-Anliegen und Themen; (3) Beurteilung der unternehmerischen Strategien zur Berücksichtigung der Stakeholder-Interessen; (4) Anpassung der unternehmerischen Prioritäten (in einem feed-forward-Schritt), vgl. Freeman (1984), S. 112 ff.

[525] Vgl. zur Analyse der Rahmenbedingungen für die Unternehmung Günther (1994), S. 25 ff.; Seisreiner (1999), S. 113. Die von Seisreiner (1999) vorgestellte Issue-Konzeption kann mit dem *Strategic Issue Management* bzw. dem *Strategic Surprise Management* verglichen werden, das durch die Analyse des Unternehmensumfeldes und durch die Identifikation potentieller Veränderungen im Umfeld auf die Gewährleistung der Reakti-

Im Folgenden werden die einzelnen Ablaufschritte der Stakeholder- Analyse näher beschrieben:

*ad (1): Identifikation und Definition der relevanten Stakeholder*

Den Ausgangspunkt bei einer Stakeholder-Analyse bildet die Identifikation und Auswahl der *für die Unternehmung relevanten* Stakeholder[526], d.h. aus der Vielzahl möglicher Stakeholder müssen diejenigen bestimmt werden, deren Anforderungen die Unternehmung und ihre gegenwärtige strategische Ausrichtung betreffen.[527]

Im Fall der nachhaltigkeitsrelevanten Unternehmensziele handelt es sich dabei um ökologisch-ökonomische und sozial-ökonomische Anforderungen.[528] Mit der Bestimmung dieser Anforderungen wird die objektivierte Betroffenheit nachhaltigkeitsbezogener Anforderungen der Unternehmung durch relevante Stakeholder festgestellt. Dabei können Konflikte zwischen konträren Ansprüchen und Zielen verschiedener Stakeholder auftreten, die die Unternehmung in jedem spezifischen Fall beurteilen und daraufhin in eine Rangordnung einstufen muss.[529] In der Literatur wird die Meinung vertreten, dass lediglich diejenigen Anforderungen, die nicht konträr zum übergeordneten Ziel, Sicherung der langfristigen Wettbewerbsfähigkeit, stehen, als zulässige bzw. legitime Forderungen gelten.[530]

Um eine jedoch vollständige Stakeholder-Analyse zu gewährleisten, sollte die statische Betrachtung um eine dynamische Perspektive erweitert werden, indem auch Stakeholder berücksichtigt werden, deren Interessen und Anforderungen potentiell (z.B. zukünftig oder bei Veränderung der Unternehmens-/Umfeldparameter) wirksam werden könnten.[531] Dies geht mit der weiten De-

---

ons- und Anpassungsfähigkeit des Unternehmens zielt und damit eine Art Krisenmanagement darstellt, vgl. Baum/Coenenberg/Günther (1999), S. 14. Die Einbettung des Unternehmens als ökonomisches System in das sozio-kulturelle, politisch-administrative und ökologische Umfeld findet sich auch bei Ulrich (1977), S. 52 f. sowie bei Schaltegger/Sturm (1990), S. 274. Zur Umfeldanalyse einer Unternehmung siehe auch Kap. 3.1.2.1, ebenda.

526 Vgl. Meier-Scherling (1996), S. 108; Gröner/Zapf (1998), S. 52.

527 Vgl. Schaltegger (1999), S. 14 ff.

528 Vgl. dazu auch Ausführungen in Kap. 3.3.3.1.1 und 3.3.3.1.2, ebenda. Ökologische und soziale Ansprüche und Anforderungen relevanter Stakeholder haben für die Unternehmung entsprechende ökonomische Konsequenzen, weshalb von ökologisch-ökonomischen bzw. sozial-ökonomischen Ansprüchen gesprochen wird.

529 Zu Zielkonflikten bei der Stakeholder-Analyse siehe auch Kap. 3.1.3, ebenda.

530 Vgl. Meier-Scherling (1996), S. 107; Schaltegger (1999), S. 5.

531 Beispielsweise die Antizipation zukünftiger Gesetze oder Bestimmungen.

finition *‚Stakeholder'* einher, die neben den strategischen Anspruchsgruppen auch die sog. Informations- und Bezugsgruppen umfasst.[532]

*ad (2): Analyse der Ziele der relevanten Stakeholder und Klassifizierung*

In einem zweiten Schritt werden die Ziele, Strategien und Anforderungen, die die identifizierten relevanten Stakeholder an die Unternehmung stellen bzw. stellen können, analysiert. Die Unternehmung kann danach – auf Grundlage der analysierten Ziele und Strategien – die einzelnen Stakeholder zu Gruppen zusammenfassen.[533]

Durch die Gruppenbildung soll der Unternehmung u.a. die Entwicklung eigener Strategien zur Bewältigung der Stakeholder-Anforderungen erleichtert werden.[534] Neben dieser Funktion dient die Gruppenbildung auch dazu, die Beeinflussungsmacht, d.h. große oder geringe Beeinflussungsmöglichkeiten, verbunden mit den Beeinflussungsmitteln/-instrumenten der jeweiligen Stakeholder-Gruppen zu identifizieren.

In der Literatur existieren Vorschläge, die die Gruppenbildung – neben dem Argument der gleichen bzw. ähnlichen Zielstruktur – nach den beiden Kriterien Beeinflussungsmacht und Kooperationsbereitschaft vornehmen und somit die Stakeholder-Gruppen a priori mit einer bestimmten Beeinflussungsmacht und einem bestimmten Maß an Kooperationsbereitschaft versehen.[535] Eine Typisierung der Stakeholder-Gruppen kann dabei durchaus erfolgen; allerdings sollte eine starre, d.h. vorher festgelegte Zuordnung der Stakehol-

---

[532] Siehe zur Unterscheidung zwischen strategischen Anspruchsgruppen, Interessengruppen und Bezugsgruppen Kap. 3.1.3.2, ebenda.

[533] Vgl. Gröner/Zapf (1998), S. 52 und die erläuterte Einteilung der Stakeholder in die Gruppen Anteilseigner/Investoren, Management/Mitarbeiter, Lieferanten, Kunden, Konkurrenten, Behörden/Staat, Organisationen, Öffentlichkeit und Nachbarn in Kap. 3.1.3.2, ebenda.

[534] Vgl. Schaltegger (1999), S. 16 f.

[535] Auf Grundlage dieser Vorgehensweise identifizieren Gröner/Zapf (1998) mit Hilfe einer Portfolio-Analyse vier Typen von Stakeholder-Gruppen und ordnen diesen Typen bestimmte Stakeholder-Gruppen zu: (1) „Mixed Blessing" (hohes Beeinflussungspotential sowie hohe Kooperationsbereitschaft): Anteilseigner/Investoren, Kunden, Banken; (2) „Nonsupportive Stakeholder" (hohes Beeinflussungspotential, aber geringe Kooperationsbereitschaft): Staat, Medien; (3) „Supportive Stakeholder" (hohe Kooperationsbereitschaft, aber geringes Beeinflussungspotential): Mitarbeiter, Lieferanten; (4) „Marginal Stakeholder" (geringe Kooperationsbereitschaft sowie geringe Beeinflussungspotential): Wettbewerber/Branchenmitglieder; vgl. Gröner/Zapf (1998), S. 55. Diese Einstufung macht die Problematik einer generellen a priori Zuweisung der Stakeholder deutlich, da z.B. auch Wettbewerber und Branchenmitglieder im Hinblick auf strategische Allianzen und horizontale F&E-Kooperationen über ein hohes Beeinflussungspotential sowie eine hohe Kooperationsbereitschaft verfügen können.

der-Gruppen zu bestimmten Typen vermieden werden. Die Bestimmung der Beeinflussungsmacht und Kooperationsbereitschaft der einzelnen Stakeholder-Gruppen ist immer von der spezifischen Unternehmenssituation abhängig und sollte deshalb fallspezifisch erfolgen.

*ad (3): Entwicklung von nachhaltigkeitsorientierten Unternehmenszielen und Herleitung unternehmenseigener Strategien*

Der letzte Schritt der Stakeholder-Analyse beinhaltet – wie bereits angesprochen – die Entwicklung der nachhaltigkeitsorientierten Unternehmensziele und der unternehmenseigenen Strategien, um den gegenwärtigen und potentiellen Interessen der Stakeholder-Gruppen begegnen zu können.[536] Für die Entwicklung der Unternehmensziele und der Strategien ist eine SWOT-Analyse notwendig, die die externen und internen Stakeholder-Interessen berücksichtigt.[537] Zur Begegnung der gegenwärtigen und potentiellen Interessen und Anforderungen der Stakeholder werden in der Literatur verschiedene Strategietypen genannt.[538] Dabei kann im Hinblick auf die zentralen externen Stakeholder-Gruppen (theoretisch) von den folgenden Strategietypen ausgegangen werden:[539]

- Stakeholder Staat: Defensive Strategie zur Erfüllung der gesetzlich verpflichtenden Regelungen;
- Stakeholder Kunden und Wettbewerber: Offensive Strategie zur Realisierung von Differenzierungs- oder Spezialisierungsvorteilen (die Unternehmung geht über die gesetzlichen Anforderungen hinaus);

---

536 Durch diesen Schritt wird die subjektive Betroffenheit der Unternehmung für nachhaltigkeitsorientierte Anforderungen bestimmt. Auf der Grundlage einer *Portfolio-Analyse*, bei der die Stakeholder nach ihrer relativen Kooperationsbereitschaft und ihrer relativen (potentiellen) Bedrohung für die Unternehmung in isolierte, nützliche, bedrohliche und kritische Stakeholder eingeteilt werden, leitet Freeman (1984) ebenfalls Normstrategien für die einzelnen Stakeholder-Gruppen ab, die Strategie des Haltens, der Ausbeutung, der Verteidigung und der Regeländerung, vgl. Freeman (1984), S. 143 ff.

537 Für die Bewältigung der potentiellen Interessen der Stakeholder wird eine Prognose des Stakeholder-Verhaltens erforderlich, vgl. Gröner/Zapf (1998), S. 53. Zur SWOT-Analyse im Kontext einer strategischen Nachhaltigkeitsanalyse siehe auch Kap. 4.3.2.2, ebenda.

538 Vgl. Kirchgeorg (1990), S. 37; wird die Unterscheidung in verschiedene Typisierungen der Stakeholder-Gruppen aufgenommen (vgl. Fn. 533), so wird für die Gruppe der „*Mixed Blessing*" eine Kooperationsstrategie vorgeschlagen, für die „*Nonsupportive Stakeholder*" eine Verteidigungsstrategie (z.B. Antizipation gesetzlicher Regelungen), für die „*Supportive Stakeholder*" eine Einbeziehungsstrategie und für die „Marginal Stakeholder" bietet sich eine Beobachtungsstrategie an, vgl. Gröner/Zapf (1998), S. 56.

539 Vgl. Günther (1994), S. 85 ff.; dabei wird der Differenzierungsvorschlag von Steger (1992) in defensive, offensive und innovative Strategien aufgegriffen, vgl. Steger (1992), S. 274 ff.

- Stakeholder Öffentlichkeit: Innovative Strategie, um langfristige Wettbewerbsvorteile (durch den Nachhaltigkeitsbezug) wahrnehmen zu können.

Aufbauend auf der skizzierten Stakeholder-Analyse werden die relevanten internen und externen Stakeholder der Unternehmung identifiziert und daraufhin die Ziele für die Nachhaltigkeitsleistungsmessung hergeleitet.

Die Bestimmung der Ziele beinhaltet die Festlegung, welche Nachhaltigkeitsleistung ermittelt werden soll und ob diese (operative) Zielgröße mit der strategischen Zielgröße der Nachhaltigkeitsleistungsfähigkeit in Verbindung gesetzt werden soll. Falls das Ziel der Nachhaltigkeitsleistungsmessung darin besteht, auch die Nachhaltigkeitsleistungsfähigkeit der Unternehmung abzubilden, ist eine strategische nachhaltigkeitsorientierte Analyse sowohl interner als auch externer Stakeholder-Ansprüche erforderlich, da mit der Identifikation dieser Stakeholder-Ansprüche und damit der Chancen und Risiken bzw. Stärken und Schwächen die Definition der Nachhaltigkeitsleistungsfähigkeit verbunden ist.[540]

#### 3.3.3.3.2.2 Stufe 2: Erfassung

Nach der Festlegung der Ziele für die Nachhaltigkeitsleistungsmessung steht die Erfassung der Nachhaltigkeitseinflüsse, also der ökonomischen, ökologischen und sozialen Einwirkungen (Istwerte) durch die Unternehmung im Fokus der zweiten Stufe des SPM-Modells. Dabei sollen konkrete *relevante* Daten aus den drei Dimensionen der Nachhaltigkeit (Ökonomie, Ökologie und Soziales) u.a. in Form von Finanzdaten (z.B. Kosten), Umweltdaten (z.B. Abfallmengen) und Sozialdaten (z.B. Fluktuation) in die Erfassung einfließen. Bei der Erfassung der Daten stehen vor allem ihre *Informationsbasis* und ihre *Beschaffenheit* in Hinblick auf die Erfüllung der jeweils *unternehmensspezifischen Kriterien* im Vordergrund.[541] In Bezug auf ihre Informationsbasis sollten die zu erfassenden Daten innerhalb der Unternehmung unter einem angemessenen Arbeitseinsatz erfassbar sein. Darüber hinaus sollten die Daten, um im Kontext der weiten Definition der Nachhaltigkeitsleistungsmessung zu

[540] Vgl. Abbildung Nachhaltigkeitsleistungsfähigkeit, Kap. 3.3.3.1.1, ebenda.
[541] Zur konkreten spezifischen Ausgestaltung und Beschaffenheit der Daten im Fallbeispiel siehe Kap. 4.3.2.1, ebenda.

einer Steigerung bzw. Verbesserung der Nachhaltigkeitsleistung im Zeitablauf beitragen zu können, über einen längeren Zeitraum (z.B. 5 Jahre) erfassbar sein. Nur so kann eine zeitraumbezogene Soll-Ist-Bewertung stattfinden. Unternehmensspezifisch kann für die Messung der Nachhaltigkeitsleistung bzw. für einzelne Komponenten (Umweltleistung, Sozialleistung) z.B. auch für die zu erfassenden Daten das Kriterium der Vergleichbarkeit zwischen verschiedenen Unternehmensstandorten von Bedeutung sein.[542]

###### 3.3.3.3.2.3 Stufe 3: Bewertung

Die dritte Stufe des SPM-Modells beinhaltet die Bewertung der erfassten Daten. Dabei muss zum einen die Frage nach dem Bewertungsverfahren analysiert werden, d.h. welche Verfahren können generell für die Bewertung der Nachhaltigkeitsleistung benutzt werden. Zum anderen soll eine Beurteilung über die möglichen Bewertungsverfahren hinsichtlich ihrer Qualität in Bezug auf die zu bewertende Nachhaltigkeitsleistung erfolgen.

In Theorie und Praxis existieren erst wenige ***Bewertungsansätze*** für die ***Nachhaltigkeit*** einer Unternehmung. Neben der schon erwähnten in letzter Zeit populär gewordenen Nachhaltigkeitsberichterstattung, die primär einer zielgerichteten Information der interessierten Öffentlichkeit und der relevanten Stakeholder dient, jedoch meist nur verbale Inhalte und keine direkten Zielgrößen oder Kennzahlen enthält, existieren noch weitere Konzepte, wie z.B. das *COSY-Konzept (Company oriented Sustainability)*[543] von Schneidewind (1994), das *PROSA-Konzept (Product Sustainability Assessment)*[544] vom Öko-Institut Freiburg e.V. (1997), das *SOOL-Konzept (Sustainability-oriented organizational learning)*[545] von Strössenreuther (1996) und das Konzept des *ökologischen Fußabdruckes*[546] von Rees (1997). Dabei liegen den genannten Bewertungskonzepten unterschiedliche Bewertungsziele zugrunde, die im Folgenden kurz erläutert werden:

---

542 Siehe hierzu vor allem Ausführungen der Fallstudie in Kap. 4.4, ebenda.

543 Vgl. Schneidewind (1994), S. 3 ff.; Schneidewind/Hummel/Belz (1997), S. 37 ff.; Schwaderlapp (1997), S. 95 f.; Schneidewind et al. (2002), S. 13 ff.

544 Vgl. Brühl/Ebinger/Ewen (1997), S. 17; Öko-Institut e.V. (1997), S. 71 ff; Ebinger/Hochfeld (1999), S. 657 ff.

545 Vgl. Strössenreuther (1996), S. 19 ff.; Strössenreuther (1997), S. 33 f.

546 Vgl. Wackernagel/Rees (1997), S. 16 ff.

*(1) COSY-Konzept*: Das COSY-Konzept wurde am Institut für Wirtschaft und Ökologie der Hochschule St. Gallen (IWÖ-HSG) entwickelt, um Unternehmungen *nachhaltige Entwicklungspfade* aufzuzeigen. Der Ansatz beschäftigt sich speziell mit der Analyse und Bewertung der Nachhaltigkeit von Branchen und stellt ein Rahmenkonzept für die Operationalisierung des Leitbildes der Nachhaltigkeit auf einzelwirtschaftlicher Ebene dar. Als Bewertungsobjekt werden primär potentielle Stoff- und Energieflüsse erfasst. Die Bewertung erfolgt anhand einer sog. *Ökologischen Belastungsmatrix*[547] und Belastungsprofilen. Hauptziel des COSY-Konzepts ist die Identifikation relevanter Nachhaltigkeitsproblemfelder einer Branche.

*(2) PROSA-Konzept:* Das PROSA-Konzept wurde durch das Öko-Institut Freiburg e.V. in Zusammenarbeit mit der Hoechst-AG (1995-1997) entwickelt. Durch dieses Konzept soll primär die Nachhaltigkeit von Produkten und Produktlinien bewertet werden. Somit stellt auch hier das Bewertungsobjekt relevante potentielle Stoff- und Energieflüsse sowie Bestandsgrößen dar.[548] Das Konzept liefert jedoch keine konkreten Bewertungsverfahren, sondern zeigt vielmehr einzelne Bewertungsschritte zur Identifikation von Nachhaltigkeitsproblemen bei Produkten und Produktlinien auf.

*(3) SOOL-Konzept:* Das SOOL-Konzept wurde durch Strössenreuther (1996) in Zusammenarbeit mit der Hewlett-Packard GmbH entwickelt. Das Bewertungsziel dieses Konzeptes liegt in der Umsetzung eines nachhaltigen Stoffstrommanagements durch organisationales Lernen und beinhaltet innerbetriebliche Diskussionsprozesse.[549]

*(4) Ökologischer Fußabdruck*: Der ökologische Fußabdruck (ecological footprint) wurde von Rees (1997) entwickelt.[550] Seine humanökologische Idee wurden durch die ‚Task Force on Healthy and Sustainable Communities' der Universität von British Columbia (Kanada) konkretisiert und anhand empirischer Daten ausgearbeitet. Als Bewertungsziel gilt zum einen die Schaffung eines Planungsinstruments, um sowohl den gegenwärtigen als auch

---

[547] Vgl. Schneidewind et al. (2002), S. 29 ff.
[548] Vgl. Öko-Institut e.V. (1997), S. 78 f; Ebinger/Hochfeld (1999), S. 664 ff.
[549] Vgl. Strössenreuther (1996), S. 21 f.
[550] Vgl. Wackernagel/Rees (1997), S. 16 ff u. 85 ff.

den zukünftigen Material- und Energieverbrauch einer Wirtschaftseinheit feststellen bzw. abschätzen zu können. Zum anderen wird es durch seine prospektive Komponente und den Anspruch, die ‚ökologische Tragfähigkeit' der jeweiligen Wirtschaftseinheit ermitteln zu können, in den Kontext der Nachhaltigkeit gestellt. Das Bewertungsobjekt stellt hier die gegenwärtigen und zukünftigen Material- und Energieflüsse dar.

Für die Auswahl des Bewertungsverfahrens ist die jeweilige von der Unternehmung spezifisch zu treffende Zielorientierung ausschlaggebend. Je nachdem, welches Ziel mit der Erfassung und Bewertung der Nachhaltigkeitsleistung einer Unternehmung verfolgt wird, können andere Bewertungsverfahren herangezogen werden.

Bei den vorgestellten Bewertungskonzepten (COSY, PROSA, SOOL und ökologischer Fußabdruck) kann festgestellt werden, dass diese aufgrund ihrer zum Teil einseitigen Bewertungszielausrichtung (bspw. nur produktbezogen, branchenbezogen oder organisationsstrukturbezogen) für eine hier definierte Nachhaltigkeitsleistung bzw. Nachhaltigkeitsleistungsmessung nicht zur Bewertung geeignet erscheinen. Vielmehr sollten für eine ganzheitliche Nachhaltigkeitsleistungsmessung auf operativer Unternehmensebene, aufbauend auf einer stakeholderanalysebezogenen Zielfestlegung, ***Zielgrößen*** und ***Kennzahlen*** aus allen drei Dimensionen der Nachhaltigkeit, also ökonomische, ökologische und soziale Zielgrößen, zur Bewertung der Nachhaltigkeitsleistung miteinbezogen werden und darüber hinaus auch ihre Wirkungszusammenhänge und Interdependenzen in die Bewertung einfließen.[551] Werden die Stakeholder und ihre Informationsbedürfnisse als eine weitere Bewertungsgrundlage herangezogen, können drei korrespondierende Informationsgrundlagen und damit verbunden drei Qualitätsziele unterschieden werden, an denen sich eine Unternehmung bei ihrer Bewertungsentscheidung orientieren sollte:[552]

---

[551] Zur konkreten inhaltlichen Ausgestaltung eines ganzheitlichen Bewertungsverfahrens, wie es im Kontext der vorliegenden Arbeit zu verstehen ist, vgl. Kap. 4.

[552] Vgl. Meffert/Kirchgeorg (1998), die dem potentiellen Inhalt von Unternehmenszielen (entspricht den nachfolgend genannten Qualitätszielen) die Unternehmensstrategien defensiv und offensiv bzw. ein Kontinuum von defensiv zu offensiv zuordnen, vgl. Meffert/Kirchgeorg (1998), S. 190. Somit könnte bei der Darstellung der Qualitätsziele auf Basis ihrer Informationsgrundlagen bzw. Stakeholder-Interessen die Unterscheidung

- *Stakeholder Mitarbeiter und Management sowie Staat*: Gesetzliche (und damit verpflichtende) Grundlagen mit dem Qualitätsziel ***Grenzwerte***;
- *Stakeholder Mitarbeiter und Management sowie Wettbewerber (und Kunden)*: ***Freiwillige, gesetzliche kodifizierte Bestimmungen*** (z.B. Verordnungen, Branchenvereinbarungen), die wie die EG-Öko-Audit-Verordnung z.B. eine Bewertung mit strengerem Grenzwertniveau unterliegenden unternehmenseigenen Umweltzielen fordern;
- *Stakeholder Mitarbeiter und Management sowie Öffentlichkeit*: ***Freiwillige, umwelt- und sozialpolitische Leitbilder und Ziele*** und damit als innovatives Qualitätsziel das der Nachhaltigkeit.

Daraus lässt sich ein dreistufiges qualitätszielbezogenes Bewertungsverfahren herleiten, was folgende Abbildung zeigt:

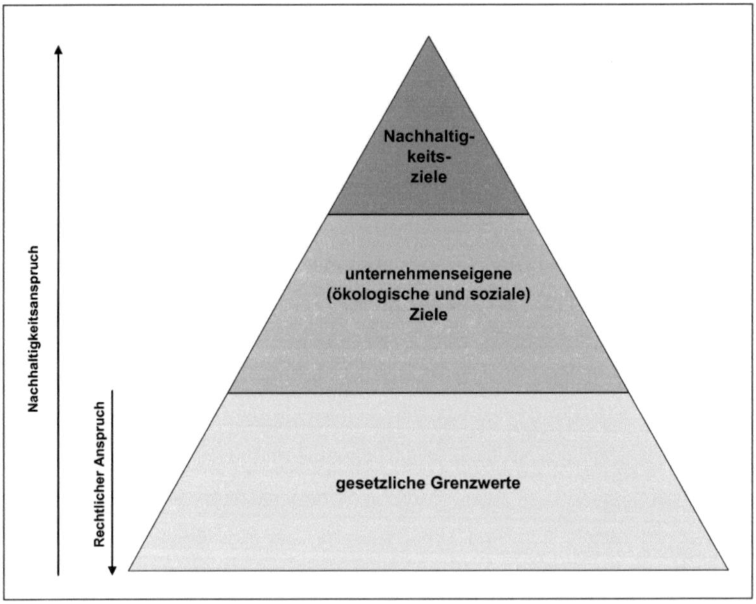


**Abbildung 30: Qualitätszielbezogenes dreistufiges Bewertungsverfahren**

nach den Unternehmensstrategien defensiv (Grenzwerte), offensiv (unternehmenseigene Umweltziele) und innovativ (Nachhaltigkeit) als weiteres Differenzierungskriterium mit aufgenommen werden. Vgl. auch Ausführungen zur Stakeholder-Analyse, ebenda.

Die *unterste Stufe* des dreistufigen qualitätszielbezogenen Bewertungsverfahrens sieht die Berücksichtigung bzw. Einhaltung von ***gesetzlichen Grenzwerten*** als unternehmensinternes Qualitätsziel vor. Diese Zielsetzung entspricht einer ***defensiven Unternehmensstrategie*** in Bezug auf die Erfüllung der relevanten Stakeholderansprüche, wie sie bspw. der *Staat* an die Unternehmung richtet.[553]

Auf einer qualitativ höher gelegenen *zweiten Stufe* wird das Qualitätsziel durch die Berücksichtigung bzw. Einhaltung ***unternehmenseigener Ziele*** bestimmt. Hierzu wählt die Unternehmung eigene Richtwerte vor allem für ihre Umwelt- und Sozialziele, die über den gesetzlich geforderten Grenzwerten liegen. Diese Festsetzung des unternehmenseigenen Qualitätszieles zur Bewertung der ökonomischen, ökologischen und sozialen Unternehmensleistung entspricht einer ***offensiven Unternehmensstrategie***, bei der sich die Unternehmung von der Erfüllung der über die gesetzlichen Grenzwerte hinausgehenden Anforderungen der Stakeholder (vor allem *Kunden* und *Wettbewerber*) unternehmenseigene *Differenzierungs-* und *Spezialisierungsvorteile* erhofft.[554]

Auf der qualitativ am höchsten gelegenen *dritten Stufe* des qualitätszielbezogenen Bewertungsverfahrens werden von der Unternehmung sog. ***Premiumziele***[555] und ***Richtwerte*** zur Bewertung aufgestellt, die nicht nur über gesetzliche Grenzwerte oder weitere Stakeholderanforderungen hinausreichen, sondern den eigenen ***Unternehmensleitbildern***, der Unternehmenskultur bzw. der Unternehmensvision/-mission unterliegen und folgen. Dabei steht im Rahmen der Untersuchung der Nachhaltigkeitsleistung das ***Unternehmensleitbild der Nachhaltigkeit*** im Vordergrund.

Die Festlegung der Nachhaltigkeit als oberstes Qualitätsziel einer Unternehmung entspricht einer ***innovativen Unternehmensstrategie***, die auf die Ver-

---

553 Vgl. Günther (1994), S. 85 ff.; Steger (1992), S. 274 ff.; Meffert/Kirchgeorg (1998), S. 198 ff. Siehe auch Fn. 537, Kap. 3.3.3.3.2.1, ebenda.

554 Vgl. Steger (1992), S. 274 ff.; Meffert/Kirchgeorg (1998), S. 203.

555 Durch die Festlegung und Kommunikation solcher Premiumziele will die Unternehmung ihre Nachhaltigkeitspotentiale gegenüber ihren Wettbewerbern in den Vordergund stellen und sich somit Vorteile vor allem beim Kunden verschaffen.

folgung *langfristiger Wettbewerbsvorteile* und damit einer *langfristigen Existenzsicherung* der Unternehmung ausgerichtet ist.[556]

Vergleichbar mit dem Aufbau der drei Stufen des Bewertungsverfahrens kann auch die Entwicklung in der Umweltpolitik gesehen werden. Dabei wurden im Rahmen der umweltpolitischen Entwicklungen zunächst gesetzliche Regelungen in Form des Ordnungsrechtes (z.B. umweltbezogenen Auflagen für Unternehmungen) festgelegt, daraufhin marktwirtschaftliche, freiwillige Instrumente (wie z.B. das Umweltmanagement nach ISO 14001 oder EMAS) entwickelt und schließlich auch das Leitbild der Nachhaltigkeit mit der Verankerung der *Agenda 21* in der Politik integriert.[557]

Auch bei der Festlegung der Qualitätsziele zur Beurteilung der Bewertungsverfahren müssen die Unternehmungen aufgrund ihrer spezifischen Rahmenbedingungen und Zielsetzungen selber entscheiden, auf welcher Stufe die Bewertung ansetzen soll. Vor dem Hintergund der Untersuchung wird für eine ganzheitliche werteorientierte Nachhaltigkeitsleistungsmessung eine auf dem Qualitätsziel der Nachhaltigkeit basierende Bewertung empfohlen, zumindest aber eine Zielfestlegung gefordert, die auf unternehmenseigenen, über die gesetzlichen hinausgehenden Vorgaben beruht.

###### 3.3.3.3.2.4 Stufe 4: Beurteilung

Die vierte Stufe des SPM-Modells beinhaltet die Ermittlung der Zielerreichungsgrade und somit die Feststellung der nachhaltigen Effektivität sowie die Ursachenerklärung für eventuelle Zielabweichungen.[558] Die Ermittlung der Zielabweichungsgrade erfolgt dabei über einen Soll-Ist-Vergleich, wobei der Sollwert aus dem aufgestellten Nachhaltigkeitsziel (d.h. dem entsprechenden ökonomischen, ökologischen oder sozialen Ziel) hergeleitet wird und der Istwert aus der quantitativen Angabe des jeweilig gemessenen Wer-

---

556 Vgl. Günther (1994), S. 85 ff.; Steger (1992), S. 274 ff.
557 Siehe hierzu auch Pfriem (1999), S. 103 ff.; Burschel/Losen/Wiendl (2004), S. 77 ff. u. 271 ff.
558 Vgl. Delfmann (1993), Sp. 3242.

tes besteht.[559] Auf Grundlage des Soll-Ist-Vergleiches werden mit Hilfe der Ursachenanalyse die Gründe für eine eventuelle Zielerreichung/-verfehlung erklärt. In der Betriebswirtschaftslehre gehören beide Aufgaben, die Durchführung eines Soll-Ist-Vergleiches zur Berechnung der Abweichung und die Bestimmung der Ursachen für die Zielabweichung, zur Abweichungsanalyse. Sie stellt Teilaufgaben der Kontrollphase im Controlling-Kreislauf dar.[560] Die vierte Stufe des SPM-Modells schafft durch diese beiden Analyseschritte die Basis zur Herleitung von Handlungsalternativen auf der fünften Stufe des SPM-Modells.

###### 3.3.3.3.2.5 Stufe 5: Entscheidungsfindung/Revision

Der Schritt der Entscheidungsfindung, der auf der Erfassung, Bewertung und Beurteilung der Nachhaltigkeitsleistung beruht, dient weniger der eigentlichen Feststellung der Nachhaltigkeitsleistung als vielmehr der Herleitung von Handlungsalternativen auf der Grundlage der festgestellten Zielerreichung. Diese können zu einer Revision der gesetzten Zielvorgaben unter Berücksichtigung der Stakeholder-Interessen führen. Mit der Entscheidungsfindung und Revision wird der Schritt zur Implementierung eines kybernetischen Controlling-Kreislaufes der Nachhaltigkeitsleistungsmessung vollzogen, der die Zielsetzung einer Verbesserung der Nachhaltigkeitsleistung einer Unternehmung verfolgt.[561]

Folgende Abbildung zeigt abschließend die Einordnung der einzelnen Stufen des SPM-Modells in den kybernetischen Controlling-Kreislauf einer Nachhaltigkeitsleistungsmessung, wie sie im Rahmen eines möglichen Nachhaltigkeitsmanagements ausgestaltet werden könnte.[562]

---

[559] Vgl. Köhler (1976), S. 301 ff.; Meffert (1998), S. 1041.
[560] Vgl. Coenenberg (1999), S. 372; Horváth (1993), Sp. 325 ff.; Günther (1991), S. 51.
[561] Vgl. Kap. 3.3.1, ebenda. Siehe auch Günther (1991), S. 51; zum Begriff des kybernetischen Prozesses auch Horváth (1993), Sp. 325 ff.
[562] Vgl. Günther (1991), S. 51; Horváth (1993), Sp. 325 ff.; Stahl (1998), S. 924 ff.; Delfmann (1993), Sp. 3233 ff.

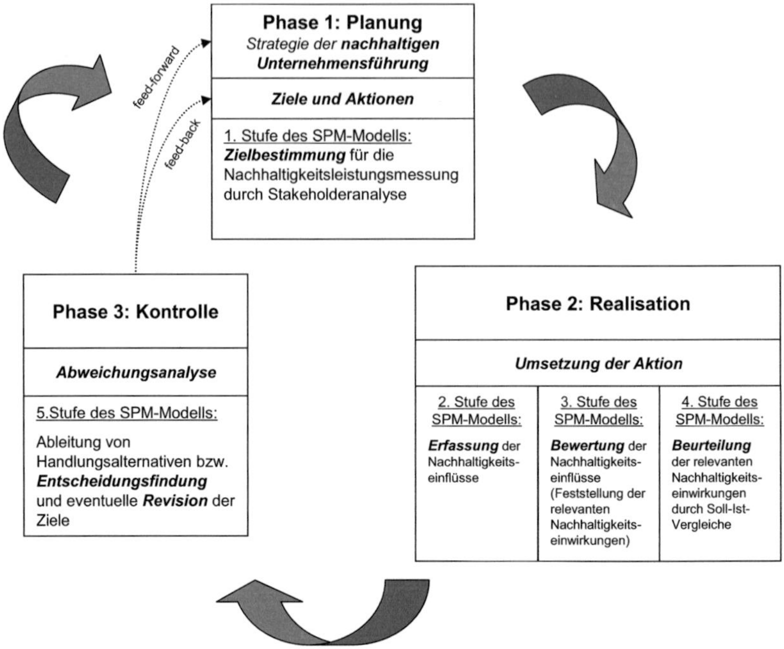


**Abbildung 31: Controlling-Kreislauf der Nachhaltigkeitsleistungsmessung**

Nachdem die einzelnen Stufen des SPM-Modells dargestellt wurden und ihre Einordnung zu einem möglichen Controlling der Nachhaltigkeitsleistungsmessung einer Unternehmung gezeigt wurde, sollen eine Überprüfung der zuvor aufgestellten Anforderungen und eine darauf basierende Beurteilung des SPM-Modells das Kapitel abschließen.

#### 3.3.3.3.3 Anforderung und Beurteilung des SPM-Modells

Auf der Grundlage der vorangegangenen Darstellung können folgende Charakteristika als besondere Kennzeichen des SPM-Modells identifiziert werden:[563]

- *Strategische Orientierung*

  Auf der Grundlage einer (internen und externen) Stakeholder-Analyse werden die strategischen Zielsetzungen für die Nachhaltigkeitsleis-

---

[563] Vgl. Kap. 3.3.2.3 und 3.3.3.3.2, ebenda.

tungsmessung festgelegt, die auf die strategische Sachzielgröße der Nachhaltigkeitsleistungsfähigkeit gerichtet sind.[564] Die strategischen Zielsetzungen dienen somit als Vorgabe für die Bestimmung der operativen Ziele der Nachhaltigkeitsleistungsmessung (einschließlich der operativen Nachhaltigkeitsleistungsziele). Damit spiegeln die operativen Zielgrößen und Kennzahlen die strategischen Zielvorgaben wider.

- *Unternehmensinternes und -externes Benchmarking*
  Durch die Darstellung und Beurteilung der Nachhaltigkeitsleistung im SPM-Modell kann eine Verbesserung der Nachhaltigkeitsleistung der Unternehmung erreicht werden. Dazu dient vor allem die dem Controlling-Prozess angepasste Modellstruktur mit den einzelnen Phasen der Planung, Realisation und Kontrolle. Somit dient das SPM-Modell einem internen Benchmark, das zu Steuerungs- und Kontrollzwecken eingesetzt werden kann.[565] Darüber hinaus besitzt das SPM-Modell eine hohe Informationsfunktion nicht nur zur internen Berichterstattung, sondern auch zur Unterstützung der externen Unternehmensberichterstattung, z.B. in Form von qualitativen Nachhaltigkeitsberichten, die mit Hilfe der aus dem SPM-Modell hergeleiteten Kennzahlen nicht nur auf verbale Komponenten, sondern auch auf quantitative und qualitative Datengrundlagen zurückgreifen kann. Inwieweit das SPM-Modell auch Daten für ein externes Benchmarking bereitstellen kann bzw. möchte, hängt von der jeweiligen spezifischen Ausgestaltung der Kennzahlen bezüglich ihrer Vergleichbarkeit mit denen der externen Vergleichsdaten ab.[566]

- *Steuerungsorientierung*
  Aufgrund der strategischen und operativen Ausrichtung des SPM-Modells kann ihm sowohl eine Steuerungsfunktion für die Unternehmung als auch eine Prozessorientierung zugeschrieben werden. Durch eine nachhaltigkeitsbezogene Analyse der Funktionsbereiche einer Unternehmung (z.B. Produktionsprozesse und Produktionstätig-

---

564 Vgl. Kap. 3.3.3.3.2.1, ebenda.
565 Vgl. Kap. 3.3.3.3.2.5, ebenda.
566 Vgl. auch Kap. 4.4.2, ebenda.

keiten) können interne Steuerungsmöglichkeiten neu identifiziert werden, da z.B. Interdependenzen zwischen verschiedenen Kennzahlen erkannt werden. Auch lassen sich durch eine Prozessbetrachtung interne Verbesserungspotentiale aufzeigen, da den Prozessen und Tätigkeiten direkte (Nachhaltigkeits-)Auswirkungen zugeordnet werden können.[567]

Aus den vorangegangenen Ausführungen geht hervor, dass das Konzept der Nachhaltigen Entwicklung mit Hilfe eines hier aufgestellten SPM-Modells sowohl auf der strategischen als auch der operativen Unternehmensebene umgesetzt werden kann.

Für die Entwicklung und vor allem Umsetzung von Instrumenten für die nachhaltige Unternehmensführung, wie es bspw. das SPM-Modell darstellt, wird in der Unternehmenspraxis vor allem die Frage nach dem wirtschaftlichen Nutzen von elementarer Bedeutung sein.[568] Dieser Nutzen betrifft die Unternehmung einerseits, ihre Kunden bzw. Stakeholder im Allgemeinen jedoch auch andererseits.

Dabei können fünf sog. Nutzendimensionen herausgearbeitet werden:[569]

- Verminderung oder Beherrschung von Risiken,
- Verbesserung von Image, Reputation und Glaubwürdigkeit,
- Verbesserung von Produktivität bzw. Effizienz,
- Differenzierung am Markt, sowie
- Innovationschancen durch nachhaltige Marktentwicklungen.

Während die ersten drei Dimensionen die Leistungserstellung betreffen und daher eher unternehmensbezogen sind, beziehen sich die beiden letzten Dimensionen auf die Marktleistung einer Unternehmung und sind daher eher markt- oder kundenbezogen.

---

[567] Vgl. Kap. 3.3.1 und Kap. 4.4.2.6, ebenda.
[568] Vgl. Bieker et al. (2001), S. 23.
[569] Vgl. nachfolgend Bieker et al. (2001), S. 23 ff.; siehe auch Balderjahn (2004), S. 108 ff.

***Verminderung oder Beherrschung von Risiken***

Klimaschutz, Mobilität, Armut, Gentechnik oder Biodiversität sind Themen, die nicht zuletzt durch politische Einwirkungen in der Öffentlichkeit vermehrt diskutiert werden. Diese genannten und andere Nachhaltigkeitsprobleme verlangen nach Lösungen, die auch durch den Druck von NGO´s oder durch Marktkräfte verstärkt werden können.[570] Daraus leiten sich direkte und indirekte Risiken für beteiligte bzw. betroffene Branchen oder Unternehmungen her. Zum einen können ***Handlungsrisiken*** entstehen, wenn z.B. geplante Handlungen, die nicht den Anforderungen der Stakeholder entsprechen, von diesen unterbunden werden können.[571] Beispiel hierfür ist die von dem Energieunternehmen Shell geplante Versenkung der Ölplattform *Brent Spar* in der Nordsee, die aufgrund massiver Proteste verhindert wurde und Shell dazu brachte, seine Handlung (das Versenken) einzustellen und die Plattform bis in einen Hafen zu schleppen, um sie dort zu demontieren und umweltgerecht zu entsorgen, was mit einem enormen Kostenaufwand einherging.[572]

Neben *Handlungsrisiken* können ***Finanzrisiken***, ***Haftungs***- und ***Kreditrisiken*** oder ***Reputationsrisiken*** auftreten.[573]

*Finanzrisiken* können z.B. dann entstehen, wenn Branchen oder Unternehmungen als besonders gefährdend eingestuft werden (z.B. Tabakindustrie, Rüstungsindustrie) und daraufhin auf Finanzmärkten schlechtere Konditionen erhalten. Beispielsweise sind Hersteller und Betreiber von großtechnischen Energieanlagen aufgrund der hohen Kapitalbindung besonders exponiert. Hersteller von gentechnisch verändertem Saatgut werden z.B. an der Börse mit einem Abschlag gehandelt. Rating-Agenturen (u.a. SAM für den DJSI) schließen Unternehmungen bestimmter exponierter Branchen (bspw. Tabak- und Rüstungsindustrie) aus ihrer Bewertung von Anfang an aus.[574]

---

570 Vgl. Wagner (1997), S. 49 ff.; Staehle/Nork (1992), S. 71; Becker (1993), S. 345.

571 Vgl. Meffert/Kirchgeorg (1998), S. 239 ff.; Burschel/Losen/Wiendl (2004), S. 371 ff.; Promberger/Spiess/Kössler (2006), S. 193 ff.

572 Siehe hierzu auch Balderjahn (2004); S. 82 ff. u. 119 ff.; Meffert/Kirchgeorg (1995b), S. 156.

573 Vgl. Wagner (1997), S. 73 ff.; Schierenbeck (2000), S. 376 ff.; Promberger/Spiess/Kössler (2006), S. 197 ff.; Ebinger/Schwarz (2003), S. 312 ff.; Schäfer (2003), S. 12 ff.; Gabriel (2005), S. 14; Gudet (2002), S. 30 ff.

574 Vgl. hierzu Schäfer (2003), S. 113; Gabriel (2005), S. 44; SAM (2007); DJSI (2007a).

*Haftungs- und Kreditrisiken* können sich ergeben, wenn bspw. aufgrund verschärfter Kreditprüfungsverfahren (wie BASEL II) Unternehmungen aufgrund ihrer nicht nachhaltigen Performance keine Kredite mehr gewährt werden.[575] *Reputationsrisiken* können immer dann auftreten, wenn Anforderungen von Stakeholdern unerfüllt bleiben, wie bspw. die Boykottmaßnahmen gegen Shell aufgrund der geplanten Versenkung ihrer Ölplattform in der Nordsee gezeigt haben.[576]

Die genannten Risiken können direkte Auswirkungen auf die Existenz einer Unternehmung haben. Eine werteorientierte, nachhaltige Unternehmensführung verfolgt somit durch ein ***aktives Nachhaltigkeitsmanagement*** die Strategie einer aktiven ***Verminderung*** und ***Beherrschung*** solcher Unternehmensrisiken.[577]

***Verbesserung von Image, Reputation und Glaubwürdigkeit***

Im Hinblick auf die Verhinderung oder Beherrschung möglicher Unternehmensrisiken können Strategien des Nachhaltigkeitsmanagements sowohl aktive als auch antizipative Maßnahmen zur Verfügung stellen.[578] So dienen sie zum einen dem Aufbau von Image- oder Glaubwürdigkeitspotentialen exponierter Unternehmungen oder Branchen, wie bspw. Chemieunternehmen, Flugunternehmen oder Mobilfunkanbietern. Zum anderen können Nachhaltigkeitsstrategien aber auch ohne das Vorhandensein potentieller Risiken zum Aufbau positiver Image- oder Reputationspotentiale dienen.[579] Angesichts der steigenden Bedeutung immaterieller Faktoren für die Unternehmensbewertung an der Börse kommt dem gezielten Aufbau von Reputation ein neuer Stellenwert zu.[580]

---

[575] Vgl. Ebinger/Schwarz (2003), S. 315.

[576] Siehe hierzu auch Meffert/Kirchgeorg (1995b), S. 154 ff.

[577] Vgl. Wagner (1997), S. 65 ff.; Meffert/Kirchgeorg (1998), S. 249 ff.; Burschel/Losen/Wiendl (2004), S. 371 ff.; Wagner/Janzen (1994), S. 576; Baumgartner (2005), S. 51 ff.

[578] Vgl. Meffert/Kirchgeorg (1998), S. 249 ff.; Wagner (1997), S. 49 ff.; Balderjahn (2004), S. 101 ff.; Baumgartner (2005), S. 61 ff.; Hardtke/Prehn (2001), S. 93 f.; Dyllick (2000), S. 64 ff.

[579] Vgl. Baumgartner (2005), S. 63; Balderjahn (2004), S. 103; Dyllick (2000), S. 68.

[580] Vgl. Ebinger/Schwarz (2003), S. 314 f.; Schäfer (2003), S. 12 f.; Gabriel (2005), S. 23 f.

### *Verbesserung von Produktivität bzw. Effizienz*

Durch ein werteorientiertes, nachhaltiges Management, das Prozesse und Unternehmenstätigkeiten hinsichtlich ihrer ökonomischen, ökologischen und sozialen Effektivität und Effizienz analysiert, kann durch die Offenlegung der Beziehungen und Wirkungszusammenhänge eine Steigerung der Produktivität erreicht werden.[581] Gerade im Bereich der ökologischen Effizienz können durch die Verbesserung der Energie- und Ressourceneffizienz durch technische und organisatorische Maßnahmen unmittelbar Einsparungen (sowohl physische als auch monetäre) erreicht werden. Aber auch bei der Analyse der sozialen und gesellschaftlichen Leistung einer Unternehmung trägt die Steigerung der Sozialeffektivität bzw. -effizienz dazu bei, dass z.B. durch eine explizite Einbeziehung sozialer Anliegen in Entscheidungsverfahren die Motivation und Leistungsfähigkeit der Mitarbeiter und Partner verbessert oder gestärkt werden kann. Dies kann u.a. durch Flexibilisierung der Arbeitsbeziehungen und Arbeitszeiten, Berücksichtigung der Anliegen von Anwohnern und Betroffenen bei der Ansiedlung oder auch Finanzierung von neuen Anlagen erreicht werden.[582]

### *Differenzierung im Markt*

Sowohl im ökologischen als auch sozialen Bereich kann eine bewusste Ausrichtung der Produkte und Leistungen an Kriterien der Nachhaltigkeit neue Differenzierungschancen ermöglichen.[583] Ökologische und/oder soziale Produktdifferenzierungen existieren bereits in vielen Märkten, wie z.B. Bio-Lebensmittel, Niedrigenergiehäuser, 'fair-trade-Produkte', Herstellung von Kosmetika unter Verzicht auf Tierversuche, Papier- und Holzprodukte aus nachhaltig bewirtschafteten Wäldern, Fische aus nachhaltig bewirtschafteten Fanggebieten, etc.). Durch den Nachhaltigkeitsbezug wird ein Mehrwert für die Kunden generiert, wodurch eine innovative Möglichkeit zur Differenzierung des eigenen Leistungsangebotes eröffnet wird.[584]

---

[581] Vgl. Biedermann (2005), S.18.; siehe auch Kap. 3.3.3.1, bzw. Kap. 3.3.3.2, ebenda.
[582] Siehe hierzu auch Bieker et al. (2001), S. 24; Wöhe (2002), S. 96 f.
[583] Vgl. Meffert/Kirchgeorg (1998), S. 118 ff.; Balderjahn (2004), S. 104 f.
[584] Siehe hierzu auch Meffert/Kirchgeorg (1998), S. 284 ff.

***Innovationschancen durch nachhaltige Marktentwicklungen***

Nachhaltigkeitsprobleme und deren Lösungsversuche können zu breitflächigen Transformationen ganzer Bedürfnisfelder oder Märkte führen.[585] Diese grundlegenden Marktentwicklungen beinhalten ein enormes Innovationspotential für und vor allem von Unternehmungen, die durch innovative Technologien und Lösungskonzepte z.B. in den Breichen Energiegewinnung, Bauen und Wohnen, Verkehr und Transport, Lebensmittel und Pharmazeutika sowie Ressourcenproduktivität und Ressourcenmanagement zu einer nachhaltigen Entwicklung einen wichtigen Beitrag erbringen können.[586]

Folgende Tabelle zeigt exemplarisch aktuelle Felder nachhaltiger Innovationen auf:

| Felder nachhaltiger Innovationen | |
|---|---|
| **Bereich** | **Inhalt** |
| Energiegewinnung | neue Energietechnologien (z.B. Kleinkraftwerke, Brennstoffzellen, Wasserstofftechnologie); dezentrale Energiegewinnung, erneuerbare Energien (z.B. Öko-Strom, Wind); Energieeffizienzlösungen, Energiemanagement, Energie-Contracting |
| Bauen und Wohnen | Niedrigenergiehäuser, Minergie-Standard; Innovationen bei Heizung, Klima, Lüftung, Steuerungssysteme, Facility-Management, Brennstoffzellen |
| Verkehr und Transport | Brennstoffzelle, Null-Emissions-Autos, Car-Sharing, Mobilitätsdienstleistungen, Kombinierter Verkehr |
| Lebensmittel und Ernährung | Bio-Lebensmittel, Bio-Pestizide, Wasserrecycling/-filtrierung bei Pharmazeutika; Alternative Medizin, Aufklärung und Information |
| Ressourcenproduktivität und Ressourcenmanagement | Materialrückgewinnung/-verwertung, Sensoren, Biochemie, Logistik; Management von Wasserressourcen, Wäldern, Fischgründen |

**Tabelle 12: Felder nachhaltiger Innovationen**[587]

---

[585] Vgl. Bieker et al. (2001), S. 24 f.
[586] Vgl. Meffert/Kirchgeorg (1998), S. 286 f.
[587] In Anlehnung an Bieker et al. (2001), S. 25.

Die genannten Nutzendimensionen zeigen, was für ein enormes Chancenpotential für eine Unternehmung in der Implementierung eines Nachhaltigkeitsmanagements im Rahmen einer werteorientierten, nachhaltigen Unternehmensführung liegen kann.

## 3.4 Resümee: Unternehmensverantwortung und Nachhaltigkeit

Die Erläuterungen in Kapitel 3.1 und seinen Unterkapiteln haben gezeigt, dass eine Unternehmung analog zum rechtlichen Begriff der ‚natürlichen bzw. juristischen Person' direkt als Verantwortungssubjekt zu definieren ist und die Unternehmung somit Verantwortung gegenüber ihren Verantwortungsobjekten übernehmen kann.[588] Demnach wird Unternehmensverantwortung als ***korporative Verantwortung*** definiert, bei der die einzelne Unternehmung selbst als Subjekt ökonomischer, ökologischer und gesellschaftlicher Verantwortung betrachtet wird.[589]

Aufbauend auf dieser Definition und den Erkenntnissen der Beziehungsanalyse einer Unternehmung zu ihrer Umwelt können ***Verantwortungsfelder*** hergeleitet und ***Verantwortungsobjekte*** bestimmt werden.[590]

Zur Operationalisierung der Unternehmensverantwortung auf Unternehmensebene wurde daraufhin ein ***Modell der Unternehmensverantwortung*** aufgestellt, das die wichtigsten Schritte und Elemente zur Implementierung und Operationalisierung der Unternehmensverantwortung auf normativer, strategischer und operativer Unternehmensebene aufzeigt.[591] Den Kern des Modells bildet die ***Herleitung allgemeingültiger Kriterien*** der Unternehmensverantwortung, die bei der Entwicklung und Umsetzung von Instrumenten und Strategien der Unternehmensverantwortung zielführend wirken sollen.[592]

In diesem Zusammenhang wurde das Konzept der Nachhaltigen Entwicklung als mögliches Instrument zur Umsetzung von Unternehmensverantwortung

588 Vgl. French (1984), S. 31; siehe auch Kap. 3.1.4.3.1, ebenda.
589 Vgl. Maring (1989), S. 25 ff.
590 Vgl. Kap. 3.1.4.5, ebenda.
591 Siehe hierzu auch Abbildung 8, ebenda.
592 Vgl. Kap. 3.1.4.4, ebenda.

auf Unternehmensebene erläutert.[593] Die Ergebnisse einer Überprüfung der Kriterien zur Unternehmensveranwortung mit Aspekten einer Nachhaltigen Entwicklung in Form einer werteorientierten und nachhaltigen Unternehmensführung zeigt folgende Tabelle:[594]

| Kriterien korporativer Unternehmensverantwortung | erfüllt durch das Konzept Nachhaltiger Entwicklung auf Unternehmensebene | | | Begründung/inhaltlicher Bezug |
|---|---|---|---|---|
| | JA | NEIN | TEILWEISE | |
| systemorientiert | X | | | Analyse menschlicher Bedürfnisse, damit anwendbar auf das gesamte System der natürlichen Umwelt; somit anwendbar auf Unternehmensgrenzen und auf Umsystem der Unternehmung, da Teil der natürlichen Umwelt |
| multiperspektivisch/ mehrdimensional | X | | | Analyse ökonomischer, ökologischer und sozial/gesellschaftlicher Aspekte; Stakeholder-Analyse |
| ressourcenorientiert | X | | | Prinzip der Kapitalerhaltung (ökonomisches, natürliches und soziales Kapital); Effektivitäts- und Effizienzbegriffe |
| Beziehungsverhältnisse widerspiegelnd | | | X | ökonomische, ökologische, soziale; auch in Form der drei Kernprinzipien; Stakeholder-Analyse |
| dynamisch: proaktiv/reaktiv | X | | | dynamisches Entwicklungsmodell; u.a. durch Einbeziehung der Stakeholder-Analyse |
| rahmenbedingungsabhängig, relevanzabhängig, subjektiv | X | | | Leitbild auf spezifische Rahmenbedingungen (unterschiedliche Unternehmungen) anpassbar; spezifische Ausgestaltung auf jeweiliger Unternehmensebene |
| funktionsbezogen, funktional | X | | | Handlungsfelder Nachhaltiger Entwicklung |
| personenbezogen, institutional | | | X | *Handlungsobjekte* durch Einbeziehung der Stakeholder-Analyse |
| dynamisch, interaktiv | X | | | Verbesserung der Nachhaltigkeitsleistung im Zeitverlauf durch Nachhaltigkeitsleistungsmessung |
| unternehmensstrategisch | X | | | Umsetzung des Konzepts auf strategischer Unternehmensebene durch Nachhaltigkeitsorientierung; Ausrichtung der Ziel- und Ergebnisgrößen auf operativer Unternehmensebene an der strategischen Ausrichtung; Nutzen einer nachhaltigen Unternehmensführung |
| multiperspektivisch, direkt oder indirekt auf Wertschöpfungsprozess bezogen | X | | | Analyse ökonomischer, ökologischer und sozial/gesellschaftlicher Aspekte innerhalb und außerhalb der Systemgrenze Unternehmung; Effektivitäts- und Effizienzbetrachtung |
| überschneidungsfrei, konfliktfrei | | | (X) | Nachhaltigkeitsmanagement |
| klassifizierbar (analog zur Klassifizierung der Stakeholder) | | (X) | | Festlegung der Ziele für die Nachhaltigkeitsleistungsmessung auf Basis einer Stakeholderanalyse |
| klar abgrenzbar | | | (X) | Nachhaltigkeitsmanagement |

**Tabelle 13: Kriterienüberprüfung – Unternehmensverantwortung und Konzept der Nachhaltigkeit**

593 Vgl. Kap. 3.2, ebenda.
594 Basierend auf den Erkenntnissen aus Kap. 3.1.4.4 und Kap. 3.2, ebenda.

Wie aus der Tabelle ersichtlich wird, werden fast alle Kriterien einer ganzheitlichen Unternehmensverantwortung auch vom Konzept der *Nachhaltigen Entwicklung* auf Unternehmensebene erfüllt. Im Einzelnen gilt:

***Systemorientierung***

Eine ganzheitliche Unternehmensverantwortung bezieht sich sowohl auf unternehmensinterne (systembezogene) als auch -externe (systemübergreifende) Verantwortungsfelder und kann somit auf die gesamte Umwelt der Unternehmung angewandt werden.[595] Das Konzept unternehmerischer Nachhaltigkeit wird ebenfalls systemorientiert angewendet. Durch die Fokussierung auf die Analyse menschlicher Bedürfnisse und Ressourcen stehen hier vor allem das gesamte System der natürlichen Umwelt und die darin untergeordneten Teilsysteme (Menschen, Unternehmungen etc.) im Vordergrund der Betrachtung.[596]

***Multiperspektivisch/mehrdimensional***

Wie die Analyse der Verantwortungsfelder einer Unternehmung gezeigt hat, fließen sowohl mehrdimensionale als auch multiperspektivische Aspekte in eine ganzheitliche Unternehmensverantwortungsdefinition mit ein.[597] Zum einen bezieht sich die Mehrdimensionalität auf die Einbeziehung ökonomischer, ökologischer und sozialer Faktoren bei der Aufstellung des Unternehmensverantwortungskonstrukts, zum anderen zeigt sich darauf aufbauend eine multiperspektivische Betrachtung der Unternehmensbeziehungen.[598] Das Konzept der Nachhaltigen Entwicklung erfüllt ebenfalls das Kriterium der Mehrdimensionalität und der multiperspektivischen Betrachtungsweise, indem es Aspekte der Dimensionen Ökonomie, Ökologie und Soziales in die Analyse mit einbezieht sowie auch darüber hinaus sich an die Bedürfnisse und Anforderungen von Stakeholdern, in Form der Stakeholderanalyse, anlehnt.[599]

---

595 Vgl. Ulrich (1970), S. 155; Ulrich/Fluri (1995), S. 31. Siehe hierzu Kap. 3.1.2, ebenda.
596 Vgl. Hauff (1987), S. 46; siehe auch Kap. 3.2, ebenda.
597 Vgl. Andriof/McIntosh (2001), S. 15; vgl. auch Kap. 3.1.4.5, ebenda.
598 Siehe hierzu auch Andriof/McIntosh (2001), S. 16.
599 Vgl. Eberle (1998), S. 105 ff.; Meffert/Kirchgeorg (1998), S. 54. Siehe auch Kap. 3.2.2.1 und Kap. 3.2.2.2, ebenda.

***Ressourcenorientiertheit/beziehungsverhältnisorientiert***

Die Definition der Unternehmensverantwortung basiert auf den Wechselbeziehungen einer Unternehmung zu ihrer Umwelt. Die daraus resultierenden Austauschbeziehungen wurden als Ressourcenaustauschbeziehungen charakterisiert.[600] Als Ressourcen wurden sowohl Kapitalressourcen (ökonomisches, natürliches und soziales Kapital) festgelegt als auch der Aufbau von Vertrauen, gesellschaftlicher Akzeptanz und einer Informationsbasis durch Know-how und technologischen Fortschritt explizit herausgearbeitet. Auch das Konzept der Nachhaltigen Entwicklung beinhaltet eine tiefere Auseinandersetzung mit dem Ressourcenbegriff. Eine Analyse der drei Kapitalarten (ökonomisches, natürliches und soziales) wird durch die Forderung der Kapitalerhaltung (Managementregeln der Nachhaltigkeit) impliziert.[601] Auch auf strategischer und operativer Unternehmensebene kann durch die Analyse der ökonomischen, ökologischen und sozialen Effektivität bzw. der Öko-Effizienz und der Sozial-Effizienz ein enger Ressourcenbezug hergestellt werden.[602] Durch die Anlehnung an eine Stakeholderanalyse können auch hier explizit Austauschbeziehungen einer Unternehmung zu ihrer Umwelt in die Analyse mit einbezogen werden. Darüber hinaus werden durch die drei Kernprinzipien der Nachhaltigkeit (Verantwortungsprinzip, Kreislaufprinzip und Kooperationsprinzip) weitere Aspekte der Ressourcenorientiertheit und der Orientierung an Beziehungsverhältnissen einer Unternehmung analysiert.[603]

***Dynamisch/proaktiv***

Eine ganzheitliche Unternehmensverantwortung ist durch ihre Fähigkeit, proaktiv auf dynamische Veränderungen in der Unternehmensumwelt reagieren zu können, charakterisiert.[604] Das Konzept der Nachhaltigen Entwicklung stellt ebenfalls ein dynamisches Entwicklungsmodell dar, bei dem insbesondere die Analyse von Veränderungsprozessen im Zeitablauf im Vordergrund steht.

---

[600] Vgl. Ulrich (1970), S. 155; Ulrich/Fluri (1995), S. 31. Siehe auch Kap. 3.1.2, ebenda.
[601] Siehe hierzu auch Kap. 3.2.5, ebenda.
[602] Vgl. 3.2.3, ebenda.
[603] Siehe Kap. 3.2.2.2, ebenda.
[604] Vgl. Baumgartner (2005), S. 56 ff.

### *Spezifische Ausgestaltung*

Aufgrund unterschiedlicher Ausgangssituationen, die sowohl die spezifischen Rahmenbedingungen einer Unternehmung als auch ihre Struktur und ihren Organisationsablauf betreffen, wurde festgestellt, dass ein Modell der Unternehmensverantwortung spezifisch für jede Unternehmung eine eigene Definition und Ausgestaltung eines unternehmerischen Verantwortungskonstrukts bereitstellen muss. Durch eine spezifische Stakeholderanalyse werden für jede Unternehmung relevante Verantwortungsfelder identifiziert und durch spezifische Strategie- und Zielbestimmungen ein unternehmensbezogenes Management der Unternehmensverantwortung aufgebaut. Das Konzept der Nachhaltigen Entwicklung gibt einen normativen Rahmen (Leitbild) zur Umsetzung vor, der jedoch auf Unternehmensebene durch eine spezifische Ausgestaltung und die Auswahl verschiedener Umsetzungsinstrumente ebenso anpassungsfähig wie erweiterbar ist.[605]

### *Funktionale und institutionale Sichtweise*

Aufbauend auf den Erkenntnissen der Analyse des Unternehmensbegriffes aus systemtheoretischer Sicht und der Analyse der Stakeholderbeziehungen wurden Verantwortungsfelder einer Unternehmung sowohl aus funktionaler als auch aus institutionaler Sicht identifiziert, wie z.B. das (funktionale) Verantwortungsfeld der *rechtlichen Verantwortung*, welches die Forderung nach Einhaltung gesetzlicher Vorgaben beinhaltet, oder aber das (institutionale) Verantwortungsfeld *Mitarbeiter*, bei dem die Unternehmung für ihre Mitarbeiter u.a. in den Bereichen Arbeitsschutz, Gesundheit, finanzielle Absicherung verantwortlich ist.[606] Dem Konzept der Nachhaltigen Entwicklung liegt ebenfalls eine Kombination aus funktionaler und institutionaler Betrachtung zugrunde. So können aus funktionaler Sicht nachhaltige Handlungsfelder identifiziert und aus institutionaler Sicht mit Hilfe der Stakeholderanalyse explizite (Unternehmens-) Beziehungen einer Nachhaltigkeitsanalyse unterzogen werden.[607]

---

605 Vgl. Kap. 3.2.3, ebenda.
606 Vgl. Kap. 3.1.4.5, ebenda.
607 Siehe hierzu auch Tabelle 8, Kap. 3.2.1 und Ausführungen in Kap. 4.3.2.2, ebenda.

### ***Strategische und operative Ausrichtung***

Die Sicherung langfristiger Wettbewerbsfähigkeit einer Unternehmung ist nur unter Berücksichtigung von Ansprüchen und Interessen ihrer Stakeholder (Anspruchsgruppen) möglich.[608] Somit ist auch bei der Umsetzung der Unternehmensverantwortung auf Unternehmensebene auf eine strategische Ausrichtung zu achten. Dabei spielen sowohl die Festlegung einer konkreten Strategie zur Unternehmensverantwortung auf strategischer Unternehmensebene als auch die Herleitung konkreter Ziel- und Ergebnisgrößen auf operativer Ebene eine entscheidende Rolle zur erfolgreichen Umsetzung der Unternehmensverantwortung auf Unternehmensebene.[609] Das Konzept der Nachhaltigen Entwicklung verfolgt im Prinzip dieselbe strategische Ausrichtung, wenn auch mit unterschiedlicher inhaltlicher Ausgestaltung. Auch hier ist jedoch die Umsetzung auf allen Unternehmensebenen (normativ, strategisch und operativ) für einen erfolgreichen Aufbau eines Nachhaltigkeitsmanagements im Rahmen einer werteorientierten, nachhaltigen Unternehmensführung ausschlaggebend.[610]

### ***Sonstiges***

Basierend auf den Erkenntnissen möglicher *analytischer Schwächen*, u.a. in Form von *Überschneidungen* bei der Klassifizierung und Identifizierung einzelner relevanter Verantwortungsfelder und Verantwortungsobjekte bzw. möglicher *Konfliktpotentiale* zwischen einzelnen relevanten konträren Forderungen und Ansprüchen der Verantwortungsobjekte (Stakeholder), kommt dem Unternehmensverantwortungsmanagement in Form eines Issue- und Stakeholder-Managements große Bedeutung zu.[611] Aufgabe eines solchen Managements ist die Analyse sich verändernder Rahmenbedingungen und (Austausch-) Beziehungen einer Unternehmung und die Bewältigung der sich daraus ergebenden dynamischen Veränderungen für eine Unternehmung. Im Rahmen des Konzeptes der Nachhaltigen Entwicklung kommt dem Nachhaltigkeitsmanagement im Rahmen einer werteorientierten, nachhaltigen Unter-

---

[608] Vgl. Fritz et al. (1985), S. 381; Steger (1993), S. 189; siehe Kap. 3.3.1, ebenda.
[609] Vgl. u.a. Ausführungen in Kap. 3.1.5, ebenda.
[610] Vgl. Biedermann (2005), S. 18 f.
[611] Vgl. Freeman (1984), S. 130; Seisreiner (1999), S. 113.

nehmensführung ähnliche Bedeutung zu.[612] Neben den Bedürfnissen der Stakeholder werden hier zusätzlich die Grundsätze des Leitbildes der Nachhaltigen Entwicklung in das Management und somit in die Umsetzung auf strategischer und operativer Unternehmensebene einbezogen.

Durch die Überprüfung der Kriterien anhand des Konzeptes der Nachhaltigen Entwicklung konnte gezeigt werden, dass das Konzept der Nachhaltigen Entwicklung dem Konstrukt der Unternehmensverantwortung in vielen Bereichen entspricht. Folglich wird die Orientierung am Konzept der Nachhaltigen Entwicklung als ein sog. Überkriterium der Unternehmensverantwortung angesehen und die Ausgestaltung des Konzepts der Nachhaltigkeit auf Unternehmensebene in Form des SPM-Modells zur Umsetzung der Unternehmensverantwortung herangezogen.

Dementsprechend wird für die vorliegende Arbeit folgende (theoretische) These aufgestellt, die es abschließend anhand der Fallstudie bezüglich ihrer Praxistauglichkeit zu überprüfen gilt:

**>> Unternehmensverantwortung ist als korporative Handlungsverantwortung einer Unternehmung zu verstehen und wird durch eine auf dem Leitbild der Nachhaltigen Entwicklung basierenden werteorientierte, nachhaltige Unternehmensführung umgesetzt. <<**

---

612 Vgl. Baumgartner (2005), S. 54 ff.

Dabei ist entscheidend, dass eine werteorientierte, nachhaltige Unternehmensführung auf normativer, strategischer und operativer Unternehmensebene umgesetzt wird. Dies setzt ein ganzheitliches Managementkonzept voraus, das die Nachhaltigkeitsorientierung auf allen Unternehmensebenen, ausgehend von aufgestellten Wertedimensionen bis hin zu operativen Handlungen, entfaltet. Denn werteorientierte, nachhaltige Unternehmensführung sollte nicht vergangenheitsbezogen ausgerichtet sein, sondern sollte die in Veränderung befindlichen Rahmenbedingungen ***proaktiv*** aufgreifen.[613]

Hauptaufgabe ist die Formulierung werteorientierter und *nachhaltigkeitsorientierter Prinzipien,* die im Sinne des Nachhaltigkeitskonzeptes nicht nur zu Reputationsaufbau und -sicherung in Form von Kunden- und Mitarbeiterbindung auszugestalten sind (Vorsteuergrößen), sondern auch den Aufbau eines ganzheitlichen Risikomanagements unterstützen, somit den konkreten Abbau von Unternehmensrisiken fördern und damit langfristig die ökonomische Wirkung in der Unternehmung, aber auch in ihrem Umfeld verbessern.[614]

Aufgrund der vorangegangenen Erläuterungen und basierend auf der Thesenbildung kann nunmehr eine ***Checkliste für die Unternehmensverantwortung*** und ihre Umsetzung auf Unternehmensebene zusammengestellt werden. Diese soll den Unternehmungen ermöglichen und erleichtern, ihre Unternehmensführung im Hinblick auf die *Implementierung der Nachhaltigkeitsorientierung* und das *Konzept der Unternehmensverantwortung,* auch im Rahmen des vorgestellten Modells der Unternehmensverantwortung, zu überprüfen.

[613] Vgl. Biedermann (2005), S. 18.
[614] Vgl. Biedermann (2005), S. 18 f.; Baumgartner (2005), S. 51 ff.

Folgende Abbildung zeigt die ***Checkliste*** und ihre Inhalte:

| | Checkliste für den Aufbau und die Umsetzung von Unternehmensverantwortung im Rahmen einer nachhaltigkeitsorientierten Unternehmensführung | Anforderung |
|---|---|---|
| 1. | Existiert ein Konsens in der Unternehmensleitung zur Definition korporativer Unternehmensverantwortung bzw. zur Nachhaltigkeitsorientierung? | Verantwortungsübernahme |
| 2. | Existieren spezifische Unternehmensleitlinien als Bestandteil der Unternehmensvision, -mission oder Unternehmenskultur, die auf die Definition der korporativen Unternehmensverantwortung bzw. das Konzept *Nachhaltiger Entwicklung* ausgerichtet sind? | unternehmensspezifische Umsetzung auf normativer Ebene |
| 3. | Sind die Inhalte dieser Leitlinien sowohl auf die Unternehmung und ihre interne Verantwortungsübernahme als auch auf eine unternehmensgrenzenübergreifende Verantwortungsübernahme ausgerichtet? | Systemorientierung; Definition sowohl unternehmensinterner als auch -externer Verantwortungsobjekte |
| 4. | Beinhalten die Leitlinien konkrete Verantwortungsobjekte aus funktionaler und institutionaler Sicht? | funktionale und institutionale Betrachtung von Verantwortungsobjekten |
| 5. | Beinhalten die Leitlinien sowohl ökonomische, ökologische und sozial-gesellschaftliche Aspekte? Wird dadurch eine multiperspektivische Betrachtungsweise gefördert? | multiperspektivisch/ mehrdimensional |
| 6. | Liegen den Leitlinien sowohl eine Markt- und Ressourcenorientierung als auch eine sozial-gesellschaftliche Orientierung zugrunde? | ganzheitliche Nachhaltigkeitsorientierung |
| 7. | Wurden zur Aufstellung der Leitlinien Ergebnisse aus der Beziehungsanalyse der Unternehmung zu ihren relevanten Stakeholdern hinzugezogen? | Stakeholder-Orientierung |
| 8. | Werden für die strategische Unternehmensebene werteorientierte und nachhaltigkeitsorientierte Strategien und Zielgrößen aus den Leitlinien auf normativer Ebene hergeleitet? | Umsetzung auf strategischer Ebene |
| 9. | Werden auf strategischer Unternehmensebene Nachhaltigkeitspotenziale zur Bestimmung der strategischen Zielgrößen identifiziert? | Unternehmensstrategische Ausrichtung durch Umfeld- und Unternehmensanalyse |
| 10. | Werden Effektivitätsbetrachtungen auf strategischer Unternehmensebene angestellt? | Messung der Verbesserungsgrade; kontinuierliche Verbesserung der Nachhaltigkeitsleistung |
| 11. | Werden für die operative Unternehmensebene werteorientierte und nachhaltigkeitsorientierte Ziel- und Ergebnisgrößen aus den Strategien und Maßnahmen der strategischen Ebene hergeleitet und entwickelt? | Umsetzung auf operativer Ebene |
| 12. | Fließen auf operativer Unternehmensebene neben monetären Ziel- und Ergebnisgrößen auch nicht-monetäre (weiche) Daten mit ein? | Werteorientierung; Wertschöpfungsorientierung |
| 13. | Werden Effizienzbetrachtungen auf operativer Unternehmensebene angestellt? | Messung der tatsächlichen Verbesserung; Verbesserung in Relation zu ökonomischen Zielgrößen |
| 14. | Existiert ein Nachhaltigkeitsmanagement? | proaktiv; dynamisch |
| 15. | Beinhaltet ein solches Nachhaltigkeitsmanagement Komponenten des Stakeholdermanagements und der Risikobewältigung aufgrund sich verändernder Rahmenbedingungen der Umwelt (Issue-Management)? | konfliktfrei, überschneidungsfrei, klar abgrenzbar |
| 16. | Sind Aspekte der Unternehmensverantwortung und Nachhaltigkeitsorientierung im regelmäßigen Berichtswesen verankert? | interne und externe Kommunikation |

**Abbildung 32: Checkliste für Unternehmensverantwortung und Nachhaltigkeitsorientierung einer Unternehmung**

In Kapitel fünf der vorliegenden Arbeit wird die hier aufgestellte Checkliste bei der Beurteilung der Umsetzung von Unternehmensverantwortung und Nachhaltigkeitsorientierung bei einer Unternehmung aus der Automobilindustrie im Rahmen der Fallstudie auf ihren Praxisbezug hin zu überprüfen sein.[615]

Zur Umsetzung der Unternehmensverantwortung im Rahmen einer werteorientierten und nachhaltigen Unternehmensführung wird das ***Modell der Unternehmensverantwortung*** herangezogen, das sich aus folgenden Schritten und Komponenten zusammensetzt:

**Modell der Unternehmensverantwortung**

1. Schritt

**Definition**: korporative Unternehmensverantwortung (UV)
Bestimmung des **Verantwortungssubjektes**

2. Schritt

**Kriterien:** zur Strategie- und Zielbestimmung der UV

| | |
|---|---|
| • systemorientiert | • dynamisch, interaktiv |
| • multiperspektivisch | • strategisch |
| • mehrdimensional | • operational |
| • ressourcenorientiert | • überschneidungsfrei |
| • funktions- oder personenbezogen | • konfliktfrei |
| • relevanzabhängig | • klar abgrenzbar |
| • wertschöpfungsprozessorientiert | • ... |

3. Schritt

**Verantwortungsfelder:** Bestimmung Verantwortungsobjekt

| Ökonom. Verantwortung | Ökologische Verantwortung | Gesell. Verantwortung |
|---|---|---|
| • Existenzsicherung | • Ressourcenverbrauch | • politisch-rechtliche |
| • Liquidität | • Emissionen/Immissionen | • sozio-kulturelle |
| • sonstige | • sonstige | • technologische |

4. Schritt

**Umsetzung**: Sustainability Performance Measurement - Modell

**Abbildung 33: Modell der Unternehmensverantwortung und SPM-Modell**

615 Vgl. dazu auch Ausführungen des Kap. 4.4 und Kap. 5, ebenda.

Neben den schon erläuterten Schritten 1-3, die zum einen die Definition des Verantwortungssubjektes – in Form der Definition korporativer Handlungsergebnisverantwortung von Unternehmungen – zum anderen die Identifikation und Bestimmung der Verantwortungsobjekte (Verantwortungsfelder einer Unternehmung aus funktionaler und institutionaler Sicht) beinhalten, wobei diese durch die Aufstellung zielführender Kriterien der Unternehmensverantwortung unterstützt werden, bildet abschließend der Einsatz des SPM-Modells die inhaltliche Ausgestaltung des vierten und letzten Schritts des Modells der Unternehmensverantwortung mit der konkreten Gestaltung eines Instrumentes zur Umsetzung auf Unternehmensebene und komplettiert dasselbe somit.

Durch das SPM-Modell wird der Unternehmung ein konkretes Instrument an die Hand gegeben, mit dem die Nachhaltigkeitsleistung einer Unternehmung identifiziert, erfasst, beurteilt und bewertet werden kann und somit ein Beitrag zur konkreten Umsetzung von Unternehmensverantwortung auf allen Unternehmensebenen geleistet wird.

# 4 Nachhaltigkeitsleistungsmessung in der Automobilindustrie

Kernelemente dieses Kapitels stellen die Konstruktion und Implementierung des SPM anhand einer Einzelfallstudie dar. In einem integrierten Ansatz soll das SPM wissenschaftlich aufbauend auf den vorangegangenen theoretischen Grundlagen und Erkenntnissen konstruiert, gleichzeitig aber auch an dem Unternehmensbeispiel praxisnah erläutert werden.

## 4.1 Abgrenzung des Untersuchungsbereiches: Automobilindustrie

Die Untersuchungsgesamtheit wurde in einem ersten Schritt auf die (europäische) Automobilindustrie begrenzt, um sowohl branchenspezifische Gegebenheiten als auch Einflüsse genereller Rahmenbedingungen auf ein Gebiet (Europa) einzugrenzen.

Die Automobilbranche bietet sich zur Untersuchung der Problemstellung besonders an, da sie

(1) durch einen starken Globalisierungsprozess gekennzeichnet ist und

(2) das Bewusstsein der unternehmerischen Verantwortung in dieser Branche sowie Ansätze zur Umsetzung des Leitbildes der Nachhaltigen Entwicklung deutlich ausgeprägt sind.[616]

In einem zweiten Schritt wird im Rahmen einer Einzelfallstudie eine konkrete Unternehmung aus der Untersuchungsgesamtheit ausgewählt, anhand derer das Konstrukt der Unternehmensverantwortung und die Umsetzung des Leitbildes der Nachhaltigkeit auf Unternehmensebene mit Hilfe des SPM-Modells exemplarisch angewandt und überprüft werden soll.

Im Folgenden werden zunächst die spezifischen Branchenmerkmale und die Bedeutung der Branche in Deutschland, Europa und in der Weltwirtschaft erläutert, um die Eignung der Branche als Untersuchungsgegenstand herauszustellen.

[616] Vgl. hierzu auch VDA (2006), S. 12 f.

### 4.1.1 Merkmale der Automobilindustrie

Innerhalb der *deutschen Industrie* nimmt die Automobilindustrie eine hervorgehobene Stellung ein. Ihr Anteil am ***Gesamtumsatz*** der deutschen Industrie beträgt fast 19% (2005: 236 Mrd. Euro). Sie ist somit mit Abstand der wichtigste Wirtschaftszweig in Deutschland.[617]

Die Automobilindustrie stellt mit einem Anteil von rund 13,2% (2005: 1,4 Mio.) der ***Beschäftigten*** aller in der Gesamtindustrie Tätigen einen der größten und bisher sichersten Arbeitgeber Deutschlands dar.[618]

Die deutsche Automobilindustrie investierte im Inland in den letzten fünf Jahren insgesamt 57,5 Mrd. Euro. Damit bestritt sie 23,5% der gesamten ***Industrieinvestitionen*** in Deutschland. Auch 2005 bleiben ihre Investitionen auf hohem Niveau, wenngleich sie mit 11,3 Mrd. Euro etwas niedriger ausfielen als im Jahre 2004. Im laufenden Jahr (2006) beabsichtigt die Automobilindustrie ihr hohes Investitionsniveau zu halten, wenn nicht sogar wieder auszubauen.[619]

In ***Forschung und Entwicklung*** hat die deutsche Automobilindustrie in den letzten fünf Jahren rund 77 Mrd. Euro investiert. Im Jahre 2005 sind die F&E-Aufwendungen in dieser Branche auf 16 Mrd. Euro gestiegen. Mehr als ein Drittel des volkswirtschaftlichen Aufwandes für F&E entfallen somit auf diesen Wirtschaftszweig. Als Folge dieser Forschungsintensität liegt der deutsche Automobilsektor mit über 35% der Patente (2005: 3.600 Patente) an der Spitze der weltweiten Patentstatistik. Damit unterstreicht die deutsche Automobilindustrie ihre Rolle als Innovationsführer und Schlüsselbranche.[620]

Die ***Handelsbilanz*** der deutschen Automobilindustrie ist eine wichtige Stütze der deutschen Wirtschaft. Im Jahr 2005 exportierte die deutsche Automobilindustrie Erzeugnisse im Wert von rund 156 Mrd. Euro. Im gleichen Zeitraum wurden automobile Erzeugnisse in einem Wert von 67 Mrd. Euro importiert. Der Handelsbilanzüberschuss mit automobilen Erzeugnissen stieg damit um

---

[617] Vgl. VDA (2006), S. 182.
[618] Vgl. VDA (2006), S. 183.
[619] Vgl. VDA (2006), S. 185.
[620] Vgl. VDA (2006), S. 185 f.

über 10% auf knapp 89 Mrd. Euro. Der Auto-Außenhandel leistet somit einen äußerst wichtigen positiven Beitrag zum Handelsbilanzüberschuss der deutschen Wirtschaft.[621]

Auch in ***Europa*** nimmt die Automobilindustrie einen hohen Stellenwert ein. Sie stellt innerhalb der europäischen Wirtschaft eine *Schlüsselindustrie* dar, die sowohl einige großen Automobilhersteller als auch eine große Anzahl von unabhängigen Zulieferern (ca. 2/3 der automobilen Produktion ist zu ihnen ausgelagert) umfasst. Zurzeit setzt sich die europäische Automobilindustrie im Wesentlichen aus den Automobilherstellern DaimlerChrysler, Volkswagen (VW), BMW, ***Ford Europe***, General Motors(GM) Europe, Renault, PSA (Peugeot-Citroen), Fiat, Porsche und Volvo zusammen.[622] Dazu kommt eine nicht unerhebliche Anzahl kleinerer Autobauer und Zulieferer. Auch japanische Automobilhersteller haben innerhalb der EU signifikante Produktionsstandorte aufgebaut.[623]

Die EU stellt die ***größte Region von Automobilherstellern*** weltweit mit 34% aller Automobilproduktionsstandorte dar. Die Automobilindustrie macht ca. 7,5% des produzierenden Gewerbes in der EU aus. Die europäische Automobilindustrie beschäftigt direkt rund 2 Millionen Personen, indirekt sind es fast 12 Millionen ***Beschäftigte***; dies macht ca. 7% aller Beschäftigten des produzierenden Gewerbes in der EU aus (Stand 2005).[624]

Auch in der EU kann die ***Handelsbilanz*** der europäischen Automobilindustrie positive Überschüsse verzeichnen. Im Jahre 2003 importierte die EU Fahrzeuge im Wert von ca. 33,9 Mrd. Euro. Dagegen stand ein Export von europäischen Fahrzeugen von insgesamt 67,3 Mrd. Euro. Dieser hohe Wert resultiert hauptsächlich aus Exporten in die USA, Kanada und osteuropäische Länder.[625]

---

[621] Vgl. VDA (2006), S. 184 f.
[622] Vgl. ACEA (2007a).
[623] Vgl. European Commission (2007a).
[624] Vgl. ACEA (2007b); European Commission (2007a); auch European Commission (2007c).
[625] Vgl. ACEA (2007b); European Commission (2007a).

Die europäische Automobilindustrie hat somit einen wesentlichen Anteil an der globalen ***Wettbewerbsfähigkeit*** der Europäischen Union. Sie ist exportstark, verkauft weltweit und ist gut positioniert, um von aufstrebenden Schlüsselmärkten wie China zu profitieren. An Herausforderungen fehlt es nicht. Die Stärke der europäischen Automobilindustrie rührt zum Teil auch daher, dass sie in den letzten zehn Jahren vermehrt in ***Forschung und Entwicklung*** investiert hat. Im Gegensatz dazu gaben ihre Rivalen in den USA und Japan weniger Geld für F&E aus.[626]

### 4.1.2 Globalisierung der Automobilindustrie

Die Automobilindustrie wird häufig als Prototyp für globalisierte Produktions- und Investitionsmuster angeführt: *„If any industrial sector can represent the features of globalization it is the automotive industry“*[627]. In der Fachliteratur wird sie auch als *„one of the first industries to delocalize its activities and become truly global“*[628] bezeichnet. Ein wesentliches Element der Internationalisierungsstrategien in der Automobilindustrie liegt darin, dass die wichtigen Hersteller ihre Präsenz auf den zukünftigen Wachstumsmärkten verstärken, um einen Ausgleich für die zu beobachtende Stagnation der Nachfrage auf den traditionellen Märkten in Japan, den Vereinigten Staaten und den europäischen Industrieländern (der sogenannten Triade) zu schaffen. PricewaterhouseCoopers (2000) etikettiert die Automobilindustrie auf der Basis von Daten zu Unternehmenszusammenschlüssen und -aufkäufen als die *„most global of industries“*[629].

Auch von der OECD wird das Automobil als *globales Produkt* eingeschätzt.[630] Technologische Neuerungen und innovative Produktionsverfahren werden als wichtige Antriebsmotoren der Globalisierung aufgeführt. Als Kennzeichen dieses Prozesses wird die zunehmende Bedeutung von ausländischen Direktinvestitionen und der Produktion durch Tochterunternehmen im Ausland, die Intensität des unternehmensinternen Außenhandels

---

626 Vgl. European Commission (2007b).
627 World Trade Agenda (2000), S. 1.
628 Richet/Bourassa (2000), S. 61.
629 PricewaterhouseCoopers (2000).
630 Vgl. Vickery (1996), S. 153.

sowie das enge internationale Netzwerk von Allianzen und Kooperationen zwischen Automobilunternehmungen hervorgehoben.[631]

Die Automobilindustrie sieht sich in den traditionellen Produzentenländern seit den neunziger Jahren einer ganzen Reihe von Herausforderungen gegenüber. Der weltweite Automobilbau leidet unter erheblichen Überkapazitäten. Im Jahr 1998 wurde geschätzt, dass der tatsächliche Absatz von 49 Mio. Einheiten (inklusive Nutzfahrzeuge) deutlich hinter dem Produktionspotential von 71 Mio. Einheiten zurückblieb.[632] Folglich wird allgemein eine Konsolidierung der Automobilindustrie auf internationaler Ebene erwartet.

Die Konsolidierung beschränkt sich nicht auf die Endproduzenten, d.h. die Hersteller von Automobilen. Gleichzeitig sorgt der mit den Überkapazitäten einhergehende Kostendruck dafür, dass die Beziehungen zwischen Endproduzenten und Zulieferern neu geordnet werden.[633] Die Zahl der Zulieferfirmen in der Automobilindustrie ist bereits drastisch geschrumpft. 1988 gab es weltweit noch 30.000 Anbieter von Autoteilen; zehn Jahre später waren es wenig mehr als 4.000.[634] Noch für die erste Hälfte des jetzigen Jahrzehnts wird erwartet, dass sich nur 26 global operierende Teilelieferanten herausbilden, die dann Bestandteil eines *‚extended enterprise'* in der Automobilwirtschaft würden.[635]

Zusammen mit den wichtigsten Zulieferanten sind die Automobilunternehmungen bestrebt, der Herausforderung einer stagnierenden Automobilnachfrage in den Industrieländern dadurch zu begegnen, dass sie auf neue Märkte z.B. in China und Indien vordringen. Die EIU (1998) attestiert insbesondere den asiatischen Märkten längerfristig die besten Wachstumschancen. Es wird deshalb erwartet, dass die Automobilfirmen bevorzugte Teilelieferanten

---

[631] Vgl. Vickery (1996), S. 154 f.

[632] Vgl. EIU (1998), S. 24; dazu auch The Economist (1998a): „Even before this year's recession, Asia's overcapacity approached 35%. Western Europe and Latin America are little better", The Economist (1998a), S. 15.

[633] Für den Fall Deutschlands vgl. z.B. Reeg (1998), S. 42 ff. Sadler (1998) diskutiert die Problematik für die europäische Automobilindustrie, vgl. Sadler (1998), S. 317 ff.

[634] Vgl. The Economist (1998b): „Where once a Ford plant might have taken daily deliveries from 1000 or more suppliers, it now uses fewer than 200", The Economist (1998b), S. 70.

[635] Vgl. The Economist (1998b), S. 71.

veranlassen, ihnen auf neue Märkte zu folgen und in der Nähe überseeischer Montagestandorte zusätzlich zur Produktion von Teilen und Komponenten auch Designaufgaben zu übernehmen.[636]

Eine weitere Herausforderung ist technischer Natur. Die Entwicklung und der Bau von Automobilen verursachen erhebliche Fixkosten; die Automobilindustrie ist zunehmend F&E-intensiv geworden.[637]

Das Bestreben der Automobilfirmen, die F&E-Aufwendungen auf möglichst viele Produktionseinheiten zu verteilen, kollidiert potentiell mit den Präferenzen der Konsumenten, die sich auf ein breites Spektrum von Modellen und Varianten richten.[638] Die Automobilfirmen versuchen diesen Konflikt dadurch zu entschärfen, indem sie für verschiedene Modelle identische ‚Plattformen' benutzen.[639]

Der F&E-Intensität der Automobilproduktion dürfte es auch zuzuschreiben sein, dass unternehmens- und länderübergreifende Allianzen und Kooperationen – zum Beispiel bei der Entwicklung von Autokomponenten – verbreitet sind.[640]

Überkapazitäten und Kostendruck in den traditionellen Standorten, die Attraktivität neuer Märkte und technologische Entwicklungen werden als Antriebskräfte für die Internationalisierung der Automobilindustrie angesehen.[641] Zudem wird es auf diese aktuellen Herausforderungen zurückgeführt, dass *„the current tendency towards internationalization differs from previous phases"*[642].

636 Vgl. EIU (1998), S. 68 f.
637 Vgl. Heitger et al. (1999), S. 121; Vickery (1996), S. 167 ff. Der Anteil der F&E-Ausgaben an der Wertschöpfung der deutschen Automobilindustrie belief sich Mitte der neunziger Jahre auf 12% und war damit etwa doppelt so hoch wie in der verarbeitenden Industrie insgesamt, vgl. Weiß (2000), S. 12.
638 Vgl. Stephan/Pfaffmann (1999), S. 16.
639 Die Volkswagen-Gruppe etwa verwendet eine identische Plattform für Modelle von Audi, Seat, Skoda und Volkswagen, vgl. Freyssenet/Lung (1996). S. 36.
640 Vgl. Vickery (1996), S. 191.
641 Vgl. Freyssenet/Lung (1996), S. 35 ff.
642 Nunnenkamp (1998), 296 f.

Der Außenhandel mit Automobilen, dessen Anteil an der Gesamtproduktion von Automobilen in früheren Internationalisierungsphasen teilweise höher war als in der jetzigen Phase, wird demnach in zunehmendem Maß ergänzt (und möglicherweise sogar ersetzt) durch Investitionen und Produktionen im Ausland sowie durch ein enges Netzwerk von Unternehmensbeteiligungen und Allianzen, die *„within nations and regions but also between regions"*[643] zustande kommen.

Schon für die frühen neunziger Jahre zeigt sich ein kaum überschaubares Geflecht von Beteiligungen zwischen amerikanischen, asiatischen und europäischen Unternehmungen.[644] Seitdem sind unzählige Zusammenschlüsse und Beteiligungen hinzugekommen:

- PricewaterhouseCoopers (2000) schlussfolgert aus der empirischen Evidenz über Zahl und Transaktionsvolumen von Unternehmenszusammenschlüssen und -aufkäufen in den späten neunziger Jahren: *„The momentum created during the record year for deal activity in the automotive sector in 1998 continued in 1999"*[645]. Wenn man die Megafusion DaimlerChrysler außer Acht lässt, stieg das durchschnittliche Transaktionsvolumen von 1998 um mehr als 80% auf 275 Millionen US-$ in 1999.[646]

- Akquisitionen und strategische Kooperationen im Bereich der Endproduzenten haben die Wettbewerbsbedingungen in der Automobilindustrie verändert.[647] Zwar ist dem Zusammenschluss zu DaimlerChrysler im Jahr 1998 bislang keine vergleichbar spektakuläre Transaktion gefolgt. Jedoch haben zum Beispiel Ford und General Motors Anteile an japanischen (Mazda bzw. Suzuki und Isuzu) sowie schwedischen Automobilunternehmungen (Volvo bzw. Saab) erworben. Deutsche Unternehmungen (Volkswagen und BMW) konkurrierten um Akquisitionen in Großbritannien. Zwischen Ford und Peugeot-Citroen kam es zu

---

643 Vickery (1996), S. 157.
644 Vgl. Nunnenkamp et al. (1994), S. 164 ff.
645 PricewaterhouseCoopers (2000).
646 Vgl. PricewaterhouseCoopers (2000).
647 Vgl. World Trade Agenda (2000), S. 5.

europäischen Joint Ventures. Renault erwarb einen 40-prozentigen Anteil an Nissan, nachdem eine Beteiligung von Daimler-Benz an Nissan nicht zustande gekommen war. Aber auch DaimlerChrysler orientierte sich im Jahr 2000 durch Unternehmensbeteiligungen an Mitsubishi und Hyundai nach Asien.[648] Japanische Unternehmungen verstärkten ihre innerasiatischen Engagements (Toyota bei Daihatsu und Hino Motors) und entwickelten regionenübergreifende Allianzen (Mitsubishi u.a. mit Ford und Fiat).

- Lange Listen von Unternehmenszusammenschlüssen und -aufkäufen werden im Bereich der Zulieferindustrie präsentiert.[649] Allein im Jahr 1995 wurden etwa 30 bedeutende Aufkäufe von europäischen Zulieferfirmen durch inner- und außereuropäische Unternehmungen registriert.[650] Kennzeichnend für die späten neunziger Jahre war *„the birth of megasuppliers“*[651].

- Die UNCTAD (1998) skizziert am Beispiel von Ford und Toyota die Vielfalt von Unternehmenskooperationen im Technologiebereich. Obwohl die meisten dieser Vereinbarungen in den achtziger und neunziger Jahren zunächst überwiegend mit US-amerikanischen bzw. mit japanischen Unternehmungen abgeschlossen wurden, kooperieren sowohl Ford als auch Toyota im Technologiebereich in der Folge auch mit anderen Auslandsunternehmungen. Kooperationen wurden sowohl mit konkurrierenden Endproduzenten als auch mit Anbietern von Ausrüstungen, Prozesstechnologien und Inputs für Komponenten vereinbart.[652]

- In den neunziger Jahren zeigt sich für die Automobilindustrie insgesamt ein steigender Trend von technologisch motivierten Kooperationen.[653] Dieser Trend wird auf zwei Hauptfaktoren zurückgeführt. Zum einen entwickelten sich aus der Neuordnung der Beziehungen zwi-

648 Vgl. The Economist (2000), S. 69 f.
649 Vgl. PricewaterhouseCoopers (2000).
650 Vgl. Freyssenet/Lung (1996), S. 49.
651 PricewaterhouseCoopers (2000).
652 Vgl. UNCTAD (1998), S. 27 ff.
653 Vgl. UNCTAD (1998), S. 25 f.

schen Endproduzenten und Zulieferindustrie Gruppen von *„preferred first-tier parts suppliers [...] with whom new forms of partnerships for the design of principal components and subsystems were entered into by companies“*[654]. Zum anderen setzten die Automobilunternehmungen bei der Entwicklung einer neuen Generation umweltfreundlicherer und leistungsstärkerer Automobile zunehmend auf Partnerschaften; Kooperationsfelder betrafen zum Beispiel die F&E-Aktivitäten zur Entwicklung neuer Materialien, Antriebszellen und Navigationssysteme.[655]

- Im amerikanischen Transportausrüstungsbau, der maßgeblich durch die Automobilindustrie geprägt wird, zeigte sich schon für die siebziger und achtziger Jahre ein intensiver unternehmensinterner Handel.[656] Seit 1977 beliefen sich die unternehmensinternen Exporte amerikanischer Muttergesellschaften auf 45-50% ihrer Gesamtexporte. Der Anteil der Importe, die von Tochterfirmen im Ausland bezogen wurden, an den Gesamtimporten der Muttergesellschaften schwankte im Zeitraum 1977-1996 zwischen 73% und 85%.[657]

Die vorangegangenen Ausführungen zeigen, dass die Automobilindustrie eine Vorreiterrolle im Globalisierungsprozess einnimmt.

### 4.1.3 Die Automobilindustrie und ihre unternehmerische Verantwortung

Die Automobilindustrie erscheint in besonderem Maße zur Untersuchung der unternehmerischen Verantwortung geeignet. Zum einen ist das Potential der Automobilindustrie erheblich, ihrer unternehmerischen Verantwortung im Kontext der Globalisierung gerecht zu werden. Produkte und Leistungen der Automobilbranche sind für die Erfüllung der Bedürfnisse nach Mobilität der Menschen unverzichtbar und leisten einen wichtigen Beitrag zu Problemlösungen anderer Wirtschaftszweige. Auch ist, wie bereits aufgezeigt, kaum

---

654 PricewaterhouseCoopers (2000).
655 Vgl. UNCTAD (1998), S. 29 f.
656 Vgl. UNCTAD (1999), S. 443.
657 Vgl. UNCTAD (1999), S. 447.

eine andere Branche in solchem Maß global tätig und trägt auch als einer der wichtigsten Arbeitgeber im In- und Ausland in hohem Umfang zur Wertschöpfung bei. Dies erlaubt es Automobilherstellern grundsätzlich, ihre nicht unbedeutende Rolle in der Weltwirtschaft verantwortungsvoll im Hinblick auf Reichweite und Intensität ihrer Aktivitäten wahrzunehmen.

Zum anderen steht die Automobilindustrie im besonderen Fokus vieler ***Stakeholder***. Sie befriedigt auf der einen Seite das *Grundbedürfnis nach individueller Mobilität*, verursacht auf der anderen Seite jedoch auch *negative Auswirkungen* durch ihre Produkte und Produktion (Unfälle durch motorisierte Fahrzeuge, Umweltbelastung etc.).

In der ***Öffentlichkeit*** stehen Automobilunternehmungen durch ihre Position und die damit verbundene politisch-wirtschaftliche Stärke gerade auch im Hinblick auf die Auswirkungen der Globalisierung zunehmend in kritischem Licht, wie die schon erwähnten Demonstrationen und Ausschreitungen in Seattle und Davos gezeigt haben.[658] Auch kann eine zunehmende Sensibilisierung der Öffentlichkeit für Umwelt- und Sozialthemen festgestellt werden.

Daneben wird vom ***Staat*** bzw. dem Gesetzgeber durch eine Welle von neuen Umweltgesetzen und EU-Gesetzesentwürfen zur sozialen Verantwortung von Unternehmungen ein erhöhter Druck auf die Unternehmungen der Automobilindustrie ausgeübt. Hinzu kommen Richtlinien wie bspw. die Produkt-Kennzeichnung, die Unternehmungen stärker in ihre Pflichten nimmt und ein höheres Maß an Verantwortung der Unternehmungen fordert. Nicht zuletzt werden die Unternehmungen durch (umweltbezogene) Steuern, wie die Öko-Steuer, dazu veranlasst, ihre Verantwortung anzunehmen. Auch die aktuelle Diskussion über sog. Autoplaketten, die die Emissionsbelastung von $CO_2$-Abgasen der jeweiligen Fahrzeugtypen auszeichnet, und damit verbundene Auflagen und Richtlinien (z.B. Fahrverbote für Fahrzeuge mit zu hohem $CO_2$-Ausstoß) zeigt, dass der Druck auf die Automobilindustrie bezüglich der Verträglichkeit ihrer Produkte steigt.[659]

---

[658] Vgl. Kap. 3.1, ebenda.
[659] Vgl. Spiegel online (2007); BMU (2007).

Nicht nur vom Staat, sondern auch vom ***Finanzmarkt*** wird ein erhöhter Druck auf die Unternehmungen der Automobilindustrie ausgeübt. In den letzten Jahren stieg die Anzahl ökologischer und sozialorientierter Kapitalanlagen kontinuierlich an. Schlagworte wie ***Social Investment*** oder ***Öko-Investment*** dokumentieren den Einzug der mehrperspektivischen Sichtweise auch auf dem Finanzmarkt. Die Einführung globaler Indizes zur Bewertung der Nachhaltigkeit und des sozial-gesellschaftlichen Engagements von Unternehmungen hat dazu geführt, dass sich eine beachtliche Anzahl von Rating-Agenturen dem Thema Nachhaltigkeit und unternehmerische Verantwortung angenommen hat. Exemplarisch seien an dieser Stelle noch einmal die SAM Group mit ihrem DJSI, FTSE4Good und die GRI erwähnt, die an gegebener Stelle der vorliegenden Arbeit noch näher erläutert werden.[660]

Daneben darf auch der Einfluss von ***Verbraucher***- und ***Umweltverbänden*** nicht unterschätzt werden. Neben den wohl in der Öffentlichkeit bekanntesten Institutionen ‚Stiftung Warentest' und ‚Öko-Test' existieren im Bereich der Automobilbranche noch zahlreiche weitere Verbände und Institutionen, die auch in rechtlich-politischer Hinsicht einen erhöhten Druck auf die Unternehmungen der Automobilindustrie ausüben können (z.B. ADAC, VDA, u.a.).

Unternehmungen der Automobilindustrie stehen mit ihren Marken bzw. *Produkten* und *Leistungen* in direktem ***Kunden***kontakt. Positivem Kundennutzen in Form von Befriedigung des Grundbedürfnisses nach individueller Mobilität stehen jedoch auch direkte ***negative Auswirkungen*** ihrer Produkte und ihrer Produktion gegenüber:[661]

- Über 2 Mio. Unfälle in Deutschland (Stand 2005),
- insgesamt rund 450.000 Verunglückte, davon knapp 445.000 Verletzte und 5.361 Unfalltote (Stand 2005),

aber auch

---

660 Vgl. Kap. 4.3.2.4, ebenda.

661 Vgl. im Folgenden VDA (2006), S. 5 u. 134; siehe auch Statistisches Bundesamt (2006), S. 432.

- $CO_2$-Emissionen durch den Autoverkehr,
- Abgabe von Feinstaub durch Dieselmotoren ohne Rußpartikelfilter,
- Vergeudung von rund 12 Mrd. Liter Kraftstoff und ca. 3 Mrd. Arbeitsstunden durch Verkehrsstörungen (Stau, Baustellen, etc.).

Auch wenn die *Unfallzahlen* in den letzten Jahren eine fallende Tendenz aufweisen, haben in Deutschland nach vorläufigen Zahlen für das Jahr 2006 immer noch durchschnittlich 14 Menschen täglich ihr Leben im Straßenverkehr verloren.[662]

Die Automobilindustrie ist sich ihrer Verantwortung gerade im Bereich der (Insassen-)***Sicherheit*** bewusst und hat in den letzten Jahren dazu beigetragen, die Unfallzahlen kontinuierlich zu senken. Im Vorwort des aktuellen Jahresberichtes des VDA heißt es dazu: „In der aktiven Sicherheit, also der Unfallvermeidung, eröffnen sich dank neuer Assistenzsysteme große Potentiale. Vernetzte Systeme bringen uns der Vision vom ‚unfallfreien Fahren' einen kräftigen Schritt näher. Eine Schlüsselstellung hat dabei die Elektronik."[663]

Allerdings gehen nicht nur *Produktgefahren* für Kunden als Fahrer, sondern generell für alle Personen im Straßenverkehr, also auch für die Gesellschaft an sich, hiervon aus.

Produkte und Produktion in der Automobilindustrie haben erhebliche ***Umweltauswirkungen***. Die exemplarisch genannten $CO_2$-Emissionen, Partikel-Emissionen und der Kraftstoffverbrauch stellen dabei Umweltein- und Auswirkungen der Fahrzeuge, also der Produkte der Automobilindustrie, selber dar. Um jedoch alle Umweltauswirkungen der Automobilindustrie in ihrer Gesamtheit in die Analyse zur Unternehmensverantwortung mit einzubeziehen, ist es wichtig, den gesamten ***Produktlebenszyklus***[664] der Produkte zu betrachten.

Dabei zieht sich die Betrachtung angefangen von der *Planung und Entwicklung* der Produkte über die *Logistik* und *Produktion*, den *Gebrauch* der Pro-

---

662 Nach dem vorläufigen Ergebnis des Statistischen Bundesamtes vom 23. Februar 2007 verunglückten im Jahre 2006 insgesamt 426.814 Menschen im Straßenverkehr, dabei wurden 421.720 verletzt und 5.094 getötet; vgl. Statistisches Bundesamt (2007).

663 VDA (2006), S. 4.

664 Vgl. u.a. auch Balderjahn (2004), S. 174 ff.; Promberger/Spiess/Kössler (2006), S. 136 ff.

dukte, ihren *Service* bis letztendlich zur *Produktentsorgung* hin. Als Stichwort zur Entsorgung sei bspw. die Einführung der EU-Altautorichtlinie vom Jahre 2002 genannt, nach der alle Automobilhersteller dazu verpflichtet sind, Altautos zurückzunehmen und einer ordnungsgemäßen Entsorgung zu unterziehen.[665]

Abschließend lässt sich zusammenfassen, dass Unternehmungen der Automobilindustrie mit ihren Marken, Produkten und Leistungen in direktem Kundenkontakt stehen und das Grundbedürfnis der individuellen Mobilität befriedigen können, sich darüber hinaus aber auch den negativen Auswirkungen ihrer Tätigkeiten, bezogen auf ihre Produkte und Produktion, bzw. bezogen auf den gesamten Produktlebenszyklus, bewusst sind und vor allem **Reputationsrisiken** aufgrund fehlender Standards vermeiden wollen. Dies ist auch ein Grund dafür, dass die Automobilindustrie einer der ersten Industriezweige war, der sich intensiv mit den (selbst verursachten) Umweltbelangen auseinandergesetzt hat. Eine hohe Verbreitung vor allem von Umweltstandards in der Automobilindustrie ist ein weiterer Beleg dafür, dass sich die Unternehmungen in der Automobilindustrie ihrer Verantwortung nicht nur gegenüber ihren Kunden und Mitarbeitern bewusst sind, sondern in einem ganzheitlichen Maße Unternehmensverantwortung fördern und versuchen umzusetzen.[666]

Aus den vorangegangenen Erläuterungen wird ersichtlich, warum die Automobilindustrie als Untersuchungsgesamtheit bezüglich der Umsetzung unternehmerischer Verantwortung und nachhaltiger Unternehmensführung dienen kann.

### 4.1.4 Auswahl des Untersuchungsobjektes: Ford of Europe

In einem zweiten Schritt der Festlegung des Untersuchungsobjektes wurde eine konkrete Unternehmung der europäischen Automobilindustrie ausgewählt. Im Rahmen einer Einzelfallstudie wurde das Konstrukt der Unternehmensverantwortung und die Umsetzung des Leitbildes der Nachhaltigkeit auf

---

665 Vgl. VDA (2006), S. 125 f. u. 161 ff.; zur Altautoverordnung siehe auch Häder/Weiland (1996), S. 250 ff.

666 Vgl. u.a. VDA (2006), S. 12.

Unternehmensebene mit Hilfe des SPM-Modells exemplarisch angewandt und auf ihre Praxisfähigkeit hin überprüft.[667]

Die Auswahl der Unternehmung aus der Automobilindustrie im Rahmen der Einzelfallstudie fiel auf ***Ford of Europe (FoE)***, eine Tochtergesellschaft der ***Ford Motor Company (FMC)***.

Die FoE hat ihren Verwaltungssitz in Köln (Deutschland), ist aber mit Produktionsstandorten in ganz Europa und ihrer Verbindung zu dem amerikanischen Mutterkonzern FMC eine global tätige multinationale Unternehmung, die als Untersuchungsobjekt die passenden Voraussetzungen aufweist.

## 4.2 Unternehmensprofil Ford of Europe

In diesem Abschnitt erfolgt eine nähere Darstellung des Untersuchungsobjektes, des Automobilherstellers Ford of Europe (FoE). Dazu wird zunächst ein Unternehmensprofil bezogen auf Sitz, Struktur und Standorte des Mutterkonzerns FMC und der Tochtergesellschaft FoE erstellt. In einem weiteren Schritt werden die FMC und FoE hinsichtlich unternehmensbezogener Aspekte der Unternehmensverantwortung und des Leitbildes Nachhaltiger Entwicklung erörtert und abschließend das ***Konzept der unternehmerischen Nachhaltigkeit bei FoE***, das unter dem Namen ***Corporate Citizenship bzw. Corporate Sustainability*** durch die Stabsstelle Corporate Citizenship erarbeitet wurde, vorgestellt.

### 4.2.1 Ford Motor Company und Ford of Europe

Die Ford Motor Company (FMC) hat ihren Hauptsitz in Dearborn (Michigan, USA). Als weltweit drittgrößter Automobilhersteller[668] produziert die FMC mit über 330.000 Beschäftigten in 105 Werken auf fünf Kontinenten. Der Konzern mit den Marken Ford, Jaguar, Land Rover, Lincoln, Mazda, Mercury und

---

[667] Siehe hierzu vor allem Kap. 4.4, ebenda.

[668] Gemessen am Umsatz, vgl. Kazim (2006), S. 1. „Der einst größte Automobilhersteller der Welt ist heute gemessen am Umsatz nur noch die Nummer drei hinter General Motors und Toyota", Kazim (2006), S. 1.

Volvo sowie den Service-Marken Ford Credit, Genuine Parts & Services und Motorcraft bedient mittlerweile über 200 Märkte auf sechs Kontinenten.[669]

Nach der Firmengründung 1903 in Detroit USA machte sich ihr Gründer Henry Ford vor allem mit seiner außerordentlichen Innovation der Fließbandarbeit einen Namen. Bereits 1913 konnte der Bevölkerung mit dem legendären T-Model, im Volksmund auch Tin Lizzy genannt, bezahlbare Mobilität *für Jedermann* angeboten werden.[670]

Die in den USA schnell wachsende Unternehmung expandiert 1925 nach Deutschland. Am 18. August wird in Berlin die Tochtergesellschaft *Ford Motor Company Aktiengesellschaft* gegründet. Deren Stammsitz wechselt sechs Jahre später von Berlin nach Köln, wo am 4. Mai 1931 das erste A-Modell vom Band läuft. 1939 bekommt das Werk am Rhein den deutschen Namen *Ford-Werke AG.*[671]

Seit 1998 ist das Kölner Werk Sitz der europäischen Führungsspitze, der ***Ford of Europe (FoE)***.

Am 26. November 2004 wird die Ford-Werke AG in eine Gesellschaft mit beschränkter Haftung umgewandelt und trägt seitdem den Namen Ford-Werke GmbH.

Der Standort Köln umfasst zurzeit im Werk Köln-Niehl die Fertigung der Modelle Ford Fiesta und Ford Fusion sowie Motoren-, Getriebe-, Schmiede-, und Gussteile-Produktion (Joint Venture); im Werk Köln-Merkenich ist das John-Andrews-Entwicklungszentrum angesiedelt. Insgesamt arbeiten am Standort Köln rund 17.370 Mitarbeiter aus ca. 57 verschiedenen Nationen (Stand Juli 06).[672] Damit ist Ford größter Arbeitgeber Kölns.[673]

---

669 Vgl. Ford Motor Company (2006a), S.1; Ford Motor Company (2006b), S. 1.
670 Vgl. Banham (2002), S. 30 u. 35; siehe auch Ford Motor Company (2003a).
671 Vgl. Ford Motor Company (2003a).
672 Vgl. o.V. (2006b).
673 Vgl. o.V. (2007a); o.V. (2007b).

***Ford of Europe*** ist eine Tochtergesellschaft der FMC und beinhaltet die europäische Sparte der FMC. Zu den europäischen Standorten gehören Köln (Ford Fiesta/Ford Fusion), Aachen (Ford Forschungszentrum Aachen), Saarlouis (Ford Focus/Ford C-Max); Genk in Belgien (Ford Mondeo/Ford Galaxy/Ford S-Max)); Valencia in Spanien (Ford Ka/Fiesta/Focus); Southampton, Leamington, Bridgend, Dagenham, Halewood in England (u.a. Motoren, ‚Stamping and Tooling Operations'); und daneben noch Otosan Kocaeli in der Türkei (Transit, Motoren und Getriebe) und St. Petersburg[674] in der Russischen Föderation/Russland (Focus).[675]

### 4.2.2 Unternehmensverantwortung und Nachhaltigkeit bei FMC und FoE

Am 16. Juni 2003 feierte das Familienunternehmen seinen 100. Geburtstag. Auch über hundert Jahre nach seiner Gründung wird der Konzern als Familienbetrieb anerkannt und von Familienmitgliedern mitgeleitet. Bill Ford, der Urenkel des Firmengründers Henry Ford, bis Oktober 2006 Geschäftsführer und Vorstandsvorsitzender, bekleidet nunmehr das Amt des ‚Member of Executive board' (Verwaltungsratsvorsitzenden). Durch den engen Bezug des Konzerns zur Gründerfamilie Ford ist die Einstellung des Konzerns zu Verantwortung und Pflichtbewusstsein gegenüber seinen Stakeholdern, insbesondere seinen Mitarbeitern, der Gesellschaft und der Umwelt zu begründen.

> ***„Business must be run at a profit, else it will die. But when anyone attempts to run a business solely for profit and thinks not at all of the service to the community, then also the business must die, for it no longer has a reason for existence."***
>
> *(Henry Ford, 1926)*[676]

Trotz wirtschaftlich schwerer Zeiten und den Berg- und Talfahrten der letzten Jahre hat es der Konzern geschafft, ganz spezielle Werte im Bereich Soziales und Umwelt in seiner Unternehmensphilosophie zu verankern.

---

[674] Die korrekte Bezeichnung des Standortes lautet Leningrad Region bzw. Oblast Leningrad. Die Oblast umfasst den Großraum Sankt Petersburg und reicht von der finnischen und der estnischen Grenze über die Südhälfte des Ladogasees bis zum Onegasee, vgl. Ford Motor Company (2003b); vgl. o.V. (2006a).

[675] Vgl. Ford Motor Company (2003b).

[676] Henry Ford (1926), zitiert aus Ford Motor Company (2003c), S. 1.

***„We are committed to building great cars and trucks, and passing along strong business and a better world to future generations.“***

*(Bill Ford, 2003)*[677]

***Soziale Verantwortung gegenüber der Gesellschaft (gesellschaftliches Umfeld)***

Soziale Verantwortung gegenüber der Gesellschaft wird bei der FMC[678] durch den Begriff *Corporate Citizenship*, also frei übersetzt *‚guter Mitbürger'*, ausgedrückt. In der deutschen Übersetzung wird deutlich, dass die FMC damit die Haltung vertritt, als eine globale Unternehmung auch eine gewisse soziale Verantwortung innezuhaben. Diese versucht die Unternehmung über ihre Rolle als *guter Bürger* wahrzunehmen, indem sie der Gesellschaft „etwas zurückgibt, was über Produkte, Dienstleistungen und Arbeitsplätze hinausgeht“[679]. Basis dafür ist das nachhaltige Wirtschaften und seine drei Säulen: wirtschaftliche Leistung, soziale Verantwortung und Umweltschutz. Die Orientierung an diesen Säulen soll sich nicht nur auf zusätzliche Aktivitäten für die Gesellschaft erstrecken, sondern bei jeglichem Handeln der Unternehmung in der Entscheidungsfindung berücksichtigt werden.[680] Daher definiert Ford seine Corporate-Citizenship-Strategie als Teil seiner grundlegenden Aktivitäten und damit *des Wirtschaftens selbst*.[681]

Als eine explizite Ausprägung der ***sozialen Verantwortung für seine Mitarbeiterinnen und Mitarbeiter*** kann das interne ***Diversity*** genannt werden. Neben den gesetzlich vorgeschriebenen Sozialleistungen (wie Arbeitgeberanteil bei Kranken-, Renten- und Sozialversicherungen) und betrieblichen Zusatzleistungen (wie vermögensbildenden Maßnahmen u.a.) hat der Konzern in den letzten Jahren unter dem Schlagwort *Diversity* eine im besonderen Maße auf soziale Werte ausgelegte Unternehmenskultur entwickelt. Ulrich Schumacher, damaliger Vorstand Personal- und Sozialwesen der Ford-Werke AG, schreibt im Vorwort der ersten deutschen Ausgabe des Diversity Reports im Jahr 2002: „Vielfalt ist eine der Stärken unseres Unternehmens,

---

677 Bill Ford (2003), zitiert aus Ford Motor Company (2003c), S. 1.

678 Im Weiteren wird der Übersicht halber die FMC stellvertretend auch für ihre Tochterkonzerne, insbesondere der FoE, genannt. Alle Aussagen beziehen sich demnach, wenn nicht explizit anders darauf hingewiesen wird, auf den Konzern FMC **und** FoE.

679 Vgl. FoG (2002a), S.4.

680 Inhalte des Corporate Citizenship bei Ford sind zum Beispiel das klassische Corporate Volunteering und das Community Involvement, siehe auch Kapitel 4.1.3.

681 Vgl. FoG (2002a), S. 32.

in dem Mitarbeiter aus 57 Nationen zusammenarbeiten. Deshalb ist Diversity seit Jahren ein Eckpfeiler der weltweiten Ford-Unternehmenskultur“[682].

Neben anderen Elementen steht Diversity im Wesentlichen für Wertschätzung einer jeden Mitarbeiterin und eines jeden Mitarbeiters, unabhängig davon, welcher Nationalität, Religion, sexuellen Identität oder gesellschaftlicher Gruppe sie oder er angehört. Diversity ist weder ein Programm noch eine Initiative. Der Begriff soll vielmehr den ganzheitlichen Ansatz verdeutlichen, der die Unterschiedlichkeit der Mitarbeiterinnen und Mitarbeiter als Chance und Potential für diese selbst, aber auch die Unternehmung versteht.[683] Als sichtbarer Ausdruck hierfür können vielfältigste Aktivitäten in der Unternehmung (z.B. die sog. Work-Life-Balanced: eine vorgegebene Woche im Jahr, die ganz unter dem Aspekt des Diversity mit verschiedenen Vorträgen, Veranstaltungen und Exkursionen für Mitarbeiterinnen und Mitarbeiter veranstaltet wird) genannt werden, an denen sich eine große Anzahl von Mitarbeiterinnen und Mitarbeitern aktiv beteiligt und ständig neue Ideen entwickelt, die langfristig eine Kulturveränderung im Sinne von Diversity bewirken sollen.[684]

Dadurch, dass die Unternehmung ihre Mitarbeiter zu fairem Verhalten ermutigt und sie in diesem Bestreben unterstützt, dient sie auch sich selbst, so meint Ulrich Schumacher: „Ford wird für Mitarbeiter und für potentielle Bewerber zu einem *employer of choice*, für den man gerne arbeitet oder zukünftig gerne arbeiten möchte“[685].

Neben dem Diversity-Programm existieren noch weitere Maßnahmen und Programme im Rahmen des Corporate Citizenship der FMC und FoE, die an gegebener Stelle der vorliegenden Arbeit näher erläutert werden.[686]

---

682 FoG (2002b), S.2.
683 FoG (2002b), S.2.
684 Eines der wichtigsten Ergebnisse auf dem Wege zu dieser Kulturveränderung ist die im Februar 2002 abgeschlossene Betriebsvereinbarung zum partnerschaftlichen Verhalten am Arbeitsplatz. Wenn deren grundlegende Inhalte zur Selbstverständlichkeit werden, ist dies die Basis für alle weiteren Schritte, so Ulrich Schumacher, Vorstand Personal- und Sozialwesen der Ford-Werke AG, 2002.
685 FoG (2002b), S.2.
686 Siehe zum Konzept des Corporate Citizenship bzw. des Corporate Sustainability bei FoE Kap. 4.2.4 und 4.4, ebenda.

### *Ökologische Verantwortung*

Die seit 1998 für die gesamte Ford of Europe (einschließlich Ford Werke GmbH) implementierten Umweltmanagementsysteme ISO 14001 und EMAS sind ein erster Schritt zur Operationalisierung und Einbindung ökologischer Verantwortung und ökologischer Aspekte in die Zielsysteme des Konzerns. FoE war 1998 damit einer der ersten Automobilhersteller, der ISO 14001 sowohl in seinen gesamten Produktionsstätten und Betrieben als auch bei ihren Zulieferern in Europa eingeführt hat.[687]

Neben diesen zum Teil nur auf Europa zutreffenden Bestrebungen der FMC, sich neben seiner rein ökonomischen Verantwortung auch der sozialen und ökologischen Verantwortung zu stellen, zeichnet sich auch für den weltweiten Konzern ein Wandel zu nachhaltigem Werteaufbau hin ab.

### *Nachhaltigkeit und Unternehmensverantwortung*

Aussagekräftig bestätigt dies ein Zitat von Bill Ford, damals noch Chairman und CEO der FMC, im Vorwort des Nachhaltigkeitsreports ‚Our Route To Sustainability' 2004/2005:

> *„At Ford Motor Company, we have made sustainability a long-term strategic business priority. The reason is simple: we are a 100-year-old company, and I want us to become a 200-year-old company. Sustainability is about ensuring that our business is innovative, competitive and profitable in a world that is facing major environmental and social changes."*[688]

Die FMC hat das Leitbild einer Nachhaltigen Entwicklung (Sustainability) angenommen, das sich in Form einer Ausrichtung auf langfristige strategische Unternehmensführung mit den Zielen langfristiger Wettbewerbsfähigkeit und langfristiger Existenzsicherung darstellt. Dabei liegt die Betonung auf der Ausrichtung der Langfristigkeit und der Berücksichtigung ökologischer und sozialer Aspekte:

> *„Our success as a business in the near term is a prerequisite to any strategy for future growth. However, our responsibility to our costumers, shareholders, employees and communities includes preparing for future without delay. While nobody can confidently predict what the world will look like a few decades from now, it is clear that strong, profitable compa-*

---

[687] Siehe auch FoG (2007).

[688] Ford Motor Company (2005a), S. 2.

*nies going forward will be the ones that strive for sustainable use of environmental and social capital in a rapidly growing global economy."*[689]

Als grundlegende Elemente einer nachhaltigen Unternehmensausrichtung nennt Bill Ford im Rahmen des ***'Business Case'*** folgende Aspekte und Herausforderungen:

- ***Vermeidung und/oder Verminderung des Ressourcenverbrauches insbesondere nicht-erneuerbarer Ressourcen***;

  *„Reduced use of non-renewable resources will help us cut material and operating cost and avoid the growing volatility of commodity prices."*[690]

- ***Umweltfreundliche Produkte und Technologien fördern;***

  *„Society's growing concern for environmental issues is creating growth markets for innovative 'green' products and technologies that generate new sources of revenue."*[691]

- ***Wachsende Anzahl und steigende Bedeutung von gesetzlichen Regulierungen bezüglich ökologischer und sozialgesellschaftlicher Anliegen;***

  *„Increasingly stringent government regulations around the world will favor companies that are best positioned to address underlying environmental and social priorities."*[692]

- ***Kunden orientieren sich zunehmend an ökologischen und sozialen Aspekten bei der Bewertung von Unternehmungen und bei ihren Kaufentscheidungen und***

  *„Research confirms that consumers assign increased brand value to companies that demonstrate a strong commitment to environmental and social responsibility."*[693]

- ***Arbeitsmarktbedingungen und Mitarbeiterrekrutierung vor dem Hintergrund einer nachhaltigen Unternehmensführung werden an Bedeutung gewinnen.***

  *„Sustainable companies are better able to attract and retain talented employees."*[694]

Die FMC definiert dabei für sich ***Nachhaltigkeit*** als ***langfristige Unternehmensstrategie***, die neben Aspekten der ökonomischen Dimension gerade

[689] Ford Motor Company (2005a), S. 2.
[690] Ford Motor Company (2005a), S. 2.
[691] Ford Motor Company (2005a), S. 2.
[692] Ford Motor Company (2005a), S. 2.
[693] Ford Motor Company (2005a), S. 2.
[694] Ford Motor Company (2005a), S. 2.

auch solche der ökologischen und sozialen Dimension gleichberechtigt und gleichbedeutend nebeneinander in ihrer Unternehmensführung verankert.

> *„Put another way, tackling environmental and social issues is not something a company does after it is profitable; it must be something we do to be more profitable. In part, that's because these issues touch every aspect of the economies in which we operate."*[695]

Auf dem Weg zu einer nachhaltigen Unternehmung hat die FMC drei wichtige (Weg-)Richtungen identifiziert, auf denen ihr strategisches Management im Rahmen ihrer nachhaltigen Unternehmensführung aufbaut:[696]

- Integrationsstrategie entwickeln und umsetzen,
- technologische Innovationen vorantreiben,
- externe Kommunikation und Stakeholder-Dialoge fördern.

***Integrationsstrategie***

Die Identifikation und Erkenntnis, dass die Umsetzung des Leitbildes der Nachhaltigen Entwicklung ein wichtiger Grundstein für eine langfristige Wettbewerbsfähigkeit und Existenzsicherung und somit Kern des ökonomischen Erfolges selber ist, führt bei der FMC zur Formulierung der sog. ***Integrationsstrategie***[697]. Inhalte der Integrationsstrategie sind u.a. die Entwicklung von Kennzahlen, Zielgrößen und Zeitplänen, die Aspekte einer Nachhaltigen Entwicklung auf Unternehmensebene – vor allem in das strategische Management – integrieren sollen. Dabei bildet die Einbindung von Interessengruppen die Basis und Grundlage des Strategieaufbaus. Daraufhin sollen stakeholder- und nachhaltigkeitsorientierte Strategien definiert, Unternehmensplanung und Maßnahmen entwickelt und umgesetzt und diese durch den Auf- und Ausbau von Überwachungs- und Controllingsystemen gesteuert und bewertet werden. Die Dokumentation und Kommunikation dieser Prozesse bildet die letzte Stufe der Integrationsstrategie.

> *„Since we see sustainability as core to our business success, we are working to develop metrics, targets, and milestones to be explicitly inte-*

[695] Ford Motor Company (2005a), S. 3.
[696] Vgl. Ford Motor Company (2005a), S. 3; Ford Motor Company (2006c), S. 4 f.; Ford Motor Company (2006d).
[697] Siehe im Folgenden Ford Motor Company (2003c), S. 6; Ford Motor Company (2005a), S. 3; Ford Motor Company (2006c), S. 4. Zur näheren Erläuterung der Integrationsstrategie siehe auch Kap. 4.2.3, ebenda.

*grated into our business plan, alongside the fundamentals of quality, cost and revenue, products and relationships. We 're also working on the difficult challenge of reconciling short-term imperatives to deliver financial returns with the investments required to realize long-term opportunities.'*[698]

***Technologische Innovationen***

Nach Auffassung der FMC stellen technologische Innovationen den Schlüssel zur Bewältigung ökonomischer, ökologischer und sozial-gesellschaftlicher Probleme in der Zukunft dar.[699] Sie sind außerdem die Schnittstelle zwischen den Forderungen nach verringerten Treibstoffverbräuchen und $CO_2$-Emissionen ihrer Fahrzeuge, der Befriedigung der Kundenwünsche weltweit und der Umsetzung einer nachhaltigkeitsorientierten Unternehmensführung.

*„I believe that technological innovation is at the heart of our heritage and our future. It is the only way to meet our simultaneous ambitions: reducing the fuel use and greenhouse gas emissions of our vehicles, satisfying diverse customers around the world and transforming our business for sustained profitability. As we have worked to confront these challenges, it has become increasingly clear that no single technology on the horizon will enable our industry to play its full part in stabilizing levels of atmospheric $CO_2$. A multiple technology strategy is needed to produce the results we seek and allow us to adapt to the diverse and changing needs of our costumers and our business."*[700]

***Externe Kommunikation und Stakeholder-Dialog***

Ein elementarer Bestandteil der *neuen Ausrichtung* der FMC ist die Identifikation und Einbeziehung relevanter Stakeholder und ihrer Bedürfnisse in die Strategie- und Zielbestimmung der FMC.

*„New business challenges require new thinking, which in turn requires new relationships in the communities in which we operate. The history of industry is littered with the remains of companies that rigidly defended their world view through their policies, strategies, marketing and relationships. On issues of broad public concern, efforts to increase mutual understanding are usually more productive than an adversarial defence of special interests. That's why engagement with policy makers, advocacy groups, consumers, investors, business partners and employees is a cornerstone of our drive to realize our vision."*[701]

Im Rahmen eines 'high-level Stakeholder Forums' im Jahre 2000 wurde u.a. festgestellt, dass die Themen ***Klimawandel*** und ***Menschenrechte*** von rele-

---

698 Ford Motor Company (2005a), S. 3.
699 Vgl. Ford Motor Company (2006c), S. 5 f.
700 Ford Motor Company (2006c), S. 5.
701 Ford Motor Company (2005a), S. 3.

vanten (sog. ‚high-level') Stakeholdern als die bedeutenden Themen der Zukunft angesehen werden. Daraufhin wurden diesbezüglich verstärkt Strategien und Maßnahmen zur Bewältigung dieser Problemfelder entwickelt und umgesetzt.[702]

> *„Nearly six years ago, we convened a high-level stakeholder forum that predicted that the issues of climate change and human rights would be increasingly important to our industry and our Company. We have worked since then to account for these issues in how we do business."*[703]

Die vorangestellten Erläuterungen zeigen eine werteorientierte und nachhaltigkeitsbezogene Neuausrichtung der Unternehmensvision der FMC und somit auch von FoE. Neben dieser neuen inhaltlichen Ausgestaltung auf normativer Unternehmensebene ist gerade die Umsetzung auf der strategischen und operativen Ebene von größter Bedeutung. Mit der im Rahmen der Umstrukturierung und Neuausrichtung der Unternehmensvision der FMC und FoE stattgefundenen Einführung werteorientierter und nachhaltigkeitsbezogener Leitlinien und Geschäftsgrundsätze im Jahre 2002, die bei der FMC als ***Business Principles***[704] bezeichnet werden, wurde ein erster Versuch unternommen, eine Orientierungshilfe für die strategische und operative Umsetzung einer werteorientierten und nachhaltigen Unternehmensführung zu geben.

Die inhaltliche Ausgestaltung der *Business Principles* und damit der Einzug nachhaltigkeitsorientierter Aspekte in das Zielsystem der FMC werden im folgenden Kapitel erläutert.

### 4.2.3 Unternehmensverantwortung und Nachhaltigkeit im Zielsystem bei FoE

In einem weiteren Schritt sollen die Unternehmensverantwortung und ihre erste Verankerung in der Unternehmensführung und in der Unternehmensstrategie der FMC und FoE aufgezeigt werden, um durch eine kritische Analyse eventuelle Lücken und Schwächen bei deren Umsetzung auf allen Unternehmensebenen aufzudecken. Die sog. ***Business Principles*** der FMC –

---

[702] Vgl. Ford Motor Company (2006c), S. 4 f.; Ford Motor Company (2005a), S. 3.
[703] Ford Motor Company (2006c), S. 4.
[704] Vgl. Ford Motor Company (2003c), S. 7.

als *Leitlinien*, ‚*Codes of Conducts*' oder *Geschäftsgrundsätze* bei FoE bezeichnet – stellen die Basis der weiteren Untersuchung dar.

> „*There are no shortcuts to sustaining our success for another century. To maintain the financial health that is essential for our survival, we are revitalizing our values as well as our business plans. That's what it will take for us to create greater value for all our stakeholders and have an even more positive impact on the lives of people around the world in our next 100 years.*"[705]

Mit diesen Worten begann Bill Ford im Jahre 2003 im Rahmen der 100-Jahrfeier der FMC seine Rede zur Vorstellung einer ***neuen Unternehmensvision***, die in Form der Einführung der sog. ***Business Principles*** (Geschäftsgrundsätze) und der damit verbundenen Implementierung der sog. ***Turnaround-Strategy (Integrationsstrategie)***[706] den Weg zu einer werteorientierten und nachhaltigen Unternehmensführung darstellt. Unter dem Motto ‚*Revitalizing our Business and our Values*' sollten die Business Principles dazu dienen, traditionelle Werte – erweitert um Werte und Aspekte einer Nachhaltigen Entwicklung – neu in die laufenden Geschäftspraktiken einfließen zu lassen, um diese tagtäglich umzusetzen und auch ‚auszuleben':

> „*To inspire us to make our values come alive in our current business practices, we have adopted a set of Business Principles for our next 100 years.*"[707]

Die *Business Principles* reflektieren und systematisieren die Werte der bisherigen Firmengeschichte und zukünftiger Ambitionen der FMC und ihrer Tochterkonzerne, somit auch der FoE. Dabei wird explizit darauf hingewiesen, dass zum einen die ***Erstellung*** solcher Grundsätze einen wichtigen Schritt zu einer werteorientierten und nachhaltigen Unternehmensführung darstellt, dass aber zum anderen für den Erfolg dieser Maßnahme die ***Umsetzung*** dieser Prinzipien in Aktivitäten und Verhaltensweisen der Unternehmung und ihrer Mitarbeiter als entscheidender anzusehen ist.[708]

---

705 Ford Motor Company (2003c), S. 2.

706 Die Turnaround-Strategy ist Teil der Integrationsstrategie der FMC. Siehe zur Integrationsstrategie auch Kap. 4.2.2, ebenda.

707 Ford Motor Company (2003c), S. 2.

708 Vgl. Ford Motor Company (2003c), S. 6.

*„They [the Business Principles, Anmerk. des Verf.] will enable us to address the balance required in all of our decisions. They will help us be a trusted Company that people want to work for, partner with, invest in, buy from and welcome into their communities."*[709]

Die *Business Principles* sollen fester Bestandteil der Berichterstattung der FMC und somit auch für FoE werden. Sie sollen der Unternehmung bei der Vermittlung ihres ***Corporate-Citizenship-Ansatzes***[710], sich der Öffentlichkeit stärker zu öffnen und nachhaltige Aspekte in ihre Unternehmensführung zu integrieren, helfen und dessen Umsetzung gegenüber internen und externen Stakeholdern unterstützen.

Die damit verbundene stärkere Einbindung von Stakeholdern als relevante Anspruchsgruppen soll dazu beitragen, dass von innen und außen herangetragene relevante ökologische bzw. umweltpolitische, sozial-gesellschaftliche und wirtschaftliche Angelegenheiten und Aspekte wahrgenommen, identifiziert und in die Gestaltung und Umsetzung unternehmenseigener Strategien und Zielgrößen einfließen.

Die *Business Principles* stellen somit den Rahmen für die langfristige Einführung einer unternehmensweiten Nachhaltigkeit dar. Sie bilden einen Anfang, aber gleichzeitig auch die Grundlage für weitere ständige Verbesserungen:

*„Using Business Principles to integrate sustainability at Ford."*[711]

---

[709] Ford Motor Company (2003c), S. 6.
[710] Zum Corporate Citizenship Konzept bei FoE siehe vor allem Kap. 4.2.4 und 4.4, ebenda.
[711] Ford Motor Company (2003c), S. 6.

Folgende Abbildung zeigt die ***Business Principles*** der FMC:

**Accountability**
We will be honest and open and model the highest standards of corporate integrity.

**Products and customers**
We will offer excellent products and services.

**Environment**
We will respect the natural environment and help preserve it for future generations.

**Safety**
We will protect the safety and health of those who make, distribute or use our products.

**Community**
We will respect and contribute to the communities around the world in which we work.

**Quality of relationships**
We will strive to earn the trust and respect of our investors, customers, dealers, employees, unions, business partners and society.

**Financial health**
We will make our decisions with proper regard to the long-term financial security of the Company.

**Abbildung 34: Business Principles der FMC und FoE**[712]

Die FMC sieht es als ihre Verpflichtung an, durch das Angebot erstklassiger automobiler Produkte und Dienstleistungen langfristige Werte für ihre Aktionäre und Stakeholder zu schaffen. Dies muss nach Ansichten der FMC in verantwortungsvoller und ethisch korrekter Art und Weise geschehen. Die obenstehenden Grundsätze sollen die unternehmerischen Entscheidungen und Handlungen der FMC weltweit leiten und somit Standards setzen, anhand derer die Unternehmung sich selber beurteilen aber auch besser beurteilt werden kann.[713]

---

712 In Anlehnung an Ford Motor Company (2003c), S. 7.
713 Vgl. Ford Motor Company (2003c), S. 7.

Folgende Erläuterungen fassen den Inhalt der jeweiligen Prinzipien aus Sicht der FMC zusammen:[714]

***Accountability – Verantwortlichkeit***

***„We will be honest and open and model the highest standards of corporate integrity."***[715]

Die FMC möchte ehrlich, offen und transparent handeln und an sich selbst die höchsten Ansprüche in Bezug auf unternehmerische Integrität stellen. Dies möchte sie u.a. dadurch erreichen, indem sie durch öffentliche Bekanntmachungen und regelmäßige Berichterstattungen ihre Verantwortung gegenüber den Bedürfnissen und Anforderungen ihrer Stakeholder hinsichtlich der Auswirkungen ihrer Tätigkeiten, Produkte und Dienstleistungen zum Ausdruck bringt. Darüber hinaus sollen klare und deutliche Erklärungen und Stellungnahmen an die Öffentlichkeit gegeben, Interessenkonflikte der Stakeholder identifiziert, beurteilt und wenn möglich vermieden und jede Art von Vorteilsnahme (Bestechung) verurteilt werden.

***Products and customers – Produkte und Kunden***

***„We will offer excellent products and services."***[716]

Die FMC möchte erstklassige Produkte und Dienstleistungen anbieten. Die Fokussierung auf die Zufriedenheit der Kunden und die Loyalität ihnen gegenüber, die Einhaltung von Versprechen, eine frühe und richtige Einschätzung der Marktentwicklungen, um Kundenbedürfnisse rechtzeitig zu erkennen, und das Angebot von innovativen Produkten und Dienstleistungen, die sich durch hohe Funktionalität, Qualität, Sicherheit, Umweltverträglichkeit und ein optimales Kosten-Nutzen-Verhältnis auszeichnen, stellen die inhaltliche Ausgestaltung dieses Geschäftsgrundsatzes dar.

---

[714] Siehe dazu im Folgenden Ford Motor Company (2003c), S. 7; vgl. auch Ford Motor Company (2005b); Ford Motor Company (2006d).

[715] Ford Motor Company (2003c), S. 7

[716] Ford Motor Company (2003c), S. 7

***Environment – Umwelt***

***„We will respect the natural environment and help preserve it for future generations.“***[717]

Die FMC wird die Natur und ihre Umwelt respektieren und dazu beitragen, sie für künftige Generationen zu bewahren. Dazu wird die FMC fortlaufend an umweltverträglichen Systemlösungen arbeiten und die Auswirkungen ihrer Geschäftstätigkeiten auf die Umwelt kontinuierlich reduzieren, um ihrer Selbstverpflichtung nachzukommen, zu einer nachhaltigen Entwicklung beizutragen. Des Weiteren soll der Ressourcenverbrauch – insbesondere die Nutzung gesundheitsrelevanter Materialien und nicht erneuerbarer Rohstoffe – gemessen, analysiert und umsichtig gehandhabt sowie Verschwendungen jeglicher Art vermieden werden.

***Safety – Sicherheit***

***„We will protect the safety and health of those who make, distribute or use our products.“***[718]

Die FMC möchte die Sicherheit und Gesundheit derjenigen Menschen im besonderen Maße schützen, die ihre Produkte fertigen, vertreiben und/oder nutzen. Dazu sollen insbesondere Arbeitsplätze geschaffen werden, die so weit wie möglich die Arbeitssicherheit garantieren. Um dies zu erreichen, müssen die bei der Produktion auftretenden Gefahren auf ein Mindestmaß begrenzt werden. Aber auch der Gebrauch der Produkte muss größtmögliche Sicherheit gewährleisten.

***Community – Gesellschaft***

***„We will respect and contribute to the communities around the world in which we work.“***[719]

Die FMC respektiert die Gesellschaften und die Kulturen, in denen sie weltweit tätig ist, und möchte ihnen etwas zurückgeben. Dies möchte die FMC

[717] Ford Motor Company (2003c), S. 7
[718] Ford Motor Company (2003c), S. 7
[719] Ford Motor Company (2003c), S. 7

erreichen, indem sie unter Wahrung der Unternehmensinteressen die grundlegenden Rechte aller Menschen, die in ihren Geschäftsbereichen und der gesamten Wertschöpfungskette tätig sind, respektiert und stärkt, sensibel ist in Bezug auf die verschiedenen Kulturen der Gemeinschaften, in denen sie tätig ist, und diese gegebenenfalls verantwortungsvoll und für beide Seiten vorteilhaft unterstützt.

***Quality of relationships – Stakeholder-Dialog***

***„We will strive to earn the trust and respect of our investors, costumers, dealers, employees, unions, business partners and society.“***[720]

Die FMC strebt nach Vertrauen und Respekt ihrer Investoren, Kunden, Händler, Mitarbeiter und ihrer Vertretungen, sowie Geschäftspartnern und der Gesellschaft. Um dies zu erreichen, möchte die FMC zum einen eine Kultur der verantwortungsvollen Partnerschaft fördern und bewahren, die für alle Seiten vorteilhaft ist. Zum anderen möchte die FMC individuelle Fähigkeiten sowie Teamfähigkeiten entwickeln und fördern, so dass alle Mitarbeiter ihr volles Leistungspotential ausschöpfen und zum Erfolg der FMC beitragen können. Des Weiteren möchte die FMC für ein Geschäftsklima sorgen, das Innovationen, Lernprozesse und außerordentliche Leistungen hervorbringt. Dabei möchte sie bewusst die Vorteile nutzen, die sich aus einer vielfältigen Belegschaft und aus den unterschiedlichen Perspektiven ihrer Geschäftspartner ergeben.

***Financial health – Sicherung der Finanzielle Sicherheiten***

***„We will make our decisions with proper regards to the long-term financial security of the Company.“***[721]

Die FMC möchte nicht zuletzt ihre Entscheidungen im Hinblick auf eine langfristige finanzielle Sicherheit der Unternehmung treffen. Dies wird die FMC erreichen, indem sie für ihre Shareholder Werte schafft, die auch zu einer langfristigen nachhaltigen Werteentwicklung beitragen und darüber hinaus –

---

[720] Ford Motor Company (2003c), S. 7
[721] Ford Motor Company (2003c), S. 7

u.a. zugunsten des Erhalts ihrer Wettbewerbsvorteile und eines langfristigen Wachstums – ein nachhaltiges Vertrauen ihrer Shareholder anstrebt.

Nach der Aufstellung und Einführung der Business Principles in 2002 wurden diese in den Folgejahren schrittweise in alle Geschäftsbereiche integriert. Dabei stellte die Integration der Geschäftsgrundsätze in die laufenden Geschäftsprozesse eine erhebliche Herausforderung für die FMC dar. ‚*Business plans*' und ‚*scorecards*' wurden an die Herausforderungen der Business Principles angepasst. Dazu mussten u.a. neue Strategien und Ziele definiert werden, die wiederum zur Anpassung auf operativer Unternehmensebene führten bzw. führen sollten.

Bspw. wurden für die *nordamerikanische Produktions-Scorecard* der FMC folgende Scorecardelemente definiert, die weitestgehend inhaltlich mit den ‚Business Principles' übereinstimmten:[722]

| Scorecard Elemente | Business Principles |
|---|---|
| Safety | Safety |
| Quality | Products and Costumers |
| Delivery of products | Products and Costumers |
| Cost | Financial Health |
| Morale | Quality of Relationship, Community |
| Environment | Environment |

**Tabelle 14: Scorecard Elemente und Business principles**

Zur Unterstützung und Begleitung dieser Umstrukturierungsmaßnahmen wurde die ***‚Turnaround-Strategy'*** aufgestellt, die die Vision und Integration einer *Nachhaltigen Entwicklung* in die Unternehmensführung der FMC umzusetzen helfen sollte.[723]

[722] Siehe hierzu auch Ford Motor Company (2006d).
[723] Vgl. Ford Motor Company (2003c), S. 6 f.

Folgende Abbildung zeigt Stufen und Elemente dieser Strategie:

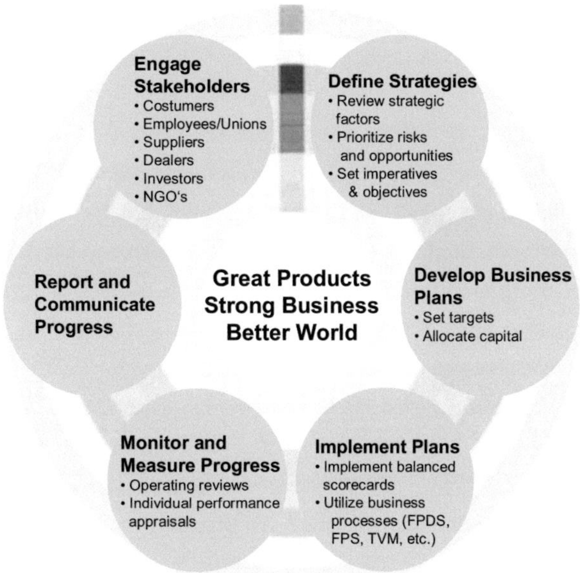


**Abbildung 35: Turnaround-Strategy der FMC**[724]

Die *Turnaround-Strategie* setzt sich aus sechs Stufen bzw. Elementen zusammen, die einen Maßnahmen-Kreislauf bilden. Sie soll die Integration nachhaltiger Aspekte in die Unternehmensführung unterstützen, indem sie in ihren einzelnen Schritten Maßnahmen definiert, die in Bezug auf die Business Principles der FMC auszugestalten und umzusetzen sind. Im Einzelnen beinhalten die jeweiligen Stufen folgende Aspekte:[725]

### *Engage Stakeholders – Einbindung von Stakeholdern*

Eine verstärkte Einbindung von Stakeholdern und die damit verbundene intensive Einbeziehung von Stakeholderinteressen in die Unternehmensführung und vor allem in die Entscheidungsfindung der Unternehmung stellt die Grundlage der Turnaround-Strategie dar. Dazu soll der Stakeholder-Dialog

---

[724] In Anlehnung an Ford Motor Company (2003c), S. 6. Dabei spiegelt die farbliche Unterlegung die Anlehnung an die 'Ford Business Principles' wider, vgl. auch Abbildung 34, ebenda.

[725] Im Folgenden siehe Ford Motor Company (2003c), S. 6.

gefördert werden und die Transparenz der Unternehmung bzw. ihrer Geschäftstätigkeiten gegenüber der Öffentlichkeit ausgebaut werden.
Als relevante Stakeholder sieht die FMC hier vor allem ihre Kunden, Mitarbeiter, Gewerkschaften, Lieferanten, Händler, Investoren und NGO´s.

***Define Strategies – Definition von Strategien***

Aufbauend auf den Erkenntnissen der vorangegangenen Stakeholder-Analyse werden daraufhin werteorientierte und nachhaltigkeitsbezogene Strategien für das strategische Management entwickelt oder bestehende Strategien angepasst. Hauptbestandteil dieser Phase ist die Identifikation und Überprüfung strategischer Faktoren und ihrer Bedeutung für die FMC. Daraus werden Richtlinien und Ziele für die strategische und operative Unternehmensebene hergeleitet und festgelegt.

***Develop Business Plans – Entwicklung von Unternehmensplanungen***

Die Entwicklung der unternehmenseigenen ‚Business Plans' hat bei der FMC eine lange Tradition. Sie beschreiben für jeden Geschäftsbereich die jeweiligen Tätigkeiten, stellen Ziele auf und geben Maßnahmen vor, durch die die Zielereichung sichergestellt werden soll. Im *Business Plan* wird außerdem festgelegt, wie viel Kapital der jeweiligen Geschäftseinheit zugebilligt wird, um diese Ziele und ihr Tagesgeschäft zu bewältigen. Durch die Einführung der *Business Principles* sollen die *Business Plans* ebenfalls auf ihre Nachhaltigkeitsorientierung hin überprüft und gegebenenfalls angepasst werden.

***Implement Plans – Implementierung von Unternehmensplanungen***

Bei der Implementierung der so ‚neu ausgerichteten' Business Plans soll darauf geachtet werden, dass im Sinne des Nachhaltigkeitsgedankens geeignete Instrumente für die Umsetzung der Inhalte der Business Plans zum Einsatz kommen. Als Instrumente sieht die FMC zum einen ausgewogene *Scorecards (Balanced-Scorecards)*[726] vor, deren Aufbau sich – wie schon an einem Beispiel gezeigt – an den Kategorien der Business Principles orientie-

---

[726] An dieser Stelle sei darauf hingewiesen, dass es sich bei den hier bezeichneten *Balanced-Scorecards* nicht um die gleichnamigen aus der Literatur bekannten Scorecards handelt. Siehe hierzu auch Erläuterungen an oben genannter Stelle, ebenda.

ren soll.[727] Zum anderen sollen vermehrt Instrumente zur Prozessorientierung eingesetzt werden. Dabei spielen die schon vorhandenen unternehmensinternen Betriebsprozesssysteme (wie u.a. FPDS[728], FPS[729]) eine entscheidende Rolle.

### *Monitor and Measure Progress – Überwachung und Steuerung von Fortschritten*

Die Überwachung und Steuerung von Fortschritten soll mittels der sog. ‚*operating reviews'* unterstützt werden. Diese in regelmäßigen Zeitabständen abgefragten Berichte der einzelnen Geschäftseinheiten sollen die Betriebsabläufe und -prozesse kontinuierlich überprüfen und möglichst früh Abweichungen oder Unregelmäßigkeiten aufzeigen. Neben der Überprüfung und Steuerung der Betriebsabläufe bzw. Prozesse sollen auch die Leistungen und das Verhalten der Mitarbeiter der FMC durch individuelle Leistungsüberwachungen beurteilt werden.

### *Report and Communicate Progress – Meldung und Übermittlung von Fortschritten*

In einem letzten Schritt sollen die so gewonnenen Informationen über die Entwicklung oder Veränderungen der Geschäftstätigkeiten der FMC durch ein fest vorgeschriebenes Melde- und Übermittlungswesen in das strategische Management einfließen.

Die Einführung der *Business Principles* und die Aufstellung der *Turnaround-Strategy (Integrationsstrategie)* haben dazu geführt, dass werteorientierte und nachhaltigkeitsbezogene Aspekte Einzug in einige Maßnahmen und Instrumente der FMC auf strategischer und teilweise auch auf operativer Unternehmensebene hielten und immer noch halten. Jedoch gibt es neben dieser recht positiven Darstellung und Beurteilung der Business Principles und der Turnaround-Strategie auch einige Schwächen und Problemfelder, auf die an gegebener Stelle der vorliegenden Arbeit noch näher eingegangen werden soll.

---

[727] Vgl. Tabelle 14, ebenda.
[728] FPDS steht für Ford Product Development System.
[729] Mit FPS wird das Ford Production System bezeichnet.

Ein als gravierend einzustufender Mangel ist jedoch in der Aufstellung der so bezeichneten *‚balanced-scorecards'* zusehen. Sie wurden zwar gegenüber den traditionellen auf rein ökonomischen Daten bezogenen Scorecards schon durch ökologische und soziale Daten erweitert und somit auch zum Teil berechtigterweise als *‚balanced',* bezogen auf ihre Mehrdimensionalität, bezeichnet, weisen jedoch keine Wirkungszusammenhänge zwischen den einzelnen Elementen auf.[730] Im Hinblick auf eine nachhaltigkeitsorientierte Unternehmensführung und den Einsatz nachhaltigkeitsbezogener Instrumente sollte jedoch gerade diese Interdependenz der ökonomischen, ökologischen und sozialen Dimensionen im Vordergrund stehen.

Um diese Lücke zu schließen, wurde im Jahre 2002 ein Pilotprojekt mit dem Ziel gestartet, ein in hohem Maße die Kriterien und Herausforderungen der Nachhaltigkeit erfüllendes Instrumentarium und Konzept zu entwickeln, welches die Nachhaltigkeitsleistung der einzelnen Geschäftsbereiche und somit der gesamten Unternehmung besser zum Ausdruck bringen sollte.

Als Untersuchungsobjekt wurde von der FMC die ***FoE*** ausgewählt. Grund hierfür war u.a. die erfolgreiche Einführung von ***Umweltstandards*** (ISO 14001 und EMAS) bei der FoE, durch die sie sich als europäische Sparte der FMC bereits eine Vorreiterrolle im Bereich der ökologischen Verantwortung und im Hinblick auf Nachhaltigkeitsaspekte verschafft hatte. Durch diese ‚Vorkenntnisse' wurde sie als bevorzugtes Untersuchungsobjekt ausgewählt, um ein Konzept zur Nachhaltigkeitsleistungsmessung auf strategischer und operativer Unternehmensebene aufzubauen. Hierzu wurde das Konzept des *Corporate Citizenship* bzw. das Modell der *Corporate Sustainability* bei FoE entwickelt.

### 4.2.4 Das Konzept der unternehmerischen Nachhaltigkeit bei FoE: Corporate Citizenship

Ausgehend von den im vorherigen Kapitel erläuterten Business Principles wurde bei FoE zunächst unter dem Namen ***Corporate Citizenship*** eine Nachhaltigkeitsstrategie entwickelt. Die Erläuterung und Analyse ihrer

---

[730] Zur ‚Balanced-Scorecard' siehe vor allem Kaplan/Norton (1992), S. 71 ff.; Czymmek/Fassbender-Wynands (2001), S. 18 ff.

Grundzüge – und auch die etwas irreführende Bezeichnung – sollen Inhalt dieses Kapitels sein. Eine vertiefte Analyse der inhaltlichen Ausgestaltung erfolgt in Kap. 4.4.

Im Jahre 2002 wurde das Pilotprojekt ***'Corporate Citizenship und Nachhaltigkeit bei FoE'*** zur Entwicklung einer eigenen Nachhaltigkeitsstrategie für die FoE gestartet. Dabei wurde ein auf die FoE zugeschnittenes sog. ***Corporate Citizenship-Konzept*** (CC-Konzept) entwickelt, das die Umsetzung einer werteorientierten und nachhaltigkeitsbezogenen Unternehmensführung auf strategischer und operativer Unternehmensebene unterstützen sollte.
Sein Name *Corporate Citizenship (CC)* basiert auf dem amerikanischen Verständnis des Terminus CC.[731] Somit geht es über die europäische Auffassung hinaus und beinhaltet neben dem rein gesellschaftlichen Engagement (Corporate Foundation, Corporate Giving, Corporate Volunteering) auch Elemente der ***Corporate Social Responsibility***.[732]

> *"CC, not to understand only as a mere public relations activity, but an important device of new governance structures on an international and global level."*[733]

CC bei FoE ist demnach zu verstehen im Sinne von:

> *„CC can be defined as understanding and managing a company's wider influences on society for the benefit of the company and society as a whole."*[734] *"It is becoming closely associated with the idea of 'sustainability'. [...] It is also synonymous with the concept of 'corporate societal responsibility'. [...] This term covers all dimensions of a company's impacts on relationships with and responsibilities to society as a whole. These impacts, which have a ripple effect on society, like a stone being thrown into a pond, can be divided into three broad, overlapping areas – economic, environmental and social [...].*[735]

[731] Zu den inhaltlich unterschiedlichen Definitionen von CC siehe auch Kap. 3.1.5, ebenda.
[732] Vgl. Kap. 3.1.5, ebenda.
[733] Andriof/McIntosh (2001), S. 12.
[734] Andriof/McIntosh (2001), S. 14.
[735] Andriof/McIntosh (2001), S. 14 f.

Das CC-Konzept der FoE basiert demnach auf der Erkenntnis, als eine globale Unternehmung im Rahmen einer nachhaltigkeitsorientierten Unternehmensführung auch eine soziale Verantwortung innezuhaben. Diese möchte die Unternehmung über ihre Rolle als ‚*good corporate citizen – also als guter Bürger*' wahrnehmen, indem sie der Gesellschaft „etwas zurückgibt, was über Produkte, Dienstleistungen und Arbeitsplätze hinausgeht"[736].

Grundlage dafür stellt das nachhaltigkeitsorientierte Handeln der FoE dar, das neben ökonomisch orientierten Strategien und Zielen auch ökologische und soziale Aspekte in ihr Handlungsgeschehen und Entscheidungskalkül integriert und untereinander in Bezug setzt. Somit beinhaltet das CC-Konzept der FoE das nachhaltige Wirtschaften an sich mit den drei Säulen wirtschaftliche Leistung, soziale Verantwortung und Umweltschutz. Die Orientierung an diesen Säulen erstreckt sich nicht nur auf zusätzliche Aktivitäten für die Außenwelt, sondern betrifft jegliches Handeln der Unternehmung. Daher ist das CC-Konzept für die FoE Teil ihrer grundlegenden Aktivitäten und damit *des Wirtschaftens selbst*.[737]

Im Rahmen des CC-Konzeptes sollen zum einen nachhaltigkeitsorientierte ***Strategien*** für jede Geschäftseinheit der FoE entwickelt werden und zum anderen von diesen Strategien konkrete ***Zielgrößen*** und ***Kennzahlen*** für eine Messung der ***Nachhaltigkeitsleistung*** auf den operativen Unternehmensebenen der FoE hergeleitet werden.

[736] FoE (2002), S. 4.
[737] FoE (2002), S. 36.

Folgende Abbildung zeigt das CC-Konzept der FoE und seine Elemente:

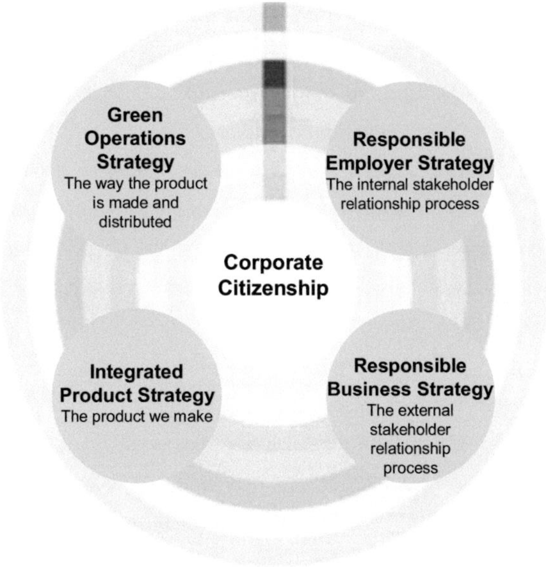


**Abbildung 36: Das Corporate Citizenship-Konzept der FoE**[738]

Der europäische Ansatz beinhaltet die Entwicklung von vier nachhaltigkeitsorientierten Strategien, die sich auf die vier wesentlichen Managementbereiche der FoE beziehen: *Produktentwicklung* (Product Development), *Fertigung* (Manufacturing), *Personal* (Human Resources) und *'externe Geschäftsbeziehungen'* (Legal, Governmental and Environmental Affairs – Corporate Citizenship).[739]

Dabei richtet sich die ***Integrated Product Strategy***[740] auf den Geschäfts- und Managementbereich der ***Produktentwicklung*** (Product Development) und soll Ziele und Maßnahmen enthalten, die zu einer nachhaltigen Produktentwicklung und somit zu nachhaltigeren Produkten führen sollen.

---

738 In Anlehnung an Ford Motor Company (2003c), S. 11. Analog zu Abbildung 35 deutet die farbliche Hinterlegung auf die Bezugnahme auf die 'Business Principles' hin, vgl. auch Abbildung 34, ebenda.

739 Siehe im Folgenden Ford Motor Company (2003c), S. 11. Zur tieferen Auseinandersetzung der vier Strategien und ihrer inhaltlichen Ausgestaltung siehe auch Kap. 4.4, ebenda.

740 Integrierte, nachhaltige Produktstrategie [Übers. des Verf.].

Mit der ***Green Operations Strategy***[741] wird der (Management-) Bereich der ***Produktion*** (Manufacturing) und der ***Distribution*** der Produkte der FoE abgedeckt. Die Strategie beinhaltet demnach nachhaltigkeitsorientierte Ziele und Maßnahmen, die zu einer Verbesserung der Produktionsverfahren, der Standorte und der Distribution führen sollen.
Die *Integrated Product Strategy* und die *Green Operations Strategy* sollen durch ihre Elemente zusammen die Betrachtung und Analyse des gesamten *Produktlebenszyklus* in sich vereinen und somit als ganzheitliches Analyseinstrument für die Nachhaltigkeitsbetrachtung der Produkte der FoE, also ihrer Kernkompetenzen, dienen.[742]

Des Weiteren sollen mit ***Responsible Employer Strategy***[743] und der ***Responsible Business Strategy***[744] Ziele und Maßnahmen zur Verbesserung der Stakeholderbeziehungen und des Stakeholder-Dialoges sowohl der ***internen Stakeholder*** (Mitarbeiter) als auch der ***externen Stakeholder*** (u.a. Kunden, Lieferanten, Händler, Investoren, NGO´s, Gesellschaft) entwickelt werden.
Zur Verbesserung der Mitarbeiterbeziehungen können u.a. Instrumente wie das schon erwähnte *Diversity Management*[745] dienen, indem die Vielfalt, Integration und Wertschätzung aller Mitarbeiter gefördert wird; aber auch Aspekte der Arbeitsbedingungen und Arbeitssicherheit stehen im Fokus der *‚Responsible Employer Strategy'*.
Zur Verbesserung der Beziehungen zu externen Stakeholdern der FoE stehen insbesondere Aspekte des *Stakeholder-Managements*, des *Stakeholder-Dialoges*, aber auch Elemente der *‚Corporate Governance'*, der *‚Sustainable*

---

741 Umwelt- und nachhaltigkeitsorientierte Produktions- und Ablauf-Strategie [Übers. des Verf.].
742 Vgl. zur Betrachtungsweise des Produktlebenszyklus (*Value Chain*) bei FoE auch Ausführungen im Ford Sustainability Report 2004/5, Ford Motor Company (2005a), S. 6 f.
743 Verantwortungsbewusste Arbeitgeber-Strategie [Übers. des Verf.].
744 Selbstverpflichtende Geschäfts-Strategie [Übers. des Verf.].
745 Vgl. Kap. 4.2.2, ebenda.

*Mobility'* und des *‚Corporate Citizenship'*[746] bei der Strategiebildung der ‚Responsible Business Strategy' im Vordergrund.[747]

Das CC-Konzept wurde in Anlehnung an die *Turnaround-Strategie* der FMC entwickelt und soll dazu beitragen, Aspekte einer nachhaltigkeitsorientierten Unternehmensführung auf strategischer und operativer Unternehmensebene umzusetzen.

## 4.3 Basisobjekte der Untersuchung: Konzept zur Messung der unternehmerischen Nachhaltigkeit bei FoE

Die Entwicklung werteorientierter und nachhaltigkeitsbezogener Strategien für die wesentlichen Funktionsbereiche und Geschäfts- und Tätigkeitsfelder der FoE soll zum einen ein erster Schritt hin zu einer nachhaltigkeits- und werteorientierten Unternehmensführung sein. Zum anderen soll daran anknüpfend ein System und ***Modell der konkreten Messung der unternehmerischen Nachhaltigkeit*** in diesen Funktionsbereichen und Geschäftsfeldern entwickelt, aufgebaut und implementiert werden.

Im Folgenden soll der Frage nachgegangen werden, ob der Aufbau eines ***Sustainability Performance Measurement-Modells*** (SPM-Modells) zur Nachhaltigkeitsleistungsmessung bei der FoE anwendbar ist. Dafür wird zunächst in Kap. 4.3.1 ein Bezug zu den an vorangegangener Stelle der vorliegenden Arbeit erörterten theoretischen Grundlagen hergestellt, um zu zeigen, unter welchen Voraussetzungen ein SPM-Modell zur Nachhaltigkeitsleistungsmessung in der Unternehmenspraxis herangezogen werden kann. Kap. 4.3.2 stellt daraufhin die anzuwendende Methodik für den Aufbau eines SPM-Modells im Praxisbezug dar, wobei der Schwerpunkt der Darstellung auf der *Informationsbasis*, ihrer *Erfassung* und der *Bewertung* der erforderlichen Informationen liegt. Abschließend zeigt Kap. 4.3.3 unternehmensspezi-

---

746 Unter den Aspekt des *‚Corporate Citizenship'* als Element der *‚Responsible Business Strategy'* wird auch das Instrument des *‚Corporate Volunteering'* gezählt, das bei FoE bzw. der Ford Werke GmbH unter dem Namen *‚Community Involvement'* einen hohen Stellenwert einnimmt und auch über die Unternehmensgrenzen hinaus große Anerkennung erfährt. Vgl. hierzu auch Kap. 3.1.5 und 4.4, ebenda.

747 Zur inhaltlichen Ausgestaltung der vier Nachhaltigkeitsstrategien siehe vor allem Kap. 4.3.3 und 4.4, ebenda.

fische Anpassungen im Hinblick auf den Aufbau und den Einsatz eines SPM-Modells bei der FoE auf.

### 4.3.1 Sustainability Performance Measurement und nachhaltiger Unternehmenserfolg

Die an vorangegangener Stelle der vorliegenden Arbeit dargestellten theoretischen Erläuterungen zur Unternehmens-Umwelt-Analyse und zur Stakeholder-Analyse haben gezeigt, dass ein *nachhaltiger Unternehmenserfolg* in direktem Bezug zu einer ***dauerhaften Befriedigung der Bedürfnisse der Stakeholder*** steht.

Dabei bezieht sich das Attribut der ***Dauerhaftigkeit*** auf das Überleben, d.h. die *Existenzsicherung* einer Unternehmung. Nach der Definition der *Nachhaltigen Entwicklung* ist der nachhaltige Unternehmenserfolg demnach dadurch gekennzeichnet, dass die Unternehmung (dauerhaft) überlebt und somit nicht nur heutige Bedürfnisse auf Kosten zukünftiger bzw. zukünftige Bedürfnisse auf Kosten heutiger erfüllt.[748] Werden dagegen nur heutige Bedürfnisse (z.B. im Fall von kurzfristigen Gewinnorientierungen) auf Kosten zukünftiger Bedürfnisse erfüllt, ist der Unternehmung nur ein kurzfristiger oder einmaliger und somit im Hinblick auf die dauerhafte Befriedigung ihrer Stakeholder gar kein Erfolg beschieden, da den Stakeholdern entweder in Zukunft oder aber bereits in der Gegenwart keine ausreichenden Anreize für ihre Beiträge geboten werden können.

Der nachhaltige Unternehmenserfolg ist somit im hohen Maße abhängig von den ***Anforderungen*** an die Unternehmung und damit zum größten Teil ***extern*** vorgegeben. Die Befriedigung der unternehmensrelevanten Stakeholder stellt die Unternehmung im hohen Maße in ein *Abhängigkeitsverhältnis* zu ihren relevanten Stakeholdern. Entspricht die Unternehmung nicht mehr den Bedürfnissen der Stakeholder, können sie ihre Beiträge aufgrund unzureichender Anreize und unerfüllter Anforderungen einstellen und somit den Bestand der Unternehmung gefährden.[749]

---

[748] Vgl. Kap. 3.2.2, ebenda.
[749] Vgl. Kap. 3.1.3.4, ebenda.

Ein so formulierter nachhaltiger Unternehmenserfolg greift die bereits in der klassischen Betriebswirtschaftslehre existierenden Prinzipien zur Erfolgserhaltung (wie z.B. Substanzerhaltung, *‚going concern'*, Vorsichtsprinzip)[750] auf, setzt sie in Zusammenhang mit einer nachhaltigen Unternehmensführung und entwickelt sie somit mit Blick auf *anspruchsvollere* Umweltgegebenheiten weiter. Daher kann davon ausgegangen werden, dass es sich hierbei um ein von Unternehmungen tatsächlich verfolgtes Ziel handelt, auch wenn dies sicherlich nicht immer in dieser Deutlichkeit kommuniziert wird.

Für die Erzielung und Sicherung eines nachhaltigen Unternehmenserfolges sind ***strategische Planungsprozesse*** ausschlaggebend.[751] Wie die theoretischen Ausführungen an vorangegangener Stelle der vorliegenden Arbeit zeigen konnten, stellt das *Sustainability Performance Measurement* ein den Kriterien einer unternehmensverantwortlichen, werteorientierten und nachhaltigen Unternehmensführung entsprechendes Instrument sowohl der strategischen Planung als auch der operativen Umsetzung auf Unternehmensebene dar.[752]

Zur Abbildung des nachhaltigen Unternehmenserfolges ist somit der Aufbau einer durch das SPM unterstützten ***Nachhaltigkeitsleistungsmessung*** von großer Bedeutung.

Somit wird auch für die Herleitung von konkreten Zielgrößen und Maßnahmen der im Rahmen des Corporate Citizenship-Konzepts der FoE aufgestellten ***Nachhaltigkeitsstrategien*** (*Integrated Product Strategy, Green Operations Strategy, Responsible Employer Strategy und Responsible Business Strategy*) und der damit verbundenen ***Nachhaltigkeitsleistungsmessung*** der jeweiligen Bereiche die Anwendung eines SPM-Modells empfohlen. Dazu sollen für jeden Bereich mit Hilfe eines unternehmensspezifischen SPM-Modells für FoE[753] eine Nachhaltigkeitsleistungsmessung anhand entspre-

---

[750] Vgl. Immler (1992), S. 11 ff.
[751] Vgl. Kap. 3.3.1 und 3.3.3.3, ebenda.
[752] Vgl. Kap. 3.3.3 und 3.4, ebenda.
[753] Das spezifische für die FoE entwickelte SPM-Modell wird im Folgenden als ***SPM-Modell FoE*** bezeichnet. Siehe hierzu auch Kap. 4.4.2, ebenda.

chender Indizes durchgeführt werden, die die jeweilige Nachhaltigkeitsleistung aufzeigen soll.[754]

Die Erörterung der zum Aufbau eines entsprechenden SPM-Modells benötigten ***Methodik***, Voraussetzungen und die Herleitung und Beschaffung der benötigten *Informationsbasis* sollen Inhalt des nächsten Abschnittes sein.

### 4.3.2 Methodik

Das in Kapitel 3.3.3.3.2 entwickelte theoretische Konstrukt eines SPM-Modells wurde durch seinen fünfstufigen Aufbau charakterisiert.[755] Dabei steht auf der ersten Stufe die ***Zielfestlegung*** für eine Nachhaltigkeitsleistungsmessung basierend auf einer Stakeholder-Analyse im Vordergrund. Diese erste Stufe des SPM-Modells entspricht der ersten Phase eines Controlling-Prozesses. Auf der zweiten Stufe des SPM-Modells werden von den Zielen hergeleitetet konkrete Kennzahlen und Messgrößen erfasst, auf der dritten Stufe bewertet und auf der vierten Stufe durch eine Abweichungsanalyse beurteilt. Somit werden die Stufen 2 bis 4 der 2. Phase des Controlling-Prozesses, der Realisation, zugeordnet. Die 5. Stufe des SPM-Modells schließt durch die Herleitung von Handlungsalternativen und der Entscheidungsfindung bzw. der eventuellen Revision der in Stufe eins festgelegten Ziele oder Maßnahmen den Controlling-Prozess durch eine systematische Kontrolle ab.

---

754 Zur Aufstellung und Berechung der jeweiligen Indizes siehe vor allem Kap. 4.4.2.3, ebenda.

755 Vgl. Kap. 3.3.3.3.2 und Unterkapitel, ebenda.

Folgende Abbildung stellt den erläuterten Aufbau und die Inhalte der fünf Stufen des SPM-Modells zusammenfassend dar:

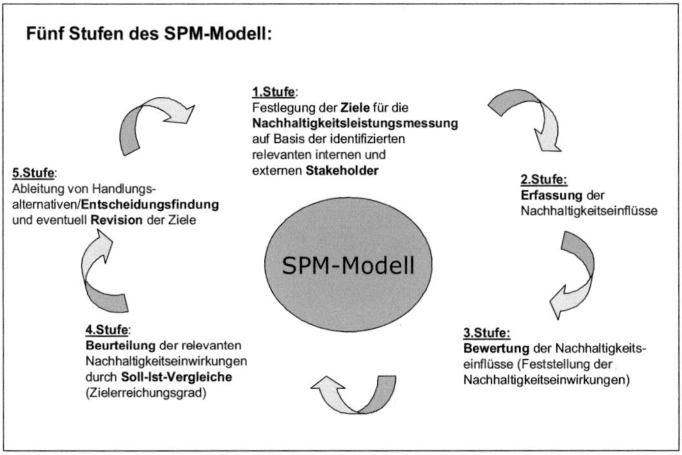


**Abbildung 37: Methodik des SPM-Modells**

Von elementarer Bedeutung für den Aufbau und die Implementierung eines SPM-Modells auf Unternehmensebene, und somit auch im Hinblick auf die Umsetzung des *SPM-Modells FoE* bei FoE, ist die erste Stufe des SPM und die damit verbundene ***Informationsbasis***.

Eine durch das SPM-Modell initiierte Nachhaltigkeitsleistungsmessung kann immer nur so gut und aussagekräftig sein, wie die ihr zugrunde gelegte Informationsbasis, da auf ihr alle weiteren Stufen und Schritte des SPM-Modells aufbauen. Dementsprechend sollte eine intensive Analyse der Rahmenbedingungen und Umweltbeziehungen einer Unternehmung von oberster Priorität sein, die im Folgenden auch als strategische Nachhaltigkeitsanalyse bezeichnet wird.[756] Dazu gehört zum einen die interne ***Unternehmensanalyse***, die Potentiale innerhalb der Unternehmensstrukturen und ihrer Prozesse aufdecken soll. Zum anderen wird gerade im Hinblick auf die Problemstellung der vorliegenden Arbeit insbesondere eine ***Umfeldanalyse*** mit Hilfe einer intensiven Stakeholder-Analyse den Hauptbestandteil der Informationsgrundlage darstellen, da auf ihr maßgeblich der gesamte Aufbau des SPM-Modells basiert.

---

756 Vgl. hierzu auch Ausführungen in Kap. 3.3.1, ebenda.

#### 4.3.2.1 Informationsbasis

Die ***Informationsbasis*** ist, wie die vorangegangenen Erläuterungen gezeigt haben, nicht nur für das SPM-Modell von elementarer Bedeutung, sondern leistet auch darüber hinaus *Unterstützungsfunktionen* für sämtliche Kontrollaktivitäten im strategischen Planungsprozess. Sie liefert unter anderem die Basis für das Rechnungswesen, das Controlling und das operative Steuerungswesen, z.B. in Form von Scorecards.[757]
Der Aufbau der Informationsbasis sollte sich dementsprechend an für die strategische Planung relevanten *Inhalten* und dem Postulat der *Umsetzungsnähe* orientieren.[758] Daher stehen vor allem die ***organisationsspezifische Präzisierung*** der Daten und die Frage einer sinnvollen ***Erhebung*** im Vordergrund. Sowohl bei der Präzisierung der Daten als auch bei der Erhebung kann eine Unterscheidung in eine auf internen Informationen basierende Unternehmensanalyse und eine auf externen Informationen beruhende Umfeldanalyse vorgenommen werden.[759]

#### 4.3.2.2 Nachhaltigkeitsorientierte Analyse und strategische Planung

Strategische Analyse und Planungsinstrumente nachhaltigen Wirtschaftens dienen als methodische Unterstützung der strategischen, nachhaltigkeitsorientierten Unternehmensplanung. Sie sind darauf ausgerichtet, Erfolgspotentiale nachhaltigen Wirtschaftens aufzudecken und in Wettbewerbsvorteile umzusetzen. Planungsinstrumente werden zur frühzeitigen Analyse unternehmensinterner Potentiale (interne Nachhaltigkeitsanalyse) und unternehmensexterner Entwicklungen (wirtschaftliche und gesellschaftliche Chancen und Risiken im Rahmen der Umfeldanalyse) eingesetzt, um rechtzeitig geeignete Strategien und Maßnahmen zur Zielerreichung planen und implementieren zu können.[760]

Aufgaben einer ***strategischen Nachhaltigkeitsanalyse*** sind demnach zum einen die *Einschätzung zukünftiger Entwicklungen* relevanter Aspekte einer nachhaltigen Markt-, Umwelt- und Gesellschaftsentwicklung (z.B. Technolo-

---

757 Vgl. Mintzberg et al. (1999), S. 25; Meffert/Kirchgeorg (1998), S. 148.
758 Vgl. Mintzberg et al. (1999), S. 27 u. 99 ff.; Simanek (1998), S. 15 ff.
759 Vgl. Koppelmann (2001), S. 287 ff.; Meffert (1998), S. 61 ff.; Macharzina (1999), S. 805. Siehe auch Ausführungen in Kap. 3.3.1, ebenda.
760 Vgl. Meffert/Kirchgeorg (1998), S. 148 ff.; Balderjahn (2004), S. 70.

gieentwicklung, Entwicklung nachhaltiger Themen in der Öffentlichkeit) und die *Beurteilung* der Wirkung von Strategien und Maßnahmen hinsichtlich ihres Beitrages zur Nachhaltigkeit.

Ausgangspunkt der strategischen nachhaltigkeitsorientierten Potentialanalyse ist die Bewertung sowohl derzeitiger als auch zukünftiger Anforderungen an nachhaltiges Wirtschaften in Unternehmungen.

Die strategische Nachhaltigkeitsanalyse kann in eine ***unternehmensinterne*** und eine ***unternehmensexterne*** Analyse unterteilt werden.[761]

Die unternehmensinterne Analyse wird auch als ***Unternehmensanalyse*** oder *Potentialanalyse* bezeichnet und umfasst bspw. die Bereiche Produkt, Prozesse und Systeme (wie z.B. Innovationspotential, Produktentwicklung, Umweltschutzsysteme), Mitarbeiter (z.B. Arbeitsbedingungen, Aus- und Weiterbildung, Altersversorgung) und Investoren (z.B. Shareholder Value).[762]

Die externe Nachhaltigkeitsanalyse, auch als ***Umfeldanalyse*** bezeichnet, untergliedert sich in eine ***Markt-, Umwelt- und eine Gesellschaftsanalyse***. Die nachhaltigkeitsorientierte Marktanalyse erstreckt sich auf die Bereiche Kunden (z.B. Kundennutzen, Kundenzufriedenheit), Lieferanten (z.B. Einhaltung von ökologischen und sozialen Mindeststandards) und Konkurrenten (z.B. wettbewerbsfähige Produkte). Die Umwelt*schutz*analyse erfasst die Bereiche Ressourcenverbrauch, Schadstoffemissionen und ökologische Risiken. Die auf die Gesellschaft gerichtete Analyse erfasst insbesondere die Forderungen politischer und sozialer Anspruchsgruppen (Anspruchsgruppenanalyse).[763]

---

761 Vgl. Meffert/Kirchgeorg (1998), S. 149 f.
762 Vgl. Simanek (1998), S. 17 f.
763 Vgl. Balderjahn (2004), S. 71; Nieschlag et al. (2002), S. 103 f.

Folgende Abbildung zeigt die Bereiche einer strategischen Nachhaltigkeitsanalyse:

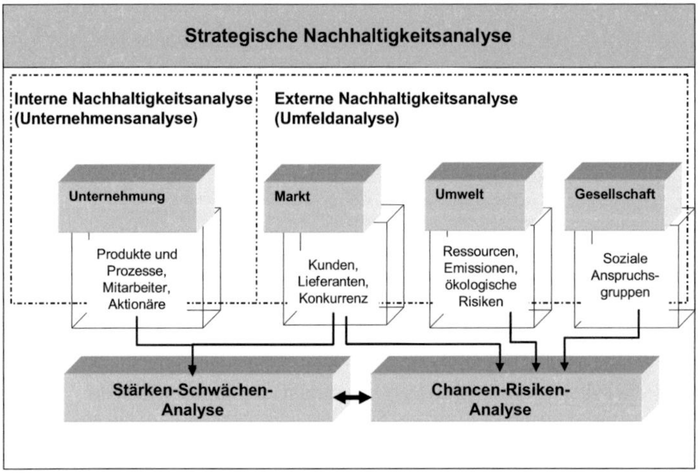


**Abbildung 38: Bereiche einer strategischen Nachhaltigkeitsanalyse**[764]

Durch die ***Unternehmensanalyse*** wird ein *Unternehmensprofil* erstellt, welches sog. ***Stärken*** (Potentiale) und ***Schwächen*** aufzeigt, die die Fähigkeit zur Antwort auf im Kontext einer Nachhaltigkeitsanalyse ökonomische, ökologische und soziale Herausforderungen (unternehmensinterne Faktoren) fördern sollen.

Die durch die Umfeldanalyse identifizierten unternehmensexternen Einflussfaktoren der ökologischen, technologischen, politisch-rechtlichen, gesellschaftlichen und marktbezogenen Umweltsphären stellen sog. ***Chancen*** und ***Risiken*** dar. Die Gegenüberstellung bzw. Konfrontation der Chancen und Risiken einerseits und der Stärken und Schwächen andererseits werden in der Literatur unter dem Begriff der ***SWOT-Analyse*** (Strength, Weakness, Opportunities, Threats)[765] subsumiert. Dabei wird versucht herauszuarbeiten, wie eine Unternehmung den externen Faktoren und den damit verbundenen Chancen und Risiken durch interne Stärken und Schwächen möglichst opti-

---

[764] In Anlehnung an Nieschlag et al. (2002), S. 103.

[765] Vgl. Meffert/Kirchgeorg (1998), S. 148 f.; Balderjahn (2004), S. 72. und 74, siehe hierzu auch David (1986), S. 207 und Ausführungen in Kap. 3.3.1, ebenda.

mal begegnen und hieraus strategische Entscheidungen im Rahmen des (Nachhaltigkeits-)Managements herleiten kann.[766]

Im Folgenden werden die interne und externe Nachhaltigkeitsanalyse in Form einer internen Unternehmensanalyse und einer externen Umfeldanalyse im Hinblick auf ***ihre inhaltliche Ausgestaltung*** durch ***FoE*** erläutert.

#### 4.3.2.2.1 Unternehmensanalyse

Im Kontext einer Nachhaltigkeitsanalyse kann die (klassische) ***Unternehmensanalyse*** auch als *interne Nachhaltigkeitsanalyse* bezeichnet werden. Grundlage für die Entwicklung langfristiger strategischer Konzepte zur wertorientierten, nachhaltigen Unternehmensführung sind unternehmensinterne Stärken-Schwächen-Analysen, die analog zu der klassischen Unternehmensanalyse ebenfalls die Aufgabe haben, in den jeweiligen Analysebereichen (wie z.B. Betrieb, Produkte, Prozesse) Potentiale (Stärken) aber auch Nachhaltigkeitsdefizite (Schwächen) aufzudecken. Ziel dieser Analyse ist die Bestimmung der Ist-Position einer Unternehmung auf ihrem Weg zur Nachhaltigkeit. Die Ergebnisse der Analyse müssen verglichen und bewertet werden. Dazu können bestmögliche Standards (***Benchmarks***)[767] in den jeweiligen Branchen oder Bereichen dienen.[768]

Im Rahmen des CC-Konzeptes bei FoE wurde ebenfalls eine Unternehmensanalyse (interne Nachhaltigkeitsanalyse) zur Aufdeckung von *Potentialen*, aber auch von *Nachhaltigkeitsdefiziten* durchgeführt. Hauptbestandteil dieser Analyse war die Erfassung derjenigen Strategien, Ziele und Maßnahmen bei FoE, die bereits nachhaltigkeitsorientierte Aspekte und Ansatzpunkte integrieren und somit tendenzielle Potentiale zum Aufbau einer ganzheitlichen Nachhaltigkeitsstrategie aufweisen können. Neben der schon erwähnten Einführung der *Business Principles* und der *Turnaround-Strategy* auf strategischer Ebene[769] wurden auf operativer Ebene vor allem im Umweltbe-

---

[766] Vgl. Balderjahn (2004), S. 74.
[767] Siehe hierzu auch Kap. 4.3.2.4 u. 4.4.2, ebenda.
[768] Vgl. Balderjahn (2004), S. 72.
[769] Vgl. Kap. 4.2.3, ebenda.

reich die Einführung des Umweltstandards ISO 14001 für alle (Produktions-) Standorte der FoE und ihrer Lieferanten genannt.[770]

Als *Schwäche* hinsichtlich einer werteorientierten und nachhaltigen Unternehmensorientierung der FoE wurde zum einen die ***fehlende Darstellung einer gesamten Nachhaltigkeitsleistung*** der einzelnen Funktionsbereiche (Produkt, Produktion) und Geschäftsbereiche (interne und externe Stakeholderbeziehungen) hinsichtlich der strategischen Vierteilung des CC-Konzeptes angesehen.
Zum andern konnte bei den bestehenden nachhaltigkeitsorientierten Instrumenten, wie z.B. der Scorecard, zwar die Einbeziehung sowohl ökologischer als auch sozialer Aspekte und somit eine mehrdimensionale Betrachtung und Analyse festgestellt werden, jedoch existieren keine Untersuchungen und Analysen bezüglich ihrer ***Interdependenzen*** zueinander.

Somit wurde als ***Ziel*** des CC-Konzeptes bei FoE die ***Weiterentwicklung*** und ***Ausarbeitung*** der darin aufgestellten Nachhaltigkeitsstrategien (*Integrated Product Strategy, Green Operations Strategy, Responsible Employer Strategy und Responsible Business Strategy*) hinsichtlich der ***Herleitung konkreter Indices*** und Indikatoren für eine ***Nachhaltigkeitsleistungsmessung*** auf operativer Unternehmensebene festgelegt.

Diese *Nachhaltigkeitsleistungsmessung* soll mit Hilfe des unternehmensspezifischen SPM-Modells (*SPM-Modell FoE*) durchgeführt werden. Dabei stehen die *Identifikation*, *Definition* und die *Interdependenzen* von sog. ***‚Performance Drivern'*** im Vordergrund. Als ‚Performance Driver' werden diejenigen Zielgrößen und Kennzahlen einer Unternehmung bezeichnet, die im Wesentlichen für eine Nachhaltigkeitsanalyse des entsprechenden Bereiches ausschlaggebend sind und somit maßgeblich die jeweilige Nachhaltigkeitsleistung des Bereiches ausdrücken.[771]

---

770 Vgl. hierzu auch Kap. 4.4, ebenda.

771 Zum Begriff der Nachhaltigkeitsleistung siehe Kap. 3.3.3, ebenda. Zur Bestimmung von konkreten *‚Performance Drivern'* bei FoE siehe Ausführungen in Kap. 4.4.2.2 und 4.4.2.3, ebenda.

Die Auswahl der ‚Performance Driver' ist neben unternehmensinternen Aspekten auch in hohem Maße von externen Einflüssen abhängig. Diese können mit Hilfe einer Umfeldanalyse identifiziert und bewertet werden.

##### 4.3.2.2.2 Umfeldanalyse

Die ***Umfeldanalyse*** wird auch als *externe Nachhaltigkeitsanalyse* bezeichnet und umfasst u.a. die Bereiche Markt, natürliche Umwelt und Gesellschaft. Das Ziel dieser Analysen ist eine möglichst frühzeitige Identifikation von nachhaltigkeitsbedingten Chancen und Risiken auf Märkten und in der Gesellschaft (Chancen-Risiko-Analyse). Als Analysemethoden und -ansätze der externen Nachhaltigkeitsanalyse bieten sich einerseits allgemeine Methoden der Markt- und Sozialforschung (wie z.B. Kundenbefragungen) als auch spezifische Verfahren an. Hierzu zählen u.a. die Szenario-Technik[772], die Cross-Impact Analyse[773] und die ***Issue-*** und ***Anspruchsgruppenanalyse***[774] an.

Die FMC und FoE bedienen sich zur Umfeldanalyse einer an die Unternehmung spezifisch angepassten Issue- und Stakeholderanalyse. Vorgabe für die im Rahmen des CC-Konzeptes durchgeführte Stakeholderanalyse der FoE ist die sog. ***‚Materiality Analysis' der FMC***, die im Folgenden erläutert werden soll.[775]

Das Instrument der *‚Materiality Analysis'* wurde im Jahr 2004 durch die FMC entwickelt und dient dazu, diejenigen nachhaltigkeitsorientierten, d.h. ökonomischen, ökologischen und/oder sozialen *Aspekte, Probleme und Anforderungen*[776] an die FMC zu identifizieren, die für die Existenzsicherung und damit langfristige Wettbewerbssicherung der FMC als wesentlich *(‚material')* und entscheidend einzustufen sind.[777]

---

[772] Vgl. Meffert (1998), S. 1248; Schaltegger et al. (2002), S. 111 f.; Balderjahn (2004), S. 74 f.

[773] Vgl. Schaltegger et al. (2002), S. 41 f.; Balderjahn (2004), S. 77 f.

[774] Vgl. Meffert (1998), S. 27 ff. Siehe auch Kap. 3.1.3.2, 3.3.3.3.2.1 und Kap. 4.4.2.1, ebenda.

[775] Siehe im Folgenden Ford Motor Company (2005a), S. 8 ff.; Ford Motor Company (2006d).

[776] Im Folgenden als ***Faktoren*** bezeichnet.

[777] Vgl. Ford Motor Company (2005a), S. 8; Ford Motor Company (2006f).

Dabei liegen der Definition solcher Faktoren die drei folgenden Dimensionen zugrunde:

- Sie haben einen signifikanten gegenwärtigen oder potentiellen Einfluss auf die Unternehmung
- oder werden durch ein signifikantes Anliegen relevanter Stakeholder charakterisiert
- über welches die FMC einen unternehmenseigenen steuerbaren Einfluss hat.

Der Identifizierung und Beurteilung hinsichtlich ihrer Priorität der einzelnen Faktoren liegt ein dreistufiger Analyseprozess zugrunde:[778]

***'Identification of material business issues'***

Für die Analyse aller relevanten und wesentlichen Faktoren und Anliegen interner und externen Stakeholder werden von der FMC verschiedene Quellen herangezogen. Zur Identifikation der relevanten Faktoren, die einen signifikanten gegenwärtigen oder potentiellen Einfluss auf die Unternehmung haben, werden regelmäßige interne Risikoanalysen durchgeführt. Dabei werden nicht nur ökonomische Risiken durch die jährlichen Geschäftsberichte dargelegt, sondern auch Analysen von ökologischen und sozialen Risiken, z.B. durch die im Rahmen von ISO 14001 aufgestellten Umweltkontrollpläne, oder aber Mitarbeiterbefragungen herangezogen.

Zur Feststellung und Identifikation wesentlicher Anliegen externer Stakeholder gegenüber der FMC, insbesondere NGO´s, 'Shareholder Aktivisten', Kunden und der Gesellschaft im Allgemeinen, fließen u.a. Kundendaten, Reputationserhebungen und eine Reihe von Berichten und Auswertungen über den unternehmensspezifischen Stakeholderprozess in die *Materiality-Analyse* ein. Beispiele hierfür sind u.a.:[779]

- Ford Motor Company's 2000 stakeholder dialogue,
- The Volvo stakeholder dialogues conducted in 2003,
- The first Ford Report Review Committee meeting in April 2005,
- Shareholder resolutions and ongoing dialogue with filers,

[778] Siehe im Folgenden Ford Motor Company (2005a), S. 8 ff.
[779] Vgl. Ford Motor Company (2005a), S. 8.

- The WBCSD Sustainable Mobility Project and
- The GRI auto sector supplement.

Die so identifizierten Faktoren werden in einer Liste erfasst und in die drei Kategorien ***Ökonomie, Ökologie*** und ***Soziales*** eingeteilt. Dabei kann es durchaus zu Überschneidungen bzw. Doppelnennungen von Faktoren sowohl in der ‚Ford-Liste' als auch in der ‚Stakeholder-Liste' kommen. Gerade diese Zusammenhänge und Interdependenzen einzelner Faktoren bezüglich ihrer (hohen) Relevanz für die FMC an sich, aber auch ihre Abhängigkeit zu bestimmten Stakeholder-Anliegen machen diese Faktoren zu *‚Faktoren besonderen Interesses'* für die weitere Analyse.

***‚Prioritization of issues'***

Um die Priorität der einzelnen Faktoren für die FMC festzustellen, werden die Faktoren der einzelnen Kategorien (Ökonomie, Ökologie, Soziales) auf einer dreistelligen Skala eingestuft und bewertet. Dabei wird sowohl der wahrgenommene, gegenwärtige und potentielle Einfluss der Faktoren gegenüber der FMC, das Level der Stakeholderanliegen als auch der Grad der eigenen Beeinflussung dieser Faktoren durch die FMC bewertet.

> *„We considered the ‚level of concern' to external stakeholders to encompass both the urgency of action needed on an issue and the potential social, environmental or economic impacts that could occur if Ford did not handle the issue responsibly."*[780]

Zur Darstellung der so gewonnenen Kategorisierung wird die sog. ***Materiality Matrix*** aufgestellt.

[780] Ford Motor Company (2005a), S. 8.

Folgende Abbildung zeigt eine solche Faktormatrix für die FMC exemplarisch auf:[781]

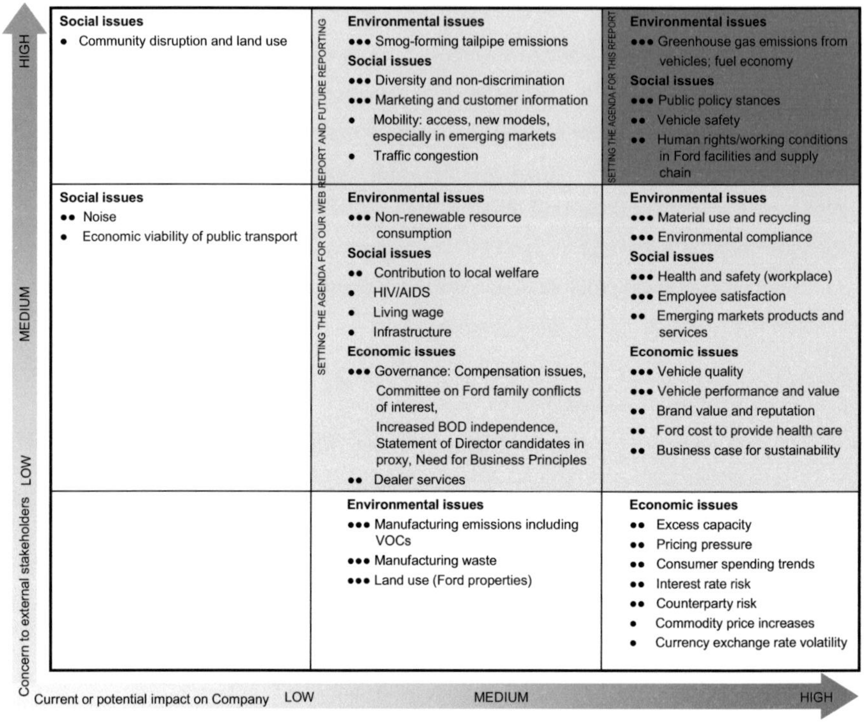


**Abbildung 39: Materiality Matrix der FMC**[782]

Dabei ordnet den Faktoren die x-Achse die Höhe (gering, mittel, hoch) ihres gegenwärtigen oder potentiellen Einflusses auf die Unternehmung zu; die y-Achse dagegen zeigt den Einflussgrad und die Stärke der externen Stakeholderanliegen (gering, mittel, hoch) an. Darüber hinaus werden die Faktoren innerhalb der Matrix zusätzlich bezüglich des Einflussgrades (*‚level of control or influence of the company'*) der Unternehmung auf die Auswirkungen dieser Faktoren mit einer Dreipunkteskala (• gering, •• mittel, ••• groß) bewertet.

In dieser Neun-Felder-Matrix werden die aufgelisteten Faktoren des rechten obersten Quadranten als für die FMC am wesentlichsten (***‚most material'***) eingestuft. Dazu gehören aus ökologischer Analysesicht die Problematik des

[781] Vgl. Ford Motor Company (2005a), S. 9, Ford Motor Company (2006f).

[782] Ford Motor Company (2005), S. 9.

***Klimawandels*** (‚Climate Change') bezogen auf Co2 Emissionen und den Kraftstoffverbrauch der Produkte der FMC. Aus sozialer Analysesicht stellen neben dem Aspekt der ***‚Human Rights'*** vor allem die ***Einhaltung gesetzlicher und unternehmensinterner Richtlinien*** für die Unternehmung, Unternehmensleitung und ihre Mitarbeiter einen Faktor von hoher Relevanz und hohem Stakeholderinteresse dar.

Alle Faktoren der Matrix werden allerdings von der FMC aufgrund des zugrunde gelegten Identifikationsprozesses als relevant und wesentlich eingestuft, wobei die Einstufung in die einzelnen Felder das unternehmenseigene Verständnis der jeweiligen relativen Bedeutung für die FMC und ihre Stakeholder ausdrückt. Eine detaillierte Darstellung aller Faktoren würde an dieser Stelle zu weit führen.[783] Viele Faktoren werden jedoch in der für die FoE spezifisch aufgestellten Stakeholderanalyse im Rahmen des SPM-Modells einer tieferen Analyse unterzogen.[784]

***‚Review of analysis'***

Sowohl das Analyseverfahren als auch die Ergebnisse der Matrix wurden intern mit der Geschäftsleitung und extern mit und durch unabhängige Institutionen überprüft und abgenommen. Die *‚Wesentlichkeitsanalyse'* als auch die *‚Materiality-Matrix'* stellen dynamische Instrumente dar, die es jedes Jahr auf Aktualität und Veränderungen innerhalb und außerhalb der Unternehmung anzupassen gilt. Insofern sind sowohl das Analyseverfahren als auch die Ergebnismatrix für Veränderungen offen. Sie sollen sowohl für interne strategische Steuerungszwecke (z.B. bei der Aufstellung der *‚Sustainability Business Strategy'*) als auch für die externe Berichterstattung (wie bspw. Sustainability Reports) in der werteorientierten, nachhaltigen Unternehmensführung der FMC einen festen Stellenwert erhalten.

Für FoE können sowohl die *‚Wesentlichkeitsanalyse'* als auch die aufgrund der *‚Materiality-Matrix'* gewonnene Abbildung relevanter Faktoren aufgrund einer eingehenden Stakeholder-Analyse und einer internen Unternehmensanalyse für das im Rahmen des CC-Konzeptes der FoE aufzubauende

---

783 Zur detaillierten Darstellung aller Faktoren und ihrer inhaltlichen Ausgestaltung siehe Ford Motor Company (2005a), S. 8 ff. Zur Darstellung im Internet vgl. Ford Motor Company (2006f).

784 Siehe hierzu vor allem Kap. 4.4.2, ebenda.

SPM-Modell wichtige Hinweise geben und zum Aufbau einer eigenen ***'Wesentlichkeitsanalyse'*** (*'Materiality-Matrix'*) der FoE herangezogen werden.[785]

#### 4.3.2.3 Quantitative und qualitative Ansätze zur Bewertung und Vergleichbarkeit

Zur Messung der Nachhaltigkeitsleistung einer Unternehmung konnte in den theoretischen Ausführungen der vorliegenden Arbeit gezeigt werden, dass der Einsatz sowohl quantitativer als auch qualitativer Daten, Zielgrößen und Kennzahlen von elementarer Bedeutung ist.[786]

Durch die *Materiality-Analyse* der FMC können unterschiedliche Faktoren aus den Bereichen Ökonomie, Ökologie und Soziales identifiziert werden. Auch in der noch zu erläuternden Analyse der relevanten Faktoren für die FoE im Rahmen ihres CC-Konzeptes und dem darin aufzubauenden SPM-Modell werden mehrdimensionale Faktoren Hauptbestandteil der Analyse sein. Zur Umsetzung auf operativer Unternehmensebene mit Hilfe des SPM-Modells werden daraufhin sowohl quantitative als auch qualitative Daten (sog. weiche Daten) in die Analyse einfließen.
Dabei wird gerade die Bewertung der qualitativen Daten eine große Herausforderung darstellen. Ein weiterer Schwerpunkt liegt in der gleichzeitigen Analyse und Bewertung sowohl quantitativer als auch qualitativer Daten.

Die theoretischen Erläuterungen zur Bewertung von Nachhaltigkeitsleistungen auf strategischer und operativer Unternehmensebene haben gezeigt, dass vor allem die unternehmensspezifische Festlegung der Qualitätsziele für die Bewertung von elementarer Bedeutung ist.[787] Dabei konnten drei aufeinander aufbauende Qualitätsziele unterschieden werden: (gesetzliche) ***Grenzwerte***; ***freiwillige, gesetzlich kodifizierte Bestimmungen*** (unternehmenseigene Ziele) und ***freiwillige, umwelt- und sozialpolitische Leitbilder und Ziele*** (Nachhaltigkeitsziele).

---

[785] Vgl. hierzu Kap. 4.4.2.1, ebenda.
[786] Vgl. Kap. 3.3.3, ebenda.
[787] Siehe zur Bewertung der Nachhaltigkeitsleistung und der Festlegung der Qualitätsziele Kap. 3.3.3.3.2.3, ebenda.

Die Wahl des Qualitätszieles drückt damit zugleich auch den Stellenwert und die Bereitschaft der Unternehmung zur Umsetzung einer werteorientierten und nachhaltigen Unternehmensführung aus.

Für eine Bewertung der Nachhaltigkeitsleistung einer Unternehmung, die auf hohem nachhaltigkeitsorientierten Niveau dem höchsten Qualitätsziel folgt, ist die Festlegung von sog. Unter- und Obergrenzen ausschlaggebend. Die zur Bewertung der Nachhaltigkeitsleistung herangezogenen Zielgrößen, Messwerte und Kennzahlen können somit auf einer Messskala eingeordnet werden, was insbesondere die Bewertung von qualitativen Daten erleichtert und besser veranschaulicht.

Zur Aufstellung solcher Messskalen können zum einen ***unternehmensinterne Messwerte*** als Ober- und Untergrenzen dienen, die bezogen auf die spezifische Messgröße bspw. im Zeitverlauf aus Ist- und Soll-Werten aufgebaut werden können.

In der Unternehmenspraxis werden zur Festlegung solcher Grenzwerte zum anderen dagegen häufiger ***Vergleichsdaten*** herangezogen, die aus Unternehmens- oder Branchenvergleichen, sog. ***Benchmarks***, resultieren. ***'Best in Class'*** (BIC) bzw. ***'Worst in Class'*** (WIC) sind dabei häufig genannte Bezeichnungen für herangezogene Grenzwerte. Dabei werden durch die Bezeichnung BIC diejenigen Werte und Zielgrößen bezeichnet, die aus einer Menge vergleichbarer Daten die besten Ausprägungen bzw. Messwerte aufweisen. WIC-Werte dagegen stellen die schlechtesten Ausprägungen bzw. Messwerte in dieser Datenmenge dar.[788]

Auch im Rahmen des aufzubauenden SPM-Modells der FoE werden zur Bewertung der Nachhaltigkeitsleistung verschiedene *Benchmarks* herangezogen. Aus diesem Grund werden im folgenden Abschnitt die in der Unternehmenspraxis etablierten *Rating-Agenturen* und *Benchmarks* vorgestellt.

[788] Zur konkreten Ausgestaltung von Grenzwerten und Messskalen mit Hilfe von BIC- und WIC-Werten siehe auch Kap. 4.4.2.4, ebenda.

#### 4.3.2.4 Benchmarks als Informationsbasis für das aufzubauende SPM

Der Vergleich mit anderen, das Besser oder Schlechter weckt in unserer Kultur, *nicht nur bei Männern*, den Sportgeist. Die Erkenntnis, dass ein Wettbewerber ein Produkt bspw. ohne umweltbelastende Chemikalien herstellt, stellt für den Chemiker genauso eine Herausforderung dar, wie Informationen über Marktanteil oder Umsatz des Wettbewerbers für den Verkaufsleiter. Ohne im Einzelfall näher auf die wirkliche Vergleichbarkeit zu achten, werden Daten gesammelt und das eigene Tun in Frage gestellt, Schwachstellen gesucht und Verbesserungen in die Wege geleitet. ‚Benchmarks' sind emotional und rational ein wesentlicher Ansporn zur Verbesserung und zur Innovation.[789]

Bei der Beurteilung von Benchmarks sind im Wesentlichen zwei Einsatzzwecke zu unterscheiden:[790]

- Benchmarking als Anstoß für ***Verbesserungsprozesse*** und
- Benchmarking zum ***Leistungsvergleich***.

Auch wenn diese beiden Einsatzzwecke in der Praxis kaum zu trennen sind, liegt ihnen ein elementarer Unterschied zugrunde – die ***wirkliche Vergleichbarkeit*** der Daten.

Als Anstoß zum ***Verbesserungsprozess*** mag es bspw. schon genügen, wenn ein Umweltbeauftragter die Umwelterklärung eines Wettbewerbers liest, eine um 40% niedrigere Abfallquote erkennt, das eigene Handeln daran reflektiert und einen Änderungsprozess in Gang setzt. Hier spielt die wirkliche Vergleichbarkeit der Daten für dieses pragmatische und unorganisierte Benchmarking kaum eine Rolle. Der eigene Ehrgeiz bzw. die Angst vor negativen Auswirkungen derartiger Vergleiche auch durch die Öffentlichkeit und relevante Stakeholder (z.B. durch Vergleiche von Umwelt- und Nachhaltigkeitsberichten von Wettbewerbern einer Branche) genügt, um Verbesserungsprozesse in Gang zu setzen. Aus Angst vor einem Leistungsvergleich und seiner Veröffentlichung findet dieser Einsatzbereich des Benchmarking allerdings nur im Stillen oder auf dem Umweg über Berater statt. Ein Hinweis

---

789 Vgl. Clausen/Kottmann (1999), S. 255.
790 Vgl. Clausen/Kottmann (1999), S. 256 ff.

auf die dennoch hohe praktische Bedeutung ist jedoch die Tatsache, dass das Interesse an der Umwelt- und Nachhaltigkeitsberichterstattung nicht nur bei Unternehmensberatungen, sondern auch in der Öffentlichkeit stark gestiegen ist.

Ein Benchmarking zum ***Leistungsvergleich*** sollte dagegen organisiert stattfinden, um eine wirkliche Vergleichbarkeit von Daten zu gewährleisten. Zwingende Vorbereitungen sind dabei u.a. die Bestimmung einer Gruppe vergleichbarer und vergleichswilliger Unternehmungen, die Festlegung der Bezugsgrößen, die Auswahl von Kennzahlen, anhand derer der Vergleich vollzogen werden soll, und die Festlegung der Erhebungsrichtlinien für jede dieser Kennzahlen, damit die wirkliche Vergleichbarkeit gewährleistet werden kann.[791]

In der Praxis ist in den letzten Jahren ein regelrechter Boom von sog. ***Rating-Agenturen*** im Bereich der nachhaltigkeitsorientierten, also ökologischen und sozialen Bewertung von Unternehmungen zu verzeichnen. Als wesentlicher Motor dieser Entwicklung kann der Finanzmarkt gesehen werden, der mit der Aufnahme ökologischer und sozialer Aspekte in die Bewertung von Unternehmungen (nachhaltiger Unternehmenswert[792]) dazu beigetragen hat, dass werteorientierte und nachhaltigkeitsbezogene Benchmarks und Ratings an Bedeutung zugenommen haben.[793]
In den nächsten Abschnitten werden aus diesem Anlass sowohl drei Rating-Agenturen und deren Indizes als auch ein Standard zur Nachhaltigkeitsberichterstattung vorgestellt, die jeweils zur Orientierung und als Informationsbasis einer nachhaltigen Unternehmensbewertung und insebsondere für den Aufbau des SPM FoE herangezogen werden können.

---

791 In der Praxis werden öffentliche Benchmarks, wenn überhaupt, durch Industrieverbände oder Projektgruppen initiiert. Ein großes Hemmnis bei der Aufstellung von wirklichen Benchmarks zum Leistungsvergleich stellt die Offenlegung unternehmensinterner Daten, die über bisherige Veröffentlichungen (z.B. in Nachhaltigkeitsberichten) hinausgehen, dar. Auch scheuen die Unternehmungen den wirklichen Vergleich mit ihren Wettbewerbern anhand exakter Messwerte und Zahlen. Vgl. hierzu auch Clausen/Kottmann (1999), S. 257.

792 Siehe hierzu auch Ausführungen zum nachhaltigen Unternehmenswert in Kap. 3.2.5, ebenda.

793 Vgl. Schäfer (2003), S. 12 ff.

#### 4.3.2.4.1 Rating Agenturen

Bei den hier vorzustellenden Rating-Agenturen handelt es sich grundsätzlich um spezialisierte Finanzintermediäre, deren Existenz i.d.R. mit dem Bestehen von Informationsasymmetrien auf den Finanzmärkten begründet wird. Ihre Aufgabe besteht somit in der Untersuchung und Bewertung von Unternehmungen, Branchen und/oder Emittenten von Anleihen. Oftmals werden ihre Ergebnisse ganz oder teilweise durch Finanzdienstleister in Kapitalprodukte resp. Fonds eingearbeitet oder dienen zu deren Verifizierung. Im Folgenden werden die Anbieter SAM (Sustainable Asset Management) und EIRIS (Ethical Investment Research Services) vorgestellt.

##### 4.3.2.4.1.1 SAM – Sustainable Asset Management Group

Die Sustainable Asset Management (SAM) Group Holding AG mit Hauptsitz in Zürich wurde 1995 als weltweit erste unabhängige Vermögensverwaltungsgesellschaft für Sustainability-Investments gegründet.[794] Inzwischen beschäftigt SAM am Hauptsitz in Zürich und Sydney und in Repräsentanzen in USA, Italien, Deutschland und Schweden 60 Mitarbeiter (Stand März 2007) und gehört im Bereich des Sustainability-Investments zu den führenden Institutionen. Die Rating-Leistungen von SAM beziehen sich auf die Analyseobjekte Aktien und Anleihen. SAM operiert als reine Rating-Agentur, d.h. SAM setzt seine Analysen und Ratings ausschließlich zur Vermarktung an Dritte ein. Produkte der SAM sind u.a. Vermögensmandate, Fonds und eine Investmentgesellschaft. Zum Kundenkreis zählen Banken, Versicherungsunternehmungen, Pensionskassen, Stiftungen sowie Privatkunden. Zu den Meilensteinen in der Entwicklung von SAM zählt die Lancierung des ***Dow Jones Sustainability World Index***[795] im August 1999 als dem ersten Index, der die Aktienperformance international führender ‚nachhaltiger Unternehmungen' misst.

SAM identifiziert durch systematische Analyse nachhaltige Erfolgskriterien bei Unternehmungen. Die Integration dieser zukunftsorientierten Kriterien in den Anlageprozess soll dem Investor hohe Sicherheit, Transparenz und eine

---

794 Die folgenden Ausführungen basieren vor allem auf den Angaben des Internetauftrittes der SAM-Group. Siehe hierzu SAM (2007). Vgl. auch Schäfer (2003), S. 71 ff.

795 Vgl. DJSI (2007a) und Kap. 4.3.2.4.2.1, ebenda.

attraktive Rendite bringen. Das SAM Know-how basiert auf der eigenen, unabhängigen Analyse sowie einem aktiven, weltweiten Sustainability-Netzwerk. Zusammen mit Dow Jones Index und STOXX hat SAM eine Familie von Sustainability-Indizes geschaffen, um die Wertsteigerung von Unternehmungen zu messen, die in ihrer Branche bezüglich ihrer Nachhaltigkeit eine Spitzenposition einnehmen.[796]

Zu den Untersuchungskriterien von SAM zählen zum einen ***Trend-Analysen*** (Makroebene), die als Basis des sog. *‚Corporate Sustainability Research'* dienen. Zum anderen werden daraus hergeleitete ***Kriterien*** (Mikroebene) für die Bewertung der Nachhaltigkeit einer Branche oder einer einzelnen Unternehmung hinzugezogen.[797]

Die Trend-Analyse beinhaltet die Identifikation sowohl ***ökologischer Trends*** (bspw. Globale Klimaveränderung, Senken, Wasserknappheit, u.a.), ***sozio-kultureller Trends*** (wie globale Transparenz in der Gesellschaft durch Medien und technische Möglichkeiten, Exponiertheit von Unternehmungen, soziale Ungleichgewichte, Konsumverhalten, etc.) als auch ***ökonomischer Trends*** (z.B. Globalisierung, wachsende Macht multinationaler Unternehmungen, technologische Vernetzung und Virtualisierung von Geschäftsbeziehungen, Wettbewerb, u.a.). Mit ihnen sollen diejenigen Triebkräfte identifiziert werden, die zukünftige Wettbewerbsvorteile durch eine aktive Umsetzung nachhaltiger Unternehmensstrategien ermöglichen. Zusammen mit makroökonomischen Daten, wie Wachstum des Bruttosozialproduktes und Inflationsrate, werden Sektorstrategien hergeleitet.[798]

---

796 Vgl. SAM (2007).
797 Siehe hierzu auch Schäfer (2003), S. 73 ff.
798 Vgl. SAM (2007).

Aus den Makro-Trends werden auf Mikroebene allgemeine und branchenspezifische Kriterien hergeleitet. Einen Überblick gewährt folgende Tabelle:[799]

| Dimension | Criteria | Weighting (%) |
|---|---|---|
| Economic | Code of Conduct/Compliance/Corruption&Bribery | 5.0 |
| | Corporate Governance | 6.0 |
| | Risk & Crisis Management | 6.0 |
| | Industry Specific Criteria | Depends on Industry |
| Environment | Environmental Performance (Eco-Efficiency) | 7.0 |
| | Environmental Reporting* | 3.0 |
| | Industry Specific Criteria | Depends on Industry |
| Social | Corporate Citizenship/Philantrophy | 3.0 |
| | Labor Practice Indicators | 5.0 |
| | Human Capital Development | 5.0 |
| | Social Reporting* | 3.0 |
| | Talent Attraction & Retention | 5.0 |

*Criteria assessed based on publicly available information only

**Tabelle 15: Kriterien und Gewichtung des Corporate Sustainability Assessments der SAM für den DJSI**[800]

Mit Hilfe dieser Kriterien sollen das Nachhaltigkeitspotential einer Branche und schließlich die Chancen und Risiken einer einzelnen Unternehmung in der jeweiligen Branche gemessen werden. Der generelle Teil der Kriterien ist in Form eines Fragebogens mit etwa 50 Fragen öffentlich zugänglich. Die darüber hinausgehenden industriespezifischen Fragebögen sind nicht öffentlich zugänglich.

Die Überprüfung und Bewertung der Unternehmungen bezüglich ihrer Nachhaltigkeit gestaltet sich zweidimensional:[801]

***Corporate Sustainability Assessment***

Das Corporate Sustainability Assessment besteht aus einem jährlich stattfindenden, fragebogenbasierten Rating. Als Ausgangsbasis hierfür dienen die Dow Jones Sustainability Indexes (DJSI). Die im Dow Jones Global Index (DJGI) vertretenen 2.500 weltweit größten Unternehmungen werden von SAM jeweils einer von 64 Industriegruppen des DJSI zugeordnet. Daraufhin

---

799 Siehe hierzu auch DJSI (2007b).

800 In Anlehnung an DJSI (2007); durch die ‚Industry Specific Criterias' werden die hier fehlenden 52%punkte ergänzt.

801 Siehe zu den einzelnen Elementen der Informationsquellen zum Corporate Sustainability Assessment und Monitoring auch DJSI (2007c).

werden die bezüglich Nachhaltigkeit besten 10% der Unternehmungen einer Branche ermittelt. Die ökonomische, ökologische und soziale Performance von Unternehmungen im Sinne von Chancen und Risikopunkten wird anhand von generellen und branchenspezifischen Kriterien überprüft und in einem *Corporate Sustainability Performance Score* zusammengefasst. Durch diese Quantifizierung werden der Vergleich und ein Ranking von Unternehmungen innerhalb ihrer Branche möglich. Wichtigstes Instrument für die Datenerhebung beim Corporate Sustainability Assessment ist der schon erwähnte *Multiple-Choice-Fragebogen* mit über 140 Fragen.[802]

Neben dem Fragebogen werden darüber hinaus frei zugängliche Unternehmensdokumentationen in die Analyse mit einbezogen. Dazu zählen vor allem Unternehmensberichte (Nachhaltigkeits-, Umwelt-, Sozial-, Finanzberichte, u.a.), aber auch interne Dokumentationen, Broschüren und der Internetauftritt.

***Corporate Sustainability Monitoring***

Im Corporate Sustainability Monitoring wird durch Medienrecherche und Informationen von ausgewählten Stakeholdern (z.B. NGO´s) regelmäßig das Unternehmensverhalten in ökonomisch, ökologisch und sozial kritischen Situationen und mögliche Auswirkungen auf die Reputation durchleuchtet. Des Weiteren werden Nachrichten, Pressemitteilungen, Zeitungsartikel und Stakeholder-Berichte des Analysejahres in die Analyse mit einbezogen. Bei größeren Abweichungen von den von der Unternehmung gemachten Angaben hinsichtlich der Nachhaltigkeitskriterien kann der Score einer Unternehmung reduziert werden oder im ungünstigsten Fall die Unternehmung vom jährlichen Corporate Sustainability Assessment ausgeschlossen werden.

Ein persönlicher Kontakt eines Analysten der SAM Group mit der Unternehmung zur Klärung offener Fragen schließt den Analyserahmen des jährlichen Corporate Sustainability Assessments und des Corporate Sustainability Monitoring der SAM Group ab.

---

[802] Der allgemeine Teil des Corporate Sustainability Assessment Fragebogens kann im Internet heruntergeladen werden, siehe hierzu DJSI (2007c). Branchenspezifische Fragebögen sind nicht frei zugänglich.

Die Datenerhebungen, der Bewertungsprozess und die Ergebnisse des Corporate Sustainability Assessments und des Monitorings werden jährlich einer externen Prüfung durch die Wirtschaftsprüfungsgesellschaft PricewaterhouseCoopers (PwC) unterzogen.[803]

###### 4.3.2.4.1.2 Ethical Investment Research Services

Ethical Investment Research Services (EIRIS) wurde 1983 in London von kirchlichen und gemeinnützigen Vereinigungen als Research-Organisation mit dem Auftrag gegründet, Entscheidungsgrundlagen für Kapitalanlagen zu schaffen, die den besonderen Prinzipien und Wertevorstellungen der Gründer entsprechen.[804] Inzwischen ist EIRIS Europas größte, unabhängige Research-Organisation im Bereich ethisch orientierter Geldanlagen. Etwa dreiviertel der ethisch orientierten Fonds in Großbritannien werden durch EIRIS für Kunden in der Nachhaltigkeitsbeurteilung betreut. Bisher wurden über 2.800 Unternehmungen aus Europa, Nordamerika und dem asiatischen Raum durch ein 50-köpfiges Forschungsteam auf Nachhaltigkeit hin untersucht. Basis der Untersuchungen stellt der ***FTSE All World Developed Index***[805] dar.

Die Tochtergesellschaft EIRIS Services Ltd. betreibt den Großteil der Nachhaltigkeitsanalysen für über 80 private und institutionelle Anleger (u.a. Pensionsfonds und gemeinnützige Organisationen wie der World Wildlife Fund (WWF)).

Im Dezember 2000 begann die bis heute bestehende Partnerschaft zwischen EIRIS und dem Institut für Markt-Umwelt-Gesellschaft (imug) e.V., Hannover. Imug wendet die Methodik der Nachhaltigkeitsanalyse von EIRIS zur Bewertung deutscher und österreichischer Unternehmungen an, die sie im Auftrag von EIRIS ausführt.

Im Juli 2001 lancierte EIRIS zusammen mit FTSE die ***Index-Familie FTSE4Good***, um diejenigen börsennotierten Unternehmungen zu identifizieren, die sich einerseits für die konventionelle FTSE-Indizes qualifizieren und

---

803 Vgl. Schäfer (2003), S. 79.

804 Die folgenden Ausführungen stützen sich überwiegend auf Angaben aus dem Internetauftritt der Organisation, siehe hierzu EIRIS (2007). Des Weiteren siehe auch Schäfer (2003), S. 108 ff.

805 Siehe auch FTSE (2003a), S. 1 ff.; FTSE (2007a) und Kap. 4.3.4.2.2, ebenda.

zusätzlich die beste Performance in sozialer und ökologischer Hinsicht bieten.[806]

Die Besonderheit der Nachhaltigkeitsanalyse von EIRIS ist, dass sie kein bestimmtes Prinzip für Ethik als Grundsatz und Grundlage für die Kriterienbildung und Messung der sozialen und ökologischen Performance einsetzt. Stattdessen sollen dem Anleger die notwendigen Informationen geliefert werden, um seine persönlichen Prinzipien und Wertevorstellungen bei der prinzipiengeleiteten Anlagestrategie berücksichtigen zu können. EIRIS sieht seine Aufgabe darin, eine unabhängige, umfassende und in sich widerspruchsfreie Unternehmensanalyse zu liefern. Jeder Anleger soll daraufhin nach seinen eigenen Ausschluss- und/oder Positivkriterien die ihm wichtig erscheinenden Unternehmensaktivitäten fördern oder nach dem Best-In-Class-Ansatz Branchenvorreiter im Sinne von Nachhaltigkeit identifizieren.[807]

Dementsprechend wird der Nachhaltigkeitsbewertung von EIRIS kein universell angewandter Kriterienkatalog zugrunde gelegt. Kunden können aus einer Liste von über 350 Indikatoren, die sich auf ca. 40 Analysebereiche (von Umweltschutz bis Menschenrechte u.a.) beziehen, ihre ‚ethische Mixtur' von Nachhaltigkeitskriterien zusammenstellen.[808]
Ausgewählte Untersuchungsbereiche im Umweltschutz sind u.a. Umwelt-Management, Umwelt-Strategien, Umweltberichterstattung, Kernenergie, ozonschädliche Chemikalien und Pestizide, tropische Hölzer sowie Wasserverschmutzung. Die Qualität der Beziehungen einer Unternehmung zu ihren Stakeholdern kann u.a. durch Beschwerden über Werbekampagnen, regionales Engagement einer Unternehmung (CC), Corporate Governance, Entlohnung des Vorstandsvorsitzenden, Gleichberechtigung, Gesundheit und Sicherheit der Mitarbeiter, Geschäftstätigkeiten und Mitarbeiterrechte sowie Ausbildung bewertet werden.
EIRIS bezieht in den Indikatoren internationale Standards mit ein. Auszugsweise seien hierfür genannt: ISO, EMAS für den Bereich Umweltmanagement, GRI für die Berichterstattung und SA8000 für soziale Standards.

---

806 Vgl. Kap. 4.3.2.4.2.2, ebenda.
807 Vgl. Schäfer (2003), S. 109.
808 Zu möglichen Kriterien siehe auch FTSE (2006), S. 3 ff.

Die Analysen werden von einer eigenen *Research-Abteilung* durchgeführt, die bei EIRIS aus drei Teams besteht. Zu den Aufgaben des ***Central Research Teams*** gehören das Monitoring von Unternehmensaktivitäten, Jahresberichten und anderen Veröffentlichungen sowie Kontaktpflege zu den Unternehmungen. Das ***Environmental Research Team*** konzentriert sich auf Bereiche der Umwelt-Performance, Umweltberichterstattung und Umweltmanagementsysteme. Außerdem betreibt es Forschung zu Themen wie Klimaveränderung und Umweltverschmutzung. Das ***Social Research Team*** überprüft u.a. soziale Belange und Forderungen von Anspruchsgruppen.

Die Analyseschritte von EIRIS beinhalten ähnlich denen von SAM zum einen ein auf interne und externe Informationen basierendes ***Assessment*** und zum anderen ein ***Monitoring***.

Im Rahmen des ***Assessments*** bedient sich EIRIS zum einen *externer Informationsquellen*, u.a. Regierungsstellen und Behörden, Industrieverbände, Interessengruppen, wissenschaftliche und fachbezogene Berichte und Ergebnisse anderer Research Organisationen. Zum anderen werden die Unternehmungen mit Hilfe von Fragebögen, schriftlicher und telefonischer Befragung, Unternehmensberichten und anderen Formen der Shareholder-Informationen analysiert (interne Informationsquellen). Kontinuierliches ***Monitoring*** der Unternehmensaktivitäten und Eigentumsverhältnisse findet durch tägliche Medienanalyse statt. [809]

Aufgrund der weitgefassten Nachhaltigkeits-Philosophie und des ‚à la carte-Ansatzes' vergibt EIRIS keine Einzel- oder Gesamtbenotung im Rahmen der ***Bewertung*** der nachhaltigen Performance von Unternehmungen. Ebenso hängt die Gewichtung der einzelnen Kriterien ausschließlich von den Anlegerpräferenzen ab.

EIRIS hat jedoch gegenüber allen übrigen Organisationen, die Nachhaltigkeitsmessungen von Unternehmungen vornehmen, eine völlig neue Konzeption der *Einsetzbarkeit* der Ergebnisse der Nachhaltigkeitsbeurteilung entwickelt – den sog. ***Ethical Portfolio Manager***[810]. Dabei handelt es sich um ei-

[809] Vgl. Schäfer (2003), S. 111.
[810] Siehe hierzu EIRIS (2007).

ne von EIRIS aufgebaute und gepflegte ***Datenbank*** mit derzeit über 1.500 Unternehmungen mit Sitz in Europa. Sie haben alle eine Nachhaltigkeitsanalyse nach den von EIRIS entwickelten Umwelt- und Sozialkriterien durchlaufen. Der wöchentlich aktualisierbare Ethical Portfolio Manager ist ein CD-ROM- und Internet-basiertes Instrument für prinzipiengeleitete Geldanleger und Fondsmanager zur Definition von Ausschlusskriterien und der danach ausgerichteten Bewertung sowie Auswahl von in Frage kommenden Unternehmungen.

#### 4.3.2.4.2 Indizes

Ein Wertpapierindex befriedigt eine Vielzahl von Informationsbedürfnissen von Kapitalmarktteilnehmern. Die Zusammenstellung eines Index stellt die Verlagerung umfangreicher Researchleistungen auf einen Anbieter eines Index dar. Für die Beurteilung der Vorteilhaftigkeit einer Investition in eine nachhaltige Anlagefazilität steht primär die deskriptive Anwendung eines Index im Vordergrund.[811]

Im Folgenden werden drei Indizes vorgestellt, welche als Benchmark für nachhaltige Finanzdienstleistungen u.a. auf deutschsprachigen Finanzmärkten verwendet werden: ***Dow Jones Sustainability Index*** (DJSI), ***FTSE4Good***, und ***Ethibel***.

##### 4.3.2.4.2.1 DJSI – Dow Jones Sustainability Indexes

Die Indexfamilie Dow Jones Sustainability Indexes (DJSI)[812] entstand 1999 als Kooperation des amerikanischen Index-Providers Dow Jones & Company, seiner Tochtergesellschaft STOXX Ltd.[813] und der SAM Group Holding AG mit dem Ziel, einen ***Welt-Benchmark*** für die Kursentwicklung der globalen ‚Sustainability Leader' zu etablieren. Damit sind die DJSI weltweit die ersten Indizes, die die finanzielle Performance der international führenden nachhaltig orientierten Unternehmungen messen. Zu der Familie der DJSI

---

811 Vgl. Richard (1992), S. 22 u. 26 ff.

812 Die folgenden Ausführungen stützen sich vor allem auf die Angaben des Internetauftrittes der DJSI, siehe hierzu DJSI (2007a); sowie SAM (2007). Vgl. auch Kap. 4.3.2.4.1.1, ebenda.

813 STOXX Limited ist ein Joint Venture der Deutschen Börsen AG, Dow Jones & Company, Euronext Paris SA und SWX Swiss Exchange. Diese seit 1998 bestehenden Indizes bilden die Europäischen Aktienmärkte nach Regionen, Größe, Sektoren und Style ab; vgl. hierzu auch STOXX (2007).

gehören zum einen die ***globalen*** Indizes – DJSI World Indizes (DJSI World), zum anderen für ***Europa*** die Dow Jones STOXX Sustainability Indizes (DJSI STOXX).

Die DJSI World messen die Performance der bezüglich Nachhaltigkeit branchenbesten 10% der 2.500 größten Unternehmungen des Dow Jones Global Index (DJGI). Ende Februar 2007 umfasste der DJSI World 307 Unternehmungen aus 62 Branchen in 26 Ländern (mit mehr als 50% Anteil Europa). Der DJSI World diente im Jahr 2006 über 30 Banken und Asset Managern als Benchmark für nachhaltige Kapitalanlagen.
Die DJSI STOXX messen die Performance der ‚Sustainability-Leader' in Europa. Dazu werden die besten 20% aus dem Dow Jones STOXX SM 600 Index ausgewählt.

Die DJSI sollen einerseits einen Vergleichsmaßstab für die Performance von nachhaltig orientiertem Fondsmanagement liefern und andererseits ein Benchmark, basierend auf dem Konzept der ‚Corporate Sustainability', für Anlagen in internationale ‚Sustainability Leader' in Form von Fonds, Aktienzertifikaten und -körben sowie anlegerindividuellen Portfolios aufstellen.

Das Auswahlverfahren für die DJSI nach dem Best in Class-Ansatzes führt die *SAM Indizes GmbH*, Teil der *SAM Group Holding AG*, unter Verantwortung ihres Geschäftsführers nach der SAM-eigenen Research- und Bewertungsmethode durch. Die Research- und Bewertungsmethode basiert auf dem *‚Leader Research'* und teilt sich in die zwei Bereiche ***Corporate Sustainability Assessment*** und das ***Corporate Sustainability Monitoring***, welche an vorangegangener Stelle bereits kurz erläutert wurden.[814]

#### 4.3.2.4.2.2 FTSE4Good Index Serie

Im Juli 2001 wurde erstmals die FTSE4Good-Index-Familie als Indexprodukt auf den britischen Finanzmarkt gebracht. Aufgelegt wird die Index-Familie vom Londoner Anbieter für Entwicklung und Pflege von Aktienindizes,

---

[814] Vgl. hierzu Ausführungen in Kap. 4.3.2.4.1.1, ebenda.

FTSE[815]. Die Nachhaltigkeits-Indizes und die Auswahlkriterien wurden in Zusammenarbeit mit dem britischen Ethical Investment Research Service (EIRIS) entwickelt und zusammengestellt.[816] Die britische Kapitalgesellschaft Close Fund Management legt auf Basis dieser Maßstäbe Fonds für private und institutionelle Investoren europaweit auf. Das Konzept der FTSE4Good-Indizes basiert auf *Nachhaltigkeit* i.S. von ***Corporate Social Responsibility*** (CSR). Der aus diesem Verständnis hergeleitete Kriterienkatalog für die Unternehmensbewertung gliedert sich in die drei Themenfelder *Umweltverträglichkeit*, *Soziales* und *Beziehungen zu Anspruchsgruppen* sowie Einhaltung und Förderung der *Menschenrechte*. Die Kriterien gelten grundsätzlich für alle Unternehmungen und alle Branchen. Es wird jedoch bei der Bewertung der Performance bezüglich Umwelt und Menschenrechte unterschieden, ob eine Unternehmung bzw. Branche mehr (*High Impact*) oder weniger (*Medium* und *Low Impact*) von ihnen betroffen ist, d.h. ob aufgrund besonderer Brisanz besondere Verantwortung und besondere Einflussmöglichkeiten bestehen.[817]

Die folgende Tabelle zeigt die Branchengewichtung im FTSE:

| High Impact Sectors | Medium Impact Sectors | Low Impact Sectors |
|---|---|---|
| Agriculture<br>Air Transport<br>Airports<br>Building Materials (includes Quarrying)<br>Chemicals and Pharmaceuticals<br>Construction<br>Major Systems Engineering<br>Fast Food Chains<br>Food, Beverages and Tobacco<br>Forestry and Paper<br>Mining & Metals<br>Oil and Gas<br>Power Generation<br>Road Distribution and Shipping<br>Supermarkets<br>Vehicle Manufacture<br>Waste<br>Water<br>Pest Control | DIY & Building Supplies<br>Electronic and Electrical equipment<br>Energy and Fuel Distribution<br>Engineering and Machinery<br>Financials not elsewhere classified (see right)<br>Hotels, Catering and Facilities Management<br>Manufacturers not elsewhere classified<br>Ports<br>Printing & Newspaper Publishing<br>Property Developers<br>Retailers not elsewhere classified<br>Vehicle Hire<br>Public Transport | Information Technology<br>Media<br>Consumer / Mortgage Finance<br>Property Investors<br>Research & Development<br>Leisure not elsewhere classified (Gyms and Gaming)<br>Support Services<br>Telecoms<br>Wholesale Distribution |

**Tabelle 16: Brancheneinstufungen im FTSE[818]**

[815] Die folgenden Ausführungen basieren hauptsächlich auf den Angaben des Internetauftrittes von FTSE, siehe hierzu FTSE (2007b) und Ausführungen in Kap. 4.3.2.4.1.2, ebenda.
[816] Vgl. Kap. 4.3.2.4.1.2, ebenda.
[817] Vgl. FTSE (2006), S. 3.
[818] In Anlehnung an FTSE (2006), S. 3.

Die Kriterien der FTSE4Good Indizes für die Bereiche ökologische und soziale Nachhaltigkeit, Beziehungen zu Anspruchsgruppen sowie Menschenrechte beziehen sich jeweils auf die drei Dimensionen Strategie, Management und Berichterstattung. Gemessen werden Unternehmensleistungen anhand von Indikatoren, die teilweise in wesentliche (*Core Indicators*) und *wünschenswerte* Indikatoren (*Desirable Indicators*) unterteilt werden. Zu den Schlüsselkriterien zählen u.a.:

- Zielgerichtete Aktivitäten für einen nachhaltigen Umweltschutz (z.B. Umweltmanagementsysteme wie ISO 14001 und EMAS, Nachhaltigkeitsstrategien, Nachhaltigkeitsberichterstattung, u.a.),
- Erhaltung und Unterstützung der Menschenrechte (bspw. gemessen an UN Global Compact, SA8000 oder OECD Guidelines) und
- Positive Beziehungen zu Interessengruppen (z.B. durch Code of Ethics, Business Principles, Mitarbeiter(aus)bildung, Sicherheit und Gesundheit der Mitarbeiter, etc.).

Eine Auflistung aller Indikatoren würde an dieser Stelle zu weit führen.[819]

#### 4.3.2.4.2.3 Ethibel Indizes

Die belgische Non-Profit Beratungsagentur ***‚Ethibel'*** mit Sitz in Brüssel startete am 27. Juli 2002 eine neue Gruppe von Nachhaltigkeitsindizes. Diese soll für Anleger eine Vergleichsmöglichkeit der Entwicklung nachhaltiger Unternehmungen an der Börse schaffen. Die ***Ethibel Sustainability Indexfamilie*** (ESI) besteht aus vier regionalen sog. *‚Free Float'-Indizes*[820]: dem ***ESI Global***, ***ESI Americas***, ***ESI Europe*** und ***ESI Asia Pacific***. Das amerikanische Finanzunternehmen *Standard and Poor's* ist für die technische Betreuung der Indexe verantwortlich.[821]

---

819 Siehe hierzu FTSE (2006), S. 3 ff.; FTSE (2007a) und Ausführungen in Kap. 4.4.2.1, ebenda.

820 Als Free Float oder Streubesitz wird der frei handelbare Aktienanteil einer börsennotierten Unternehmung bezeichnet.

821 Die folgenden Ausführungen stützen sich hauptsächlich auf den Internetauftritt von Ethibel, siehe dazu Ethibel (2007).

Die ESI nimmt nach dem Best-in-Class-Ansatz Unternehmungen aller Branchen und Regionen auf. Gleichzeitig soll sich der Index zunehmend der Branchengewichtung des Referenz-Indexes ‚S&P Global 1200' von Standard and Poor's annähern. Ende Dezember 2006 umfasste der Ethibel Sustainability Index Global 303 Unternehmungen, was einer Marktkapitalisierung von ca. 5.600 Mrd. Euro entspricht.

ESI liegt ein Nachhaltigkeitsansatz im Sinne des angelsächsischen *Tripple Bottom Line-Ansatzes*[822] zugrunde. Ethibel beurteilt das ***soziale Verhalten*** einer Unternehmung im Sinne ihres Verhaltens ***gegenüber*** der ***Gesellschaft*** und differenziert diesen Ansatz in folgende *drei Bereiche*:

- Berücksichtigung ***aller relevanten Bereiche der Sozialverantwortlichkeit*** von Unternehmungen (interne und externe Sozialpolitik, Umweltpolitik, Wirtschaftsaktivitäten);

- Beachtung ***aller Unternehmensaktivitäten*** (d.h. u.a. keine Beschränkung auf Kernbereiche und auch keine Begrenzung der Analyse auf den reinen nationalen Bereich des Sitzlandes, Berücksichtigung aller Wertschöpfungsaktivitäten mit Lieferanten und Vorlieferanten);

- Erfassung der ***gegenwärtigen Unternehmenssituation*** und der ***mittel- bis langfristigen Investitionspolitik*** hinsichtlich deren Auswirkungen auf zukünftige Generationen.

Der Untersuchungs- und Kriterienkatalog ist in ***fünf Kategorien*** unterteilt. Die erste Kategorie dient der allgemeinen Beschreibung der Unternehmung und ist nicht Teil der Bewertung. Die vier weiteren Kategorien sind die ***interne Sozialpolitik***, die ***Umweltpolitik***, die ***externe Sozialpolitik*** und die ***ethisch-wirtschaftliche Unternehmenspolitik***. Jede der vier Kategorien wird in der Bewertung gleichgewichtig berücksichtigt.

---

[822] Vgl. auch Kap. 3.2.2, ebenda.

Die folgende Abbildung gibt einen Überblick über die vier Bewertungskategorien von Ethibel und ihre Inhalte:[823]

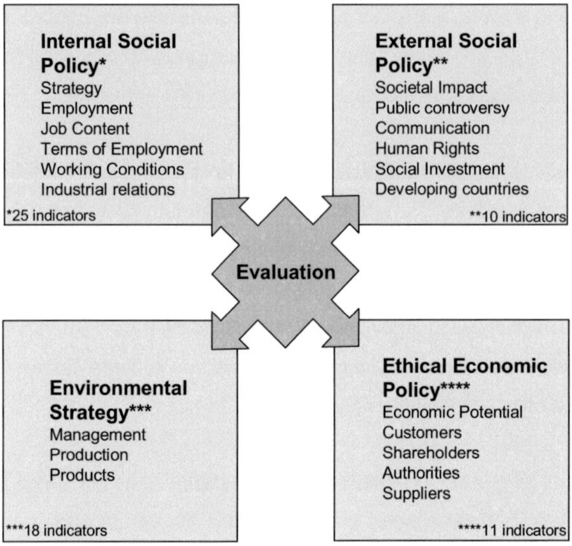


**Abbildung 40: Vier Kategorien von Ethibel**

Auch hier würde eine detaillierte Darstellung aller Kriterien und Indikatoren, die der Bewertung von Ethibel zugrunde gelegt sind, zu weit gehen.[824]

Für die Zusammenstellung des ESI wendet Ethibel seine eigenen internen Auswahlprozesse und Evaluierungsmodelle an. Bei der Gewinnung von Informationen betont Ethibel die Bereitschaft der Unternehmungen zur Zusammenarbeit als Voraussetzung für die Aufnahme in das Anlageuniversum des Index, Investitionsregister genannt.

Die zur Nachhaltigkeitsbeurteilung erforderlichen Informationen bezieht Ethibel sowohl aus ***Unternehmensinformationen*** (öffentlich zugängliche Dokumente und Veröffentlichungen der Unternehmung), aktiven Unternehmensdialogen, anderen ***Informationssystemen*** (Literaturstudium, Datenbanken,

---

[823] Vgl. Ethibel (2003).
[824] Siehe hierzu Ethibel (2007)und Ausführungen in Kap. 4.4.2.1, ebenda.

Medien, u.a.) und aus dem sog. ***‚Stakeholder Input'*** (Bestimmung relevanter Stakeholder und Kontaktaufnahme).

Nach einer intensiven Evaluierung werden die zu bewertenden Unternehmungen durch Ethibel entweder als Pionier-Unternehmungen (‚Push-Hypothese') oder als ‚Best-in-Class-Unternehmungen' (=Leader Unternehmungen nach der ‚Pull-Hypothese') auf dem Gebiet des nachhaltigen Wirtschaftens innerhalb ihrer Branche und Region ihrer Ansässigkeit ausgewiesen.

#### 4.3.2.4.3 Richtlinien zur Nachhaltigkeitsberichterstattung – GRI

Die ***Global Reporting Initiative (GRI)*** wurde 1997 von der *Coalition of Environmentally Responsible Economies* (CERES) in Partnerschaft mit dem UN-Umweltprogramm *UNEP* ins Leben gerufen.[825] Seit September 2002 befindet sich das GRI-Sekretariat in Amsterdam, Niederlande.
Aufgabe der GRI war und ist es, weltweit anwendbare Richtlinien für die ***Nachhaltigkeitsberichterstattung*** (*Sustainability Reports*) zu entwickeln, insbesondere für Großunternehmungen, aber auch für andere Unternehmungen, Regierungen und NGO´s. Ziel ist eine standardisierte Darstellung der ökonomischen, ökologischen und sozial-gesellschaftlichen Performance des jeweiligen Berichtenden.

Der erste Entwurf der GRI-Richtlinie für Nachhaltigkeitsberichterstattung ***GRI's Sustainability Reporting Guidelines*** lag im März 1999 vor. Er wurde in einer Pilotphase (1999-2000) an 21 Unternehmungen getestet und von zahlreichen weiteren Unternehmungen und nicht unternehmensgebundenen Experten kommentiert. Nach weiteren Anpassungen im Jahre 2002 veröffentlichte die GRI im Jahr 2004 schließlich den neuesten Entwurf ihrer Reporting Guidelines "G3". Im ***Oktober 2006*** wurde die aktuelle Fassung der ***Reporting Guidelines "G3"*** eingeführt.[826]

---

825 Die folgenden Ausführungen stützen sich hauptsächlich auf Informationen aus dem Internetauftritt der GRI, siehe hierzu GRI (2007).
826 Siehe hierzu GRI (2007).

Die ***Mission*** der GRI stellt einen langfristigen, viele Stakeholder einbeziehenden, internationalen Prozess dar, dessen Auftrag es ist, einen weltweit anwendbaren Leitfaden der Nachhaltigkeitsberichterstattung zu entwickeln und zu verbreiten. Der GRI-Leitfaden ist für die freiwillige Anwendung durch Organisationen und Unternehmungen gedacht, die über die wirtschaftlichen, ökologischen und gesellschaftlichen Aspekte ihrer Tätigkeiten, Produkte und Dienstleistungen Bericht erstatten wollen. Das ***Ziel*** des GRI-Leitfadens ist es, berichterstattende Unternehmungen und ihre Stakeholder bei der Gliederung und dem Verstehen von Beiträgen der berichterstattenden Unternehmung zur Nachhaltigen Entwicklung zu unterstützen.[827]

Der GRI-Leitfaden

- legt Berichterstattungsprinzipien und spezifische Inhalte dar, die bei der Erstellung eines Nachhaltigkeitsberichtes auf der Ebene einer Unternehmung helfen;
- unterstützt Unternehmungen dabei, ein ausgewogenes und angemessenes Bild ihrer ökonomischen, ökologischen und gesellschaftlichen Leistung darzustellen;
- fördert die Vergleichbarkeit von Nachhaltigkeitsberichten unter Berücksichtigung praktischer Überlegungen zur Offenlegung von Informationen diverser Unternehmungen – viele davon mit umfassenden und geographisch verstreuten Tätigkeitsfeldern;
- unterstützt ein Benchmarking und die Beurteilung von Nachhaltigkeitsleistungen in Bezug auf Codices, Leistungsstandards und freiwillige Initiativen und
- dient als Instrument, um die Einbeziehung von Stakeholden zu organisieren.[828]

***Transparenz*** und ***Partizipation*** bilden die prinzipiellen Ausgangspunkte entsprechender betrieblicher Berichterstattungsprozesse. Dabei ergänzen die GRI-Leitlinien andere Ansätze und Praktiken, die von Unternehmungen für das ***Management und Controlling der Nachhaltigkeitsleistung*** angewendet werden.

[827] Vgl. GRI (2007).
[828] Siehe auch Imug (2000), S. 50 ff.

Hierzu können

- ***Unternehmensgrundsätze*** und ***Verhaltenscodizes*** (‚*charters and codes of conduct*' – allgemeine Prinzipien der Unternehmenssteuerung);
- organisationale Grundsätze (interne Anleitungen oder Regeln über die Art und Weise, wie eine Unternehmung zu einem Thema Stellung nehmen kann);
- ***Standards*** (vorgeschriebene Methoden, Prozesse oder Leistungsziele);
- freiwillige Initiative Dritter und
- ***Managementsysteme*** (sowohl zertifizierte als auch nicht zertifizierte Systeme, die relevante Bereiche - z.B. ökologische oder gesellschaftliche Unternehmensleistungen oder ein Qualitätsmanagement - abdecken)

gezählt werden.[829]

Zu den verwendeten *Standards* zählen bspw. **Codizes** und **Leitsätze** – wie die *UN Universal Declaration of Human Rights*, Konventionen der International Labour Organisation (ILO), wie z.B. die *ILO Tripartite Declaration Concerning Multinational Enterprises and Social Policy, 1979*, der *Global Compact*, die *OECD-Leitsätze für Multinationale Unternehmungen* und andere Codes of Conduct – ***Management Standards*** wie ISO 14000, ***Spezialisierte Leistungsstandards*** wie Social Accountability 8000 (SA8000) und ***Rechenschaftsberichte*** nach AA-Standard (AccountAbility (AA1000)).[830]
Aufgabe der GRI ist es, weltweit anwendbare Richtlinien für die Nachhaltigkeitsberichterstattung aufzustellen. Hierfür hat sie einen Leitfaden entwickelt.[831]

Im ***GRI-Leitfaden 2002 (Guidelines 2002 – 'G2')***[832] werden in fünf Abschnitten die Berichtselemente und Leistungsindikatoren ausführlich dargestellt. Die Leistungsindikatoren werden dabei in *drei Abschnitte* eingeteilt, welche die ***ökonomische***, ***ökologische*** und ***gesellschaftliche/soziale*** Dimension der Nachhaltigkeit abbilden.[833] Diese Gliederung beruht auf der traditionellen Einteilung der Nachhaltigkeitsdimensionen und soll die Nutzer des GRI-Leitfadens unterstützen. Trotzdem ist eine solche Eingrenzung der Leis-

---

829 Vgl. GRI (2007).
830 Vgl. auch Schaltegger et al. (2002), S. 99 f.; ISO (2006); SA (2004); SAI (2004).
831 Siehe hierzu auch GRI (2007).
832 Zu den Ausführungen zum GRI Leitfaden (Guidelines) 2002 siehe vor allem GRI (2002), S. 8 ff.
833 Vgl. GRI (2002), S. 36 ff.

tungsindikatoren in diesen drei Kategorien zur Bewertung der Unternehmensleistung aus einer Reihe von Gründen nicht immer ausreichend. Beispiele hier für sind:

- Änderungen bei einem Aspekt der ökonomischen, ökologischen oder gesellschaftlichen/sozialen Leistung haben oft Änderungen bei anderen Nachhaltigkeitsaspekten zur Folge;
- Nachhaltigkeitsstrategien verwenden oft eine Nachhaltigkeitsdimension als Referenzpunkt, wenn Ziele für ein andere Dimension bestimmt werden und
- die Förderung der Nachhaltigen Entwicklung verlangt eine koordinierte Veränderung über eine Reihe von Leistungsmaßen hinweg, nicht nur einzelne zufällige Verbesserungen über alle Größen.

Aus diesem Grund ist zusätzlich zu den drei traditionellen Dimensionen Wirtschaft, Umwelt und Gesellschaft/Soziales die Berücksichtigung einer vierten Dimension notwendig, über die ein Nachhaltigkeitsbericht informieren sollte, nämlich die der *integrierten Leistung*.[834]

Der GRI-Leitfaden gibt ausführliche Hinweise, wie die einzelnen Aspekte jeweils im Detail darzustellen sind. Es wird unterschieden zwischen Kern- und Zusatzindikatoren. Sie werden für die drei Dimensionen (Ökonomie, Ökologie, Soziales) spezifisch ausgewählt.[835]

Durch die Aktualisierung der GRI-Leitlinien im letzten Jahr wurden die bis dahin gültigen GRI ***Guidelines 2002*** überarbeitet und zum Teil in der Zusammensetzung ihrer Indikatoren verändert. Da zurzeit jedoch die Mehrzahl der Nachhaltigkeitsberichte von Unternehmungen noch nach den *‚alten'* GRI Guidelines 2002 aufgestellt werden[836], beziehen sich die weiteren Ausführungen noch auf den Inhalt der GRI Guidelines 2002.[837]

---

834 Vgl. Schaltegger et al. (2002), S. 29 ff.

835 Zu den aktuellen Indikatoren siehe auch GRI (2007).

836 Von der GRI wurde eine Übergangsphase von zwei Berichterstattungsperioden eingeräumt, siehe hierzu GRI (2007).

837 Diese Vorgehensweise dient auch im Hinblick auf die Vergleichbarkeit der Nachhaltigkeitsberichterstattung der FoE, die ebenfalls noch auf den alten GRI Guidelines 2002 basiert, siehe dazu Kap. 4.4, ebenda.

Die GRI Guidelines 2002 enthielten:[838]

*(1)* ***13 ökonomische Leistungsindikatoren***, (differenziert nach Kunden, Lieferanten, Mitarbeitern, Kapitalgebern, Öffentlichem Sektor und indirekten ökonomischen Wirkungen), darunter bspw.

- EC6. Die Offenlegung von Auszahlungen an Kapitalgeber, unterschieden nach Zinsen für Schulden und Darlehen, Dividenden auf alle Kategorien von Aktien, inklusive Auszahlungsrückstände auf Vorzugsdividenden. *Dies schließt alle Formen von Schulden und Darlehen ein, nicht nur langfristige Verbindlichkeiten.*[839]
- EC9. Erhaltene Subventionen, aufgegliedert nach Ländern oder Regionen. *Subventionen beinhalten Beihilfen, Steuererleichterungen und andere Formen finanzieller Leistungen, die nicht auf einem Austausch von Waren und Dienstleistungen beruhen. Die verwendeten Definitionen der Subventionsarten sind zu erläutern.*[840]
- EC10. Spenden an die Anwohner/Gemeinden, die Bürgergesellschaft und andere Gruppen, in Geld- und Sachspenden und für jede Empfängergruppe separat aufgegliedert.[841]

*(2)* ***35 ökologische Leistungsindikatoren***, (differenziert nach Material, Energie, Wasser, Biodiversität, Emissionen, Abwässer und Abfälle, Lieferanten, Produkten und Dienstleistungen, Gesetzeskonformität, Transport, und übergreifenden Aspekten), wie z.B.

- EN3. Direkter Energieverbrauch, aufgegliedert nach Primärenergieträgern. *Es sollte über alle Energiequellen, die die berichtende Organisation in ihren Produktionsprozessen verwendet, berichtet werden, so wie auch über die Gewinnung und den Transport von Energie (z.B. Strom oder Wärme) für andere Organisationen.*[842]
- EN4. Indirekter Energieverbrauch. *Es sollte über den durch den Energieverbrauch der berichtenden Organisation ausgelösten Energieverbrauch zur Herstellung und Bereitstellung der von der Organisation verbrauchten Energieformen (z.B. Strom oder Wärme) Auskunft gegeben werden.*[843]

---

[838] Vgl. im Folgenden GRI (2002), S. 47 ff.
[839] Vgl. GRI (2002), S. 48.
[840] Vgl. GRI (2002), S. 48.
[841] Vgl. GRI (2002), S. 48.
[842] Vgl. GRI (2002), S. 49.
[843] Vgl. GRI (2002), S. 49.

- EN7. Beschreibung wesentlicher Auswirkungen auf Biodiversität durch Aktivitäten und/oder Produkte oder Dienstleistungen der berichtenden Organisation in terrestrischen oder marinen Ökosystemen oder Süßwasser-Ökosystemen.[844]
- EN14. Signifikante Umweltbelastungen wesentlicher Produkte und Dienstleistungen. *Diese sollten beschrieben und, wo relevant, auch quantifiziert werden.*[845]
- EN16. Fälle von Strafzahlungen für Nichteinhaltung gesetzlicher Regelungen, alle anwendbaren internationalen Deklarationen/Konventionen/Verträge betreffend, sowie nationaler, sub-nationaler, föderaler, regionaler und lokaler Gesetzgebung mit Umweltrelevanz. *Gesetzliche Regelungen sollten mit Bezug auf und in der Begrifflichkeit der betroffenen Länder erläutert werden.*[846]

***(3) 49 gesellschaftliche/soziale Leistungsindikatoren***, differenziert nach 17 Indikatoren für Arbeitsbedingungen und angemessene Arbeit (**LA**), 21 Indikatoren für Menschenrechte und Sozialwesen (**HR** und **SO**) und 11 Indikatoren für Produktverantwortung (**PR**); darunter bspw.:

- LA7. Standardisierte Kennzahlen zu Verletzungen, verlorenen Arbeitstagen, Abwesenheit und Anzahl arbeitsplatzbezogener Todesfälle (einschließlich Angestellte von Unterauftragnehmern).[847]
- LA11. Zusammensetzung des oberen Managements und der Unternehmensführungsgremien (corporate governance bodies, siehe auch Corporate Governance Kodex; einschließlich des Vorstands/Aufsichtsrats), einschließlich des Frauen/Männer-Verhältnisses und anderer Kennzahlen der Diversität, soweit kulturell angebracht.[848]
- HR2. Beleg des Einflusses der Beachtung der Menschenrechte auf Investitions- und Anschaffungsentscheidungen, einschließlich der Auswahl von Lieferanten/Unterauftragnehmern.[849]

[844] Vgl. GRI (2002), S. 49.
[845] Vgl. GRI (2002), S. 50.
[846] Vgl. GRI (2002), S. 51.
[847] Vgl. GRI (2002), S. 53.
[848] Vgl. GRI (2002), S. 53.
[849] Vgl. GRI (2002), S. 53.

- SO1. Beschreibung von Grundsätzen, um Einflüsse auf die Gemeinden in Gebieten, die von Tätigkeiten beeinflusst werden, zu managen sowie Beschreibung von Verfahren/Programmen, um diese Themen anzusprechen, inklusive Überwachungssysteme und Ergebnisse der Überwachung. *Einschließlich einer Erläuterung von Verfahren zu Identifikation und zur Einbindung von lokalen Stakeholdern in einen Dialog.*[850]
- PR6. Freiwillige Einhaltung von Kodizes, Produktlabels oder Auszeichnungen hinsichtlich sozialer und/oder ökologischer Verantwortung, die der Berichterstatter verwenden darf oder erhalten hat. (Zusatzindikator) *Einschließlich Erklärung des damit verbundenen Verfahrens und der Kriterien.*[851]

Mit den *Guidelines 2002* schaffte GRI den Durchbruch. Hunderte Unternehmungen weltweit nutzen seitdem den Kriterienkatalog als Orientierungshilfe für ihre Nachhaltigkeitsberichterstattung. Darunter sind auch Branchengrößen wie BMW, VW, Ford, BASF oder die Hypovereinsbank. Gerade das Bekenntnis dieser ‚Blue Chips' verlieh der GRI Reputation und machte sie zum führenden Berichtserstattungsmodell.

Mit Stand Juli 2005 waren 678 Organisationen weltweit im GRI-Register erfasst, davon 28 aus Deutschland, 15 aus der Schweiz und 11 aus Österreich. Von den deutschen Unternehmungen gehören jeweils 4 zur Branche der Automobilindustrie bzw. Finanzdienstleistungen, 3 Unternehmungen waren aus dem Sektor Groß- und Einzelhandel und die übrigen verteilen sich auf weitere Branchen.

[850] Vgl. GRI (2002), S. 55.
[851] Vgl. GRI (2002), S. 55.

Die folgende Tabelle zeigt deutsche Unternehmungen, die im Oktober 2006 bei der GRI gelistet waren:

| **Unternehmungen** | **Branchen** |
|---|---|
| Adam Opel AG | Automobilindustrie |
| Adidas Group | Textilien und Bekleidung |
| Axel Springer AG | Medien |
| BASF AG | Chemieindustrie |
| Bayer AG | Gesundheitsprodukte |
| Bayerische Hypo- und Vereinsbank AG | Finanzdienstleister |
| Bayerische Motoren Werke (BMW) | Automobilindustrie |
| British American Tobacco (Germany) GmbH | Tabakindustrie |
| BSH Gruppe | Haushaltsgeräte und Bedarfsgegenstände |
| Commerzbank AG | Finanzdienstleister |
| DaimlerChrysler AG | Automobilindustrie |
| Deutsche Bank AG | Finanzdienstleister |
| Deutsche Telekom AG | Telekommunikation |
| Energie Baden-Württemberg AG | Energiedienstleister |
| HeidelbergCement AG | Baubranche |
| Heidelberger Druckmaschinen | Ausrüstung |
| Henkel KGaA | Haushaltsgeräte und Bedarfsgegenstände |
| HOCHTIEF Aktiengesellschaft | Baubranche |
| K+S Aktiengesellschaft | Bergbau |
| KarstadtQuelle | Groß- und Einzelhandel |
| KATE - Kontaktstelle für Umwelt und Entwicklung | Andere |
| Kloster Schlehdorf, Missions-Dominikanerinnen | Andere |

**Tabelle 17: Deutsche Unternehmungen im GRI Register 2006**[852]

Mit der im Oktober 2006 modifizierten aktuellen neuen Fassung der GRI Guidelines ‚G3', der dritten Generation, soll der Ruf und die Qualität der Organisation weiter gefestigt werden.

### 4.3.2.5 Erkenntnisse der Informationsquellen für das SPM bei FoE

Die vorgestellten Informationsgrundlagen und -quellen sollten einerseits einen Überblick über verschiedene Ansatzpunkte der Darstellung und Messung einer nachhaltigkeitsorientierten Unternehmung und in diesem Sinne auch bezüglich der Darstellung und Bewertung ihrer Nachhaltigkeitsleistung geben. Zum anderen dienen die erläuterten Informationsquellen gerade im Bereich der Rating-Agenturen, Indizes und Nachhaltigkeitsberichterstattung einer weitgefächerten Orientierung bei der Kriterienauswahl im Rahmen des bei FoE aufzustellenden SPM-Modells.

[852] In Anlehnung an GRI (2007).

Durch intensive Recherchearbeiten wurden die dargestellten Kriterienkataloge der Rating-Agenturen, Indizes und der GRI Guidelines auf ihre Bedeutung für die Bestimmung und Bewertung der Nachhaltigkeitsleistung der FoE hin analysiert.[853]

Neben der intensiven Analyse der relevanten Stakeholderansprüche an die Unternehmung durch die vorgestellte ‚Materiality Analyse' der FMC[854] stellte diese Recherchearbeit bzw. Untersuchungseinheit darüber hinaus einen weiteren Bestandteil einer grundlegenden strategieorientierten Auseinandersetzung mit der Nachhaltigkeitsproblematik und ihrem Stellenwert für eine strategische, werteorientierte und nachhaltigkeitsbezogene Unternehmensführung für die FoE dar.

### 4.3.3 SPM - Modell – Unternehmensspezifische Anpassungen

Der fünfstufige Aufbau des theoretischen Konstrukts des SPM-Modells, wie es in Kapitel 3.3.3.3.2 entwickelt wurde, kann prinzipiell in seiner Form auf das zu entwickelnde ***SPM-Modell FoE*** Anwendung finden. Dies wurde in den vorangegangenen Ausführungen nachgewiesen.
Hinsichtlich der ***inhaltlichen Ausgestaltung*** der einzelnen Stufen können sich jedoch einzelne Abweichungen ergeben. Diese beruhen in erster Linie darauf, dass das zu entwickelnde SPM-Modell FoE von den im Rahmen des CC-Konzeptes aufgestellten vier unternehmensbezogenen ***Nachhaltigkeitsstrategien***[855] hergeleitet werden soll.
Die vier Nachhaltigkeitsstrategien der FoE wurden identifiziert als:[856]

- ***Integrated Product Strategy*** (nachhaltigkeitsbezogene Produktstrategie),

[853] Zur konkreten Auswertung der Untersuchungseinheiten siehe Kap. 4.4.2.1, ebenda.
[854] Die Materiality Analyse wurde für die FMC durchgeführt. Die durch sie identifizierten ‚Nachhaltigkeitsfaktoren' können jedoch in ihrer Allgemeinheit auch auf die FoE übertragen werden. Eine spezifische Unternehmensuntersuchung der FoE durch die ‚Materiality Analyse' erfolgt in Kap. 4.4.2.1, ebenda.
[855] Im Rahmen der Entwicklung des SPM-Modells der FoE wurde der Name ‚CC-Konzept' (vgl. Abbildung 40, Kap. 4.2.4, ebenda) umgeändert in ***‚Corporate Sustainability-Konzept'*** (*CS-Konzept*), um einen engeren Bezug zu dessen inhaltlicher Ausgestaltung zu erzeugen. Dementsprechend wird auch im Folgenden von ***‚Nachhaltigkeitsstrategien'*** *(‚Sustainability Strategies')* bzw. **Nachhaltigkeitsindikatoren** *(‚Sustainability Indicators')* gesprochen, die im Rahmen des CC- bzw. CS-Konzeptes entwickelt und implementiert werden. Siehe hierzu auch Kap. 4.4, ebenda.
[856] Vgl. Kap. 4.2.4, ebenda.

- ***Green Operations Strategy*** (nachhaltigkeitsbezogene Produktions-, Produktionsprozess-, und Ablauf-Strategie),
- ***Responsible Employer Strategy*** (verantwortungsbewusste, nachhaltige Arbeitgeber-Strategie) und
- ***Responsible Business Strategy*** (selbstverpflichtende, nachhaltige Geschäfts- und Stakeholder-Strategie).

Durch die Festlegung dieser vier Elemente der Nachhaltigkeitsstrategie der FoE erfolgte bereits vor der ersten Stufe des SPM-Modells eine konkrete Vorgabe und Eingrenzung der Analysebereiche. Da diese vier Bereiche jedoch in hohem Maße die gesamten Unternehmenstätigkeiten der FoE in Bezug auf ihre Nachhaltigkeitsleistung abdecken, ist die Begrenzung des Analysebereiches des SPM-Modells der FoE auf diese vier Bereiche aus theoretischer Sicht nicht kritisch anzusehen. Vielmehr kann dadurch eine Übersichtlichkeit auch in Hinblick auf die Identifikation der Nachhaltigkeitsleistungsfähigkeit erzielt werden, indem vorab schon eine Fokussierung auf die aus Unternehmenssicht relevanten Analysebereiche vorgenommen wird.
Die vorangegangenen Ausführungen, insbesondere des Kapitels 4.3.2.2.1, zeigen, dass eine ***Schwäche*** der Nachhaltigkeitsorientierung der FoE in der ***fehlenden Umsetzung*** der aufgestellten Nachhaltigkeitsstrategien ***auf operativer Unternehmensebene*** gesehen werden kann.

Dementsprechend soll das im Rahmen des CC-Konzeptes aufzubauende SPM-Modell der FoE insbesondere auf die operative Umsetzung der Nachhaltigkeitsstrategien sowohl in den Funktionsbereichen *Produktentwicklung/Produkt* und *Produktion* als auch in den Bereichen des *internen und externen ‚Stakeholder-Managements'* ausgerichtet sein. ***Ziele*** des SPM-Modells der FoE sind demnach primär die ***Entwicklung*** und ***Einführung*** der sog. vier ***‚Sustainability Indicators (SI)'*** (Nachhaltigkeitsindikatoren), die sich in Anlehnung an die vier Nachhaltigkeitsstrategien der FoE unterteilen lassen in:[857]

- *Product Sustainability Index (PSI),*
- *Manufacturing Sustainability Index (MSI),*

[857] Vgl. im Folgenden FoE (2003e); siehe auch FMC (2006e).

- *Responsible Employer Sustainability Index (RESI) und*
- *Responsible Business Sustainability Index (RBSI).*

***Product Sustainability Index (PSI)***[858]

Der PSI basiert auf der *‚Integrated Product Strategy'*. Diese soll im Bereich der ***Produktentwicklung*** auf strategischer Unternehmensebene bei FoE *Ziele* und *Maßnahmen* vorgeben, die zu einer ***nachhaltigen*** Produktentwicklung führen und damit die ***Nachhaltigkeitsleistung der Produkte*** beeinflussen und steuern sollen. Auf operativer Unternehmensebene soll mit dem PSI eine *Rahmenvorgabe* und ein ***Messsystem*** implementiert werden, welches es den Ingenieuren, Zulieferern und anderen Prozessbeteiligten ermöglicht, die Nachhaltigkeit (gegenwärtiger und) zukünftiger Produkte ständig zu verbessern. Dabei stellen die *Entwicklung* von nachhaltigkeitsorientierten *Zielen* und deren operative *Umsetzung* durch *Kennzahlen* für zukünftige Fahrzeugprogramme das Aufgabenfeld des PSI dar. Der PSI soll somit zur ***Nachhaltigkeitsleistungsmessung*** auf operativer Ebene für den *Funktionsbereich der Produktentwicklung* dienen.

***Manufacturing Sustainability Index (MSI)***[859]

Der MSI wird von der *‚Green Operations Strategy'* hergeleitet. Diese auf den ***Produktionsbereich*** ausgerichtete Strategie soll auf strategischer Unternehmensebene *Ziele* und *Maßnahmen* festlegen, die dazu beitragen, die Produktionsverfahren und somit die Produktionsstandorte hinsichtlich ihrer Nachhaltigkeitsleistung zu steuern. Auf operativer Ebene wird mit dem MSI ein ***Messsystem*** vorgegeben, das die Bewertung der Nachhaltigkeit der Produktionsstätten, der Produktionsverfahren und darüber hinaus auch der Distribution (sowohl der vor- als auch nachgelagerten) ermöglichen soll. Dabei kommt der *Entwicklung* von *nachhaltigkeitsbezogenen Zielen* und die operative *Umsetzung* durch *Kennzahlen* zur ***Verbesserung*** der *Produktionsverfahren, Standorte* und der *Distribution* eine besondere Bedeutung innerhalb des MSI zu. Der MSI soll somit zur Feststellung der Nachhaltigkeitsleistung herangezogen werden und stellt die ***Nachhaltigkeitsleistungsmessung*** auf operativer Ebene für den *Funktionsbereich der Produktion* dar.

---

[858] Siehe hierzu im Folgenden FoE (2003f).
[859] Vgl. im Folgenden FoE (2003g).

***Responsible Employer Sustainability Index (RESI)***[860]

Auf der dritten Nachhaltigkeitsstrategie der FoE, der *'Responsible Employer Strategy'*, basiert der dritte *‚Sustainability Indicator'*, der als RESI bezeichnet wird. Die ‚Responsible Employer Strategy' soll auf strategischer Unternehmensebene Ziele und Maßnahmen vorgeben, die zum Aufbau eines strategischen Stakeholdermanagements, bezogen auf die *internen Stakeholder* der FoE, dienen. Auf operativer Ebene soll durch den RESI eine Rahmenvorgabe und ein ***Messsystem*** vorgegeben werden, durch das das Verhältnis der Unternehmung primär zu den Mitarbeitern (und anderen internen Stakeholdern) bewertet werden soll. Einen hohen Stellenwert hat dabei die Entwicklung von nachhaltigkeitsorientierten Zielen und deren Umsetzung auf operativer Ebene zur ***Verbesserung*** der *Mitarbeiterbeziehungen* im Allgemeinen, so u.a. zur Verbesserung der Mitarbeiterrekrutierung und -bindung im Speziellen. Der RESI soll dadurch zur Leistungsbewertung der FoE als ***‚Employer of choice'*** dienen.

***Responsible Business Sustainability Index (RBSI)***[861]

Aufbauend auf der vierten und letzten Nachhaltigkeitsstrategie, der *'Responsible Business Strategy'*, soll der sog. RBSI entwickelt werden. Durch die *‚Responsible Business Strategy'* werden auf strategischer Unternehmensebene *Ziele* und *Maßnahmen* vorgegeben, die analog zur *‚Responsible Employer Strategy'* zum Aufbau eines **strategischen Stakeholdermanagements** dienen, aber in diesem Fall auf die *externen Stakeholder* der FoE bezogen sind.

Durch den RBSI wird die Umsetzung auf operativer Ebene vollzogen. Hierzu wird durch den RBSI eine *Rahmenvorgabe* implementiert, die das Verhältnis zu den externen Stakeholdern der FoE, insbesondere zu Kunden, Investoren, Lieferanten, der Öffentlichkeit und anderen Partnern, bewertet. Dabei liegt der Fokus des RBSI auf der Entwicklung von Zielen und deren operativen Umsetzung durch Kennzahlen zur ***Verbesserung des Stakeholder-Dialoges***, bzw. des auf die Existenzsicherung bezogenen ***Unternehmensimage*** bei externen Stakeholdern. Durch den RBSI soll im Bereich des Sta-

---

[860] Vgl. hierzu FoE (2004a).

[861] Vgl. im Folgenden FoE (2005a).

keholdermanagements – bezogen auf die externen Anspruchsgruppen der FoE – eine *Nachhaltigkeitsleistungsmessung* ermöglicht werden.

Folgende Abbildung zeigt die vier ***,Sustainability Indicators'*** der FoE und ihren Bezug zu den vier Nachhaltigkeitsstrategien noch einmal auf:[862]

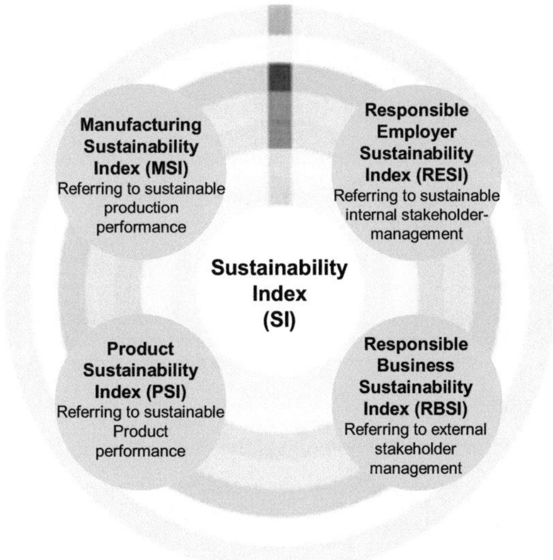


**Abbildung 41: Die vier *,Sustainability Indicators'* der FoE**[863]

Das SPM-Modell der FoE dient somit primär der inhaltlichen Ausgestaltung der Nachhaltigkeitsleistungsmessung der FoE durch die Nachhaltigkeitsindikatoren PSI, MSI, RESI und RBSI.

Dazu wird analog zum Aufbau des theoretischen SPM-Modells für jeden dieser Indikatoren und den ihnen zugrunde liegenden Bereichen (Produktentwicklung, Produktion, internes und externen Stakeholdermanagement) der fünfstufige Analyseprozess durchlaufen.[864]

---

862 Siehe FoE (2003e); vgl. hierzu auch Abbildung 40, Kap. 4.2.4, ebenda.
863 Analog zu Abbildung 34 und 35 spiegelt auch hier die farbliche Hinterlegung die Bezugnahme auf die ,Business Principles' wider; vgl. Kap. 4.2.3, ebenda.
864 Vgl. Kap. 3.3.3.3.2 und vor allem folgende Ausführungen in Kap. 4.4.2, ebenda.

## 4.4 Das SPM - Modell bei Ford of Europe

Mit der Entwicklung des SPM-Modells bei FoE wurde im Jahre 2002 begonnen. Anstoß dafür war die bereits in Kapitel 4.2.3 erläuterte (Neu)Ausrichtung der FMC durch die Implementierung des Leitbildes und Konzeptes der unternehmerischen Nachhaltigkeit. Dazu wurden zum einen auf *normativer Unternehmensebene* sog. Geschäftsgrundsätze in Form der *‚Business Principles'* eingeführt, die in engem Bezug zu den Kriterien, Leitsätzen und Dimensionen der Nachhaltigkeit bzw. einer Nachhaltigen Entwicklung entwickelt wurden. Zum anderen wurden auf *strategischer Unternehmensebene* mit der Implementierung der sog. *‚Turnaround-Strategie'* konkrete strategische Vorgaben durch Festlegung von Zielhorizonten und Maßnahmenkatalogen initiiert.[865]

In einem ***Pilotprojekt*** wurden daraufhin auf ***strategischer*** *Unternehmensebene* für die FoE explizit ***vier Nachhaltigkeitsstrategien*** für die Bereiche *Produkt* (Produktentwicklung), *Produktion* (Produktionsverfahren, Standorte und Distribution), *internes Stakeholder-Management* (u.a. Beziehungen und Verhalten zu bzw. gegenüber den Mitarbeitern) und *externes Stakeholdermanagement* (u.a. Beziehungen und Verhalten zu bzw. gegenüber externen Stakeholdern – Kunden, Lieferanten, Händler, Gesellschaft) entwickelt.[866]

Mittels des in Kapitel 3.3.3, bzw. explizit in Kapitel 3.3.3.3, theoretisch hergeleiteten und aufgestellten SPM-Modells soll im Rahmen des Pilotprojektes – ‚Corporate Sustainability-Konzept FoE' – ein ***unternehmensspezifisches SPM-Modell*** (SPM-Modell FoE) entwickelt werden. Dessen Ziel und Aufgabe ist die Umsetzung der Nachhaltigkeitsstrategien auf operativer Unternehmensebene. Dazu werden die bereits vorgestellten vier Nachhaltigkeitsindikatoren[867] aufgestellt, die letztendlich dazu dienen sollen, die ***Nachhaltigkeitsleistung*** in den vier definierten Nachhaltigkeitsbereichen der FoE analog zu den fünf Analysestufen des SPM-Modells zu ***identifizieren***, zu ***erfassen***, zu ***bewerten***, zu ***beurteilen*** und zu ***kontrollieren***.[868]

---

865 Vgl. Kap. 4.2.3, ebenda.
866 Vgl. Kap. 4.2.4, ebenda.
867 Die ‚Sustainability Indicators' umfassen den PSI, MSI, RESI und den RBSI, vgl. Kap. 4.3.3, ebenda.
868 Vgl. hierzu auch Kap. 3.3.3.3.2, ebenda.

Die inhaltliche Ausgestaltung der Nachhaltigkeitsindikatoren mittels des SPM-Modells stellt somit den Analyseschwerpunkt der folgenden Abschnitte dieses Kapitels dar. Zunächst wird dazu kurz auf die Konzeption und Entwicklung des SPM-Modells bei FoE eingegangen. Den Kern dieses Kapitels bildet daraufhin der Aufbau des SPM-Modells FoE in acht Analyseschritten.

### 4.4.1 Konzeption und Entwicklung des SPM-Modells bei FoE

Die Projektarbeit zur Entwicklung, zum Aufbau und schließlich zur Implementierung des SPM-Modells FoE begann Anfang 2002. Zunächst wurde eine ***Projektleitung*** bestimmt, die zur ***Aufgabe*** hatte, die *Führungsarbeit* während des Projektverlaufs zu übernehmen, für einen reibungslosen *organisatorischen Projektablauf* zu sorgen und als *Mittler* zwischen den beteiligten Projektteams zu agieren.

Als Projektleitung wurde die ***Abteilung ‚Corporate Citizenship'*** der FoE ausgewählt. Sie ist eine Division der FoE und besteht seit Anfang 2001. Organisatorisch ist die CC-Abteilung in zwei Teile unterteilt: In England agiert der *‚CC-Direktor'* für FoE, der hauptsächlich für die FoE und als Bindeglied zur FMC fungiert. Der ihm direkt unterstellte *‚CC-Manager'* hat seinen Sitz in Deutschland bei der Ford-Werke GmbH in Köln und ist für die Standorte der Ford-Werke GmbH und für Kontinentaleuropa zuständig.[869] Die gesamte CC-Abteilung ist dem Managementbereich *‚Legal, Governmental & Environmental Affairs (LG&E)'* der FoE zugeordnet, der wiederum vom Vizepräsidenten FoE, der gleichzeitig Mitglied der Geschäftsführung der Ford-Werke GmbH ist, geleitet wird.[870]
Die CC-Abteilung FoE übernahm neben den Aufgaben der Führungsarbeit, der Projektorganisation und der Mittler- und Kommunikationsfunktion auch die (projektvorgelagerte) Aufgabe der ***theoriegeleiteten Entwicklung*** des SPM-Modells und seiner Indikatoren.

Dem Projekt unterliegt ein genauer Zeitplan, der vorgibt, welche Entwicklungsschritte zu welchem Zeitpunkt erbracht werden sollen. Die folgende Ab-

---

869 *Kontinentaleuropa* bezieht sich demnach auf alle Standorte der FoE des europäischen Festlandes mit Ausnahme von Großbritannien. Die Standorte der FoE in Großbritannien sind direkt dem CC-Direktor unterstellt. Siehe auch Kap. 4.2.1, ebenda.

870 Vgl. FoE (2003h).

bildung zeigt einen Überblick über die einzelnen Bausteine des Projekts, dessen Inhalte und den zeitlichen Ablauf:[871]

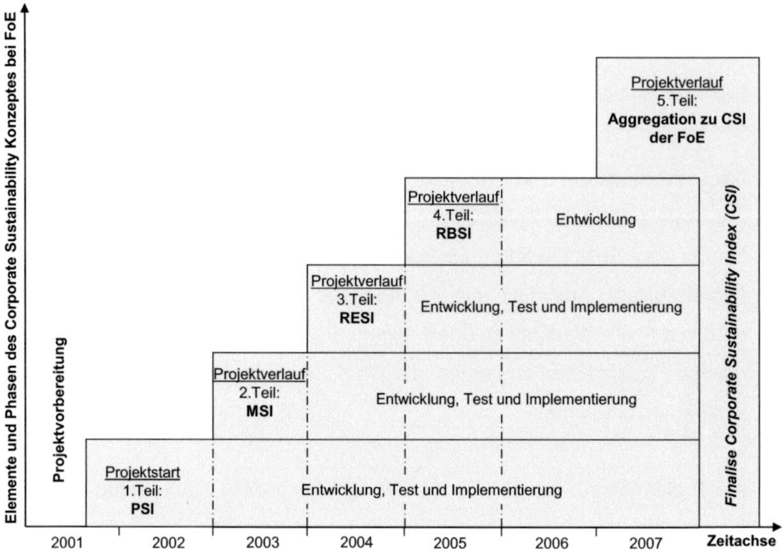


**Abbildung 42: Projektaufbau 'Corporate Sustainability' der FoE**

Wie die Abbildung zeigt, wurde ein zeitlicher Plan entworfen, der vorsah, mit Beginn des Jahres 2002 jedes Jahr einen weiteren Nachhaltigkeitsindikator zu entwickeln: Für das Jahr 2002 wurde die Entwicklung und praktische Erprobung des *‚Product Sustainability Index'* (PSI), für das Jahr 2003 die des *‚Manufacturing Sustainability Index'* (MSI), für das Jahr 2004 die des *‚Responisble Employer Sustainability Index'* (RESI) und für das Jahr 2005 die Entwicklung und Erprobung des *‚Responsible Business Sustainability Index'* (RBSI) vorausgeplant.

Die abschließende Feinabstimmung und Zusammenführung der vier Indikatoren zu einem sog. ***‚Corporate Sustainability Index'*** (CSI) soll das Projekt abrunden.

Die jeweiligen Indikatoren wurden in einer *ersten Phase* des Pilotprojektes *‚Sustainability Indicators FoE'* durch theoretische Vorüberlegungen zu den jeweiligen inhaltlichen Grundzügen grob skizziert, bevor in einer *zweiten*

---

871 Vgl. im Folgenden FoE (2003i).

*Phase* (die durch die Stufen des SPM-Modells in den nachfolgenden Ausführungen noch näher erläutert wird) ihre konkrete inhaltliche Ausgestaltung erfolgt. Dazu werden je nach Indikator fachspezifische Arbeitsgruppen gebildet, die für die Identifizierung und Erfassung der den Indikatoren zugrunde gelegten Ziel- und Messgrößen zuständig sind. Die Bewertung, Beurteilung und Kontrolle und somit die gesamte Steuerungsfunktion der Nachhaltigkeitsindikatoren – *‚Sustainability Indicators' (SI)* – obliegt zunächst der CC-Abteilung.[872]

Nach der Entwicklung und einer Erprobung (Testlauf der Indikatoren in einer konkreten Geschäftseinheit der FoE) soll in einer *letzen Phase* des Pilotprojektes die Implementierung in den jeweiligen Managementbereichen erfolgen, die mit der Übergabe der Verantwortung über Erfassung und Pflege der jeweiligen Indikatoren an die jeweiligen Managementbereiche einhergehen soll.

Folgende Abbildung fasst die erläuterten Phasen des Pilotprojektes *‚Sustainability Indicators FoE'* zusammen:[873]

| **1.Phase: Planung** | **2.Phase: Entwicklung** | **3.Phase: Testlauf** | **4.Phase: Implementierung** |
|---|---|---|---|
| • theoretisches Konstrukt des jeweils zu entwickelnden Nachhaltigkeitsindikators<br>• Stakeholderbezug aufgrund interner Unternehmens- und externer Umfeldanalyse (Benchmark)<br>• Kommunikation und Informationsaustausch mit den jeweiligen Fach-abteilungen | • inhaltliche Ausgestaltung des jeweiligen **‚Sustainability Indicators' (SI)** mittels des **SPM-Modells FoE**<br>=> Identifikation von Kennzahlen und Messgrößen<br>=> Erfassung<br>=> Bewertung<br>=> Beurteilung<br>=> Kontrolle | • Erprobung der Praxistauglichkeit des jeweiligen entwickelten SI in einer Geschäftseinheit der FoE<br>• Eventuelle Anpassungen der Kennzahlen und Messgrößen<br>• Einweisung der jeweiligen Fachabteilungen und Managementbereiche zur Vorbereitung der Übergabe der SI | • Übergabe des SPM-Modells und der SI an die jeweiligen Managementbereiche<br>• Implementierung in allen relevanten Geschäftseinheiten der FoE |
| **Verantwortung: CC-Abteilung** | **Verantwortung: CC-Abteilung und Fachgruppen (Working-groups)** | **Verantwortung: CC-Abteilung und Pilot-Geschäftseinheit** | **Verantwortung: jeweiliger Managementbereich der FoE** |

**Abbildung 43: Phasen des Pilotprojektes 'Sustainability Indicators FoE'**

In den folgenden Abschnitten dieses Kapitels wird der Projektverlauf im Detail dargestellt. Dabei ist anzumerken, dass das Pilotprojekt der FoE in seiner

872 Siehe hierzu auch FoE (2003j).
873 Vgl. hierzu FoE (2003j).

Gesamtheit[874] noch nicht beendet werden konnte und somit eine Veröffentlichung des gesamten ‚Corporate Sustainability-Konzepts' der FoE und damit aller Indikatoren und ihrer Inhalte durch die FoE noch nicht stattgefunden hat. Somit muss aus Gründen zur ***Wahrung der Geheimhaltung*** an gegebener Stelle der vorliegenden Arbeit, die jeweils gesondert gekennzeichnet wird, auf die Verwendung ***fiktiver Größen*** zurückgegriffen werden. Dies gilt insbesondere für konkrete nicht veröffentlichte Unternehmenswerte und -kennzahlen.

Da für die ***Methodik***, d.h. den ***generellen Aufbau*** und das ***Konstrukt*** des SPM-Modells, die konkrete inhaltliche Ausgestaltung der Ziel- und Messgrößen jedoch nur von sekundärer Bedeutung ist, spielt diese Einschränkung der Darstellung des SPM-Modells FoE für eine abschließende Analyse und Bewertung der im Kontext der vorliegenden Arbeit zu lösenden Frage der Anwendbarkeit eines solchen methodischen SPM-Modells zur Messung der Nachhaltigkeitsleistung einer Unternehmung im Rahmen der Umsetzung ihrer unternehmerischen Verantwortung auf Unternehmensebene keine bzw. nur eine untergeordnete Rolle.[875]

### 4.4.2 In acht Schritten zur Nachhaltigkeitsleistungsmessung bei FoE mit Hilfe des SPM – Modells

Aufbauend auf den theoretischen Grundlagen des in Kapitel 3.3.3.3 entwickelten SPM-Modells zur Nachhaltigkeitsleistungsmessung in Unternehmungen wurde bei der FoE ein Prozess zur Definition, Erfassung, Bewertung, Beurteilung und Kontrolle der Nachhaltigkeitsleistung der FoE in acht Schritten entwickelt.

---

[874] Vgl. hierzu auch Abbildung 46, ebenda.

[875] Vgl. hierzu vor allem die Ausführungen in Kap. 4.5 und Kap. 5, ebenda.

Die folgende Abbildung zeigt den achtstufigen Aufbau und seine inhaltliche Ausgestaltung:[876]

| In acht Schritten zur Nachhaltigkeitsleistungsmessung bei FoE mittels des SPM-Modells | |
|---|---|
| Erster Schritt: | Identifikation von Verursachungsgrößen der Nachhaltigkeitsleistung für FoE<br>**Umfeld-/Stakeholderanalyse und ausgewähltes Branchen-Benchmark** |
| Zweiter Schritt: | Auswahl und Bewertung der Leitparameter für die vier Bereiche des SPM<br>**Komplexitätsreduktion** |
| Dritter Schritt: | Verursachungswege definieren vom Leitparameter zum Leistungstreiber<br>**Performance Driver** |
| Vierter Schritt: | Bestimmung der Ziele für die Nachhaltigkeitsleistung in den vier Bereichen des SPM<br>**Nachhaltigkeitsleistung** – (Soll-Größen-Bestimmung durch BIC und WIC) |
| Fünfter Schritt: | Definition der Nachhaltigkeitsleistungsmessung<br>**Nachhaltigkeitsleistungsmessung** – (Ist-Größen-Messung) |
| Sechster Schritt: | Bewertung und Beurteilung der Nachhaltigkeitsleistungen durch Soll-Ist-Vergleiche<br>**Sustainability Performance Measurement (SPM)** |
| Siebter Schritt: | Graphische Darstellung der Nachhaltigkeitsleistung der vier Bereiche<br>**Nachhaltigkeitsspinnennetzdiagramm** |
| Achter Schritt: | **Erfolgskontrolle** und Revision (eventuell Anpassung von BIC bzw. WIC) |

**Abbildung 44: Nachhaltigkeitsleistungsmessung der FoE**

Die acht Schritte des Prozesses zur Nachhaltigkeitsleistungsmessung der FoE mittels des ***SPM-Modells FoE*** bauen aufeinander auf und ergänzen sich. Mit dem letzen Schritt des Prozesses wird durch die Instrumente der Entscheidungsfindung und Kontrolle (Revision) der Analysekreislauf des SPM-Modells FoE geschlossen.[877]

---

[876] Siehe hierzu auch FoE (2003k).
[877] Siehe FoE (2003k); vgl. auch Kap. 3.3.3.3.2, ebenda.

Dabei können die acht Prozessschritte den fünf Stufen des theortisch aufgebauten SPM-Modells wie folgt zugeordnet werden:[878]

| In acht Schritten zur Nachhaltigkeitsleistungsmessung bei FoE mittels des SPM-Modells | | Zuordnung zum SPM-Modell FoE |
|---|---|---|
| Erster Schritt: | Identifikation von Verursachungsgrößen der Nachhaltigkeitsleistung für FoE<br>**Umfeld-/Stakeholderanalyse und ausgewähltes Branchen-Benchmark** | **1. Stufe:**<br>Identifikation und Festlegung der Ziele |
| Zweiter Schritt: | Auswahl und Bewertung der Leitparameter für die vier Bereiche des SPM<br>**Komplexitätsreduktion** | |
| Dritter Schritt: | Verursachungswege definieren vom Leitparameter zum Leistungstreiber<br>**Performance Driver** | |
| Vierter Schritt: | Bestimmung der Ziele für die Nachhaltigkeitsleistung in den vier Bereichen des SPM<br>**Nachhaltigkeitsleistung** – (Soll-Größen-Bestimmung durch BIC und WIC) | |
| Fünfter Schritt: | Definition der Nachhaltigkeitsleistungsmessung<br>**Nachhaltigkeitsleistungsmessung** – (Ist-Größen-Messung) | **2. Stufe:**<br>Erfassung |
| Sechster Schritt: | Bewertung und Beurteilung der Nachhaltigkeitsleistungen durch Soll-Ist-Vergleiche<br>**Sustainability Performance Measurement (SPM)** | **3. u. 4. Stufe:**<br>Bewert. u. Beurteil. |
| Siebter Schritt: | Graphische Darstellung der Nachhaltigkeitsleistung der vier Bereiche<br>**Nachhaltigkeitsspinnennetzdiagramm** | **4. Stufe:**<br>Graph. Darstellung |
| Achter Schritt: | **Erfolgskontrolle** und Revision (eventuell Anpassung von BIC bzw. WIC) | **5. Stufe:**<br>Kontrolle, Revision |

**Abbildung 45: Zuordnung der fünf Stufen des SPM-Modells FoE**

#### 4.4.2.1 Schritt 1: Definition der Analysebereiche der FoE

Der erste Schritt zur Nachhaltigkeitsleistungsmessung bei der FoE mittels des SPM-Modells beinhaltet die Identifikation der Verursachungsgrößen der Nachhaltigkeitsleistung der FoE und setzt sich aus zwei Teilschritten zusammen. Im *ersten Teilschritt*, der ***internen Unternehmensanalyse***, werden der Untersuchungsbereich festgelegt und somit die Analyseobjekte bestimmt.[879] Bei der FoE wurden dafür die im Rahmen des *'Corporate Sustainability'-Konzeptes* bereits vorgestellten *vier Nachhaltigkeitsstrategien* zur Bestimmung der Untersuchungsbereiche herangezogen.[880] Durch ihre strategische Ausrichtung auf spezifische Unternehmenseinheiten zeigen sie die jeweiligen ***Analysebereiche Produkt***, ***Produktion, internes*** und ***externes Stakeholdermanagement*** auf, für die eine Nachhaltigkeitsleistungsmessung durch das SPM-Modell FoE erfolgen soll. Zur Identifikation der Verursachungsgrößen der Nachhaltigkeitsleistung werden dazu die ebenfalls schon an vorangegangener Stelle der vorliegenden Arbeit dargestellten vier

[878] Vgl. FoE (2003l); dazu auch Abbildung 33, Ablauf des SPM-Modells aus theoretischer Sicht, Kap. 3.3.3.3.2 und Kap. 4.3.2, ebenda.
[879] Vgl. Kap. 4.3.2.2, ebenda.
[880] Siehe hierzu Kap. 4.2.4 und 4.3.3, ebenda.

***,Sustainability Indicators'*** PSI, MSI, RESI und RBSI entwickelt.[881] Folgende Abbildung zeigt noch einmal ihre Analyseinhalte und ihren Bezug zu den entsprechenden Geschäfts- und Managementbereichen der FoE auf:[882]

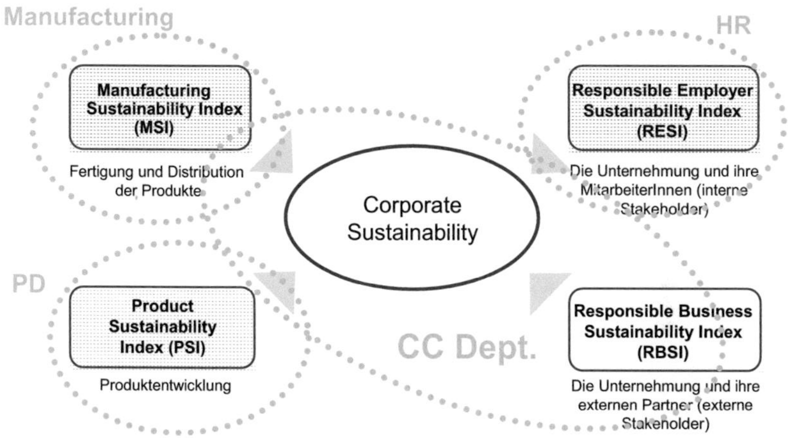


**Abbildung 46: Zugehörigkeit der vier *,Sustainability Indicators'* des SPM-Modells FoE**

Zur inhaltlichen Bestimmung der Analyseobjekte (,Sustainability Indicators') wird neben dieser *unternehmensinternen Nachhaltigkeitsanalyse*, die die Nachhaltigkeitspotentiale in den Bereichen Produktentwicklung, Produktion und Distribution, Mitarbeiter (interne Stakeholder) und andere Geschäftspartner identifizieren soll, auch eine *unternehmensexterne Nachhaltigkeitsanalyse* herangezogen.[883]

Diese ***externe Umfeldanalyse*** bildet den *zweiten Teilschritt* dieses ersten Prozessschrittes zur Nachhaltigkeitsleistungsmessung der FoE. Zur Identifizierung dieser sowohl auf *Rahmenbedingungen* als auch auf *externe Stakeholderanforderungen* bezogenen Analyse der Unternehmensumwelt wird von der FoE zum einen die durch die FMC entwickelte ***,Materiality Analyse'***[884] herangezogen. Zum anderen dienen ***branchenspezifische Benchmarks*** vor allem zur Bestimmung relevanter Nachhaltigkeitsproblemfelder, die im

881 Vgl. Kap. 4.3.3, ebenda.
882 Vgl. FoE (2003m).
883 Vgl. Kap. 4.3.2.2.2, ebenda.
884 Vgl. auch Kap. 4.3.2.2.2, ebenda.

Blickfeld relevanter Stakeholder stehen und somit als Analyseobjekte auch für die FoE von großer Bedeutung sein können.[885]

### *‚Materiality Analyse' der FoE*[886]

Durch die *‚Materiality Analyse'* (Wesentlichkeitsanalyse) sollen nachhaltigkeitsorientierte, d.h. sowohl ökonomische, ökologische als auch soziale Aspekte, Probleme und Anforderungen an die FoE identifiziert werden, die für die Existenzsicherung und damit langfristige Wettbewerbsicherung der FoE als wesentlich (‚material') und entscheidend für die Bestimmung ihrer Nachhaltigkeitsleistung einzustufen sind. Analog zur Wesentlichkeitsanalyse der FMC sollen diejenigen Faktoren identifiziert werden, die einen *signifikanten* gegenwärtigen oder potentiellen *Einfluss* auf die FoE haben, oder durch signifikante Anliegen relevanter Stakeholder charakterisiert sind und über die die FoE einen unternehmenseigenen steuerbaren Einfluss ausüben kann.

Durch einen unternehmensinternen, und damit *nicht veröffentlichten*, dreistufigen Analyseprozess, der die *Identifikation* der Nachhaltigkeitspotentiale in den Geschäftsbereichen der FoE (z.B. durch Risikoprüfung in den Geschäftsberichten, Umweltkontrollplänen innerhalb ISO 14001 und Analysen des Personalmanagements), die *Festlegung der Prioritäten* und Gewichtungen der identifizierten Faktoren und Potentiale für die FoE und letztlich die *Darstellung* der Ergebnisse enthält, wurde eine spezifische ***‚Materiality Matrix'*** für die ***FoE*** aufgestellt.
Die ‚Materiality Matrix' der FoE unterscheidet sich in ihren identifizierten Faktoren zur Analyse der Nachhaltigkeitsleistungsmessung nur in wenigen Details. Diese beruhen hauptsächlich auf den unterschiedlichen Organisationsstrukturen, spezifischen Rahmenbedingungen (Europa/USA) und kulturellen Einflüssen.

[885] Vgl. 4.3.2.4, ebenda.
[886] Vgl. im Folgenden FoE (2004b).

Folgende Darstellung zeigt die spezifische ‚Materiality Matrix' der FoE:[887]

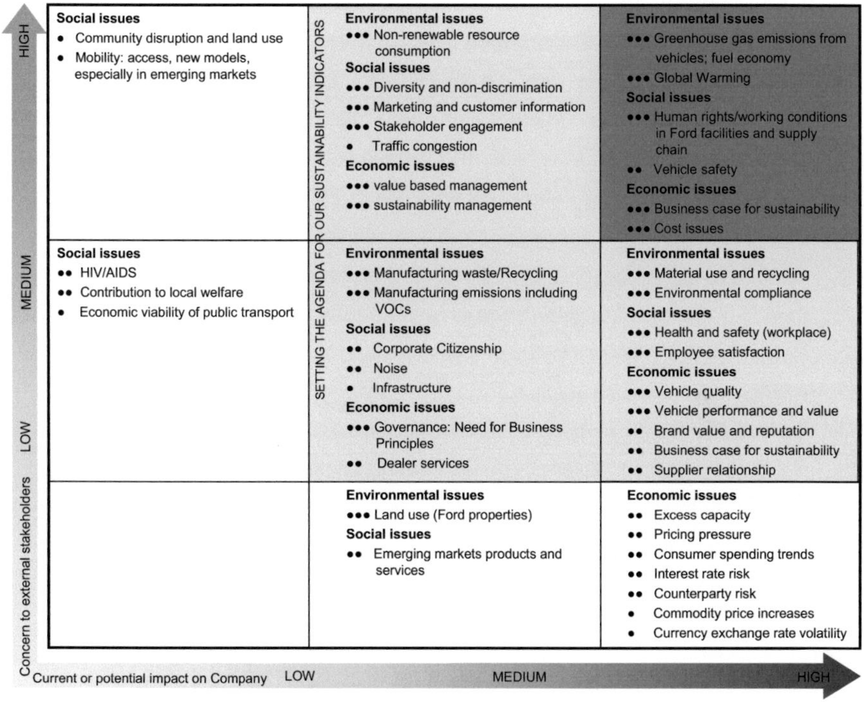


**Abbildung 47: Materiality Matrix der FoE**

Analog zur *‚Materiality Matrix'* der FMC ordnet die x-Achse den Faktoren die Höhe (gering, mittel, hoch) ihres gegenwärtigen oder potentiellen Einflusses auf die FoE zu; die y-Achse dagegen zeigt den Einflussgrad und die Stärke der externen Stakeholderanliegen (gering, mittel, hoch) an. Darüber hinaus werden die Faktoren innerhalb der Matrix zusätzlich bezüglich des Einflussgrades (*‚level of control or influence of the company'*) der FoE auf die Auswirkungen dieser Faktoren mit einer Dreipunkteskala (• gering, •• mittel, ••• groß) bewertet.[888]

In der gezeigten Neun-Felder-Matrix werden die aufgelisteten Faktoren des rechten obersten Quadranten als für die FoE am Wesentlichsten (‚***high*** cur-

---

[887] FoE (2004b).
[888] Vgl. auch Kap. 4.3.2.2.2, ebenda.

rent or potential impact in Company' und ‚***high*** concern of external stakeholder') eingestuft. Zum ökologischen Analyseschwerpunkt zählen u.a. ***‚Global Warming'*** und ***$CO_2$-Belastungen*** sowohl durch die Produktion als auch durch die Produkte der FoE. Als wesentliche soziale Faktoren wurden u.a. die ***Einhaltung der Menschenrechte***, die ***Arbeitsatmosphäre*** und ***-bedingungen*** für die Mitarbeiter und Aspekte der ***Produktsicherheit*** bezogen auf Insassen- und Fußgängersicherheit identifiziert. Zum ökonomischen Analyseschwerpunkt werden zum einen allgemeine ***Kostenaspekte*** und Sparmaßnahmen gezählt, aber auch die Forderung nach einem ***‚business case'*** für ***nachhaltige Unternehmensentwicklung***.[889]

Neben diesen wesentlichsten und relevantesten Aspekten und Analyseelementen sollen jedoch auch die in der Abbildung orange gekennzeichneten Quadranten bzw. die dort eingeordneten Faktoren für die Entwicklung der vier ‚Sustainability Indicators' (SI) der FoE herangezogen werden.

Folgende Tabelle zeigt eine grobe Zuordnung der Faktoren zu den jeweiligen Indikatoren auf:[890]

| PSI | MSI | RESI | RBSI |
|---|---|---|---|
| **Environmental issues**<br>Non-renewable resources consumption<br>Global warming<br>Greenhouse gas emissions from vehicles<br>Fuel economy<br>Material use and recycling<br>Environmental compliance | **Environmental issues**<br>Non-renewable resources consumption<br>Manufacturing waste /Recycling<br>Manufacturing emissions including VOCs<br>Material use and recycling<br>Environmental compliance | **Environmental issues**<br>Environmental impact<br><br>Working conditions | **Environmental issues**<br>Sustainable Mobility<br><br>Alternative fuels |
| **Social issues**<br>Marketing and Customer information<br>Traffic congestion<br>Noise<br>Vehicle safety | **Social issues**<br>Noise<br><br>Health and safety (workplace) | **Social issues**<br>Diversity and non-discrimination<br>Stakeholder engagement<br>Noise<br>Working conditions in Ford facilities<br><br>Health and safety (workplace)<br>Employee satisfaction | **Social issues**<br>Marketing and Customer information<br>Stakeholder engagement<br>Traffic congestion<br>Corporate Citizenship/Community Involvement<br>Infastructure<br><br>Human Rights |
| **Economic issues**<br>Cost issues<br>Vehicle Quality<br>Vehicle performacne and value | **Economic issues**<br>Cost issues<br>Quality | **Economic issues**<br>Cost issues | **Economic issues**<br>Value based management<br>Sustainability management<br>Business Principles<br>Dealer services<br>Supplier releationship<br>Business Case for Sustainability<br>Cost issues<br>Brand value and reputation |

**Tabelle 18: Identifizierte Nachhaltigkeitsfaktoren und SI der FoE**

[889] Vgl. FoE (2004b).
[890] Vgl. FoE (2004c).

Diese Faktoren geben einen ersten Überblick und zeigen den Analyseraum für die Aufstellung der konkreten SI der FoE auf.[891]

Neben dem Instrument der *,Materiality Analyse'* zur Bestimmung des Analysebereiches wurde von der FoE ein intensives *branchenspezifisches Benchmarking* durchgeführt.[892]

***Branchenspezifisches Benchmarking***

Im Rahmen der externen Umfeldanalyse zur Identifizierung relevanter Nachhaltigkeitsfelder und -faktoren für die durch die *,Sustainability Indicators'* durchzuführende Nachhaltigkeitsleistungsmessung mittels des SPM-Modells FoE wurde ein ausgedehntes branchenspezifisches Benchmarking durchgeführt. Dabei lag der Analyseschwerpunkt auf der Identifikation von Kriterien und Themenschwerpunkten bezüglich einer möglichen Darstellung und Bewertung der unternehmerischen Nachhaltigkeit bzw. Nachhaltigkeitsleistung. In das Benchmark eingeschlossen wurden drei Rating-Agenturen, die ihr zugrunde gelegten Indizes und eine Organisation einschließlich ihrer Leitlinien zur Nachhaltigkeitsberichterstattung.

***Ziel*** des Benchmarks durch die FoE sollte ein Vergleich möglicher Kriterien, Indikatoren und Kennzahlen zur Darstellung, Erfassung und/oder Bewertung einer Nachhaltigkeitsleistung von Unternehmungen (wenn möglich der gleichen Branche) mit den durch die vorangegangene interne Unternehmensanalyse der FoE identifizierten Inhalten der vier *,Sustainability Indicators'* PSI, MSI, RESI und RBSI sein.

***Zweck*** des Benchmarks war darüber hinaus, eine mögliche Bestätigung für das Vorgehen der FoE im Rahmen des *,Corporate Sustainability-Konzepts'* und somit für die Indikatorenwahl bzw. ihrer inhaltlichen Ausgestaltung zu erlangen. Durch eine Übereinstimmung der wesentlichen Nachhaltigkeitsfaktoren bzw. Problemfelder sollte eine Absicherung für *,das eigene Tun'* erreicht werden.

---

891 Siehe hierzu auch Kap. 4.4.2.3, ebenda.
892 Vgl. im Folgenden auch Kap. 4.3.2.4, ebenda.

Die folgenden Ausführungen zeigen exemplarisch die Ergebnisse dieser Benchmark-Aktivitäten auf. Im Benchmark der FoE zur Identifikation möglicher Kriterien zur Bewertung einer Nachhaltigkeitsleistung wurden die Rating-Agenturen SAM, EIRIS und Ethibel mit den dazugehörigen Indizes DJSI, FTSE4Good und Ethibel Index Series analysiert.[893] Als viertes Analyseelement wurden die GRI und ihre Guidelines 2002 (‚G2') untersucht.[894]

***SAM – DJSI***

Die Untersuchung der ***Kriterien*** zur Nachhaltigkeitsbewertung, die durch SAM angewendet werden und auch in die Bewertung des DJSI einfließen, stützt sich hauptsächlich auf die Auswertung des branchenspezifischen Fragebogens, der innerhalb des *‚Corporate Sustainability Assessments'* von SAM an die zu analysierenden Unternehmungen verschickt wird.[895] Der industriespezifische Fragebogen für den Industriesektor der Automobilhersteller *(‚Automobile Manufacturers')* bestand im Jahre 2003 aus 120 Fragen, die in die drei Dimensionen ***Ökonomie***, ***Ökologie*** und ***Soziales*** untergliedert waren. Das Benchmarking der FoE bestand darin, jede einzelne Frage hinsichtlich ihres Inhaltes und der daraus hergeleiteten Kriterien für die Nachhaltigkeitsbewertung der befragten Unternehmung zu untersuchen. Daraufhin wurde ein Kriterienkatalog erstellt, der in einem weiteren Analyseschritt mit den Inhalten und Kriterien der vier ‚Sustainability Indicators' (SI) der FoE verglichen wurde. Da der industriespezifische Fragebogen des *‚Corporate Sustainability Assessments'* von SAM nicht öffentlich zugänglich ist, dürfen die Ergebnisse des gesamten Benchmarks im Rahmen der vorliegenden Arbeit im Einzelnen (anhand der 120 Fragen) nicht aufgezeigt werden. Die Ergebnisdarstellung beschränkt sich demnach auf den Vergleich der übergeordneten Kategorien des SAM Fragebogens mit den SI der FoE.[896]

---

[893] Zur allgemeinen Darstellung dieser Organisationen und Indizes siehe auch Kap. 4.3.2.4, ebenda.
[894] Vgl. hierzu auch Ausführungen in Kap. 4.3.2.4.3, ebenda.
[895] Vgl. Kap. 4.3.2.4.1.1, ebenda.
[896] Vgl. FoE (2003a).

Folgende Tabelle zeigt die Ergebnisse des Benchmarks:[897]

| Dow Jones Sustainability Index (SAM) | | | | |
|---|---|---|---|---|
| **SAM Kriterien** | **SI der FoE** | | | |
| | **PSI** | **MSI** | **RESI** | **RBSI** |
| **Economic Dimension** | | | | |
| General corporate information / Corporate Governance / Investor Relations | | | | x |
| Strategic Planning: business challenges, analysis tools, business principles / values | x | x | | x |
| Scorecards / Measurement Systems (Balanced Scorecards, KPIs) | x | x | x | x |
| Risk and crisis management | (x) | (x) | (x) | (x) |
| Codes of Conduct / Compliance | x | x | x | x |
| Customer Relationship Management | | | x | x |
| Supply Chain Management / Brand Management / Advanced Customer Relationship Management / Product Quality and Recall Management | x | x | | |
| **Environmental Dimension** | | | | |
| Strategic Planning (most important trends) | x | x | | |
| Environmental Management / Policy / Targets | x | x | | x |
| Environmental performance: energy, renewable energy, CO2, water, waste | x | x | | |
| Public Reporting | | | | x |
| Alternative Propulsion Systems | x | | | |
| GHG Emissions, Inventory, and Carbon Reduction Strategy | x | x | | |
| Livable Cities | | | | x |
| Product Stewardship | x | | | |
| Fuel Economy | x | | | |
| **Social Dimension** | | | | |
| Strategic Planning (most important trends) | | | x | x |
| Labour Practices Indicators (Diversity, Discrimination, etc), Grievances, Global Charters / Frameworks | | | x | x |
| Management Attention to Human Resources / Strategy / Motivation / Future Skills Analysis | | x | x | |
| Workforce Capabilities | | (x) | x | |
| Employee satisfaction | | (x) | x | |
| Renumeration, benefits, flexible work-schemes | | | x | |
| External Stakeholders Engagement / Public Reporting | | | | x |
| Organizational Learning | | | x | (x) |
| Other Vehicle Safety / Sustainable Mobility in Emerging Markets | x | | | x |

x = erfüllt; (x) = z.T. erfüllt

**Tabelle 19: Benchmark SAM mit den 'Sustainability Indicators' der FoE**[898]

Die Tabelle zeigt, dass zwischen den Kriterien von SAM und den SI der FoE in vielen Bereichen Übereinstimmungen und Gemeinsamkeiten bezüglich der zu bewertenden Inhalte im Hinblick auf die Nachhaltigkeitsleistung bestehen. Somit werden durch die SI der FoE viele der durch SAM für die Automobilindustrie als relevant eingestuften nachhaltigkeitsbezogenen Kriterien zur Nachhaltigkeitsbewertung einer Unternehmung aufgegriffen und in ihre Analyse einbezogen.

---

897 FoE (2003a).

898 In Anlehnung an FoE (2003a).

Zu den Hauptfaktoren und -kriterien gehören u.a.:[899]

- eine strategisch ausgerichtete nachhaltigkeitsorientierte Planung und Unternehmensausrichtung mittels ‚Business Principles' und anderen festgeschriebenen Werten und Analyseinstrumenten,
- Codes of Conducts, 'customer relationship management' und ein 'supply chain management',
- Bestimmung der Umweltleistung in den Bereichen Energie, erneuerbare Energien, $CO_2$, Wasser und Abfall,
- ‚Fuel Economy' und Entwicklungen zu ‚Alternativen Antrieben',
- Soziale, auf Unternehmensebene verankerte Instrumente wie das ‚Diversity Management' und ‚Human Rights Management',
- Maßnahmen und Instrumente zur Abbildung und Verbesserung der Mitarbeiterzufriedenheit und
- Aspekte der ‚Sustainability Mobility'.

Diese und weitere Faktoren gilt es in eine Nachhaltigkeitsbetrachtung und Bewertung auf Unternehmensebene mit einzubeziehen.

***EIRIS – FTSE4Good Index Series***

Die Analyse der ***Kriterien*** zur Nachhaltigkeitsbewertung, die durch die EIRIS angewendet werden und auch in die Bewertung des ‚FTSE4Good Index Series' einfließen, basiert auf dem von EIRIS erstellten Kriterienkatalog, der in die drei Bereiche *‚Environmental Criteria'*, *‚Social & Stakeholder Criteria'* und *‚Human Rights Criteria'* unterteilt wird.[900] Auch hier bestand das von der FoE durchgeführte Benchmark in einer intensiven Auseinandersetzung und Analyse sämtlicher Kriterien des Kriterienkataloges von EIRIS, um die relevanten Kriterien, Faktoren und Nachhaltigkeitsfelder zu identifizieren und anschließend mit den eigenen SI zu vergleichen. Da der Kriterienkatalog mehrere hundert Kriterien umfasst, beschränken sich die weiteren Ausführungen auf die Darstellung der Ergebnisse des Benchmarks.[901] Analog zu der Darstellung der Ergebnisse des Benchmarks der Kriterien von SAM und zum Zweck

---

899 Vgl. FoE (2003a).
900 Vgl. Kap. 4.3.2.4.2.2, ebenda.
901 Vgl. zur ausführlichen Darstellung aller Kriterien auch FTSE (2003b), S. 1 ff.; FTSE (2006), S. 3 ff.; FTSE (2007a).

der Übersichtlichkeit werden auch hier nur übergeordnete Kategorien bzw. die auf die spezifischen Rahmenbedingungen passenden Kriterien von EIRIS bzw. FTSE4Good Index Series in die Ergebnisdarstellung einbezogen.

Die intensive Analyse der Kriterien zur Nachhaltigkeitsbewertung durch EIRIS zeigte ähnliche Ergebnisse wie das Benchmark der Kriterien von SAM. Auch hier konnten viele Übereinstimmungen und Analogien zu Kriterien und Inhalten der SI der FoE festgestellt werden. Jedoch muss auch festgehalten werden, dass aufgrund der Fülle der Kriterien und keiner spezifischen Abgrenzung auf die Automobilbranche die Vergleichbarkeit der Daten nicht in dem Maße gegeben war, wie bspw. im vorangegangenen Beispiel bei SAM. Als positiv daran kann jedoch angemerkt werden, dass die FoE durch ein derartiges Benchmark sich einen weiträumigen, über die Grenzen ihrer Geschäftstätigkeit hinausgehenden Überblick über relevante Nachhaltigkeitsfaktoren verschafft hat und somit zu einem ganzheitlichen Verständnis nachhaltiger Aspekte beigetragen hat.[902]

Auch hier werden Hauptfaktoren und -kriterien einer Nachhaltigkeitsbetrachtung auf Unternehmensebene wie folgt identifiziert als:[903]

- Aufstellung von ‚Code of Ethics' oder ‚Business Principles',
- Management und Reporting bezüglich ‚Health and Safety'-Aspekten (Unfallzahlen, Krankheitsraten, etc.),
- Beziehungsmanagement zu Mitarbeitern (Mitarbeiterzufriedenheit, Bedürfnisse, etc.),
- Corporate Citizenship Management (‚donations' ‚secondments', etc.),
- Umweltmanagement, Identifikation der signifikanten Umweltein- und Auswirkungen der Unternehmung (‘waste', $Co_2$, ‘water', u.a.),
- Sozialmanagement und Einhaltung von Sozialstandards (SA8000, UN Global Compact, OECD Leitlinien, UDHR[904]) und
- Stakeholdermanagement.

---

902 Vgl. FoE (2003b).
903 Siehe hierzu FoE (2003b).
904 Universal Declaration of Human Rights von 1948, siehe hierzu auch Leisinger (2006), S. 22 f.

Folgende Tabelle zeigt die Ergebnisse des Benchmarks der Kriterien der FTSE4Good Index Series (EIRIS) und der SI der FoE:[905]

| **FTSE4Good (EIRIS)** | | | | |
|---|---|---|---|---|
| **EIRIS Kriterien** | **SI der FoE** | | | |
| | **PSI** | **MSI** | **RESI** | **RBSI** |
| **Social & Stakeholders Criteria** | | | | |
| **Policy:** Adopting an equal opportunities policy / commitment to equal opportunities | | | x | x |
| Adopting an Code of Ethics or Business Principles | x | x | x | x |
| **Management:** Providing evidence of equal opportunities systems including monitoring, flexible working arrangements, women proportion, minorities representation | | | x | x |
| Providing evidence of Health and Safety systems including awards, details of health and safety training, published accidents rates | | x | x | |
| Providing evidence of training and employee development systems including annual training reviews for staff, providing significant data on time and money spent on training | | | x | |
| Providing evidence of systems to maintain good employee relations | | | x | |
| **Reporting:** Making charitable donations in excess of £50,000; operating payroll giving schemes, Porviding gifts in kind or staff secondments to community schemes | | | | x |
| **Environmental Criteria** | | | | |
| **Policy:** Environmental Management / Policy / Targets / Monitoring / Audit / Public Reporting | x | x | | x |
| **Management:** Presence of environmental policy | x | x | (x) | x |
| Identification of significant impacts | x | x | x | x |
| Documented objectives and targets in key areas | x | x | | x |
| Outline of process and responsibility | x | x | x | x |
| Internal audit | x | x | x | x |
| Internal reporting and management review | x | x | x | x |
| **Reporting:** Text of environmental policy | x | x | | x |
| Description of main impacts | x | x | | x |
| Quantitative data | x | x | (x) | (x) |
| Performance measured against targets | x | x | x | x |
| **Human Rights Criteria** | | | | |
| **Policy:** Public Policy, Board Responsibility | | | x | x |
| IOL Core Labour standards or UN Global Compact / SA8000 / OECD Guidelines | | | x | x |
| UDHR (Universal Decleration of Human Rights) | | | x | x |
| Guidelines on armed security guards | | | | x |
| Indigenous people | | | | (x) |
| **Management:** Implementing policy criteria and monitoring | | | x | x |
| Employee Human Rights training | | | x | |
| Stakeholder Consultation | | | | x |
| Human Rights Impact Assessment | | | x | x |
| **Reporting:** Produce a Human Rights report | | | x | x |
| Cover policies and management systems | | | x | x |

x = erfüllt; (x) = z.T. erfüllt

**Tabelle 20: Benchmark FTSE4Good Index Series mit den 'Sustainability Indicators' der FoE**[906]

Diese Faktoren sollten bei einer unternehmensbezogenen Nachhaltigkeitsbetrachtung Berücksichtigung finden.

[905] FoE (2003b).
[906] In Anlehnung an FoE (2003b).

***Ethibel – Ethibel Sustainability Indexes***

Im Rahmen des Benchmarks zu den Kriterien zur Nachhaltigkeitsbewertung durch Ethibel stellte der zur Aufstellung und Bewertung des *Ethibel Sustainability Indexes* herangezogene Kriterienkatalog die Grundlage der Analyse durch die FoE dar.[907] Dieser Kriterienkatalog gliedert sich in die vier Bereiche ‚Internal Social Policy', ‚Environmental Policy', ‚External Social Policy' und ‚Ethical Economic Policy' und enthält über 50 Indikatoren.[908] Diese wurden einzeln anhand ihrer Kriterien für die Nachhaltigkeitsbewertung mit den SI der FoE verglichen, um möglicherweise noch nicht durch die SI abgedeckte Faktoren und Kriterien einer ganzheitlichen Nachhaltigkeitsbetrachtung aufzudecken.[909]

Auch hier zeigen die Ergebnisse – die sich, wie bei den vorangegangenen Ergebnisdarstellungen, aus Gründen der Übersichtlichkeit wiederum auf übergeordnete Kategorien beziehen – eine Übereinstimmung bzw. Zuordnung zu den jeweiligen SI der FoE.

Im Rahmen der Analyse der Kriterien und Nachhaltigkeitsfaktoren bei Ethibel konnten folgende Elemente als wesentlich und relevant für eine Nachhaltigkeitsanalyse identifiziert werden:[910]

- Feststellung der ökonomischen Potentiale und Risiken,
- Leistungsbewertung bezüglich verschiedener Stakeholder, wie bspw. Qualitäts- und Kommunikationsmanagement (Kunden), ‚Corporate Governance' und ‚financial reporting' (Shareholder), ‚Compliance' (Staat, Gesellschaft) und Geschäftsbeziehungen zu Lieferanten und Händlern,
- Umweltmanagementsysteme,
- Identifikation, Kontrolle und Steuerung signifikanter Umwelteinwirkungen sowohl bezogen auf die Produkte als auch auf die Produktion in den Bereichen Input, Output, Abfall, $CO_2$ etc. – auch bei Lieferanten und Geschäftspartnern,

[907] Vgl. Kap. 4.3.2.4.2.3, ebenda.
[908] Vgl. hierzu auch Ethibel (2003).
[909] Siehe hierzu FoE (2003c).
[910] Vgl. FoE (2003c).

- Einhaltung der ‚Human rights' und Aufzeigen anderer Sozialstandards,
- Arbeitsbedingungen (‚Health & Safety', flexible Arbeitszeiten, Training, etc.) und
- Gesellschaftlicher Einfluss (‚Corporate Citizenship', Spenden, ‚social investment' und andere Aktivitäten).

Folgende Tabelle zeigt die relevanten Kriterien im Vergleich mit den SI der FoE:[911]

| **ETHIBEL Sustainability Indexes** | | | | |
|---|---|---|---|---|
| **Ethibel Kriterien** | **SI der FoE** | | | |
| | **PSI** | **MSI** | **RESI** | **RBSI** |
| **Economic Policy** | | | | |
| Economic Potential (Value creating Potential, Innovative Potential) | x | x | x | x |
| Economic Risks (Internal control procedures) | x | x | x | x |
| Clients (Quality Control, Customers - communication, information) | | | x | x |
| Shareholder (Corporate Governance - General Annual Meeting, Reporting) | | | | x |
| Authorities (Attitude towards legislation) | | | | x |
| Suppliers (Relations) | (x) | (x) | x | x |
| **Environmental Policy** | | | | |
| Strategy (Principles, Level of Responsibility, Environmental Policy, Public Commitment, Publications) | x | x | | x |
| Management (EMAS, Certification, Involvement of Employees, Attitude towards legislation, Complaint Management) | x | x | (x) | (x) |
| Production (Environmental impact, Measures to reduce the environmental impact - input, output, waste, Environmental Conditions - suppliers and subcontractors) | x | (x) | | (x) |
| Products (Environmental impact, Measures to reduce the environmental impact of products, Advice and Information) | x | | | (x) |
| **Internal Social Policy** | | | | |
| Strategy (Principles, Organization, Reporting) | | | x | x |
| Employment (Evolution, Quality, Stability) | | | x | x |
| Job Content (Training, Education, Career Development, Teamwork, Communication, Equal Opportunities) | | | x | |
| Terms of Employment (Renumeration, Labor Cost, Working Hours, Flexibility, Financial Participation, Benefits) | | | x | x |
| Working Conditions (Health & Safety - policy, initiatives, realisation; Stress Management - policy, initiatives, realisation) | | (x) | x | |
| Industrial relations (Consultation and Negotation, Conflicts) | | | | x |
| **External Social Policy** | | | | |
| Societal impact of the company´s core activities, products and services | | | x | x |
| Involvement in technologies or commercial practices that are subject to public controversy | | | | x |
| Communication with stakeholders | | | x | x |
| Human Rights (Strategy, Management, Realisation, Sourcing) | | | x | x |
| Social Investment | | | x | x |
| Developing Countries (Socio-economic relations, Community Involvement) | | | x | x |

x = erfüllt; (x) = z.T. erfüllt

**Tabelle 21: Benchmark Ethibel mit den SI der FoE[912]**

[911] FoE (2003c).
[912] In Anlehnung an FoE (2003c).

***GRI – Guidelines 2002 (‚G2')***

Aus den von der ‚Global Reporting Initiative' (GRI) aufgestellten Richtlinien zur Nachhaltigkeitsberichterstattung können ebenfalls Rückschlüsse auf mögliche, relevante Nachhaltigkeitskriterien gezogen werden.[913] Aus diesem Grund beinhaltet das durch die FoE aufgestellte Benchmark auch eine Überprüfung der ‚G2' hinsichtlich einer möglichen Einbeziehung der dort angeführten Kriterien und Indikatoren in die vier ‚Sustainability Indicators' (SI) der FoE.[914]

Zum einen wurden dazu alle 86 Indikatoren der ‚G2' analysiert und mit den vorläufigen Themenschwerpunkten der SI verglichen. Zum anderen wurde der Nachhaltigkeitsbericht 2002 der FMC, der zu dieser Zeit noch *‚Corporate Citizenship Report 2002'* hieß, als Analysebasis mit einbezogen, da er der erste *Nachhaltigkeitsbericht* der FMC war, der *‚in accordance to G2'* aufgestellt wurde.[915]

Die 86 Indikatoren der ‚G2' sind in die drei Dimensionen Ökonomie (‚economic'), Ökologie (‚environmental') und Soziales/Gesellschaftliches (‚social') unterteilt, wobei zusätzlich nochmals eine Untergliederung in fünf Kategorien erfolgt. Im Rahmen des Benchmarks der FoE wurden alle 86 Indikatoren untersucht und dessen Inhalte mit denen der SI verglichen.

Im Folgenden werden die Ergebnisse des Benchmarks der Indikatoren der ‚G2' mit den SI der FoE kurz dargestellt.

---

913 Vgl. hierzu auch Ausführungen in Kap. 4.3.2.4.3, ebenda.

914 Vgl. FoE (2003d).

915 Vgl. Ford Motor Company (2003c), S. 72; die nachfolgenden Nachhaltigkeitsberichte der FMC wurden ebenfalls auf Grundlage der ‚G2' aufgestellt. Siehe hierzu auch Ford Motor Company (2004), S. 84; Ford Motor Company (2005b); Ford Motor Company (2005c); Ford Motor Company (2006d).

Folgende Tabelle zeigt die Dimensionen, Kategorien und die darin untersuchten Aspekte der ‚G2' auf:[916]

| | Kategorien | Aspekte |
|---|---|---|
| Ökonomie | Direkte ökonomische Auswirkungen | Kunden<br>Lieferanten<br>Arbeitnehmer<br>Kapitalgeber<br>Öffentlicher Sektor |
| Ökologie | Umwelteinwirkungen | Materialien<br>Energie<br>Wasser<br>Artenvielfalt<br>Emissionen, Abwasser und Abfälle<br>Lieferanten<br>Produkte und Dienstleistungen<br>Gesetzeskonformität<br>Transport<br>Übergreifende Aspekte |
| Sozial / Gesellschaftlich | Arbeitsbedingungen und angemessene Arbeit | Beschäftigung<br>Beziehungen zwischen Arbeitnehmern und dem Management<br>Gesundheit und Sicherheit<br>Training und Ausbildung<br>Diversity: Vielfalt und Chancen |
| | Menschenrechte | Strategie und Management<br>Nicht-Diskriminierung<br>Gewerkschaftsfreiheit und Tarifverhandlungen<br>Kinderarbeit<br>Zwangsarbeit und Arbeitsverpflichtung<br>Disziplinarverfahren<br>Sicherheitspraxis<br>Rechte von Einheimischen/Eingeboren |
| | Gesellschaft | Beziehungen zur Gemeinde<br>Bestechung und Korruption<br>Politische Unterstützung<br>Wettbewerb und Preisfestlegung |
| | Gesellschaftliche Produktverantwortlichkeit | Kundengesundheit und -sicherheit<br>Produkte und Dienstleistungen<br>Werbung<br>Schutz der Privatsphäre |

**Tabelle 22: Dimensionen, Kategorien und Aspekte der 'G2' der GRI**[917]

Analog zu den Ergebnisdarstellungen der vorangegangenen Untersuchungsobjekte des Benchmarks wird auch an dieser Stelle im Rahmen der vorlie-

[916] Vgl. GRI (2002), S. 36 [übersetzt durch Verf.].
[917] In Anlehnung an GRI (2002), S. 36.

genden Arbeit auf eine Darstellung des gesamten Analysevergleiches zur Erhaltung der Übersichtlichkeit verzichtet. Als Ergebnis des Benchmarks kann jedoch festgehalten werden, dass es ebenso wie bei den bisherigen Untersuchungsobjekten des Benchmarks eine Reihe von Übereinstimmungen bezüglich Kriterien und Inhalten der Indikatoren zur Nachhaltigkeitsbewertung zwischen den Indikatoren der ‚G2' und der SI der FoE gibt. Auch hier ist allerdings zu bemerken, dass aufgrund der hohen Anzahl der Indikatoren der ‚G2' und der fehlenden Spezifizierung auf die Automobilindustrie eine Reihe von Aspekten und Kriterien der ‚G2' für eine spezifische Nachhaltigkeitsbewertung der FoE durch die SI keine Relevanz besitzen und somit nicht weiter in die Analyse einbezogen werden.[918]

Als wesentliche Kriterien und Indikatoren der ‚G2', die im Rahmen der Nachhaltigkeitsbewertung auch für die Aufstellung der SI der FoE als relevant eingestuft wurden, lassen sich folgende zusammenfassen:[919]

- Faire Gehalts- und Leistungsvereinbarungen mit den Mitarbeitern,
- Corporate Citizenship (Spenden, CI),
- Material-, Energie- und Wasserverbräuche,
- Global Warming, $CO_2$ Emissionen,
- ‚Hazardous materials',
- Abfall und Recycling,
- Transport und Distribution,
- ‚Health & Safety',
- Mitarbeiteraus- und -weiterbildung,
- Diversity, Chancengleichheit, Einhaltung von Menschenrechten und
- Stakeholderdialog, Stakeholdermanagement.

Diese Aspekte sollten in einer Nachhaltigkeitsbetrachtung und Analyse auf Unternehmensebene einbezogen werden.

918 Siehe hierzu FoE (2003d).
919 Vgl. FoE (2003d).

Folgende Tabelle zeigt den Vergleich zwischen den Aspekten der ‚G2' und den SI der FoE auf:[920]

| | Kategorien | Aspekte | SI der FoE | | | |
|---|---|---|---|---|---|---|
| | | | PSI | MSI | RESI | RBSI |
| Ökonomie | Direkte ökonomische Auswirkungen | Kunden | X | | | X |
| | | Lieferanten | | X | | X |
| | | Arbeitnehmer | | | X | |
| | | Kapitalgeber | | | | (X) |
| | | Öffentlicher Sektor | | | | (X) |
| Ökologie | Umwelteinwirkungen | Materialien | X | X | | |
| | | Energie | X | X | | |
| | | Wasser | | X | | |
| | | Artenvielfalt | | (X) | | |
| | | Emissionen, Abwasser und Abfälle | X | X | | |
| | | Lieferanten | | X | | X |
| | | Produkte und Dienstleistungen | X | | | (X) |
| | | Gesetzeskonformität | X | X | X | X |
| | | Transport | | X | | X |
| | | Übergreifende Aspekte | | | | (X) |
| Sozial / Gesellschaftlich | Arbeitsbedingungen und angemessene Arbeit | Beschäftigung | | (X) | X | |
| | | Beziehungen zwischen Arbeitnehmern und dem Management | | | X | |
| | | Gesundheit und Sicherheit | X | X | X | |
| | | Training und Ausbildung | | | X | |
| | | Diversity: Vielfalt und Chancen | | | X | |
| | Menschenrechte | Strategie und Management | | | X | (X) |
| | | Nicht-Diskriminierung | | | X | |
| | | Gewerkschaftsfreiheit und Tarifverhandlungen | | | X | |
| | | Kinderarbeit | | | X | (X) |
| | | Zwangsarbeit und Arbeitsverpflichtung | | | X | |
| | | Disziplinarverfahren | | | X | |
| | | Sicherheitspraxis | X | X | X | |
| | | Rechte von Einheimischen/Eingeboren | | | | (X) |
| | Gesellschaft | Beziehungen zur Gemeinde | | | | X |
| | | Bestechung und Korruption | | | | X |
| | | Politische Unterstützung | | | | X |
| | | Wettbewerb und Preisfestlegung | X | | | X |
| | Gesellschaftliche Produktverantwortlichkeit | Kundengesundheit und -sicherheit | X | | | |
| | | Produkte und Dienstleistungen | X | | | |
| | | Werbung | X | | | |
| | | Schutz der Privatsphäre | (X) | | | |

x = erfüllt; (x) = z.T. erfüllt

**Tabelle 23: Benchmark GRI (‚G2') mit den SI der FoE**[921]

Der Vergleich der SI der FoE und der ‚G2' der GRI stellten das vierte Element des Benchmarks zur Identifikation von relevanten Nachhaltigkeitskrite-

[920] FoE (2003d).
[921] In Anlehnung an FoE (2003d).

rien, -faktoren und -analyseschwerpunkten dar. Der Prozess des Benchmarks dauerte auf Grund seiner Intensität und Größenordnung mehrere Monate an. Als Ergebnis erhielt die FoE eine umfassende Informationsgrundlage für die Entwicklung ihrer SI. Zusammen mit den Ergebnissen und Informationen der ‚Materiality Analyse' und der internen Unternehmensanalyse stellen sie die benötigten Informationsquellen für die weiteren Schritte des Prozesses zur Nachhaltigkeitsleistungsmessung der FoE durch das SPM-Modell dar.

#### 4.4.2.2 Schritt 2: Auswahl und Bewertung der Leitparameter

Aufbauend auf der im ersten Prozessschritt erstellten Informationsbasis sollen im zweiten Schritt des Prozesses zur Nachhaltigkeitsleistungsmessung die erhaltenen Informationen zu relevanten Kriterien, Indikatoren und Kennzahlen sortiert und bezüglich ihrer Relevanz für die konkrete Nachhaltigkeitsleistung der FoE bzw. ihrer Messung beurteilt werden. Somit dient dieser Prozessschritt einer ***Komplexitätsreduktion*** durch die *Fokussierung* auf einige *relevante Leitparameter* zur Nachhaltigkeitsleistungsmessung in den jeweiligen Bereichen.[922]

Dabei stellt der Begriff des ***Leitparameters***[923] den Bezug zu dem im SPM-Modell FoE angewandten ***Wesentlichkeitsprinzip*** her. Dem Wesentlichkeitsprinzip folgend soll nicht die Gesamtheit aller identifizierten nachhaltigkeitsbezogenen Kriterien und Faktoren, die durch die Geschäftstätigkeit der FoE entstehen oder entstehen können, in die Messung und Bewertung der Nachhaltigkeitsleistung der FoE einbezogen werden, sondern nur diejenigen, die als wesentlich erachtet werden.[924] Mit dem Prinzip der Wesentlichkeit geht auch die Forderung eines auf operativer Unternehmensebene ***handhabbaren und anwendungsfreundlichen Instrumentariums*** zur Nachhaltigkeitsleistungsmessung einher. Denn gerade zur Einbindung in bestehende

[922] Vgl. Ausführungen in Kap. 3.3.3.3.2 und 4.4.2, ebenda.

[923] Als Leitparameter werden allgemein diejenigen Parameter einer Analyse bezeichnet, die repräsentativ für einen vorher festgelegten Analyseschwerpunkt stehen und damit zur Übersichtlichkeit und Praktikabilität von Analyseinstrumenten beitragen.

[924] Dem Vollständigkeitsprinzip und damit dem Anspruch und Versuch der Abbildung aller möglichen Nachhaltigkeitsaspekte und -auswirkungen folgt bspw. die GRI mit ihren Leitlinien zur Nachhaltigkeitsberichterstattung, wie die vorangegangenen Ausführungen gezeigt haben. Siehe hierzu Kap. 4.3.2.4.3 u. 4.4.2.1, ebenda.

Steuerungs- und Kontrollinstrumente des strategischen und operativen Managements ist es nicht vorteilhaft, ein zwar allumfassendes Berichtsinstrument aller möglichen Einflussfaktoren aufzubauen, das dann aber in seiner Handhabung und Anwendbarkeit in keinem Verhältnis zu seinem eigentlich angedachten Nutzen steht. Schließlich kann bei einer Unternehmung wie der FoE davon ausgegangen werden, dass eine vollständige Erfassung aller möglichen Nachhaltigkeitsaspekte von sich aus als unrealistisch einzustufen ist.

Um dem Prozess der Komplexitätsreduktion einen fundierten Handlungshintergrund zu geben, bietet sich die Methodik der bereits vorgestellten ‚Materiality Analyse' an. Durch sie werden identifizierte Nachhaltigkeitsfaktoren und Kriterien einem Filter unterzogen, der nicht nur auf unternehmenssubjektiven Entscheidungen beruht, sondern in hohem Maße auch stakeholderorientiert ist.

Neben der Eingrenzung auf bestimmte Leitparameter durch das Wesentlichkeitsprinzip spielt auch noch deren ***Erfassbarkeit*** durch die Unternehmung eine bedeutende Rolle. Denn als ein Kriterium des SPM-Modells bzw. seiner Indikatoren und Kennzahlen wurde in den vorangegangenen Ausführungen der vorliegenden Arbeit die *Erfassbarkeit*, *Stabilität* und *Messbarkeit* der Daten herausgearbeitet. Somit spielt bei der Bestimmung relevanter, repräsentativer Leitparameter für die Nachhaltigkeitsleistungsmessung auch eine elementare Rolle, ob diese überhaupt durch die FoE erfassbar sind.

Zur Auswahl der Leitparameter im Rahmen des zweiten Prozessschrittes zur Nachhaltigkeitsleistungsmessung der FoE wurden für den jeweilig zu entwickelnden ‚Sustainability Indicator' (PSI, MSI, RESI, RBSI) die zuständigen spezifischen ***Fachabteilungen*** mit der Aufgabe beauftragt, gezielt Arbeitsgruppen zu bilden, die analysieren sollten, welche Kriterien und Faktoren aus der Gesamtheit der Informationsbasis der ersten Prozessstufe für die jeweiligen Leitparameter der einzelnen ‚Sustainability Indicators' herangezogen werden können.[925]

---

[925] Vgl. FoE (2003n).

Im Einzelnen bestehen die *Arbeitsgruppen* zum ***PSI*** hauptsächlich aus Spezialisten der Produktentwicklung, des ‚Vehicle Recycling', der Homologierung, ‚Health & Safety', Corporate Citizenship und des ‚Marketing & Sales'. Die Mitglieder des ***MSI*** setzen sich aus Fachleuten aus den Bereichen ‚Environmental Quality Office EQO' (Umweltabteilung), ‚Ford Land' (zuständig für alle bautechnischen Angelegenheiten bezüglich der Produktionstandorte der FoE), ‚Manufacturing Plant PTO/VO' (zuständig für die Produktionsstandorte und deren Produktionsabläufe sowohl der ‚Powertrain operations – Motorenwerke' als auch der ‚Vehicle operations - Fahrzeugproduktion'), ‚MP&L' (Logistik), Einkauf, Finanzen, ‚Health & Safety' und Corporate Citizenship zusammen. Für den Aufbau des ***RESI*** sind vor allem Spezialisten und Fachleute des Bereiches ‚Human Resources – Personalabteilung' involviert. Agierende Fachbereiche sind dabei u.a. ‚Employee Relations', ‚ET&D', ‚HR Service Center', ‚Diversity Department', ‚Public Affairs' und ‚Corporate Citizenship'. Der letzte Nachhaltigkeitsindikator ***RBSI*** der FoE wurde noch nicht explizit entwickelt.[926] Seine Entwicklung steckt noch in der ersten Phase (Planung) des Pilotprojektes ‚Sustainability Indicators FoE', die hauptsächlich durch die Vorbereitung, Planung und Erstellung des theoretischen Grundgerüstes zur Entwicklung des Indikators auf Unternehmensebene durch die Abteilung Corporate Citizenship (CC) charakterisiert ist. Aus diesem Grund wurde noch keine Arbeitsgruppe zusammengestellt. Mögliche zu beteiligende Bereiche sind hier u.a. ‚Human Resources', ‚Public Affairs', ‚Marketing & Sales', Finanzen und ‚CC'.[927]

Die Arbeitsgruppen zum PSI, MSI und RESI treffen sich in regelmäßigen Intervallen zum Diskurs und Austausch. Ergebnisse und Fortschritte der jeweiligen Arbeitsgruppen werden in regelmäßigen von der CC-Abteilung organisierten Meetings zusammengetragen und durch die CC-Abteilung überwacht.

Durch einen so erzielten Diskurs und eine unternehmensinterne Bewertung möglicher Indikatoren können zu jedem ‚Sustainability Indicator' ***spezifische Leitparameter*** identifiziert werden, die im darauffolgenden dritten Prozessschritt ***zur Entwicklung der Leistungstreiber*** und somit zur *Identifikation*

926 Siehe hierzu Kap. 4.4.1, ebenda.
927 Vgl. FoE (2003n).

*der konkreten Kennzahlen* zur Nachhaltigkeitsleistungsmessung der FoE führen. Die ausführliche Erläuterung und Darstellung dieses Diskursprozesses würde im Rahmen der vorliegenden Arbeit zu weit gehen und für die Beurteilung der Methodik des *SPM-Modells FoE* als mögliches Konzept zur Umsetzung der Unternehmensverantwortung auch nicht als relevant einzustufen sein.

#### 4.4.2.3 Schritt 3: Identifikation der Leistungstreiber – Performance Driver

Aufbauend auf dem Diskurs zu möglichen *Leitparametern* auf der zweiten Prozessstufe werden im dritten Schritt die jeweiligen Verursachungswege definiert und somit eine Darstellung der ***relevanten Leistungstreiber*** (sog. ‚*Performance Driver*') erarbeitet.

Durch die Arbeitsgruppen der jeweiligen ‚Sustainability Indicators' (SI) wurden für den PSI, den MSI und den RESI folgende Leitparameter identifiziert. Für den Bereich des RBSI wurden durch die CC-Abteilung ebenfalls erste Vorschläge für mögliche Leitparameter ausgearbeitet.

Folgende Abbildung zeigt mögliche Leitparameter der einzelnen SI der FoE:[928]

| Product Sustainability Index (PSI) | Manufacturing Sustainability Index (MSI) |
|---|---|
| • Life Cycle Global Warming<br>• Life Cycle Air Quality<br>• Recycling<br>• Exterior noise<br>• Safety<br>• Cost of Ownership | • Global Warming<br>• Material of concern<br>• Resources<br>• Waste<br>• Cost<br>• Quality<br>• Health & Safety<br>• External Impact |
| **Responsible Employer Sustainability Index (RESI)** | **Responsible Business Sustainability Index (RBSI)** |
| • Pension/Salary<br>• Work Flexibility<br>• Employee Development<br>• Recruitment<br>• Corporate Service<br>• Diversity<br>• Environmental Impact<br>• Working Atmosphere | • Corporate Governance, Corporate Citizenship<br>• Nachhaltige Mobilität<br>• Stakeholder Engagement<br>(strategische Partner, Interessengruppen, Bezugsgruppen): z.B.<br>• Marktanteil, Kundenbindung<br>• ISO 14001, EMAS (auch bei Lieferanten)<br>• Verifizierung von Standards (Nachhaltigkeitsberichterstattung, -audits), etc. |

**Abbildung 48: Leitparameter der SI der FoE**

[928] Vgl. FoE (2004d).

Für diese durch die spezifischen Arbeitsgruppen und Bereiche als relevant und wesentlich eingestuften Analyseschwerpunkte der einzelnen SI werden im dritten Schritt des Prozesses zur Nachhaltigkeitsleistungsmessung durch eine weitere Analyse ***ihre Verursachungswege*** identifiziert. Dazu wird zu jedem einzelnen Leitparameter ein Verursachungsprofil angelegt, das im Detail erläutert, aufgrund welcher Einwirkungen und Tatbestände durch unternehmensbezogene Aktivitäten und Handlungen der FoE es zu einer (negativen) Einwirkung bzw. Auswirkung auf den jeweiligen Leitparameter kommt.[929] Ergebnis dieser Verursachungswegeanalyse ist ein Pool von sog. Leistungstreibern, die hauptsächlich für die Messung und Bewertung der Nachhaltigkeitsleistung in den vier Bereichen mittels der SI ausschlaggebend sind.

Diese Leitparameter, die durch die FoE identifiziert wurden, werden anhand der Darstellung der einzelnen SI der FoE näher erläutert. Bei der Darstellung insbesondere der detaillierten Leistungstreiber muss aus Gründen der Geheimhaltung von unveröffentlichten unternehmensinternen Daten FoE auf eine ausführliche Erläuterung zu einzelnen Mess- und Zielgrößen der Leistungstreiber verzichtet werden. Im Rahmen der vorliegenden Arbeit wird einer detaillierten Darstellung aller Mess- und Zielgrößen der jeweiligen Leitparamter bzw. Leistungstreibern der SI jedoch auch eine eher geringere Bedeutung zugewiesen. Vielmehr soll die Methodik des SPM-Modells FoE analysiert werden, um sie im Hinblick auf die Anwendbarkeit des SPM-Modells zur Umsetzung von Unternehmensverantwortung auf strategischer und operativer Unternehmensebene zu prüfen.[930] Im Folgenden beschränken sich somit die weiteren Ausführungen auf eine allgemeine Darstellung der Parameter und exemplarisch auch auf einige (wenige) Leistungstreiber:

***Product Sustainability Index – PSI*** [931]

Im Rahmen des PSI wird die Nachhaltigkeitsleistung im Bereich der Produktentwicklung untersucht. Durch die Bestimmung konkreter Kennzahlen und Messgrößen als Leistungstreiber wird die Nachhaltigkeitsleistung gegenwär-

---

929 Vgl. FoE (2004d).
930 Siehe hierzu auch Kap. 4.4.1 und Kap. 4.5, bzw. Kap. 5, ebenda.
931 Vgl. FoE (2003f).

tiger und zukünftiger Fahrzeugprogramme, also der Produkte der FoE, festgelegt.

Hergeleitet von den relevanten Leitparametern setzt sich der PSI aus folgenden ***acht Mess- und Zielgrößen*** zusammen:[932]

- ‚Life Cycle Global Warming Potential',
- ‚Life Cycle Air Quality Potential',
- ‚Recycled & Sustainable Materials',
- ‚Restricted Substances',
- ‚Drive-by-exterior Noise',
- ‚Safety',
- ‚Mobility Capability' und
- ‚Life Cycle Ownership Costs'.

Durch den Parameter ***‚Life Cycle Global Warming Potential'*** sollen Auswirkungen der Fahrzeuge bezüglich ihrer $CO_2$-Emission über ihren gesamten Produktlebenszyklus erfasst und bewertet werden. Dazu wird der Parameter durch weitere Mess- und Zielgrößen untergliedert, die konkrete Verursachungswege der $CO_2$-Emissionen durch verschiedene Komponenten des Fahrzeuges aufzeigen und somit als direkte Leistungstreiber gelten. Der Parameter ***‚Life Cycle Air Quality Potential'*** bezieht sich auf die Erfassung der relevanten Schadstoffabgaben der Fahrzeuge in die Luft, wobei wiederum eine Analyse des gesamten Produktlebenszyklus durchzuführen ist. Der Parameter ***‚Recycled & Sustainable Materials'*** beinhaltet Leistungstreiber, die die Fahrzeuge hinsichtlich ihrer Eigenschaft und Ausstattung von recycelbaren und wieder verwertbaren Materialien, Substanzen und anderen Komponenten analysieren. Durch den Parameter ***‚Restricted Substances'*** sollen zum einen alle relevanten Substanzen durch ein entsprechendes Risikomanagement erfasst und bewertet werden (‚Restricted Substances Management System' – RSMS). Zum anderen beinhaltet er Leistungstreiber bezüglich der ‚Vehicle Interior Air Quality' – VIAQ, also zur Bewertung bzw. der Verbesserung der Qualität der Innenraumluft.

932 Im Folgenden siehe FoE (2003f).

Diese vier erläuterten Parameter des PSI decken den ***ökologischen Analysebereich*** zur Nachhaltigkeitsleistungsmessung der Produkte ab. Somit kann durch sie die im Rahmen des PSI als relevant und wesentlich eingestufte ***ökologische Leistung*** (***Umweltleistung***) der Produkte als Teil der ganzheitlichen Nachhaltigkeitsleistung abgebildet werden.[933]

Der fünfte Parameter ***‚Drive-by-exterior Noise'*** stellt für sich schon den Leistungstreiber dar. Hier wird explizit die Höhe des Geräuschpegels gemessen, den ein vorbeifahrendes Auto erzeugt. Durch Stakeholderbefragungen konnte dieser Parameter als vordringlich und meistgenanntes Anliegen der Gesellschaft und Öffentlichkeit identifiziert werden. Durch den Parameter ***‚Safety'*** werden durch spezifische Leistungstreiber sowohl Aspekte der Insassensicherheit als auch der Fußgängersicherheit in die Bewertung mit einbezogen. Hierzu dient unter anderem die externe Bewertung der Fahrzeuge durch die Klassifizierung der sog. ‚Euro NCAP stars'[934]. Der Parameter ***‚Mobility Capability'*** verbindet Aspekte der Fahrzeugkapazität bezüglich Sitzangebot und Gepäckraum mit Aspekten der Mobilität.

Die drei Parameter *‚Drive-by-exterior Noise'*, *‚Safety'* und *‚Mobility Capability'* decken den ***sozialen Analysebereich*** zur Nachhaltigkeitsleistungsmessung der Produkte ab. Somit kann durch sie die als im Rahmen des PSI als relevant und wesentlich eingestufte ***soziale/gesellschaftliche Leistung*** (Sozialleistung) der Produkte als Teil der ganzheitlichen Nachhaltigkeitsleistung erfasst werden.[935]

Als letztes Element des PSI wird der Parameter ***‚Life Cycle Ownership Costs'*** in die Nachhaltigkeitsleistungsmessung der Produkte einbezogen. Er stellt den ***ökonomischen Analysebereich*** dar und spiegelt somit die als relevant und wesentlich eingestufte ***ökonomische Leistung*** der Produkte in-

933 Vgl. hierzu auch Ausführungen in Kap. 3.3.3.1.2, ebenda.

934 Die Abkürzung Euro NCAP steht für ‚The European New Car Assessment Programme' und beinhaltet ein auf Crashtest-Ergebnissen basierendes Leistungsbewertungskonzept, welches neu auf den Markt kommende europäische Autos hinsichtlich ihres Schutzes erwachsener Insassen, ihres Fußgängerschutzes und des Schutzes von Kindern, die im Auto auf der Rückbank sitzen, bewertet. Vgl. hierzu auch VDA (2006), S. 133 ff. und Euro NCAP (2007).

935 Vgl. hierzu auch Ausführungen in Kap. 3.3.3.1.2, ebenda.

nerhalb der Bewertung der Nachhaltigkeitsleistung wider.[936] Die ihm zugrunde liegenden Leistungstreiber bewerten relevante Kostenaspekte der Fahrzeuge für ihre Besitzer über ihren gesamten Lebenszyklus.

Abschließend zeigt nachstehende Tabelle den PSI und seine Parameter zusammenfassend auf:[937]

| **PSI-Parameter** | |
|---|---|
| Environmental | - Life Cycle Global Warming Potential |
| | - Life Cycle Air Quality Potential |
| | - Sustainable Materials |
| | - Restricted Substances (RSMS & VIAQ) |
| Social | - Drive-by-exterior Noise |
| | - Safety |
| | - Mobility Capability |
| Economics | - Life Cycle Ownership Costs |

**Tabelle 24: PSI Parameter, FoE**

### *Manufacturing Sustainability Index – MSI*[938]

Im Rahmen des MSI wird die Nachhaltigkeitsleistung bezogen auf die Produktion, die Produktionsstandorte und die damit verbundenen Distributionstätigkeiten der FoE untersucht. Durch die Bestimmung konkreter Kennzahlen und Messgrößen als Leistungstreiber wird die Nachhaltigkeitsleistung der spezifischen Produktionsverfahren aller europäischen Produktionsstätten für Fahrzeug- bzw. Karrosseriebau (Vehicle Operations – VO) und Motorenfertigung (Powertrain Operations – PTO) erfasst.

936 Vgl. Kap. 3.3.3.1.2, ebenda.
937 FoE (2003f).
938 Vgl. FoE (2003g).

Hergeleitet von den relevanten Leitparametern setzt sich der MSI aus ebenfalls aus ***acht Mess- und Zielgrößen*** zusammen:[939]

- ‚Global Warming',
- ‚Air Quality (VO), Material of Concern (PTO)',
- ‚Resources In',
- ‚Resources Out',
- ‚Health & Safety',
- ‚External Impact',
- ‚Quality (VO/PTO)' und
- ‚Cost'.

Durch den Parameter ***‚Global Warming'*** sollen sowohl Auswirkungen der *Produktion* als auch der ihr zuzuordnenden *Distribution* von Materialen, Rohstoffen etc. bezüglich ihrer $CO_2$-Emission erfasst und bewertet werden. Dazu wird der Parameter durch weitere Mess- und Zielgrößen untergliedert, die konkrete Verursachungswege der $CO_2$-Emissionen durch verschiedene Verursachungsobjekte aufzeigen sollen und somit als direkte Leistungstreiber gelten. Der zweite Parameter des MSI ist aufgrund der geteilten Zuordnung zu den ‚Vehicle Operation Plants' (VO) und den ‚Powertrain Operations Plants' (PTO) in zwei Teile untergliedert. Der Parameter ***‚Air Quality'*** bezieht sich dabei auf die Erfassung der relevanten spezifischen Emissionen der VO (Fahrzeugproduktionsstandorte). Der Parameter ***‚Material of Concern'*** erfasst dagegen spezifische Ressourcenverbräuche sog. kritischer Rohstoffe in bzw. von den PTO (Motorenwerken). Der Parameter ***‚Resources In'*** beinhaltet Leistungstreiber, die die Produktionsstätten hinsichtlich ihrer spezifischen Ressourcenverbräuche analysieren. Unter anderem werden hier vor allem Verbräuche von Frisch- und Brauchwasser als Leistungstreiber erfasst. Durch den Parameter ***‚Resources Out'*** sollen als Gegenstück zum vorherigen Parameter alle relevanten Leistungstreiber berücksichtigt werden, die die Produktionsstätten hinsichtlich ihrer spezifischen Abfälle untersuchen. Dabei werden sowohl absolute Abfallmengen gemessen, als auch Recyclingquoten erfasst.

---

[939] Im Folgenden vgl. FoE (2003g).

Analog zum PSI decken auch beim MSI die ersten vier dargestellten Parameter den ***ökologischen Analysebereich*** zur Nachhaltigkeitsleistungsmessung der Produktion, Produktionsstätten und Distribution ab. Durch sie wird die im Rahmen des MSI als relevant und wesentlich eingestufte ***ökologische Leistung*** (Umweltleistung) von Produktion, Produktionsstätten und Distribution als Teil der ganzheitlichen Nachhaltigkeitsleistung abgebildet.[940]

Der fünfte Parameter ***‚Health & Safety'*** beinhaltet Aspekte der Arbeitssicherheit und Gesundheitsprävention am Arbeitsplatz. Die Leistungstreiber greifen hier auf für die Automobilbranche standardisierte Kennzahlen wie bspw. ‚Lost Time Case Rate' (Arbeitsunfälle mit anschließenden Fehltagen) oder ‚Severity Rate' (Anzahl der Fehltage) zurück, um diesen Parameter abzubilden.[941] Durch den Parameter ***‚External Impact'*** werden durch spezifische Leistungstreiber Aspekte des lokalen Beschwerdemanagements in die Bewertung miteinbezogen. Leistungstreiber sollen das Verhältnis der Produktionsstandorte und ihrer lokalen Auswirkungen bzw. Einwirkungen auf die direkte, lokale Umwelt skizzieren. Gemessen werden u.a. eingegangene Beschwerden und Störfälle.

Die zwei Parameter *‚Health & Safety'* und *'External Impact'* decken den ***sozialen Analysebereich*** zur Nachhaltigkeitsleistungsmessung der Produktion ab. Durch sie wird die im Rahmen des MSI als relevant und wesentlich eingestufte ***soziale/gesellschaftliche Leistung*** (Sozialleistung) der Produktion bzw. der Produktionsstandorte als Teil der ganzheitlichen Nachhaltigkeitsleistung gemessen und bewertet.[942]

Die Parameter ***‚Quality (VO/PTO)'*** und ***‚Cost'*** beinhalten Leistungstreiber, die im Rahmen der Nachhaltigkeitsleistungsmessung die ***ökonomische Leistung*** der Produktion bzw. Produktionsstätten aufzeigen sollen. Sie stel-

---

940 Vgl. hierzu auch Ausführungen in Kap. 3.3.3.1.2, ebenda.

941 Standardisierte Kennzahlen zu Verletzungen, verlorenen Arbeitstagen, Abwesenheit und Anzahl arbeitsplatzbezogener Todesfälle (einschließlich Angestellte von Unterauftragnehmern) werden u.a. auch zur Bewertung der sozialen Dimension der Nachhaltigkeitsbetrachtung durch die GRI in ihren ‚Guidelines 2002 – G2', Indikator LA7, herangezogen, vgl. GRI (2002), S. 53; siehe auch VDA (2006), S. 131.

942 Vgl. hierzu auch Ausführungen in Kap. 3.3.3.1.2, ebenda.

len somit den ***ökonomischen Analysebereich*** dar.[943] Die ihm zugrunde liegenden Leistungstreiber bewerten zum einen produktionsbezogene Qualitätsaspekte, die je nach Bezugsobjekt (VO oder PTO) unterschiedliche Kennzahlen enthalten. Zum anderen werden relevante Kostenaspekte in die Bewertung der ökonomischen Leistungsbewertung mit einbezogen. Abschließend fasst auch hier die folgende Tabelle alle Parameter des MSI zusammen:[944]

| MSI-Parameter | |
|---|---|
| Environmental | - Global Warming |
| | - Air Quality (VO),<br>Material of Concern (PTO) |
| | - Resources In |
| | - Resources Out |
| Social | - Health & Safety |
| | - External Impact |
| Economics | - Quality (VO/PTO) |
| | - Costs |

**Tabelle 25: MSI Parameter, FoE**

### *Responsible Employer Sustainability Index – RESI*[945]

Im Rahmen des RESI wird die Nachhaltigkeitsleistung anhand von Aspekten des internen Stakeholdermanagements, insbesondere unter dem Fokus der Mitarbeiterbeziehungen der FoE, untersucht. Durch die Bestimmung konkreter Kennzahlen und Messgrößen als Leistungstreiber wird die Nachhaltigkeitsleistung der internen Stakeholderbeziehungen, explizit der Beziehungen der FoE zu ihren Mitarbeitern, festgelegt.

---

943 Vgl. hierzu auch Ausführungen in Kap. 3.3.3.1.2, ebenda.
944 FoE (2003g).
945 Vgl. FoE (2004a).

Hergeleitet von den relevanten Leitparametern setzt sich der RESI aus den folgenden ***acht Zielgrößen*** zusammen:[946]

- ‚Employee Satisfaction',
- ‚Diversity',
- ‚Employee Development',
- ‚Recruitment & Retention',
- ‚Use of Employee's Know How',
- ‚Work Flexibility',
- ‚Corporate Service' und
- ‚Salary/Wages'.

Durch den Parameter ***‚Employee Satisfaction'*** soll die Zufriedenheit der Mitarbeiter mit ihrem Arbeitsplatz, ihren Arbeitsbedingungen und ihrem Arbeitsumfeld innerhalb der FoE gemessen werden. Dazu dient u.a. eine unternehmensinterne jährlich durchgeführte Mitarbeiterbefragung FoE in Form eines Fragebogens, bei der die Mitarbeiter anonym ihre (subjektive) Situation und Einstellung bewerten sollen. Der Parameter ***‚Diversity'*** bezieht sich auf die Erfassung der Maßnahmen und Ziele zur Integration und Chancengleichheit aller Mitarbeiter der FoE. Zur konkreten Messung dieses Parameters fließen u.a. wiederum Ergebnisse der Mitarbeiterbefragung ein. Der Parameter ***‚Employee Development'*** beinhaltet Leistungstreiber, die die Möglichkeiten der internen Weiterbildung und -entwicklung bzw. der Karrierechancen der Mitarbeiter der FoE analysieren. Durch den Parameter ***‚Recruitment & Retention'*** sollen zum einen alle relevanten Aspekte des Einstellungsprozesses und der Rekrutierung neuer Mitarbeiter erfasst und bewertet werden. Zum anderen beinhaltet der Parameter Leistungstreiber, die Aspekte der Arbeitsplatzfluktuation bzw. der Mitarbeiterbindung in die Bewertung mit einbeziehen. Der fünfte Parameter ***‚Use of Employee's Know How'*** beinhaltet Leistungstreiber, die darüber Auskunft geben sollen, in welcher Weise die Unternehmung die Vielfältigkeit und Unterschiedlichkeit ihrer Mitarbeiter im Hinblick auf ihr Wissen, ihre Ausbildung, ihre kulturellen Hintergründe und ihre individuelle soziale Kompetenz nutzt. Dazu sollen Kennzahlen und Messgrößen dienen, die auch die strategische Nutzung dieser Werte für die

---

[946] Vgl. im Folgenden FoE (2004a).

Unternehmung abbilden. Leistungstreiber sind hier u.a. Nutzung des Vorschlagswesens und Anzahl von Patenten.[947]

Die fünf vorangegangenen Parameter decken den ***sozialen Analysebereich*** zur Nachhaltigkeitsleistungsmessung der Mitarbeiterbeziehungen der FoE ab. Somit kann durch sie die im Rahmen des RESI als relevant und wesentlich eingestufte ***soziale/gesellschaftliche Leistung*** (Sozialleistung) als Teil der ganzheitlichen Nachhaltigkeitsleistung der FoE abgebildet werden.[948]

Durch den Parameter ***‚Work Flexibility'*** sollen durch spezifische Leistungstreiber die Möglichkeiten der Nutzung verschiedener Arbeitszeitmodelle bei der FoE dargestellt und bewertet werden. Dazu dienen zum einen unternehmensinterne Kennzahlen zur generellen Anwendbarkeit der verschiedenen Arbeitszeitmodelle in verschiedenen Geschäftsbereichen der FoE, zum anderen sollen konkrete Zahlen die tatsächlich in Anspruch genommenen Arbeitszeitvarianten aufzeigen. Der Parameter ***‚Corporate Services'*** umfasst Leistungstreiber, die Aspekte der Arbeitsrahmenbedingungen jenseits von monetären Werten untersuchen. Dazu können unter anderem Leistungen, Angebote und Annehmlichkeiten zählen, die FoE ihren Mitarbeitern gewährt (u.a. Betriebsrestaurant, Kindergarten, Friseur, Bankautomat auf dem Werksgelände, eigene Betriebskrankenkasse, eigener Reise- und Versicherungsservice, etc.). Der achte und letzte Parameter ***‚Salary/Wages'*** beinhaltet Aspekte der Gehalts- und Lohnkonditionen und Verhandlungen der FoE für ihre Mitarbeiter.[949]

Die Parameter *‚Work Flexibility'*, *‚Corporate Services'* und *‚Salary/Wages'* decken den ***ökonomischen Analysebereich*** zur Nachhaltigkeitsleistungsmessung ab und bilden somit die als relevant und wesentlich eingestufte ***ökonomische Leistung*** hinsichtlich der Betrachtung der internen Stakeholderanalyse der FoE innerhalb der Bewertung der Nachhaltigkeitsleistung ab.[950]

---

947 Vgl. FoE (2004a).
948 Vgl. hierzu auch Ausführungen in Kap. 3.3.3.1.2, ebenda.
949 Vgl. FoE (2004a).
950 Vgl. hierzu auch Ausführungen in Kap. 3.3.3.1.2, ebenda.

Folgende Tabelle zeigt die acht Parameter des RESI abschließend auf:[951]

| RESI-Parameter | |
|---|---|
| Social | - Employee Satisfaction |
| | - Diversity |
| | - Employee Development |
| | - Recruitment & Retention |
| | - Use of Employee's Know How |
| Economics | - Work Flexibility |
| | - Corporate Service |
| | - Salary/Wages |

**Tabelle 26: RESI Parameter, FoE**

Anzumerken sei an dieser Stelle, dass bei der Auswahl der Parameter des RESI die ökologische Dimension nicht berücksichtigt wurde. Aufgrund der Wesentlichkeit der dargestellten vorangegangenen Parameter wurden potentielle umweltrelevante Parameter in Folge des Diskursprozesses der FoE durch die Arbeitsgruppen in ihrer Wichtigkeit und Wesentlichkeit hinter den dargestellten acht Parametern eingestuft und somit in der getroffenen Auswahl nicht berücksichtigt.[952]

***Responsible Business Sustainability Index – RBSI*** [953]

Im Rahmen des RBSI soll die Nachhaltigkeitsleistung anhand von Aspekten des externen Stakeholdermanagements, insbesondere unter dem Fokus der Beziehungen zu Investoren, Kunden, Lieferanten, Händlern und dem gesellschaftlichen Umfeld der FoE, untersucht werden. Da sich seine Entwicklung durch die FoE noch in der ersten (Planungs-) Phase des Pilotprojektes

---

951 FoE (2004a).
952 Vgl. FoE (2004a).
953 Vgl. FoE (2005a).

‚Sustainability Indicators FoE'[954] befindet, die hauptsächlich durch die Vorbereitung, Planung und Erstellung des theoretischen Grundgerüstes zur Entwicklung des Indikators auf Unternehmensebene durch die Abteilung Corporate Citizenship (CC) charakterisiert ist, konnten aus diesem Grund noch keine Arbeitsgruppe zusammengestellt und mögliche Parameter und Leistungstreiber verifiziert werden. Demzufolge basieren die weiteren Ausführungen auf den bis dato existierenden theoretischen Vorüberlegungen zur Aufstellung dieses Indikators, welche durch die Corporate Citizenship Abteilung in der Planungsphase vorgenommen wurden.[955] Diese stützen sich größtenteils auf die Analyse der durch die ***Business Principles*** für die Bereiche ***‚Product & Customers', ‚Quality of Relationships', ‚Community'*** und ***‚Financial Health'*** vorgegebenen Anforderungen und Ziele.[956]

Demzufolge soll auch beim RBSI die ***Nachhaltigkeitsleistung*** der ***externen Stakeholderbeziehungen***, explizit der Beziehungen der FoE zu ihren relevanten Geschäftspartnern wie Kunden, Lieferanten, Händlern, Investoren und darüber hinaus das Verhältnis der FoE zu ihrem gesellschaftlichen Umfeld durch die Bestimmung konkreter Kennzahlen und Messgrößen als Leistungstreiber festgelegt und dadurch gemessen und bewertet werden.

In einer ersten Planungsanalyse wurden durch die CC-Abteilung folgende Parameter zur Messung der Nachhaltigkeitsleistung der externen Stakeholderbeziehungen der FoE identifiziert:[957]

***'Products & Customers':***

- 'FMC Market Share – Europe',
- ‚First-time Ford Buyers',
- 'Owner Loyalty', und
- 'Vehicle Dependability Index'.

***'Quality of Relationships':***

- 'Sales Satisfaction with Dealer/Retailer',

---

954 Vgl. Kap. 4.4.1, ebenda.
955 Siehe hierzu FoE (2005a).
956 Vgl. Kap. 4.2.3, ebenda.
957 Siehe hierzu im Folgenden FoE (2005a).

- 'Service Satisfaction with Dealer/Retailer',
- 'Code of Basic Working conditions – Suppliers',
- 'Corporate Responsibility Award – Suppliers' und
- 'Joint Ventures'.

***'Financial Health':***

- 'Shareholder Returns',
- 'Listed on *DJSI*, *FTSE4Good* or other financial valued rankings'.

***'Community':***

- 'Community Investment Model',
- 'Corporate Citizenship' - 'Charitable Contributions', 'Community Involvement'
- 'Economic Contribution of the Auto Industry' und
- 'Human Rights – Working Conditions Assessment Status for Supply Chain'.

Durch den Parameter ***'Products & Customers'*** soll die Zufriedenheit der Kunden mit den Produkten und Dienstleistungen der FoE gemessen werden. Dazu kann der Parameter wiederum durch mehrere Zielgrößen untergliedert werden, die konkrete *‚Verursachungswege'* aufzeigen sollen und als direkte Leistungstreiber gelten können. Als mögliche Leistungstreiber können u.a. die Zielgrößen *Marktanteil* der FMC in Europa, *Neukundenanteil*, *Kundenbindung* und *Kundenzufriedenheit* herangezogen werden.[958]

Der Parameter ***'Quality of Relationships'*** soll Leistungstreiber zur Identifikation und Bewertung sowohl der Beziehungen der FoE zu ihren Händlern als auch zu ihren Lieferanten beinhalten. Mögliche Kennzahlen dazu könnten Zufriedenheitsstudien über Zahlungskonditionen und Serviceleistungen der Händler sein.[959] Bei den Lieferanten könnten u.a. die Einhaltung der durch die FoE aufgestellten ‚Codes of Basic Working conditions'[960] bei allen Lieferanten oder aber die Implementierung des Umweltmanagementsystems nach

[958] Vgl. hierzu auch Ford Motor Company (2005a) und Ford Motor Company (2006c).
[959] Vgl. Ford Motor Company (2006c).
[960] Vgl. Ford Motor Company (2006g).

ISO 14001 bei allen Lieferanten der FoE mögliche Ziel- und Messgrößen darstellen. Aufbauend auf den beiden zuletzt genannten Aspekten vergibt die FMC jedes Jahr den sog. ‚Corporate Responsibility Award'[961]. Er zeichnet Lieferanten aus, die sich einem mehrstufigen Analyseprozess unterzogen haben, bei dem vor allem soziale und ökologische Kriterien abgefragt werden, wie z.B. ISO 14001 Zertifizierung aller Produktionsstandorte des Lieferanten, Einhaltung der auf den *Human Rights* aufbauenden Ford-spezifischen ‚Codes of Basic Working conditions', überdurchschnittliche nachhaltigkeitsorientierte und innovative Leistungen und Implementierung einer werteorientierten und nachhaltigkeitsbezogenen Unternehmensführung.[962]

Der Parameter ***'Financial Health'*** soll Leistungstreiber aufzeigen, die in erster Linie die Beziehungen der FoE zu ihren relevanten Shareholdern und anderen Investoren bewerten soll.[963] Dabei ist anzumerken, dass die FoE an sich keinen direkten Kontakt mit Investoren hat, sondern dieser Bereich unter dem direkten Einfluss der Muttergesellschaft, FMC, steht. Insofern ist die Ausarbeitung der Leistungstreiber zu diesem Parameter für die Bewertung der Beziehungen zu den Investoren für die FoE nur indirekt möglich und auch nicht zwingend nötig. Wichtiger ist für die FoE, vor allem im Hinblick auf Reputationsvorteile, die zweite Komponente des Parameters ‚Financial Health', Dieser basiert zwar auch auf der finanziellen Performance der FMC, hat aber auch für die FoE hinreichende Auswirkungen, die es zu bewerten gilt. Dazu können u.a. Leistungstreiber dienen, die das Abschneiden der FMC bzw. der europäischen Sparte, der FoE, bei derartigen Finanzratings aufzeigen und dokumentieren.[964]

Durch den Parameter ***'Community'*** sollen die Beziehungen und Aktivitäten der FoE zu bzw. in ihrem gesellschaftlichen Umfeld aufgezeigt und bewertet werden. Als mögliche Leistungstreiber können u.a. die Zielgrößen ‚Community Investment Model' (Stakeholder-Dialog und -Management), 'Corporate Ci-

---

961 Vgl. Ford Motor Company (2006h).
962 Vgl. Ford Motor Company (2006h).
963 Vgl. Ford Motor Company (2006c).
964 Vgl. dazu bspw. das Rating der SAM Group durch den DJSI; siehe hierzu Kap. 4.3.2.4.1.1 bzw. Kap. 4.3.2.4.2.1 und Kap. 4.4.2.1, ebenda.

tizenship' (Spenden und bürgerliches Engagement), 'Economic Contribution of the Auto Industry' (Anteil und Beitrag der Automobilindustrie, und somit der FMC bzw. FoE, zur volkswirtschaftlichen Wohlfahrt – bspw. durch GPD, Investitionen, F&E-Beiträge, u.a.) und 'Human Rights – Working Conditions Assessment Status for Supply Chain' (Standards in den Bereichen Arbeitsbedingungen, Arbeitssicherheit und Menschenrechte im Allgemeinen) herangezogen werden.[965]

Folgende Tabelle zeigt die potentiellen Parameter des RBSI abschließend auf:[966]

| RBSI-Parameter |
|---|
| ***'Products &Customer':***<br>'FMC Market Share – Europe',<br>‚First-time Ford Buyers',<br>'Owner Loyalty', und<br>'Vehicle Dependability Index'. |
| ***'Quality of Relationships':***<br>'Sales Satisfaction with Dealer/Retailer',<br>'Service Satisfaction with Dealer/Retailer',<br>'Code of Basic Working conditions – Suppliers',<br>'Corporate Responsibility Award – Suppliers' und<br>'Joint Ventures'. |
| ***'Financial Health':***<br>'Shareholder Returns',<br>'Listed on *DJSI*, *FTSE4Good* or other financial valued rankings'. |
| ***'Community':***<br>'Community Investment Model',<br>'Corporate Citizenship' - 'Charitable Contributions',<br>'Community Involvement'<br>'Economic Contribution of the Auto Industry' und<br>'Human Rights – Working Conditions Assessment Status for Supply Chain'. |

**Tabelle 27: Potentielle RBSI Parameter, FoE**

Durch die vorangegangenen, dargestellten Prozessschritte eins bis drei des Prozesses zur Nachhaltigkeitsleistungsmessung der FoE wurden innerhalb der ersten Stufe des SPM-Modells FoE bisher sowohl die Untersuchungsobjekte durch die Identifikation der Vier-Bereiche-Matrix festgelegt, mögliche

---

965 Vgl. FoE (2005a) und Ford Motor Company (2006d).
966 FoE (2005a).

Nachhaltigkeitsfaktoren innerhalb dieser Bereiche erarbeitet, durch eine Komplexitätsreduktion auf relevante Leitparameter der Analysebereich eingegrenzt und schließlich potentielle Leistungstreiber der jeweiligen ‚Sustainability Indicators' der FoE hergeleitet.[967] Den Abschluss der ersten Stufe des SPM-Modells FoE bildet daraufhin die konkrete Bestimmung und Festlegung der Ziele für die Nachhaltigkeitsleistung in den jeweiligen Bereichen und somit die Soll-Größen-Bestimmung der jeweiligen Leistungstreiber.

#### 4.4.2.4 Schritt 4: Nachhaltigkeitsleistung – Ziele definieren

Wie die vorangegangenen Ausführungen gezeigt haben, wird durch die Festlegung der relevanten Leistungstreiber der vier ‚Sustainability Indicators' (SI), PSI, MSI, RESI und RBSI, die Nachhaltigkeitsleistung der jeweiligen Bereiche definiert. Durch die Definition der Leistungstreiber wird der Messrahmen für die Nachhaltigkeitsleistungsmessung der FoE mittels der SI aufgezeigt. Um innerhalb dieses Messrahmens mittels des SPM-Modells FoE die Nachhaltigkeitsleistung der jeweiligen Bereiche beurteilen zu können, müssen konkrete Ziele der Nachhaltigkeitsleistung für die relevanten Leistungstreiber identifiziert und festgelegt werden (Soll-Größen-Bestimmung). Dies geschieht im SPM-Modell FoE durch den sog. ***Best-In-Class-Ansatz***, bei dem jedem einzelnen Leistungstreiber sowohl durch eine intensive unternehmensinterne als auch unternehmensexterne Analyse die ***‚beste Performance'*** (Best-In-Class-Werte (BIC)) zugeordnet wird. Zur Identifizierung der BIC-Werte der jeweiligen Leistungstreiber werden sowohl Ford-interne Zieldaten erhoben als auch unternehmensexterne Branchenwerte einbezogen, sofern sie verfügbar sind.[968]

Das Gegenstück zu den BIC Werten bilden die sog. WIC-Werte (Worst-In-Class), die die schlechteste Ausprägung des Leistungstreibers innerhalb des internen Unternehmens- oder aber externen Branchenvergleiches darstellen. Der somit aufgespannte Zielkorridor dient der exakten Einordnung der Nachhaltigkeitsleistung der FoE und lässt darüber hinaus auch direkte Schlüsse

---

[967] Vgl. zum theoretischen Aufbau der ersten Stufe des SPM-Modells auch Kap. 3.3.3.3.2.1, ebenda.

[968] Vgl. FoE (2004e).

auf einen Vergleich mit der Nachhaltigkeitsleistung ihrer Branche zu (sofern auf eine übergreifende Datenbasis zurückgegriffen werden kann).
Basierend auf dem Prinzip der *Nachhaltigen Entwicklung* hat sich die FoE das ***Qualitätsziel*** gesetzt, zur Definition der ***BIC-Werte*** möglichst nur ***unternehmensexterne Werte*** heranzuziehen, um sich somit jeweils mit den innovativsten und höchsten Anforderungen innerhalb ihrer Branche zu messen. Dies geht mit der Prämisse des höchsten Qualitätsziels (Premiumziele) einher, dass bei der Bewertung der Nachhaltigkeitsleistung einer Unternehmung nicht nur gesetzliche Grenzwerte und freiwillige unternehmensinterne Selbstverpflichtungen zur Grundlage genommen werden, sondern sich die FoE darüber hinaus der Herausforderung stellt, in allen Bereichen dem Leitbild der Nachhaltigkeit zu folgen und somit zu innovativen Problemlösungen beizutragen.[969]

Demzufolge wurden für alle identifizierten Leistungstreiber die jeweiligen BIC-Werte ermittelt. Dazu dienten u.a. intensive Recherchearbeiten, Ergebnisse des durchgeführten Branchenbenchmarks, Wettbewerberanalysen und technologisch-wissenschaftliche Analysen, die im Detail jedoch aus Gründen der Geheimhaltung unternehmensspezifischer unveröffentlichter Daten an dieser Stelle nicht weiter erläutert werden können.[970]

Können aus unterschiedlichen Gründen (bspw. fehlende Vergleichsdatenbasis) keine externen Daten zur Herleitung und Festlegung der BIC-Werte ermittelt werden, oder gibt die FoE eventuell sogar aufgrund ihrer Führungsposition selber bezüglich eines Leistungstreibers die BIC-Werte vor, können auch Ford-interne Werte zur Festlegung der BIC-Werte herangezogen werden.[971]

Analog sollen zur Herleitung und Festlegung der ***Untergrenze*** des Zielkorridors mittels der *WIC-Werte* ***nur*** *Ford-interne Werte* herangezogen werden, da sich die FoE nicht mit noch schlechteren Werten von Wettbewerbern messen möchte, als sie selber ausweist.

---

969 Vgl. hierzu auch Kap. 3.3.3.3.2.3, ebenda und FoE (2004e).
970 Siehe FoE (2004e).
971 Vgl. FoE (2004e).

Auch wenn aus den angesprochenen Gründen der Geheimhaltung auf eine detaillierte Wiedergabe aller BIC- und WIC-Werte der jeweiligen Leistungstreiber der SI der FoE in Rahmen der vorliegenden Arbeit verzichtet werden muss, soll die Aufstellung der WIC- bzw. BIC-Werte anhand von zwei ausgewählten Leistungstreibern beispielhaft erläutert werden.

***(1) MSI – ‚Resources In'***

Ein möglicher Leistungstreiber dieses Parameters innerhalb des MSI könnte die Kennzahl ‚Water Consumption per unit' (Wasserverbrauch pro Produktionseinheit) sein.[972] Mit dieser Kennzahl werden alle Wasserverbräuche erfasst, die ein Produktionsstandort innerhalb einer festgelegten Periode pro Produktionseinheit verursacht. Darunter fällt sowohl der Wasserverbrauch von sog. ‚purchased water', also von den jeweiligen Wasserwerken bezogenes Wasser, als auch ‚non-purchased water', das aus eventuellen eigenen Brunnenanlagen bezogen wird. Unter einer Nachhaltigkeitsbetrachtung wäre das Ziel dieser Kennzahl im Rahmen der Umweltleistungsmessung ein möglichst geringer Verbrauch. Dies wiederum würde die Umsetzung eines intakten Wasserkreislaufes am jeweiligen Produktionsstandort implizieren, wodurch aufgrund der Wiederverwendung von Gebrauchwasser der gemessene Wasserverbrauch auf einem geringen Niveau gehalten werden kann.

Da diese Kennzahl innerhalb der Automobilbranche nahezu standardisiert ist, kann der BIC-Wert unmittelbar durch ein Branchenbenchmark ermittelt werden. Voraussetzung hierfür ist allerdings die Veröffentlichung entsprechender Daten der Wettbewerber diesbezüglich. Da diese Kennzahl jedoch in den Umweltberichten der Automobilhersteller zu finden ist, können folgende Werte als BIC für die Kennzahl ‚Water Consumption per unit' definiert werden.[973]

---

[972] Vgl. hierzu auch Ford Motor Company (2005a), S. 41; Ford Motor Company (2005b); Ford Motor Company (2006d).

[973] Vgl. FoE (2004f).

Folgende Tabelle zeigt beispielhaft eine Erfassung der relevanten unternehmensinternen und -externen Daten zur Erhebung der BIC- und WIC-Werte für den Leistungstreiber ‚Water Consumption per unit' auf:[974]

| Berichtsjahr | Kennzahl | Einheit | BIC | | WIC | |
|---|---|---|---|---|---|---|
| | | | Wert | Bemerkung | Wert | Bemerkung |
| 2003 | Water Consumption per unit - PTO - | $m^3$/unit | 0,064 $m^3$/u | gemessen im ***Motorenwerk Chemnitz*** der ***Volkswagen AG***, Deutschland | 0,53 $m^3$/u | gemessen im ***Motorenwerk Daganham, FoE,*** England |
| | Water Consumption per unit - VO - | | 1,72 $m^3$/u | gemessen in der ***Fahrzeugproduktion Saarlouis*** der ***Ford Werke GmbH***, Deutschland | 11 $m^3$/u | gemessen in der ***Fahrzeugproduktion Köln*** der ***Ford Werke GmbH,*** Deutschland |

**Tabelle 28: BIC und WIC am Beispiel MSI, 'Water Consumption per unit'**

Wie die Tabelle zeigt, werden die Analysedaten zunächst analog zur Untersuchungsgrundlage der Produktionsstandorte der FoE in Motorenwerke (PTO) und Fahrzeugproduktion (VO) unterteilt, da in Bezug auf die zu analysierende Kennzahl signifikante Unterschiede in den Wasserverbräuchen der jeweiligen Untersuchungsobjekte bestehen. Nach der unternehmensinternen Datenerfassung der jeweiligen Wasserverbräuche aller zu untersuchenden Analyseobjekte (VO- und PTO-Werke der FoE) wurde durch ein externes Benchmark der jeweilige Wert der ‚Best-In-Class-Performance' analysiert. Für den Bereich der Motorenwerke wurde der Wasserverbrauchswert des Standortes Chemnitz der Volkswagen AG als BIC identifiziert.[975] Im Bereich der Fahrzeugproduktion konnten unternehmensinterne Werte des Standortes Saarlouis der FoE bzw. Ford Werke GmbH als ‚Best-In-Class-Performance' festgestellt werden. Zur Definition und Festlegung der jeweiligen WIC-Werte wurde ein unternehmensinterner Standortvergleich aller VO- bzw. PTO-Werke durchgeführt und somit die entsprechenden Standorte mit den höchsten Wasserverbräuchen innerhalb der FoE identifiziert. Somit liegt der Zielkorridor für die Kennzahl ‚Water Consumption per unit' für die PTO-Werke zwischen 0,064 m³/unit und 0,53 m³/unit bzw. für die VO-Werke zwischen 1,72 m³/unit und 11 m³/unit.[976]

---

[974] FoE (2004f).
[975] Siehe hierzu VW (2002), S. 54 und VW (2003).
[976] Vgl. FoE (2004f); siehe auch Kap. 4.4.2.6, ebenda.

### *(2) MSI – ‚Quality – Manufacturing Related'*

Einen möglichen Leistungstreiber dieses Parameters könnte die Kennzahl ‚TGW – Things gone wrong – 3 month-in-service' darstellen. Dieser Indikator bezieht sich auf die Fahrzeugproduktion (VO) und gibt an, wie viele Probleme pro 1000 Produktionseinheiten innerhalb der ersten drei Monate nach der Erstzulassung der Fahrzeuge auftreten, die als gravierende Produktionsmängel eingestuft werden und daraufhin in einer Werkstatt repariert werden müssen und somit Gewährleistungsansprüche gegenüber FMC/FoE in Anspruch genommen werden.[977]

Dieser Leistungstreiber bezieht sich somit zum einen auf die Qualität der Produkte und lässt Rückschlüsse auf das Qualitätsniveau der Produktion zu, zum anderen beinhaltet er Komponenten der Kundenzufriedenheit. Ein mögliches Ziel dieses Indikators im Rahmen der Leistungsmessung der FoE wäre, eine möglichst geringe Anzahl fehlerhafter Fahrzeuge pro Analysezeitraum zu produzieren.

Auch dieser Indikator stellt in der Automobilindustrie eine standardisierte Kennzahl dar und lässt sich somit durch ein externes Branchenbenchmark relativ einfach erfassen.

Folgende WIC- und BIC-Werte konnten somit im Rahmen der Zielfestlegung mittels des Leistungsvergleiches identifiziert werden:[978]

| Berichtsjahr | Kennzahl | Einheit | BIC | | WIC | |
|---|---|---|---|---|---|---|
| | | | Wert | Bemerkung | Wert | Bemerkung |
| 2003 | TGW (3-month-in-service) - VO - | No.per 1000 units | 2046 | Toyota | 3201 | Fiat |

**Tabelle 29: BIC und WIC am Beispiel MSI, 'TGW'**

Die Tabelle zeigt an, dass der Automobilhersteller Toyota bezüglich dieser Kennzahl als ‚Performance leader' gilt und somit den BIC-Wert angibt. Die Qualität der Produktion bei Toyota stellt in Bezug zur Kennzahl ‚TGW' die

977 Vgl. hierzu auch Ford Motor Company (2005a), S. 39; Ford Motor Company (2005b); Ford Motor Company (2006d).

978 Vgl. FoE (2004f).

beste ihrer Klasse dar.[979] Am schlechtesten schneidet Fiat ab; mit einem deutlich höheren Ausfallwert stellt dieser Automobilhersteller in Bezug auf die hier untersuchte Kennzahl den Gruppenschlechtesten dar.[980] Aufgrund der Prämisse, den Maßstab der Bewertung nicht schlechter zu setzen, als unternehmensinterne Werte der in diesem Bereich schlechtesten ‚Performer' (in diesem Fall Produktionsstandorte mit dem höchsten TGW-Wert innerhalb der europäischen Standorte der FoE), würde der WIC-Wert nicht durch den in der Tabelle angegebenen externen Wert von Fiat mit 3201 No. per 1000 units angegeben, sondern mit dem schlechtesten Wert für die Kennzahl TGW aus dem Vergleich der eigenen europäischen Produktionswerke. Der Zielkorridor der Kennzahl ‚TGW' wurde somit für das Jahr 2003 zwischen 2046 und unter 3201 Problemfällen pro 1000 Einheiten festgelegt.[981]

Durch den ‚Best-In-Class-Ansatz' und die darauf basierende Herleitung der BIC- und WIC-Werte kann ***für jeden identifizierten Leistungstreiber*** der definierten Parameter innerhalb der vier ‚Sustainability Indicators' ein ***Zielkorridor*** festlegt und somit durch die Definition der BIC-Werte die ***Soll-Werte*** bestimmt werden.

Durch diese ***Festlegung der Ziele*** für die Nachhaltigkeitsleistungsmessung im vierten Schritt des Prozesses der Nachhaltigkeitsleistungsmessung der FoE wird die erste Stufe des SPM-Modells FoE abgeschlossen.[982]

Auf der Grundlage der Soll-Wert-Bestimmungen des vierten Prozessschrittes zur Nachhaltigkeitsleistungsmessung der FoE wird im sechsten Prozessschritt der zur Bewertung angewandte Soll-Ist-Wert-Vergleich vorgenommen.[983]

---

979 Vgl. FoE (2004f); Toyota (2002), S. 25; Toyota (2003).
980 Vgl. FoE (2004f); Fiat (2003).
981 Aus Gründen der Geheimhaltung unveröffentlichter interner Unternehmensdaten kann der exakte Werte für WIC an dieser Stelle nicht benannt werden. Siehe hierzu FoE (2004f).
982 Vgl. Kap. 4.4.2, Abbildung 45.
983 Vgl. Kap. 4.4.2.6, ebenda.

#### 4.4.2.5 Schritt 5: Nachhaltigkeitsleistungsmessung – Messgrößen erfassen

Der fünfte Schritt des Prozesses zur Nachhaltigkeitsleistungsmessung der FoE beinhaltet die Erfassung der tatsächlichen Daten in einem festgelegten Zeitraum. Dieser Prozessschritt entspricht der zweiten Stufe des SPM-Modells FoE und stellt somit das Kernstück des Instrumentes zur Nachhaltigkeitsleistungsmessung dar.[984] Durch die Erfassung der durch die Leistungstreiber identifizierten tatsächlichen Nachhaltigkeitsein- bzw. -auswirkungen der FoE in Form von Ist-Werten, wird die eigentliche Nachhaltigkeitsleistung der FoE erfasst und gemessen.

Dazu werden zu jedem ‚Sustainability Indicator' (SI) und zu den identifizierten Parametern bzw. ihren Leistungstreibern die hergeleiteten Kennzahlen und Zielgrößen für den zu analysierenden Zeitraum erfasst und aufbereitet.[985]

Generell wurde für die SI ein Erhebungsintervall von drei Monaten festgelegt, so dass – analog zu anderen Steuerungselementen des strategischen Managements wie Scorecards, ‚business plans', ‚reviews' – in jedem Quartal des Berichtsjahres eine Bewertung des jeweiligen SI der FoE vorgenommen werden soll. Dieses relativ kurze Berichtsintervall soll dazu dienen, negative Abweichungen und Trends frühzeitig wahrzunehmen, zu identifizieren und darauf aktiv reagieren zu können. Des Weiteren sollte dadurch gerade in der Anfangsphase eine quasi permanente Überwachung der Implementierung und Anwendbarkeit des SPM-Modells auf Unternehmensebene gewährleistet werden, um schnell auf eventuelle Probleme bei der Erfassung, Bewertung und Beurteilung der Daten reagieren zu können. Eine Ausnahme zu diesem Erfassungsintervall bildet der PSI, da durch ihn die Nachhaltigkeitsleistung neuer Produkte gemessen und bewertet werden soll. Dadurch ist die Erfassung der Kennzahlen zur Nachhaltigkeitsleistung des PSI von der jeweiligen Entwicklung und Einführung neuer Produkte der FoE abhängig und nicht quartalsgebunden.[986]

---

984 Vgl. Kap. 3.3.3.3.2.2 und 4.4.2, ebenda.
985 Vgl. im Folgenden FoE (2003e); siehe auch Kap. 3.3.3.3.2.2, ebenda.
986 Vgl. FoE (2003f).

Im Folgenden beschränken sich die Ausführungen auf die Darstellung der Systematik einer Leistungsmessung innerhalb der jeweiligen SI, da aus den genannten *Gründen der Geheimhaltung* unternehmensinterner unveröffentlichter Daten eine detaillierte Darstellung aller zu erfassenden Daten im Rahmen der vorliegenden Arbeit unterbleiben muss.[987]

**‚PSI – Product Sustainability Index'**

Durch den PSI wird die Nachhaltigkeitsleistung neuer Fahrzeuge gemessen und beurteilt. Nach seiner Planungs-, Entwicklungs- und Testphase[988] in den Jahren 2001 und 2002 wurde der PSI erstmalig im Jahr 2003 zur Bewertung eines neuen Modells der FoE eingesetzt. Die Messung der Nachhaltigkeitsleistung neuer Modelle setzt sich aus den dargestellten acht Parametern, dessen Leistungstreibern bzw. Kennzahlen und Messgrößen zusammen[989]. Die Erfassung konkreter Kennzahlen und Messgrößen zu diesen Parametern liefert ein Abbild über die als relevant und wesentlich eingestufte ökonomische, ökologische und soziale Performance des jeweiligen zu analysierenden Modells. In den Folgejahren wurde das Instrument des PSI kontinuierlich verbessert und stellt zurzeit ein integriertes und etabliertes Kontrollinstrument im Bereich der Produktentwicklung dar.[990]

**‚MSI – Manufacturing Sustainability Index'**

Durch den MSI soll die Nachhaltigkeitsleistung der europäischen Produktionsstandorte und der jeweiligen Produktionsverfahren vor Ort gemessen und beurteilt werden. Aufgrund seiner längeren Entwicklungs- und Testphase konnte der MSI noch nicht für alle europäischen Standorte als fester Bestandteil des strategischen Managements implementiert werden.[991]

---

[987] Da eine Darstellung der konkreten Leistungsparameter der SI aus genannten Gründen zum größten Teil unterbleiben muss, wird im Folgenden der Fokus auf die Methodik des SPM-Modells FoE gerichtet. Dadurch soll eine Bewertung des Modells in Bezug auf die Fragestellung der vorliegenden Arbeit dennoch ermöglicht werden, da hierfür die konkrete Ausgestaltung der einzelnen Parameter von untergeordneter Bedeutung ist. Vgl. hierzu Kap. 4.4.1, aber auch Kap. 4.5 und Kap. 5, ebenda.

[988] Vgl. Kap. 4.4.1 und Abbildungen 46 und 47, ebenda.

[989] Vgl. FoE (2003f) und Kap. 4.4.2.3, ebenda.

[990] Vgl. hierzu auch Kap. 4.4.2.6 und Kap. 4.5, ebenda.

[991] Vgl. Kap. 4.4.1 und Abbildungen 46 und 47, ebenda.

In einer Testphase in den Jahren 2003-2005 wurden jedoch folgende Produktionsstandorte durch den MSI erfasst und bewertet:[992]

| Vehicle Operations - VO - | Powertrain Operations - PTO - |
|---|---|
| Cologne | Cologne |
| Genk | Bridgend |
| Saarlouis | Valencia |
| Southampton | Daganham |
| Valencia | |

**Tabelle 30: Pilotstandorte zur Erfassung des MSI, FoE**

Die Messung der Nachhaltigkeitsleistung der Produktionsstandorte setzte sich dabei aus den dargestellten acht Parametern und dessen Leistungstreibern zusammen.[993] Die Erfassung konkreter Kennzahlen und Messgrößen zu diesen Parametern gibt die als relevant und wesentlich eingestufte ökonomische, ökologische und soziale Performance des jeweiligen zu analysierenden Produktionsstandortes wieder. Durch die quartalsmäßige Erfassung der Nachhaltigkeitsleistung der jeweiligen Standorte kann das Instrument des MSI innerhalb des SPM-Modells zur strategischen Überwachung dienen, da im Zeitablauf Vergleiche der nachhaltigen Performance der jeweiligen Quartale möglich sind und somit ein Abbild über eine Verbesserung oder Verschlechterung der Nachhaltigkeitsleistung gegeben werden kann.[994]

***‚RESI – Responsible Employer Sustainability Index'***

Der RESI erfasst und bewertet die Nachhaltigkeitsleistung der internen Stakeholderbeziehungen, explizit der Beziehungen der FoE zu ihren Mitarbeitern. Dazu sollen die für die Nachhaltigkeitsleistung im Bereich des internen Stakeholdermanagements als wesentlich und relevant identifizierten Parameter, Leistungstreiber und Kennzahlen für ***jeden europäischen Standort*** erfasst und bewertet werden. Seine Entwicklung befindet sich aufgrund unternehmensinterner Verzögerungen, die nicht weiter erläutert werden können, noch in der dritten Phase (Testlauf an einem Pilotstandort der FoE)[995] des

[992] Siehe FoE (2003o).
[993] Vgl. FoE (2003g) und Kap. 4.4.3.2, ebenda.
[994] Zur Bewertung und Beurteilung der Nachhaltigkeitsleistung der jeweiligen Produktionsstandorte siehe auch Kap. 4.4.2.6, ebenda.
[995] Vgl. Kap. 4.4.1 und Abbildung 47, ebenda.

Pilotprojektes ‚Sustainability Indicators FoE'. Aus diesem Grund konnten bisher nur Daten des Pilotstandortes, Ford-Werke AG – Köln, erfasst werden. Auch hier werden die bereits vorgestellten acht Parameter zur Messung hinzugezogen.[996] Durch die Erfassung konkreter Kennzahlen und Messgrößen zu diesen Parametern soll die Nachhaltigkeitsleistung, d.h. die ökonomische, soziale (und ökologische) Performance der internen Stakeholderbeziehungen der FoE, primär zu ihren Mitarbeitern, aufgezeigt werden. Aufgrund erster Erfahrungen wurde das Erfassungsintervall von drei Monaten auf zwölf Monate heraufgesetzt, da im Bereich des RESI in Bezug zu seiner Datenbasis ein Berichtszeitraum von einem Jahr als angemessen und effizient angesehen werden kann.

***‚RBSI – Responsible Business Sustainability Index'***

Da sich die Entwicklung des RBSI noch in der ersten Phase (Planung) des Pilotprojektes ‚Sustainability Indicators FoE' befindet, konnten noch keine expliziten Erfahrungen mit ersten Messungen des RBSI gemacht werden.[997] Mögliche zu messende Parameter wurden bereits vorgestellt.[998] Durch die Erfassung konkreter Kennzahlen und Messgrößen zu diesen Parametern soll die Nachhaltigkeitsleistung, d.h. die ökonomische, soziale und ökologische Performance der externen Stakeholderbeziehungen der FoE, primär zu ihren Kunden, Lieferanten, Händlern, Investoren sowie zu ihrem gesellschaftlichen Umfeld, aufgezeigt werden. Auch hier wird ein dreimonatiges Berichtsintervall zur Nachhaltigkeitsleistungsmessung durch den RBSI angestrebt.

Zur strukturierten und systematisierten Erfassung aller Daten des PSI, MSI, RESI und RBSI wurde durch die CC-Abteilung ein computergestütztes ***Datenverarbeitungsprogramm*** entwickelt, welches die Daten durch eine unternehmensinterne Vernetzung aus den verschiedenen Datenquellen zusammenspeist und in die jeweilig den ‚Sustainability Indicator' (SI) zugehörigen Datenblätter überträgt. Als Daten- und Informationsquellen dienen zum einen bestehende Abteilungs- und Geschäftsbereichs-Scorecards, zum anderen fließen manuell erfasste abteilungsspezifische Daten, die zum Teil

---

[996] Vgl. FoE (2004a) und Kap. 4.4.2.3, ebenda.
[997] Vgl. Kap. 4.4.1 und Abbildung 46, ebenda.
[998] Vgl. FoE (2005a) und Kap. 4.4.2.3, ebenda.

durch die jeweilige Fachabteilung durch spezifische Umrechungen so aufbereitet werden müssen, dass sie in das Bewertungsschema der SI passen, in die Bewertung ein. Gerade diese Aufbereitung einiger Daten stellt für die FoE noch einen erheblichen Arbeitsaufwand dar, der mit ein Grund dafür ist, dass die Entwicklung des gesamten SPM-Modells FoE noch nicht zum Abschluss gebracht wurde.[999]

Neben den in festen Zeitabständen einberufenen Fachabteilungs- und Arbeitsgruppenmeetings wurde zur besseren Kommunikation zwischen den jeweils beteiligten Fachleuten, Arbeitsgruppenmitgliedern und der CC-Abteilung eine weitere computergestützte ***Informationsplattform*** aufgebaut. Im sog. ***‚Sustainability Index eRoom'***[1000] können bestimmte, als ‚Key Participants' bezeichnete Fachgruppenleiter ihre Ergebnisse, Fragen und andere Informationen einspeisen und somit den anderen Arbeitsgruppenmitgliedern zur Verfügung stellen. Da diese Plattform Informationsbereiche aller vier SI beinhaltet, kann somit auch ein Informationsaustausch über die jeweiligen Indikatorgrenzen hinaus stattfinden. Somit wird ein umfassender unternehmensinterner Einblick in die Entwicklung und den Status der einzelnen SI der FoE gewährt.[1001]

---

[999] Zu einer ausführlichen Erläuterung dieses und weiterer Kritikpunkte siehe auch Kap. 4.6, ebenda.

[1000] Vgl. FoE (2005b).

[1001] Siehe hierzu auch FoE (2005b).

Folgende Abbildung zeigt exemplarisch die Datenmaske des MSI 2004 im eRoom:

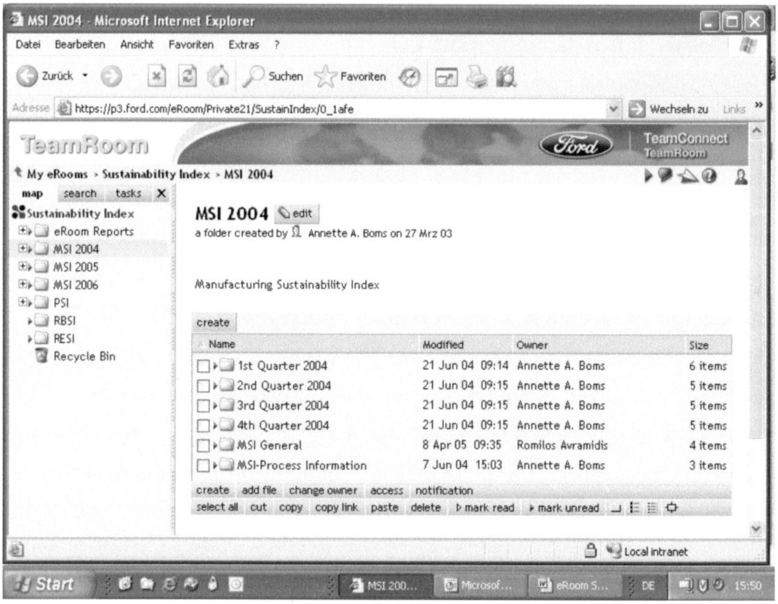


**Abbildung 49: 'Sustainability Index eRoom' der FoE**[1002]

#### 4.4.2.6 Schritt 6: Bewertung und Beurteilung der Nachhaltigkeitsleistung der FoE

Sowohl die im vierten Prozessschritt zur Nachhaltigkeitsleistungsmessung erhobenen Zielkorridore und damit die Soll-Größen-Bestimmung jedes einzelnen Leistungstreibers (Kennzahlen, Messgrößen) als auch die im fünften Prozessschritt erfassten konkreten Ausprägungen der Leistungstreiber in einem festgelegten Zeitraum, also die Ist-Größen-Bestimmung, stellen die Grundlage für die Bewertung und Beurteilung der Nachhaltigkeitsleistung der jeweiligen Untersuchungsbereiche anhand der vier SI (PSI, MSI, RESI und RBSI) dar.[1003]

Der Soll-Ist-Vergleich wird anhand der erhobenen Zielkorridore mittels der bereits erläuterten ***'Best-In-Class'*** (BIC) und ***'Worst-In-Class'*** (WIC) Werte

---

[1002] FoE (2005b).
[1003] Vgl. auch Kap. 3.3.3.3.2.3 und Kap. 3.3.3.3.2.4, ebenda.

vollzogen. Zur Einordnung und Klassifizierung der Ist-Werte in den so aufgestellten Zielkorridor wird die Methode der ***prozentualen Darstellung*** (Index-Methode) angewandt.[1004]

Dabei wird der ***BIC-Wert*** eines Leistungstreibers auf ***80%*** gesetzt und der dazugehörige ***WIC-Wert*** auf ***0%***. Die prozentualen Angaben der BIC- und WIC-Werte spiegeln die Nachhaltigkeitsleistungsfähigkeit des Leistungstreibers wider. Dabei wird mit dem Wert 0% impliziert, dass kein schlechterer Wert für die Nachhaltigkeitsleistung angenommen wird, als das unternehmensinterne Benchmark vorgibt.

Der BIC-Wert, der als ***Soll-Wert*** fungiert, wird auf 80% festgelegt, damit weitere Verbesserungen und Steigerungen gegenüber dem Branchenleader, der den BIC-Wert vorgibt, durch unternehmenseigene Leistungssteigerungen erfasst und bewertet werden können. Eine Ausnahme dieser 80%-Regelung tritt in Kraft, sobald durch den ‚Performance Leader' ein absoluter Wert von 0 erreicht wird (bspw. eine Unfallrate von 0%). In diesem Fall, in dem keine absolute Verbesserung mehr stattfinden kann, wird der Soll-Wert (BIC) auf 100% gesetzt.

Somit kann der Zielkorridor als Index angeben werden. Der Ist-Wert wird durch die beiden Grenzen 0% (WIC) und 80% (bzw. 100% – BIC) ebenfalls in einen Prozentsatz konvertiert. Dadurch kann die Nachhaltigkeitsleistungsfähigkeit der jeweiligen Leistungstreiber direkt abgebildet werden. Ein weiterer Vorteil aus Unternehmenssicht ist, dass konkrete Messwerte nicht direkt ablesbar sind. Dieses Charakteristikum wird gerade auch im Hinblick auf externe Veröffentlichungen des SPM-Modells zur Darstellung der Nachhaltigkeitsleistung der FoE, z.B. in Nachhaltigkeitsberichten, externen Veranstaltungen u.ä., begrüßt, da somit unternehmensinterne, unveröffentlichte Daten aus Geheimhaltungsgründen nicht preisgegeben werden müssen.

Neben der Abbildung der Nachhaltigkeitsleistungsfähigkeit wird durch diese prozentuale Skalierung der Ist-Werte der jeweiligen Leistungstreiber darüber

---

[1004] Vgl. im Folgenden FoE (2003q).

hinaus die Grundlage für eine graphische Darstellung der Nachhaltigkeitsleistung mittels des MSI geschaffen. Diese graphische Darstellung erfolgt im siebten Prozessschritt zur Nachhaltigkeitsleistungsmessung der FoE und wird im nachfolgenden Kapitel näher erläutert.[1005]

Zur Darstellung des erläuterten Bewertungsansatzes mittels der Index-Methode soll das folgende fiktive Datenblatt des MSI die Berechnung und Bewertung der Ist-Werte durch BIC und WIC aufzeigen.[1006] Dabei wurden fiktive, aber mögliche Leistungstreiber und Kennzahlen zur Erfassung der Nachhaltigkeitsleistung von Produktionsstätten in Anlehnung an die Entwicklung des MSI zur Darstellung ausgewählt. Auch das Datenblatt entspricht in seinem strukturellen Aufbau einem realen Datenblatt, welches in dieser Form zur Erfassung und Bewertung des MSI bei FoE herangezogen wird. Alle in ihm aufgezeigten Ist-Werte sind fiktiver Natur und dienen lediglich der Erklärung der Methodik des Datenblattes.

Folgende Tabelle zeigt die (fiktive) Bewertung des MSI durch den Soll-Ist-Vergleich:

| Manufacturing related Parameters | Performance Drivers | units | VO - Plant | Hilfsgröße | BIC | WIC |
|---|---|---|---|---|---|---|
| Global Warming | $CO_2$ Manufacturing | kg per unit | 1100 | 48,00% | 500 | 2000 |
| Air Quality (VO-Plant related) | VOC | g / m² | 31 | 69,00% | 20 | 100 |
| Resources Out | | Index | 56,00% | | | |
| | total waste | kg per unit | 40 | 40,00% | 20 | 60 |
| | recycled waste | % | 77,00% | 72,00% | 80,00% | 50,00% |
| Resources In | water consumption | m³ per unit | 8 | 20,00% | 2 | 10 |
| Cost | | $ per unit | 1250 | 40,00% | 500 | 2000 |
| Quality (VO-Plant related) | TGW | No. per 1000 units | 2200 | 67,09% | 2046 | 3000 |
| Health/Safety | | Index | 60,00% | | | |
| | Lost time case rate* | Index | 1 | 60,00% | 0,5 | 2,5 |
| | Severity rate** | Index | 16 | 60,00% | 8 | 40 |
| Local Involvement | Complaints | No. / site | 4 | 50,00% | 0 | 8 |

*lost time cases x 200.000 / hours worked

**lost time days x 200.000 / hours worked

Environment related Data Collection | Social related Data Collection | Economic related Data Collection

Ist-Werte | Soll-Werte

**Tabelle 31: Methodik der Datenblätter zur Erfassung der SI, FoE**[1007]

[1005] Vgl. Kap. 4.4.2.7, ebenda.
[1006] Vgl. FoE (2003p).
[1007] FoE (2003p).

Das ***Datenblatt*** zur Erfassung der Nachhaltigkeitsleistung eines fiktiven Produktionsstandortes mittels des MSI besteht aus ***sieben Spalten***:[1008]

Die *ersten beiden* Spalten (von links) geben die durch den MSI zu analysierenden Parameter und ihre dazu identifizierten ‚Performance Driver' (Leistungstreiber) an. In dem oben dargestellten fiktiven Datenblatt wurden zur Berechnung des MSI acht Parameter und zehn Leistungstreiber (Kennzahlen bzw. Indizes) identifiziert. Von den acht Parametern werden sechs direkt durch einen einzigen Leistungstreiber bewertet. Die verbleibenden zwei Parameter werden durch jeweils zwei Leistungstreiber erfasst, die gleichgewichtet in die Bewertung des jeweiligen Parameters eingehen.
Die *dritte* Spalte enthält die jeweilige Einheit, in der der jeweilige Leistungstreiber gemessen wird. Dabei bezieht sich der Terminus ‚units' auf die Stückzahl bzw. Einheit des Standortes – also im Fall des hier fiktiv untersuchten ‚VO-Plant' auf die produzierten Fahrzeuge.

Die *vierte* Spalte enthält schließlich den gemessenen Ist-Wert für den jeweiligen Leistungstreiber.

Die Spalten *fünf, sechs und sieben* dienen letztendlich der Beurteilung und somit dem Soll-Ist-Vergleich.

Zur Vereinfachung der visuellen Aufnahme des Datenblattes wurden zum einen durch die farbliche Kennzeichnung ‚grün, gelb, blau' die Parameter bezüglich ihrer zugehörigen Dimension (Umwelt, Soziales und Ökonomie) gekennzeichnet, zum anderen wurden die Ist- und Soll-Werte durch eine graue bzw. orangefarbene Hinterlegung hervorgehoben.

Zur inhaltlichen Analyse der Nachhaltigkeitsleistung, die anhand des vorgestellten Datenblattes gemessen wird, werden im Folgenden die einzelnen Zeilen des Datenblattes, d.h. die einzelnen Parameter bzw. Leistungstreiber, kurz erläutert.[1009]

---

[1008] Vgl. im Folgenden FoE (2003p).
[1009] Vgl. dazu auch FoE (2003p) und Kap. 4.4.2.3, ebenda.

### *Global Warming: $CO_2$ Manufacturing*

Zur Bewertung der Nachhaltigkeitsleistung im Bereich ‚Global Warming' wird eine Kennzahl als Leistungstreiber angewandt, die die $CO_2$-Emission des Produktionsstandortes in kg/unit, bezogen also pro produziertem Fahrzeug, ermittelt. In dem fiktiven Beispiel des dargestellten Datenblattes wurde ein Ist-Wert von 1100 kg pro Fahrzeug gemessen. Zu diesem Leistungstreiber wurde durch eine interne und externe Analyse der Zielkorridor von 500-2000 kg/Fahrzeug ermittelt.[1010] Demzufolge konnte der ‚Branchenbeste' den ‚Best-In-Class'(BIC)-Wert von 500 kg/Fahrzeug vorgeben. Der schlechteste Wert der Branche wird durch den ‚Worst-In-Class'(WIC)-Wert mit 2000 kg/Fahrzeug festgelegt. Durch die Indexbildung (500kg/unit ~ 80%; 2000kg/unit ~ 0%) wird dem Ist-Wert von 1100 kg/unit ein Prozentsatz von 48% zugeordnet (Spalte 5 des Datenblattes). Dieser Wert besagt, dass der Leistungstreiber durch den Ist-Wert von 1100 kg/unit einer Nachhaltigkeitsleistungsfähigkeit von 48%Punkten entspricht.

### *Air Quality (VO-Plant related): VOC (Volatile Organic Compounds)*

Zur Messung und Bewertung der Nachhaltigkeitsleistung der ‚Luftqualität' des fiktiven Produktionsstandortes wird der Leistungstreiber ‚VOC – Volatile Organic Compounds'[1011] als relevant und wesentlich identifiziert. Die dazugehörige Kennzahl misst die VOC-Emission pro m² der produzierten Einheit.[1012] In dem fiktiven Beispiel des dargestellten Datenblattes wurde ein Ist-Wert von 31 g/m² erfasst (Spalte 4). Der entsprechende Zielkorridor wird durch den BIC-Wert von 20g/m² (Spalte 6) bzw. den WIC-Wert von 100 g/m² (Spalte 7) aufgestellt. Durch die Indexbildung (20g/m² ~ 80%; 100g/m² ~ 0%) wird somit der Ist-Wert von 31 g/m² durch einen Prozentsatz von 69% (Spal-

---

[1010] Vgl. Kap. 4.4.2.4.

[1011] ‚VOC – Volatile Organic Compounds', also flüchtige organische Verbindungen, wie bspw. Lösungsmittel, entstehen hauptsächlich bei der Lackierung neuer Fahrzeuge. Ein Teil der VOC's fällt unter die Klassifizierung ‚toxic air pollutants' der international anerkannten *U.S. Environmental Protection Agency's Toxic Release Inventory (TRI)* bzw. *der Environment Canada's National Pollutant Release Inventory (NPRI)*. Durch sie können physikalische Umwandlungsprozesse in Kraft treten, die das sog. ‚ground level ozone' bilden, was in hohem Maße für eine hohe Smogbelastung und hohe Ozonwerte verantwortlich ist. Zur Vermeidung bzw. Verminderung der VOC-Emissionen wird in Europa z.Zt die Umstellung auf lösemittelarme oder -freie Lackierverfahren vorangetrieben.

[1012] Die Einheit g/m² bezieht sich strenggenommen auf die Menge der VOC-Emission in g pro lackiertem m², in diesem Beispiel demnach VOC-Emission in g/m² lackierter Fahrzeuge.

te 5) abgebildet. Dieser Wert ordnet dem Ist-Wert eine Nachhaltigkeitsleistungsfähigkeit von 69%Punkten zu.

### *Resources Out: Total Waste & Recycled Waste*

Zur Messung und Bewertung des Parameters ‚Resources Out', also derjenigen Ressourcen, die durch die Produktion als Kuppelprodukte anfallen und nicht anderweitig im Produktionsprozess weiterverwendet werden können, werden im genannten fiktiven Beispiel zwei Leistungstreiber für die Messung der Nachhaltigkeitsleistung dieses Parameters als relevant und wesentlich identifiziert. Zum einen soll durch die Kennzahl ‚Total Waste' die gesamte Abfallmenge des Standortes in kg/unit gemessen werden. Zum anderen wird durch die Kennzahl ‚Recycled Waste' die prozentuale Menge des davon wieder verwertbaren Abfalls in die Bewertung miteinbezogen. Die beiden Leistungstreiber gehen gleichgewichtet in die Bewertung des Parameters ‚Resources Out' ein. Als Ist-Werte in dem fiktiven Beispiel des dargestellten Datenblattes wurde für die Gesamtabfallmenge ein Wert von 40 kg pro Einheit, also pro produziertem Fahrzeug, und für die Recyclingquote ein Wert von 77% ermittelt (Spalte 4). Durch die jeweiligen Zielkorridore (BIC-Werte 20 kg/unit bzw. 80% Recyclingquote und WIC-Werte 60kg/unit bzw. 50% Recyclingquote) der Spalten sechs und sieben des Datenblattes werden den Ist-Werten die Indexwerte 40%Punkte bzw. 72%Punkte zugeordnet (Spalte 5).[1013] Da die beiden Leistungstreiber gleichgewichtet in die Bewertung des Parameters ‚Resources Out' einfließen, kann durch den Mittelwert der beiden Indexwerte ((40%+72%)/2) ein Gesamtindexwert von 56%Punkten ermittelt werden (Spalte 4).

### *Resources In: Water Consumption*

Zur Bewertung der Nachhaltigkeitsleistung des Parameters ‚Resources In' wird der Leistungstreiber ‚Wasserverbrauch' herangezogen. Die ihm zugeordnete Kennzahl misst den Gesamtwasserverbrauch eines Produktionsstandortes in $m^3$/unit. Der Ist-Wert des fiktiven Beispiels im dargestellten Datenblatt beträgt 8$m^3$/produziertem Fahrzeug (Spalte 4). Der Zielkorridor wird durch einen BIC-Wert von 2 $m^3$/unit (Spalte 6) und einen WIC-Wert von 10

[1013] Siehe Tabelle 31, ebenda.

$m^3$/unit (Spalte 7) aufgestellt (2 $m^3$/unit ~ 80%; 10 $m^3$/unit ~ 0%). Demnach wird der Ist-Wert von 8 $m^3$/unit durch einen Prozentsatz von 20% abgebildet (Spalte 5).[1014]

***Costs***

Zur Messung und Bewertung des Parameters ‚Costs' wird der Leistungstreiber Gesamtkosten pro Fahrzeugeinheit ($/unit) herangezogen. Der fiktive Ist-Wert des Beispieles des dargestellten Datenblattes beträgt 1250$ pro produziertem Fahrzeug (Spalte 4). Durch einen BIC-Wert von 500$/unit (Spalte 6) und einem WIC-Wert von 2000$/unit wird der Zielkorridor abgebildet (500$/unit ~ 80%; 2000$/unit ~ 0%). Durch die Indexbildung wird somit dem Ist-Wert von 1250$/unit ein Prozentsatz von 40% zugeordnet (Spalte 5).[1015]

***Quality (VO-Plant related): TGW***

Der bereits in Kapitel 4.4.2.4 vorgestellte Leistungstreiber ‚Things gone wrong' wird auch in dem vorangestellten Musterbeispiel zur Messung und Bewertung des Parameters ‚Quality' verwendet.[1016] Diese Kennzahl misst die Anzahl der Probleme bzw. reklamierten Fahrzeuge, die innerhalb der ersten drei Monate nach ihrer Erstzulassung aufgrund eines gravierenden Mangels in einer Werkstatt repariert werden mussten und der Hersteller dadurch zur Gewährleistung herangezogen wurde. Im dargestellten Datenblatt des fiktiven Beispieles wird der Kennzahl ein Ist-Wert von 2200 No./1000 units zugeordnet (Spalte 4). Durch den ermittelten Zielkorridor (BIC-Wert von 2046 No./1000 units ~ 80% (Spalte 6) und WIC-Wert von 3000 No./1000 units ~ 0% (Spalte 7) wird diesem Ist-Wert ein Indexwert von 67% zugeordnet (Spalte 5).[1017]

***Health&Safety: Lost time case rate & Severity rate***

In die Messung und Bewertung des Parameters ‚Health & Safety' fließen wiederum zwei Leistungstreiber ein. Zum einen werden durch die Kennzahl ‚Lost time case rate' diejenigen Arbeitsunfälle gemessen, die eine Arbeitsunterbrechung von mehr als einem Tag zur Folge hatten. Diese Kennzahl steht

---

[1014] Siehe Tabelle 31, ebenda.
[1015] Siehe Tabelle 31, ebenda.
[1016] Vgl. Kap. 4.4.2.4, ebenda.
[1017] Siehe Tabelle 31, ebenda.

somit für die Häufigkeit mittlerer bis schwerer Arbeitsunfälle. Zum anderen werden mit der Kennzahl ‚Severity rate' die Fehltage aufgrund von Arbeitsunfällen gemessen. Diese Kennzahl soll Auskunft über die Schwere der Unfälle geben. Beide Kennzahlen fließen wiederum gleichgewichtig in die Nachhaltigkeitsleistungsmessung des Parameters ‚Health & Safety' ein. Als Ist-Wert wurden im fiktiven Beispiel des vorangegangenen Datenblattes die Werte 1 (Lost time case rate) bzw. 16 (Severity rate) in Spalte 4 des Datenblattes gemessen. Durch die jeweiligen Zielkorridore (BIC-Werte 0,5 bzw. 8 und WIC-Werte 2,5 bzw. 40) der Spalten sechs und sieben des Datenblattes werden den Ist-Werten die Indexwerte 60%Puntke bzw. 60%Punkte zugeordnet (Spalte 5).[1018] Da die beiden Leistungstreiber gleichgewichtet in die Bewertung des Parameters ‚Health & Safety' einfließen, kann durch den Mittelwert der beiden Indexwerte ((60%+60%)/2) ein Gesamtindexwert von 60%Punkten ermittelt werden (Spalte 4).

***Local Involvement: Complaints***

Zur Messung und Bewertung des Parameters ‚Local Involvement' wird der Leistungstreiber ‚eingegangene Beschwerden der Anwohner (über Lärm, Abfall, Ausstöße, Verkehr, Störfälle u.a.)' pro Produktionsstandort (No./site) aufgestellt. Der fiktive Ist-Wert im Beispiel des dargestellten Datenblattes beträgt 4 Beschwerden für den analysierten Produktionsstandort (Spalte 4). Durch einen BIC-Wert von 0, also keiner Beschwerde durch die Anwohner, (Spalte 6) und einem WIC-Wert von 8 Beschwerden im analysierten Zeitraum wird der Zielkorridor abgebildet, wobei durch den absoluten Wert von 0 für BIC folgende Zuordnung erfolgt: 0 ~ 100% (BIC) und 8 ~ 0% (WIC). Dementsprechend ergibt sich durch die Indexbildung für den Ist-Wert von 4 ein Prozentsatz von 50% (Spalte 5).[1019]

Durch die vorangegangene Darstellung der Methodik der Indexmessung durch den ‚Best-In-Class'-Ansatz mittels BIC- und WIC-Werten kann im sechsten Prozessschritt zur Nachhaltigkeitsleistungsmessung der FoE die tatsächliche Nachhaltigkeitsleistung und Nachhaltigkeitsleistungsfähigkeit der jeweiligen SI bzw. ihrer Parameter festgestellt werden. Dieser Prozessschritt

[1018] Siehe Tabelle 31, ebenda.
[1019] Siehe Tabelle 31, ebenda.

beinhaltet die dritte und vierte Stufe des SPM-Modells FoE.[1020] Neben der Bewertung der einzelnen Parameter innerhalb der jeweiligen SI wurden auch Überlegungen zur Berechnung der Gesamtnachhaltigkeitsleistung des einzelnen SI, also ein Wert für die Nachhaltigkeitsleistung des PSI, ein Wert für den MSI (VO bzw. PTO), ein Wert für den RESI und ein Wert für den RBSI, angestellt. Diese Möglichkeiten der Aggregierung werden in Kapitel 4.4.3 näher erläutert.

Zur Nachhaltigkeitsleistungsmessung wurde von der FoE ein computergestütztes Datenerfassungsinstrument entwickelt, in das sowohl die Ist-Werte der jeweilig zu untersuchenden Analysezeiträume einfließen als auch alle relevanten Informationen zur Indexbewertung durch BIC- und WIC-Werte aufbereitet werden können. Dieses Datenerfassungs- und Informationstool hat als weitere Funktion die Aufgabe, die erfassten und aufgearbeiteten Daten automatisch graphisch darzustellen.

Dabei stellt die graphische Erfassung der Nachhaltigkeitsleistung eine wichtige Ergänzung zur vierten Stufe des SPM-Modells FoE dar.[1021]

#### 4.4.2.7 Schritt 7: Graphische Darstellung der Nachhaltigkeitsleistung der FoE

Der siebte Prozessschritt zur Nachhaltigkeitsleistungsmessung der FoE beinhaltet die graphische Darstellung der Nachhaltigkeitsleistung der jeweiligen Untersuchungsbereiche durch die SI (PSI, MSI, RESI und RBSI).[1022] Als Grundlage hierzu dienen die an vorangegangener Stelle erläuterten Datenblätter zu den vier SI, die von der FoE für jeden Analysebereich aufgestellt wurden – d.h. für jede analysierte Neuentwicklung im Rahmen des PSI, für alle europäischen Standorte, getrennt nach Fahrzeugproduktion (VO) und Motorenwerke (PTO), für das interne Stakeholdermanagement aller untersuchten europäischen Standorte im Rahmen des RESI und für das externe Stakeholdermanagement aller untersuchten europäischen Standorte bzw. Produktionsländer im Rahmen des RBSI. Durch ein systemgestütztes Daten-

[1020] Vgl. Kap. 3.3.3.3.2 und Kap. 4.4.2, ebenda.
[1021] Vgl. Kap. 3.3.3.3.2.4, ebenda.
[1022] Vgl. FoE (2003r).

verarbeitungstool werden die Daten aufbereitet und automatisch die jeweiligen Diagramme erstellt.

Als Diagrammtyp für die Darstellung und Bewertung der Nachhaltigkeitsleistung der jeweiligen Analysebereiche wurde ein spezifisches Netzdiagramm durch FoE entwickelt. Hergeleitet aus der Struktur der bereits erläuterten Datenblätter werden durch das Netzdiagramm die jeweiligen Parameter der SI abgebildet.

Folgende Abbildung zeigt die Struktur des verwendeten Diagrammtyps auf:[1023]

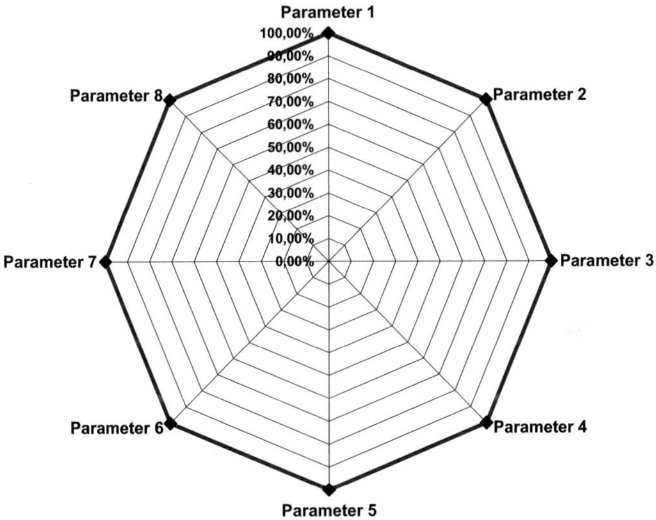


**Abbildung 50: Netzdiagramm zur Abbildung der Nachhaltigkeitsleistung**

Durch die Anzahl der Parameter (in der Regel sind es acht Parameter bei den jeweiligen SI der FoE) wird die Form des Netzdiagramms (hier also eines Achtecks) bestimmt. Jede der aus dem Mittelpunkt des Netzdiagramms entspringenden Achse steht für jeweils einen Parameter der jeweiligen SI.

[1023] Vgl. im Folgenden FoE (2003r).

Dabei spielt es keine Rolle, ob der Parameter durch eine oder mehrere Kennzahlen (Leistungstreiber) gemessen und bewertet wird, da die Aggregation, bspw. zwei Kennzahlen zu einem Mittelwert, jedem Parameter nur eine Ausprägung zuordnet.[1024]

Die Netzlinien innerhalb des Netzdiagramms stellen den durch die Indexmethode aufgestellten Zielkorridor für die gemessenen Ist-Werte der jeweiligen Parameter dar und beinhalten somit eine Prozentskala von 0% bis 100%. Dabei wurde der 0%-Punkt in das Netzinnere (Mittelpunkt) gelegt, der 100%-Punkt befindet sich auf der äußersten Netzlinie. Durch die Skalierung der Ist-Werte der jeweiligen Analyseobjekte (Parameter bzw. Leistungstreiber) durch die Indexmethode wird jedem Ist-Wert ein Wert auf der Skala des Netzdiagramms zugewiesen und durch einen Punkt gekennzeichnet. Durch eine Verbindungslinie der jeweiligen im Netzdiagramm abgebildeten Parameter, also der Datenreihe, wird somit die Nachhaltigkeitsleistung in Form einer Fläche dargestellt. Je größer diese Fläche wird, was eine höhere Einordnung der Ist-Werte auf der Indexskala und somit eine absolute Verbesserung der *Nachhaltigkeitseinwirkungen* der FoE impliziert, desto höher ist die jeweilige Nachhaltigkeitsleistung des analysierten Untersuchungsobjektes mittels der SI.[1025]

Neben der visuellen Aufbereitung der Ergebnisse der Nachhaltigkeitsleistungsmessung werden durch den gewählten Diagrammtyp des Netzdiagramms ***zwei*** weitere elementare ***Funktionen*** des SPM-Modells FoE erfüllt. Als Hauptfunktion wird die ***Darstellung*** aller als relevant und wesentlich identifizierten Parameter und ihrer ***Interdependenzen*** untereinander gesehen. Durch das Netzdiagramm können insbesondere die bestehenden Interdependenzen der einzelnen Parameter und Leistungstreiber der SI nachgewiesen werden. Da die Nachhaltigkeitsleistung als ***Fläche*** dargestellt wird, die von den jeweiligen Ist-Werten der Leistungstreiber der einzelnen SI aufgespannt wird, können Veränderungen eines Parameters und dadurch her-

---

[1024] Vgl. FoE (2003r) und Ausführungen in Kap. 4.4.2.6, ebenda.
[1025] Vgl. zur Erfolgskontrolle und Steuerungsfunktion der Nachhaltigkeitsleistungsmessung mittels SI und Netzdiagramm auch Kap. 4.4.2.8, ebenda.

vorgerufene Anpassungen der anderen Parameter durch die veränderte Fläche ***direkt abgebildet*** werden.

Dies soll an einem *Beispiel* näher erläutert werden:[1026] Bei der Entwicklung eines neuen Fahrzeugprogramms (PSI) wurden zur Verbesserung der Innenraumluftqualität (Umweltleistung) neuartige Pollenfilter eingebaut. Dadurch konnten die Messwerte bezüglich des Leistungstreibers VIAQ (Vehicle Interior Air Quality) in ihrer absoluten Ausprägung stark verbessert werden. Der Messpunkt im Netzdiagramm wandert dadurch bspw. von der 40%-Netzlinie auf die weiter außen liegende 60%-Netzlinie. Die durch die neue Datenreihe aufgespannte Fläche als Ergebnis der veränderten Nachhaltigkeitsleistung wurde größer und somit steigt die gemessene Nachhaltigkeitsleistung, allerdings nur, wenn die Veränderung des einen Parameters unter Beibehaltung aller anderen Messdaten für sich betrachtet wird.

Da das SPM-Modell FoE jedoch ein dynamisches Messinstrument darstellt, hat die Veränderung eines Parameters (in den meisten Fällen) aufgrund der bestehenden *Interdependenzen* der acht Parameter zueinander eine Veränderung eines oder mehrerer anderer Parameter zur Folge. Im Beispiel der eingebauten Pollenfilter könnte es bspw. zum einen zu gestiegenen Gesamtkosten aufgrund von zusätzlich eingebauten Fahrzeugteilen kommen. Dies würde zu einer Erhöhung des absoluten Ist-Wertes des Parameters ‚Life Cycle Ownership Costs' und damit zu einer Verringerung der ökonomischen Leistungsfähigkeit führen, woraus wiederum eine Verringerung der Fläche im Netzdiagramm folgen würde. Zum anderen könnte es aufgrund zusätzlich eingebauter Fahrzeugteile auch zu einer Gewichtssteigerung des gesamten Fahrzeuges kommen, was wiederum zu einem erhöhten Kraftstoffverbrauch führen könnte und somit den Parameter ‚Life Cycle Global Warming' negativ beeinflussen würde. Seine steigenden Ist-Werte würden ebenfalls zu einer Verschlechterung der Umweltleistung führen und mit einer Flächenverringerung im Netzdiagramm einhergehen.

[1026] Vgl. Kap. 4.4.2.3, ebenda.

Die Gesamtveränderung der Nachhaltigkeitsleistung resultiert demnach aus der ***Summe aller Flächenveränderungen*** der einzelnen Parameter (wie bspw. ‚Life Cycle Ownership Costs' und ‚Life Cycle Global Warming'), die durch die ursprüngliche Veränderung des Parameters VIAQ hervorgerufen wurden.
Letztendlich führt also eine (isoliert betrachtete) Verbesserung eines einzelnen Parameters nicht unmittelbar zu einer Verbesserung der gesamten Nachhaltigkeitsleistung.

Durch diese graphische Darstellung der Interdependenzen der analysierten Parameter zueinander können ***Wirkungszusammenhänge*** explizit abgebildet werden. Dies trägt unmittelbar zu einer durch die Nachhaltigkeitsleistungsmessung mittels des SPM-Modells FoE geforderten ganzheitlichen Analyse (Integrationsherausforderung der Nachhaltigkeit) aller relevanten Einflüsse bei.[1027]

Zum anderen werden durch die Indexbildung im Netzdiagram ***keine absoluten Werte*** der jeweiligen Parameter und Leistungstreiber genannt. Dies ist für die Unternehmung insbesondere dann von großer Bedeutung, wenn das SPM-Modell FoE auch Bestandteil der externen (Nachhaltigkeits-) Berichterstattung werden soll. Denn durch die ‚Anonymisierung' der Daten ist es bei ***Wahrung der Geheimhaltung*** unveröffentlichter Unternehmensdaten trotzdem möglich, ein Abbild der Nachhaltigkeitsleistung und ihrer Veränderung zu geben.[1028]

Im Rahmen der Nachhaltigkeitsleistungsmessung durch das SPM-Modell FoE mittels der vier ‚Sustainability Indicators' wurden aufbauend auf den entsprechenden Datenblättern ***fünf spezifische Netzdiagramme*** entwickelt.[1029]

Das Netzdiagramm des ***PSI*** zur Messung und Bewertung der ***Nachhaltigkeitsleistung von Fahrzeugprogrammen*** bzw. Modellen beinhaltet die acht Parameter ‚Life Cycle Global Warming Potential', ‚Life Cycle Air Quality Po-

---

[1027] Vgl. Kap. 3.2.3.4, Kap. 3.3.2.3 und Kap. 4.3.3, ebenda.
[1028] Zur Kritik gerade dieser Anonymisierung durch das SPM-Modell FoE siehe auch Kap. 4.6 ebenda.
[1029] Vgl. FoE (2003r).

tential', ‚Recycled & Sustainable Materials', ‚Restricted Substances', ‚Drive-by-exterior Noise', ‚Safety', ‚Mobility Capability' und ‚Life Cycle Ownership Costs'.[1030] Die acht Parameter bilden durch die identifizierten Leistungstreiber (Kennzahlen) die Erfassung der jeweiligen Ist-Werte und ihrer Zuordnung auf der Prozentskala durch die Indexmethode (Soll-Ist-Vergleich) die Nachhaltigkeitsleistung der Nachhaltigkeitsleistungsobjekte (hier Fahrzeugprogramme bzw. neue Modelle) ab.

Zur Messung und Bewertung der Nachhaltigkeitsleistung der ***europäischen Produktionsstandorte der FoE*** durch den ***MSI*** wurden zwei Netzdiagrammstrukturen entwickelt, die jeweils die spezifischen Parameter der zu analysierenden Produktionsstandorte der *Fahrzeugproduktion* (VO-Plants) bzw. der *Motorenproduktion* (PTO-Plants) beinhalten. Das Netzdiagramm des MSI zur Messung der Nachhaltigkeitsleistung der VO-Standorte beinhaltet die acht Parameter ‚Global Warming', ‚Air Quality (VO)', ‚Resources Out', ‚Resources In', ‚Costs', ‚Quality (VO)', ‚Health & Safety' und ‚External Impact'.[1031] Das Netzdiagramm des MSI zur Messung der Nachhaltigkeitsleistung der PTO-Standorte beinhaltet die spezifischen acht Parameter ‚Global Warming', ‚Material of concern (PTO)', ‚Resources Out', ‚Resources In', ‚Costs', ‚Quality (PTO)', ‚Health & Safety' und ‚External Impact'.[1032] Die jeweiligen spezifischen acht Parameter des MSI für ‚VO-Plants' bzw. des MSI für ‚PTO-Plants' bilden durch die identifizierten Leistungstreiber (Kennzahlen) die Erfassung der jeweiligen Ist-Werte und ihrer Zuordnung auf der Prozentskala durch die Indexmethode (Soll-Ist-Vergleich) die Nachhaltigkeitsleistung der Nachhaltigkeitsleistungsobjekte (hier Produktionsstandorte der FoE) ab. Dazu werden für alle analysierten Produktionsstandorte der FoE getrennt nach VO und PTO eigene spezifische Netzdiagramme zur Nachhaltigkeitsleistungsmessung erstellt.[1033]

Das Netzdiagramm des ***RESI*** zur Nachhaltigkeitsleistungsmessung des ***internen Stakeholderengagements der FoE***, bezogen auf ihre europäischen Standorte, zeigt die der Nachhaltigkeitsleitungsmessung zugrunde gelegten

[1030] Vgl. Kap. 4.4.2.3, ebenda; siehe auch FoE (2003s).
[1031] Vgl. Kap. 4.4.2.3, 3 ebenda; siehe auch FoE (2003t).
[1032] Vgl. Kap. 4.4.2.3, 3 ebenda; siehe auch FoE (2003t).
[1033] Vgl. Kap. 4.4.2.5, ebenda.

acht Parameter ‚Employee Satisfaction', ‚Diversity', ‚Employee Development', ‚Recruitment & Retention', ‚Use of Employee's Know How', ‚Work Flexibility', ‚Corporate Service' und ‚Salary/Wages' auf.[1034] Die acht Parameter des RESI zeigen durch die Einordnung der durch die Indexmethode umgewandelten Ist-Werte der Leistungstreiber in die Netzlinienskala die Nachhaltigkeitsleistung des internen Stakeholderengagements der FoE, bezogen auf ihre europäischen Standorte, auf. Dabei wird für jeden Standort ein eigenes Netzdiagramm mit den spezifischen Standortwerten erstellt.

Durch den ***RBSI*** soll die Nachhaltigkeitsleistung des ***externen Stakeholderengagements*** gemessen und abgebildet werden. Das Netzdiagramm des RBSI wurde jedoch aufgrund der noch nicht identifizierten Leistungstreiber noch nicht explizit durch die FoE entwickelt. Aufbauend auf den in Kapitel 4.4.2.3 erläuterten möglichen Parametern des RBSI könnten zur Messung und Abbildung die Parameter ‚Social Compliance', ‚Environmental Compliance', ‚Economic Business Management', ‚Customer Engagement', ‚Supplier Relations', ‚Dealer Conditions', ‚Investor Relations' und ‚Corporate Citizenship', dienen.[1035]

In einer zweiten Phase des siebten Prozessschrittes zur Nachhaltigkeitsleistungsmessung wurde die Darstellungsform des Netzdiagramms um eine zusätzliche ***visuelle Komponente*** erweitert. Angelehnt an das Kontroll- und Steuerungsinstrument der Scorecards der FoE, die im Rahmen des SPM-Modells FoE als Informationsbasis für viele Parameter bzw. Leistungstreiber dienen, wurde analog zu der Beurteilung der Scorecarddaten eine Bewertung nach der sog. ***‚Ampelmethode'*** in die Struktur der Netzdiagramme der SI der FoE integriert.

Durch die Ampelmethode kann ein Zielkorridor in drei Bereiche unterteilt werden, die mit den Ampelfarben ***Rot***, ***Gelb*** und ***Grün*** gekennzeichnet sind. In den Scorecards der FoE wird diese Kennzeichnung dafür verwendet, den Status der Ist-Werte im Vergleich zu den Soll-Werten anzugeben. Dabei signalisiert die Kennzeichnung *Grün*, dass die Soll-Vorgabe des analysierten

[1034] Vgl. Kap. 4.4.2.3, ebenda; siehe auch FoE (2003u).
[1035] Vgl. Kap. 4.4.2.3, ebenda; siehe auch FoE (2003v).

Objektes durch die Ist-Werte erfüllt oder in ihrer Zielerfüllung übertroffen wird. Die Kennzeichnung *Gelb* bezeichnet eine geringe negative Abweichung vom Soll-Wert, die einen Prozentpunkt nicht übersteigen darf. Mit *Rot* gekennzeichnete Analyseobjekte erfüllen ihren Soll-Wert nicht.

Für die Netzdiagramme im Rahmen des SPM-Modells FoE der jeweiligen SI wurde die Bereichseinteilung der Ampelkennzeichnung in Bezug auf die Netzdiagrammskalierung wie folgt festgelegt:[1036]

| Zielkorridor - bestimmt durch BIC und WIC | | Scorecard-kennzeichnung |
|---|---|---|
| Indexskalierung - konvertierte Ist-Werte | Bereich im Netzdiagramm | Statusbericht |
| 0% ~20% | Achsenabschnitt (Netzlinien) 0% bis 20% | rot |
| 20% ~ 60% | Achsenabschnitt (Netzlinien) 20% bis 60% | gelb |
| 60% ~ 100% | Achsenabschnitt (Netzlinien) 60% bis 100% | grün |

**Tabelle 32: Ampelkennzeichnung im Netzdiagramm der SI, FoE**

Wie die Tabelle zeigt, wird der Zielkorridor für die Bewertung der Nachhaltigkeitsleistung in drei Abschnitte unterteilt. Dabei werden konvertierte Ist-Werte im Bereich der Indexskalierung von 0%Punkten bis 20%Punkten rot gekennzeichnet, was bedeutet, dass dies einer in Bezug auf die Zielerreichung ungenügenden bzw. geringen Nachhaltigkeitsleistung des analysierten Bereichs entspricht. Konvertierte Ist-Werte im Bereich von mehr als 20%Punkten bis 60%Punkten werden gelb gekennzeichnet. Dies entspricht einer mittleren Nachhaltigkeitsleistung. Mit grün werden schließlich konvertierte Ist-Werte von über 60%Punkten gekennzeichnet, was einer unmittelbaren Zielerreichung (bei exakt 80%Punkten) der Nachhaltigkeitsleistung entspricht und darüber hinaus weitere Verbesserungen ermöglicht (hohe Nachhaltigkeitsleistung).[1037]

[1036] Vgl. FoE (2003w).
[1037] Vgl. FoE (2003w).

Die vorangegangenen Erläuterungen zu der graphischen Darstellung der Nachhaltigkeitsleistung mittels des SPM-Modells durch die Netzdiagrammmethodik sollen abschließend durch folgendes bereits in Kapitel 4.4.2.6 aufgezeigtes fiktives Beispiel zusammengefasst werden.[1038]

Dabei wurde am Beispiel der Berechnung zum MSI eines Produktionsstandortes der Fahrzeugfertigung ein Datenblatt erstellt, welches die als relevant und wesentlich identifizierten Parameter und Leistungstreiber für die Nachhaltigkeitsleistungsmessung der Produktionsstandorte und Produktionsverfahren enthielt und darüber hinaus die Bewertung der Ist-Werte mittels des durch BIC- und WIC-Werte aufgestellten Zielkorridors ermöglichte. Neben dieser Berechnung des MSI und der damit verbundenen Messung der Nachhaltigkeitsleistung der Standorte und ihrer Produktionsverfahren dient das Datenblatt ebenfalls als Basis für die graphische Darstellung der in ihm enthaltenen Ergebnisse.

Folgende Tabelle zeigt zunächst noch einmal das Datenblatt des fiktiven Beispiels und die darauf basierende graphische Darstellung der erfassten Nachhaltigkeitsleistung in Form des Netzdiagramms:[1039]

| Manufacturing related | | units | VO - Plant | Hilfsgröße | BIC | WIC |
|---|---|---|---|---|---|---|
| Parameters | Performance Drivers | | | | | |
| Global Warming | $CO_2$ Manufacturing | kg per unit | 1100 | 48,00% | 500 | 2000 |
| Air Quality (VO-Plant related) | VOC | g / m² | 31 | 69,00% | 20 | 100 |
| Resources Out | | Index | 56,00% | | | |
| | total waste | kg per unit | 40 | 40,00% | 20 | 60 |
| | recycled waste | % | 77,00% | 72,00% | 80,00% | 50,00% |
| Resources In | water consumption | m³ per unit | 8 | 20,00% | 2 | 10 |
| Cost | | $ per unit | 1250 | 40,00% | 500 | 2000 |
| Quality (VO-Plant related) | TGW | No. per 1000 units | 2200 | 67,09% | 2046 | 3000 |
| Health/Safety | | Index | 60,00% | | | |
| | Lost time case rate* | Index | 1 | 60,00% | 0,5 | 2,5 |
| | Severity rate** | Index | 16 | 60,00% | 8 | 40 |
| Local Involvement | Complaints | No. / site | 4 | 50,00% | 0 | 8 |

*lost time cases x 200.000 / hours worked
**lost time days x 200.000 / hours worked

Environment related Data Collection | Social related Data Collection | Economic related Data Collection
Ist-Werte | Soll-Werte

**Tabelle 33: Fiktives Beispiel der Berechnung des MSI, FoE**[1040]

[1038] Vgl. im Folgenden auch Kap. 4.4.2.6, ebenda.
[1039] Vgl. hierzu auch FoE (2003p), FoE (2003x) und Ausführungen des Kap. 4.4.2.6, ebenda.
[1040] FoE (2003p).

Das darauf basierende Netzdiagramm zeigt folgende Abbildung:

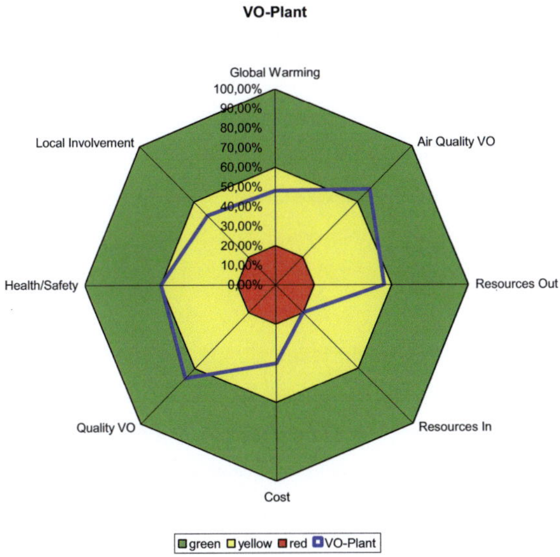


**Abbildung 51: Graphische Darstellung der Nachhaltigkeitsleistung (MSI) mittels des Netzdiagramms**[1041]

Tabelle 33 zeigt die Parameter bzw. Leistungstreiber (Spalte 1 und 2) und ihre Ist-Wert-Bestimmung (Spalte 4). Für die Übertragung der Daten in das Netzdiagramm ist die Berechnung der Indexwerte aus Spalte 5 maßgeblich.[1042] Sie werden durch die Bestimmung des Zielkorridors mittels der jeweiligen BIC- und WIC-Werte berechnet.[1043] Die Prozentpunkte der Spalte 5 (bzw. Spalte 4)[1044] entsprechen den Datenpunkten auf den jeweiligen Netzdiagrammachsen. Die farbliche Kennzeichnung der Zielkorridorbereiche zeigt deutlich, dass von den acht Parametern zur Nachhaltigkeitsleistungsmessung des analysierten Standortes der Fahrzeugproduktion durch den MSI nur drei Parameter den grünen Status erreichen (Ausprägung > 60%Punkte). Ein Parameter (‚Resources In') liegt mit einem Indexwert von 20%Punkten im roten Bereich und spiegelt somit eine geringe Nachhaltigkeitsleistung wider.

---

[1041] FoE (2003x).

[1042] Aus technischen Gründen werden die Indexwerte der Parameter, die mehrere Leistungstreiber beinhalten (hier ‚Resources Out' und ‚Health&Safety'), in Spalte 4 oberhalb der Ist-Werte angegeben, anstatt in Spalte 5.

[1043] Vgl. Kap. 4.4.2.4 und Kap. 4.4.2.6, ebenda.

[1044] Siehe Fn. 853.

Da alle Parameter gleichgewichtet in die Bewertung der Nachhaltigkeitsleistung einfließen, kann anhand einer ***einfachen Formel*** ein ***Wert für die Nachhaltigkeitsleistung*** des analysierten Standortes ermittelt werden. Dazu werden die acht Indexwerte der Parameter addiert und durch ihre Anzahl dividiert. Dadurch erhält man die durchschnittliche Nachhaltigkeitsleistung des Standortes, die im dargestellten Beispiel einen Wert von 51,26%Punkten erzielt.[1045] Eingeordnet in die Ampelkennzeichnung würde die Nachhaltigkeitsleistung des Standortes als gelb gekennzeichnet werden (20% < 51,26% < 60%).

Da die Berechnung des MSI für jedes Quartal durchzuführen ist, könnte die dargestellte Berechnung der Nachhaltigkeitsleistung des Standortes als Basis dienen und alle weiteren Berechnungen der folgenden Quartale mit dieser verglichen werden. Dementsprechend könnten Abweichungen, d.h. im Fall eines Gesamtwertes von über 51,26% eine Verbesserung der Nachhaltigkeitsleistung des Standortes bzw., bei einem Wert unter 51,26% eine Verschlechterung der Nachhaltigkeitsleistung des Standortes, erkannt und anhand einer Ursachenanalyse näher untersucht werden. Diese Kontroll- und Steuerungsfunktion des SPM-Modells FoE soll im folgenden Kapitel kurz dargestellt werden. Wie schon erwähnt, erfolgt sodann eine nähere Erläuterung möglicher Aggregationsformen der SI der FoE in Kapitel 4.4.3.

#### 4.4.2.8 Schritt 8: Erfolgskontrolle und Revision

Der achte Prozessschritt zur Nachhaltigkeitsleistungsmessung der FoE entspricht der fünften und letzten Stufe des SPM-Modells FoE.[1046] Sie beinhaltet die Entscheidungsfindung und Erfolgskontrolle und dient somit der strategischen Ausrichtung des SPM-Modells FoE, indem durch sie der bereits erläuterte kybernetische Controllingkreis geschlossen wird.[1047] Diese Prozessstufe basiert auf der ständigen Kontrolle der Zielerreichung der gemessenen Nachhaltigkeitsleistung. Dazu dient zum einen der erläuterte Soll-Ist-

---

[1045] Zur Berechnung werden die Indexwerte der Spalte 5 (bzw. Spalte 4) der Tabelle 33 addiert und durch acht geteilt: (48%+69%+56%+20%+40%+67,09%+60%+50%)/8=51,26%. Dieser Wert drückt die Nachhaltigkeitsleistung des MSI aus und wird dementsprechend auch als tatsächlicher ***MSI*** bezeichnet. Vgl. auch Kap. 4.3.3., ebenda.

[1046] Vgl. Kap. 3.3.3.2.5 und Kap. 4.4.2, ebenda.

[1047] Vgl. Kap. 4.4.2, ebenda.

Vergleich der Daten anhand der BIC- und WIC-Werte, zum anderen die visuelle Abbildung durch das Ampelnetzdiagramm.[1048] Für die strategische Ausrichtung des SPM-Modells FoE ist eine Festlegung der Ziele – und zwar nicht nur für die jeweiligen Ausprägungen der Parameter und Leistungstreiber der zu messenden SI – zur Nachhaltigkeitsleistungsmessung von elementarer Bedeutung.[1049]

Zur Steuerung und Kontrolle des SPM-Modells FoE wurden folgende Ziele und Maßnahmen festgelegt:[1050]

***(1) Vergleichbarkeit im Zeitablauf***

Um neben dem Soll-Ist-Wert-Vergleich auch einen Ist-Ist-Wert-Vergleich im Zeitablauf zu ermöglichen, wurde für die Festlegung des Zielkorridors durch die BIC- bzw. WIC-Werte ein ‚Bestandszeitraum' von fünf Jahren durch die FoE festgelegt. Dieser Zeitraum entspricht der langfristigen strategischen Ausrichtung des Managements der FoE und spiegelt den Zeitraum der Berichtsintervalle der bei der FoE üblichen Fünf-Jahres-Pläne der jeweiligen Geschäftsbereiche wider.[1051]

***(2) Steigerung der Nachhaltigkeitsleistung (absolut/relativ)***

Zur Steigerung der Nachhaltigkeitsleistung können Ziele und Maßnahmen dienen, die anhand ihrer Anforderung an die Nachhaltigkeitsleistungssteigerung in zwei Kategorien unterteilt werden können. Wird als Ziel der Nachhaltigkeitsleistungssteigerung die Vorgabe einer ***absoluten Steigerung*** gemacht, so wird durch eine adäquate Zielbestimmung eine *absolute Leistungssteigerung aller Parameter* und Leistungstreiber eines jeweiligen SI im Zeitablauf gefordert. Diese Forderung entspricht der Definition der ***starken Nachhaltigkeit (‚strong sustainability')***, bei der keine Substitutionsmöglichkeiten erlaubt sind.[1052] Diese absolute Steigerung der Nachhaltigkeitsleistung durch die absolute Steigerung der Ausprägungen der Parameter und Leistungstreiber hat eine absolute Vergrößerung der Fläche im Netzdiagramm zur Folge.

---

[1048] Vgl. Kap. 4.4.2.6 und Kap. 4.4.2.7, ebenda.
[1049] Vgl. FoE (2003y).
[1050] Vgl. im Folgenden FoE (2003y).
[1051] Zur kritischen Auseinandersetzung dieser Festlegung siehe auch Kap. 4.5, ebenda.
[1052] Vgl. Kap. 3.2.2.3 und die dortigen Ausführungen zu den Managementregeln der Nachhaltigkeit.

Die Fläche des Netzdiagramms kann jedoch auch im Fall einer ***relativen Steigerung*** der Nachhaltigkeitsleistung vergrößert werden. Hierfür ist lediglich eine *Steigerung der Summe der Nachhaltigkeitsleistungen* der jeweiligen Parameter und Leistungstreiber nötig. Die dadurch erzielte Steigerung der Nachhaltigkeitsleistung des gesamten SI kann bspw. auch dann erreicht werden, wenn ein oder mehrere Parameter keine Verbesserung oder aber sogar eine Verschlechterung ihrer einzelnen Nachhaltigkeitsleistung vorweisen, diese aber durch eine Verbesserung eines oder mehrerer Parameter überkompensiert wird. Diese Form der Nachhaltigkeitsleistungssteigerung beruht auf der Definition der ***schwachen Nachhaltigkeit (‚weak sustainability')***, die die Substitution der Nachhaltigkeitsleistungen in der Gesamtbetrachtung zulässt.[1053]

Für welche Art der Zielbestimmung und Maßnahmenauswahl sich eine Unternehmung entscheidet, hängt im hohen Maße von ihrer Einstellung zu einer nachhaltigen Unternehmensführung ab.[1054] Die FoE bezieht sich bei ihrer Ziel- und Maßnahmenbestimmung auf die Definition der schwachen Nachhaltigkeit und strebt somit zwar eine absolute Verbesserung der Nachhaltigkeitsleistung an, lässt aber auch eine relative Verbesserung ihrer Nachhaltigkeitsleistung in den ausgewählten Analysebereichen zur Zielerfüllung zu.

### *(3) Entscheidungsfindung und Handlungsalternativen*

Das SPM-Modell FoE dient in erster Linie der Identifikation der ‚Sustainability Performance Drivers', also der ***Verursachungsgrößen***, die als wesentlich und relevant identifiziert werden und somit maßgeblich für die Bestimmung der Nachhaltigkeitsleistung in den analysierten Bereichen verantwortlich sind.[1055] Zur Bewertung und Beurteilung der Nachhaltigkeitsleistung durch die vier SI dienen sowohl der ***Soll-Ist-Wert-Vergleich*** als auch ein zeitraumbezogener ***Ist-Ist-Wert-Vergleich***.[1056]

Je nach SI können weitere Spezifikationen der Bewertung und Beurteilung festgestellt werden. Anhand dieser Vergleiche findet die ***Kontrolle*** und ***Steuerung*** der Nachhaltigkeitsleistung bzw. ihrer Verursachungsgrößen (Pa-

[1053] Vgl. Kap. 3.2.2.3, ebenda.
[1054] Siehe hierzu auch Kap. 4.5, ebenda.
[1055] Vgl. Kap. 4.4.2.3, ebenda.
[1056] Siehe hierzu auch Kap. 4.4.2.6, ebenda.

rameter und Leistungstreiber) *in Form von Entscheidungsfindungsprozessen und Handlungsalternativen* statt. Wenn durch die SI eine signifikante (negative) Veränderung der gemessenen Nachhaltigkeitsleistung festgestellt wurde, können durch eine gezielte Ursachenanalyse diejenigen Verursachungsgrößen identifiziert werden, aufgrund derer es zu einer Verschlechterung der Nachhaltigkeitsleistung gekommen ist. Durch diese Identifizierung der ‚Schwachstellen' und Problembereiche kann durch eine gezielte Entscheidungsfindung und die Aufstellung von Handlungsalternativen eine schnelle und effiziente Problembehandlung und -beseitigung in Gang gesetzt werden, um dadurch schnellstmöglich wieder eine Verbesserung der Nachhaltigkeitsleistung zu ermöglichen.

Zur Identifikation der erwähnten Schwachstellen oder aber auch genereller Problembereiche, die durch eine geringe Nachhaltigkeitsleistung gekennzeichnet sind (Ausprägungen im Netzdiagramm innerhalb des roten Bereiches)[1057], dient der Datenvergleich. Aufgrund der jeweilig unterschiedlichen vier Analysebereiche (PSI, MSI, RESI und RBSI) werden folgende Vergleichsmöglichkeiten angestrebt:[1058]

***PSI – Product Sustainability Index***

Durch den PSI wird die Nachhaltigkeitsleistung der Fahrzeugprogramme, also neuer Modelle, gemessen und bewertet.[1059] Dazu wird für jedes Fahrzeugprogramm (Modell bzw. Modellreihe) ein eigener PSI ermittelt und die dazugehörige Nachhaltigkeitsleistung durch ein Netzdiagramm visualisiert. Hauptgegenstand des Datenvergleichs ist hier – neben der angewandten Methodik des ‚Best-In-Class'-Ansatzes zur Aufstellung des Zielkorridors – der Ist-Ist-Wert-Vergleich zwischen zwei aufeinanderfolgenden Fahrzeugprogrammen (bspw. $\text{Focus}_{\text{alt}}$ gegen $\text{Focus}_{\text{neu}}$). Theoretisch kann auch ein Vergleich zwischen unterschiedlichen Fahrzeugprogrammen durchgeführt werden, da die Kriterien zur Bewertung der Nachhaltigkeitsleistung (Parameter und Leistungstreiber) für alle Fahrzeugprogramme (Modelle) identisch sind. Ein solcher Vergleich verlangt jedoch aufgrund der unterschiedlichen Rah-

[1057] Vgl. Kap. 4.4.2.7, ebenda.
[1058] Vgl. im Folgenden auch FoE (2005c).
[1059] Vgl. Kap. 4.4.2.3, ebenda.

menbedingungen (Größe des Fahrzeugs, Motorleistung, etc.) eine gesonderte Bewertung, die Einfluss auf die jeweiligen Unterschiede nimmt und diese in die Bewertung einfließen lässt. Der PSI wird bei FoE hauptsächlich zum Vergleich alter und neuer Fahrzeugprogramme desselben Modelltyps angewendet.

Folgende Abbildung zeigt die Nachhaltigkeitsleistung zweier Modelle, wobei die der Bewertung zugrunde liegenden Daten für dieses Beispiel fiktiv sind. Dabei wird die Bewertung des Modells A aus dem Jahr x mit der Bewertung des Models $A_{neu}$ aus dem Jahr x+1 verglichen.

Die Abbildung enthält die der Nachhaltigkeitsleistung zugrunde gelegten Datenreihen, wobei die blau gekennzeichnete Datenreihe die Nachhaltigkeitsleistung des (alten) Modells A aus dem Jahr x und die pink gekennzeichnete Datenreihe die Nachhaltigkeitsleistung des (neuen) Modells $A_{neu}$ aus dem Jahr x+1 darstellt:[1060]

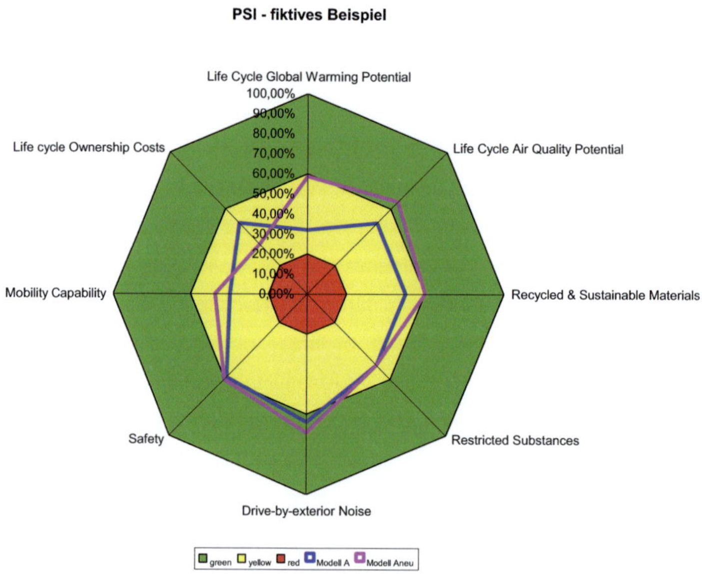


**Abbildung 52: Fiktiver Vergleich zweier Untersuchungsobjekte durch den PSI**[1061]

[1060] Vgl. FoE (2004g).
[1061] FoE (2004g).

Wie die Abbildung zeigt, konnten bei sechs der acht Parameter zur Messung der Nachhaltigkeitsleistung der zwei betrachteten Analysereihen im Vergleich vom (alten) Modell A zum (neuen) Modell $A_{neu}$ eine absolute Verbesserung der Nachhaltigkeitsleistung festgestellt werden (diese sechs Datenreihenpunkte liegen auf einer höheren, d.h. weiter außen liegenden Netzlinie des Netzdiagramms). Bei einem Parameter (‚Restricted Substances') blieb die gemessene Nachhaltigkeitsleistung konstant (Datenreihenpunkte des Modells A und des Modells $A_{neu}$ sind identisch), bei einem weiteren Parameter (‚Life Cycle Ownership Costs') wurde eine geringere Nachhaltigkeitsleistung gemessen (Datenreihenpunkt liegt auf einer weiter innen gelegenen Netzlinie).

Somit kann zum einen keine ***absolute*** Nachhaltigkeitsverbesserung im Sinne einer absoluten Nachhaltigkeitsleistungsverbesserung jedes einzelnen Parameters festgestellt werden. Durch die visuelle Darstellung im Netzdiagramm wird jedoch schon auf den ersten Blick eine Flächenvergrößerung sichtbar, die auf eine ***relative Nachhaltigkeitsleistungsverbesserung*** hindeutet. Durch die genaue Berechnung der einzelnen Ist-Werte bzw. ihrer Indexwerte der jeweiligen Datenreihen (Modell A und Modell $A_{neu}$) kann darüber hinaus der exakte ***Wert der*** jeweiligen ***Nachhaltigkeitsleistungen*** berechnet werden. Demnach wurde für das Modell A ein Wert des PSI von 49,33%Punkten[1062] ermittelt, der Wert des PSI für das (neue) Modell $A_{neu}$ beträgt 55,74%Punkte[1063] und übersteigt somit den Wert des PSI für das (alte) Modell A um 6,41%Punkte. Die Nachhaltigkeitsleistung des Modells $A_{neu}$ konnte demnach um über 6% gegenüber dem Vorgängermodell (Modell A) gesteigert werden. Mit einem Wert von 55,74%Punkten liegt der Wert des PSI für das Modell $A_{neu}$ aufgrund der Ampelklassifizierung in der gelben Kennzeichnung. Somit sind gegenüber den ‚Performance Leaders', die eine

---

[1062] Die Berechnung des Wertes für den PSI des ***Modells A*** basiert auf den konvertierten Ist-Werten aus dem nicht abgebildeten Datenblatt, auf dem die graphische Darstellung des Netzdiagramms aus Abbildung 61 basiert, vgl. hierzu FoE (2004g). Der Berechnung liegen folgende Werte zugrunde:
(32%+50%+50%+50%+64%+58,7%+40%+50%)/8 = ***49,33%Punkte***.

[1063] Auch die Berechnung des Wertes für den PSI des ***Modells $A_{neu}$*** basiert auf den konvertierten Ist-Werten aus dem nicht abgebildeten Datenblatt, auf dem die graphische Darstellung des Netzdiagramms aus Abbildung 61 basiert, vgl. auch hier FoE (2004g). Der Berechnung liegen folgende Werte zugrunde:
(58,67%+65%+60%+50%+69,33%+60,38%+47,5%+35%)/8 = ***55,74%Punkte***.

Nachhaltigkeitsleistung von 80% vorweisen (aufgrund des ‚Best-In-Class'-Ansatzes und der darauf basierenden Zielkorridorbildung mittels BIC- und WIC-Werten) und sich somit im grün gekennzeichneten Bereich positionieren, noch Verbesserungspotentiale gegeben.

***MSI – Manufacturing Sustainability Index***

Der MSI wird zur Messung und Bewertung der Nachhaltigkeitsleistung sowohl der Standorte der Fahrzeugproduktion als auch der Motorenfertigung der FoE angewendet.[1064] Dazu wird für jeden Standort (unterschieden in VO und PTO) ein eigenständiger MSI gemessen und die Nachhaltigkeitsleistung in einem eigenen Netzdiagramm aufgezeigt. Auch hier steht neben dem durch die Indexmethode angewandten Soll-Ist-Wert-Vergleich ein Ist-Ist-Wert-Vergleich in quartalsmäßigen Abständen im Vordergrund. Dabei sollen in erster Linie die jeweiligen Standorte nur mit sich selber verglichen werden, nicht aber bspw. VO-Standorte untereinander, da ihre Nachhaltigkeitsleistung in hohem Maße von der Struktur und den jeweiligen (auch landesspezifischen) Begebenheiten und Ausstattungen der einzelnen Standorte abhängt. Zwar wurde durch die Geschäftsleitung der FoE ein solcher Vergleich unter den VO- bzw. PTO-Standorten angestrebt. Dies ist jedoch aus den genannten Gründen nicht zu empfehlen, da dadurch falsche Handlungsentscheidungen getroffen werden können, sofern nicht auf die erwähnten unterschiedlichen Rahmenbedingungen eingegangen wird.[1065]

***RESI – Responsible Employer Sustainability Index***

Auch beim RESI, der die Nachhaltigkeitsleistung des internen Stakeholder-Engagements der europäischen Standorte der FoE misst, wird ein Vergleich der Ist-Ist-Werte in einem Zeitabstand von zwölf Monaten für die jeweiligen Standorte mit sich selber empfohlen.[1066] Somit wird für jeden europäischen Standort ein eigenständiger RESI ermittelt und in einem jeweiligen Netzdiagramm abgebildet. Aus den oben genannten Gründen ist auch hier ein Ver-

[1064] Vgl. Kap. 4.4.2.3, ebenda.
[1065] Vgl. FoE (2005c) und Kap. 4.5, ebenda.
[1066] Vgl. Kap. 4.4.2.3, ebenda.

gleich der Standorte untereinander zwar theoretisch möglich, aber aus den erläuterten Gründen nicht empfehlenswert und sinnvoll.[1067]

***RBSI – Responsible Business Sustainability Index***

Der RBSI soll das externe Stakeholderengagement der FoE, bezogen auf ihre europäischen Standorte, messen und bewerten.[1068] Da dieser Index, wie an vorangegangener Stelle der vorliegenden Arbeit erwähnt wurde, noch in seiner Entwicklung steckt, wird z.Zt. noch geprüft, ob es nicht zweckmäßiger wäre, ihn nicht auf die jeweiligen Standorte zu beziehen, sondern auf die Produktionsländer, da auch hier durch spezifische Rahmenbedingungen und aufgrund der Art der Parameter bzw. Leistungstreiber eine Zuordnung des RBSI auf Länderebene als sinnvoller erscheint. In diesem Fall würde für jedes Land, in dem die FoE sowohl Produktionsstätten unterhält als auch Geschäftsstellen bestehen, ein jeweiliger RBSI ermittelt und die dazugehörige Nachhaltigkeitsleistung in einem eigenen Netzdiagramm visualisiert. Auch hier kann neben dem durch das SPM-Modell implizierten Soll-Ist-Wert-Vergleich ein Ist-Ist-Wert-Vergleich der einzelnen Länder mit sich selber in einem Zeitabstand von zwölf Monaten (oder geringer) durchgeführt werden. Aufgrund der identischen Indexstruktur (Parameter und Leistungstreiber) in den einzelnen Länder ist theoretisch auch hier ein Vergleich der Nachhaltigkeitsleistung der Länder untereinander möglich, jedoch aus den bereits erläuterten strukturellen, regionalen und vor allem auch kulturellen Unterschieden der jeweiligen Untersuchungsobjekte nicht empfehlenswert.[1069]

### *(4) Kontrolle durch Scorecards*

Das SPM-Modell FoE soll neben der Eigenschaft, ein Instrument zur operativen Messung der Nachhaltigkeitsleistung darzustellen, auch aufgrund seiner strategischen Ausrichtung in das bestehende strategische Management der FoE integriert werden. Eine Möglichkeit der Integration des SPM-Modells FoE bzw. der jeweiligen SI in das bestehende strategische Management der dazugehörigen Geschäftsbereiche (Produktentwicklung – PSI, ‚Manufacturing' – MSI, internes Stakeholderengagement – RESI und externes Stake-

[1067] Vgl. FoE (2005c).
[1068] Vgl. Kap. 4.4.2.3, ebenda.
[1069] Vgl. FoE (2005c).

holderengagement – RBSI) besteht in der Aufnahme des SPM-Modells FoE sowie der SI bzw. der ***Ziele*** und ***Zielerreichungsgrade*** für das SPM-Modell FoE/SI in die jeweiligen ***Bereichs-Scorecards*** der FoE.[1070]

Diese Aufnahme in die Scorecards zur strategischen Leistungskontrolle und Leistungssteuerung kann auf verschiedene Art und Weise vollzogen werden, die sich hauptsächlich in ihrer Integrationstiefe unterscheiden. In einem ersten Schritt könnte ein mögliches Scorecardelement die ***Implementierung der SI*** in den jeweiligen Geschäftsbereichen darstellen. Somit würde für den Bereich Produktentwicklung eine ***Einführung*** der Berechnung der Nachhaltigkeitsleistung durch den ***PSI*** für ***alle Fahrzeugprogramme*** (Modelle) verbindlich und durch die Scorecard zu dokumentieren. Im Bereich der Produktion würde dies, bezogen auf die Implementierung des MSI, eine Nachhaltigkeitsleistungsmessung in allen europäischen Standorten zur Folge haben. Und auch für die Nachhaltigkeitsindikatoren RESI und RBSI könnten ähnliche Vorgaben durch entsprechende Scorecardeintragungen verlangt werden.

Auf einer niedrigeren Unternehmensebene könnten darüber hinaus einzelne Elemente des SPM-Modells FoE Bestandteil spezifischer Scorecardelemente werden. Hierzu zählt bspw. die Aufnahme der Beurteilung der absoluten oder relativen Nachhaltigkeitsleistungsbewertung bzw. -verbesserung in Scorecards der einzelnen Produktionsstandorte (bezogen auf den MSI). Dies könnte zum einen durch ein Scorecardelement ***‚Vergrößerung der Fläche um 5%Punkte'*** oder aber durch ein anderes Scorecardelement ‚maximal ***einen rot*** gekennzeichneten Datenreihenpunkt und mindestens ***drei grün*** gekennzeichnete Datenreihenpunkte' zum Ausdruck gebracht werden.

Bei der FoE wurde diese Integration in das strategische Management bisher noch nicht umgesetzt. Für eine erfolgreiche Implementierung des SPM-Modells FoE wird dies jedoch als elementare Voraussetzung gesehen.[1071]

---

[1070] Vgl. FoE (2005d).
[1071] Siehe hierzu FoE (2005d) bzw. auch Ausführungen in Kap. 4.5, ebenda.

### *(5) Revision*

Im strategischen Controlling-Prozess bildet der Bestandteil der Revision die Verbindung zur ursprünglichen Ausgangssituation (strategische Planung von Zielgrößen und Maßnahmen) und schließt somit den Analysekreis (‚feedback' und ‚feed-forward').[1072] Durch die Revision sollen aufgrund der identifizierten Zielabweichungen, die mittels der Abweichungsanalyse festgestellt wurden, die bis dato gesetzten Ziele und Maßnahmen überarbeitet und auf ihre Erreichbarkeit hin überprüft werden. Die Analyse der Verursachungswege durch das SPM-Modell FoE kann dementsprechend Schwachstellen und Problemfelder bezüglich der identifizierten Nachhaltigkeitsleistung aufdecken und zu einer erneuten Überprüfung führen, um dann eventuelle Anpassungen bezüglich ihrer Parameter, Leistungstreiber oder aber der Zielkorridore vorzunehmen.

Das dargestellte und erläuterte SPM-Modell FoE hat in acht Schritten gezeigt, wie ein Instrument zur Messung der Nachhaltigkeitsleistung auf strategischer und operativer Unternehmensebene entwickelt und implementiert werden kann. Hauptbestandteile für die Nachhaltigkeitsleistungsmessung stellten dabei die Identifizierung der wesentlichen und relevanten Parameter und Leistungstreiber in den vier Analysebereichen, die Festlegung der Ziele für die Nachhaltigkeitsleistungsmessung, die Erfassung, Bewertung und Beurteilung der Nachhaltigkeitsleistung sowie die Entscheidungsfindung dar. Innerhalb des SPM-Modells FoE wurden mittels der ‚Sustainability Indices' somit für jeden Analysebereich konkrete Werte ermittelt, die die Nachhaltigkeitsleistung abgebilden.

Neben der strategischen Kontroll- und Steuerungsfunktion des SPM-Modells FoE, die auf eine kontinuierliche Überprüfung der Nachhaltigkeitsleistung der FoE in den definierten Analysebereichen ausgerichtet ist, kann das SPM-Modell darüber hinaus auch zu Zwecken der internen und externen Berichterstattung genutzt werden. Eine elementare Rolle dabei spielt die Abbildung der Nachhaltigkeitsleistung durch wenige Kennzahlen oder Indices bzw. mit nur einer sog. ***Superkennzahl***, um dem Betrachter einen schnellen Überblick über die Nachhaltigkeitsleistung zu geben und in komprimierter Form die we-

---

[1072] Vgl. Abbildung 32 und Kap. 3.3.3.3.2.5, ebenda.

sentlichen Ergebnisse der wesentlich komplexeren Nachhaltigkeitsleistungsmessung zu veranschaulichen. Dabei wurden von der FoE verschiedene Ansätze der Aggregation der Leistungstreiber, Parameter und Indices entwickelt, die im folgenden Kapitel abschließend erläutert werden.

### 4.4.3 Aggregierung aller vier Indices zum Gesamt-SPM

Die vorangegangenen Ausführungen zeigen, dass eine Aggregierung von Daten und Kennzahlen auf verschiedenen Ebenen innerhalb des SPM-Modells FoE möglich ist.[1073]
Folgende relevante Aggregationsebenen wurden innerhalb des SPM-Modells FoE identifiziert:[1074]

- Leistungstreiber,
- Parameter,
- ‚Sustainability Indices',
- ‚Sustainability Indices Values' und
- ‚Corporate Sustainability Index FoE'.

Auf der *untersten Aggregationsebene* werden Daten und Messgrößen der ***Leistungstreiber*** zu einer Kennzahl (Index) verdichtet, wenn zur Bestimmung des übergeordneten Parameters mehrere dieser Leistungstreiber ($L_1, \ldots, L_n$) ermittelt werden sollen.[1075] In den gezeigten Berechnungen des SPM-Modells FoE, bei denen die konvertierten Ist-Werte (Indexwerte in Prozentangaben) der einzelnen Leistungstreiber addiert und durch die Gesamtanzahl der Leistungstreiber dividiert wurden, werden diese Aggregationen unter der Annahme der Gleichgewichtung vollzogen. Um jedoch eine Priorität der zu messenden Parameter zu schaffen, können auch unterschiedliche Gewichtungen herangezogen werden. Sollen bspw. ökologische Leistungstreiber dominieren, können sie insgesamt mit einer Gewichtung von 50%

[1073] Vgl. Kap. 4.4.2.6 bzw. Kap. 4.4.2.7 und Kap. 4.4.2.8, ebenda.
[1074] Vgl. im Folgenden FoE (2005e).
[1075] Vgl. hierzu Ausführungen zum sechsten Prozessschritt zur Messung der Nachhaltigkeitsleistung: bei der Bewertung des MSI wurde hier bspw. aufgezeigt, dass zur Berechnung des Parameters Health/Safety innerhalb des MSI zwei Leistungstreiber herangezogen werden, die gleichgewichtet durch die Bildung eines Mittelwertes zur Bewertung des Parameters beitragen. Diese Aggregation findet also auf der untersten Stufe des SPM-Modells FoE statt und aggregiert Zielgrößen der Leistungstreiber zu einer Kennzahl des dazugehörigen Parameters, vgl. Kap. 4.4.2.6, ebenda.

versehen werden. Soziale und ökonomische Leistunsgtreiber würden dann nur noch zu je 25% in die Messung einfließen.

Darüber hinaus können auf einer weiteren Aggregationsebene die acht ***Parameter*** der jeweiligen Analysebereiche zu den sog. ***‚Sustainability Indices'*** – bezogen auf die vier Analysebereiche also konkret zum ***‚PSI'***, ***‚MSI'***, ***‚RESI'*** und ***‚RBSI'*** – aggregiert werden.[1076] Auch hier wurde in den dargestellten Berechnungen durch das SPM-Modell der FoE eine gleichgewichtete Berücksichtigung der einzelnen Parameter ($P_1$, ..., $P_m$) mittels der Mittelwertmethode vorgenommen. Zur besonderen Hervorhebung der Relevanz einzelner Parameter könnte jedoch auch hier eine unterschiedliche Gewichtung der Parameter (wie bspw. oben erläutert) verwendet werden.

Dieser ***‚Sustainability Index'*** gibt die ***Nachhaltigkeitsleistung*** des jeweiligen Analysebereiches in komprimierter Form anhand einer Kennzahl wieder. Mit dem für jedes Fahrzeugprogramm zu ermittelnden ‚PSI' würde somit die Nachhaltigkeitsleistung des jeweiligen Modells gemessen. Der ‚MSI' erfasst, aufgeteilt in den jeweiligen ‚$MSI_{VO}$' und $MSI_{PTO}$', die Nachhaltigkeitsleistung der jeweiligen Produktionsstandorte der Fahrzeugproduktion bzw. der Motorenproduktion der FoE. Durch den ‚RESI' wird die Nachhaltigkeitsleistung des internen Stakeholderengagements für jeden europäischen Standort bewertet. Hier ist alternativ auch eine Verdichtung auf Landesebene möglich, so dass durch den ‚$RESI_d$' bspw. die Nachhaltigkeitsleistung des internen Stakeholderengagements innerhalb Deutschlands bewertet werden könnte. Analog dazu lässt sich ein jeweilig landesspezifischer RESI für die Länder aufstellen, in denen sowohl Produktionsstandorte als auch Geschäftseinheiten der FoE existieren (z.B. $RESI_{GB}$ für Großbritannien oder $RESI_E$ für Spanien, etc.). Abschließend würde der ‚RBSI' die Nachhaltigkeitsleistung des externen Stakeholderengagements für den jeweilig zu analysierenden europäischen Standort der FoE bewerten. Ebenfalls erscheint eine Aggregation auf Landesebene aufgrund der gemessenen Aspekte nachvollziehbar.[1077]

---

[1076] Vgl. Ausführungen zur Nachhaltigkeitsleistungsmessung und der Flächenberechnung innerhalb des Netzdiagramms, siehe hierzu Kap. 4.4.2.7 und Fn. 1046 bzw. Kap. 4.4.2.8 und Fn. 1063 u. 1065, ebenda. Dazu werden die Zielgrößen der acht Parameter addiert und durch acht (Anzahl der Parameter) geteilt.

[1077] Vgl. FoE (2005e).

Die Aggregation von Leistungstreibern zu Parametern bzw. von Parametern zu den jeweiligen SI wird auch als ***horizontale Aggregation*** bezeichnet, da durch sie eine höhere Analyseebene erreicht wird.

Neben der horizontalen Verdichtung der Parameter zu den jeweiligen ‚Sustainability Indices' ist theoretisch auch eine sog. ***vertikale Aggregation*** bspw. aller ‚Sustainability Indices' eines Analysebereiches zu einem sog. ***‚Sustainability Index Value'*** (SIV) möglich.

Zur Berechnung der Gesamtnachhaltigkeitsleistung aller ‚Vehicle Operations (VO)'-Standorte könnte zum Beispiel ein sog. ‚Manufacturing Sustainability Index $_{VO}$ Value' ($MSI_{VO}$ Value)' ermittelt werden. Dazu würden bei einer Gleichgewichtung aller VO-Standorte die jeweiligen standortspezifischen $MSI_{VO}$ addiert und durch die Anzahl der analysierten VO-Standorte dividiert werden.[1078] Der sowohl VO- als auch PTO-Produktionsstandorte umfassende ‚$MSI_{gesamt}$ Value' würde sich demnach aus der Addition des ‚$MSI_{VO}$ Values' und des ‚$MSI_{PTO}$ Values' dividiert durch zwei ergeben.
Durch die gleiche Methode wäre eine Ermittlung der Gesamtnachhaltigkeitsleistung aller Fahrzeugprogramme durch die Bildung eines ***‚PSI Value'*** möglich, der die einzelnen PSI der jeweiligen analysierten Fahrzeugprogramme vertikal aggregieren würde. Analog dazu könnte ein ***‚RESI Value'*** die Gesamtnachhaltigkeitsleistung des internen Stakeholderengagements bzw. ein ***‚RBSI Value'*** diejenige des externen Stakeholderengagements der FoE aller europäischen Standorte messen und beurteilen.[1079]

Bei vertikalen Aggregationen ist jedoch zu beachten, dass gegebenenfalls ein Vergleich bzw. eine Relation unterschiedlicher Analysegrundlagen vorgenommen wird, die zu falschen Interpretationen der Ergebnisse führen kann.[1080]

---

[1078] Analog zum ‚$MSI_{VO}$ Value' kann auch ein ‚$MSI_{PTO}$ Value' durch die vertikale Aggregation aller $MSI_{PTO}$ ermittelt werden, der die Gesamtnachhaltigkeitsleistung der europäischen Motorenwerke durch eine aggregierte Kennzahl angeben würde.

[1079] Theoretisch könnte auch hierbei eine unterschiedliche Gewichtung der jeweiligen Aggregierungsobjekte zu einer unterschiedlichen Bewertung führen.

[1080] Zur (kritischen) Beurteilung einer solchen vertikalen Aggregation siehe auch die Ausführungen an gegebener Stelle dieses Kapitels, ebenda.

Auf der obersten Aggregationsebene würde daraufhin die Bildung einer sog. ***Superkennzahl*** zur Aggregation der dargestellten ‚Sustainability Indices Values' zum ***‚Corporate Sustainability Index'*** der FoE führen.
Zur Messung und Wiedergabe der unternehmensübergreifenden ***Gesamtnachhaltigkeitsleistung der FoE*** müssen demnach die vier aufgestellten Bereichsindices, ‚PSI Value', ‚MSI Value', ‚RESI Value' und ‚RBSI Value' addiert und bei einer Gleichgewichtung durch vier geteilt werden.[1081]

Folgende Abbildung zeigt abschließend die einzelnen Aggregationsebenen des SPM-Modells FoE und die hergeleiteten Indizes:[1082]

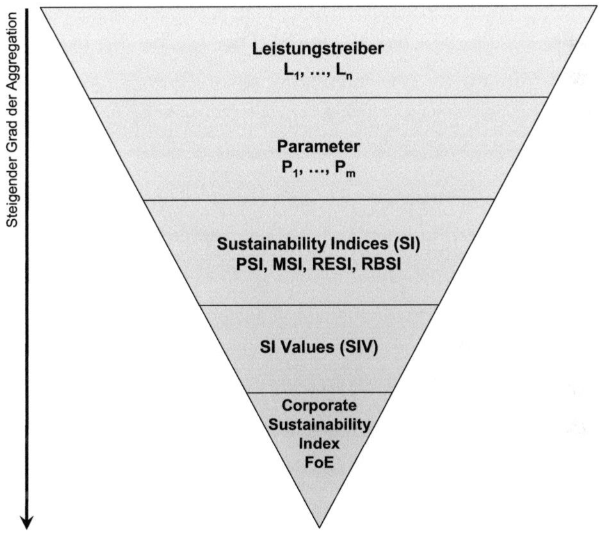


**Abbildung 53: Aggregationsebenen des SPM-Modells FoE**

Die erläuterten (theoretischen) Aggregationsmöglichkeiten der Leistungstreiber, Parameter und Indices enthalten entsprechend dem steigenden Aggre-

[1081] Durch eine unterschiedliche Gewichtung der jeweiligen ‚SIV' könnten bei der Aggregation zum ‚Gesamt Sustainability Index FoE' unterschiedliche Schwerpunkte, bezogen auf die Bedeutung der jeweiligen Bereiche, gesetzt werden. Basierend auf der Integrationsherausforderung des Konzeptes der *Nachhaltigen Entwicklung* ist jedoch zur Abbildung einer Nachhaltigkeitsleistung die Gleichberechtigung aller drei Dimensionen (ökonomische, ökologische und soziale Aspekte) und somit eine Gleichgewichtung aller Indices vorzuziehen. Siehe hierzu auch Kap. 3.2.3.4, ebenda.

[1082] Vgl. hierzu auch FoE (2005e).

gationsgrad jeweils erhebliche Komplexitätsreduktionen und werden somit in ihrer Aussagekraft mit steigendem Aggregationsgrad immer schwächer. Die sich hieraus ergebenen Interpretationsschwierigkeiten werden im folgenden Abschnitt kurz erläutert. Darüber hinaus folgt eine kritische Würdigung des SPM-Modells FoE, die u.a. Stärken bzw. Chancen, aber auch Schwächen und Risiken des Modells aufzeigt.

## 4.5 Zusammenfassender Ergebnisüberblick und kritische Würdigung des SPM-Modells FoE

Die Entwicklung des SPM-Modells FoE basiert auf der Ausrichtung der Unternehmensführung der Ford Motor Company (FMC) an dem ***Leitbild*** und dem Konzept der ***Nachhaltigen Entwicklung***. Anstoß dazu waren unter anderem die Einführung der Geschäftsgrundsätze *'Business Principles'* und die Implementierung der *'Turnaround-Strategy'* der FMC im Jahre 2002.[1083]

In dem Pilotprojekt ***'Corporate Sustainability'*** wurden daraufhin von FoE auf strategischer Unternehmensebene vier ***Nachhaltigkeitsstrategien***[1084] für die vier großen Managementbereiche Produktentwicklung, Produktion, internes und externes Stakeholderengagement aufgestellt, die mittels der daraus hergeleiteten vier ***'Sustainability Indicators'*** PSI, MSI, RESI und RBSI die Nachhaltigkeitsleistung der jeweiligen Analyseobjekte auf operativer Unternehmensebene bestimmen sollen.[1085]
Dazu wurde im Rahmen des *'Corporate Sustainability Konzepts'* das unternehmensspezifische ***SPM-Modell FoE*** geplant, entwickelt und implementiert, welches in acht Analyseschritten zur ***Nachhaltigkeitsleistungsmessung*** führt.[1086] Durch das SPM-Modell FoE können Nachhaltigkeitsleistungen auf verschiedenen Aggregationsebenen gemessen und dargestellt werden. Neben der komplexen Wiedergabe der Nachhaltigkeitsleistungen der Managementbereiche durch die vier 'SI' – ***PSI, MSI, RESI*** und ***RBSI*** – stellt die Ermittlung des ***'Corporate Sustainability Index FoE'*** in Form einer Superkennzahl die höchste Stufe der Auswertung dar. Sie gibt durch die Ermittlung

---

1083 Vgl. Kap. 4.2.3, ebenda.
1084 'Integrated Product Strategy', 'Green Operations Strategy', 'Responsible Employer Strategy' und 'Responsible Business Strategy'; siehe Kap. 4.2.4, ebenda.
1085 Vgl. Kap. 4.3.3, ebenda.
1086 Vgl. Kap. 4.4.1 und Kap. 4.4.2 samt Unterkapiteln, ebenda.

einer Zielgröße die gesamte Nachhaltigkeitsleistung aller Funktionsbereiche und Geschäftstätigkeiten der FoE wieder.[1087]

Das in dieser Form durch FoE geplante, entwickelte und implementierte SPM-Modell FoE erfüllt das Kriterium eines *ganzheitlichen Instruments* zur Nachhaltigkeitsleistungsmessung auf strategischer und operativer Ebene (***strategische Orientierung***[1088]). Durch eine *stakeholderbasierte Unternehmens- und Umfeldanalyse* werden auf strategischer Ebene nachhaltigkeitsbezogene ***Erfolgspotentiale*** ermittelt und durch die daraus hergeleitete *Nachhaltigkeitsleistungsfähigkeit* die ***Nachhaltigkeitseffektivität*** aufgezeigt. Die tatsächliche *Nachhaltigkeitsleistung* erfolgt auf operativer Unternehmensebene durch die Festlegung der konkreten Zielgrößen und Kennzahlen, d.h. der Leistungstreiber und Parameter der ‚SI', und spiegelt somit die gesamte ***Nachhaltigkeitseffizienz*** der FoE wider.[1089]

Des Weiteren kann durch die Darstellung und Beurteilung der Nachhaltigkeitsleistung im SPM-Modell FoE aufgrund der dem Controlling-Prozess angepassten ***Modellstruktur*** mit den Phasen der Planung, Realisation und Kontrolle die Nachhaltigkeitsleistung gesteuert und auch verbessert werden.[1090]

Somit dient das SPM-Modell FoE einem ***internen Benchmark***, das zu Steuerungs- und Kontrollzwecken eingesetzt werden kann. Darüber hinaus besitzt das SPM-Modell FoE eine hohe ***Informationsfunktion*** nicht nur zur internen Berichterstattung und Steuerung, sondern auch zur Unterstützung der ***externen Unternehmensberichterstattung***, z.B. in Form von qualitativen Nachhaltigkeitsberichten, die mit Hilfe der aus dem SPM-Modell FoE hergeleiteten Kennzahlen nicht nur auf verbale Komponenten, sondern auch auf quantitative und qualitative Datenbasen und eine kompakte Darstellungsform der Nachhaltigkeitsleistung in Form der Netzdiagramme zurückgreifen kann.[1091]

---

[1087] Kap. 4.4.3, ebenda.
[1088] Vgl. Kap. 3.3.3.3.3, ebenda.
[1089] Vgl. Kap. 4.4.2 samt Unterkapitel, ebenda.
[1090] Vgl. Kap. 3.3.3.3.2.5 und Kap. 4.4.2, ebenda.
[1091] Vgl. Kap. 4.4.2.6 und Kap. 4.4.2.7, ebenda.

Inwieweit das SPM-Modell FoE auch Daten für ein ***externes Benchmarking*** bereitstellen kann bzw. will, hängt von der jeweiligen spezifischen Ausgestaltung der Kennzahlen bezüglich ihrer Vergleichbarkeit mit externen Daten der Wettbewerber ab.[1092]

Aufgrund der strategischen und operativen Ausrichtung des SPM-Modells FoE erfüllt es sowohl die Kriterien einer ***Steuerungsfunktion*** als auch einer ***Prozessorientierung***. Durch die nachhaltigkeitsbezogene Potentialanalyse der Funktions- und Geschäftsbereiche der FoE können interne Steuerungsmöglichkeiten neu geschaffen werden, da bspw. Interdependenzen zwischen den jeweiligen Leistungstreibern und Parametern der SI erkennbar werden. Auch lassen sich durch die Prozessbetrachtung interne Verbesserungspotentiale aufzeigen, da den Prozessen und Tätigkeiten nun durch die Leistungstreiber und Parameter direkte (Nachhaltigkeits-) Auswirkungen zugeordnet werden.[1093]

Aufgrund der erläuterten Kriterien, die durch das SPM-Modell FoE erfüllt werden, entspricht das SPM-Modell FoE zum einen den Anforderungen eines *ganzheitlichen Instrumentariums zur Nachhaltigkeitsleistungsmessung*. Zum anderen dient es der Umsetzung der ***werteorientierten, nachhaltigkeitsbezogenen Unternehmensführung*** und somit letztendlich der ***Umsetzung der Unternehmensverantwortung*** auf strategischer und operativer Unternehmensebene.[1094]

Wie an vorangegangener Stelle der vorliegenden Arbeit aufgezeigt wurde, ist für die Entwicklung und Umsetzung eines solchen Instrumentariums in der Unternehmenspraxis unter anderem sein wirtschaftlicher Nutzen von elementarer Bedeutung.[1095]
Vor diesem Hintergrund dient das SPM-Modell FoE aufgrund der aufgezeigten erfüllten Anforderungen und Kriterien u.a. der ***Verminderung*** und/oder ***Beherrschung von Risiken***, der ***Verbesserung*** von ***Image***, ***Reputation*** und ***Glaubwürdigkeit***, der ***Verbesserung*** von ***Produktivität*** bzw. Effizienz,

[1092] Vgl. Kap. 4.3.2.4, ebenda.
[1093] Vgl. Kap. 4.4.2.6, ebenda.
[1094] Siehe zum Vergleich des SPM in Theorie und Praxis auch Kap. 5, ebenda.
[1095] Vgl. im Folgenden auch Kap. 3.3.3.3.3, ebenda.

der ***Differenzierung*** am Markt sowie ***Innovationschancen*** durch nachhaltige Marktentwicklungen.

Durch die dem SPM-Modell FoE zugrunde gelegten *internen Unternehmens-* und *externen Umfeldanalysen*, bzw. auch der damit verfolgten Stakeholderorientierung, können vor allem direkte *Handlungsrisiken*, aber auch *Finanz-*, *Haftungs-* und *Kreditrisiken* sowie *Reputationsrisiken* vermindert und durch ein angemessenes Stakeholdermanagement beherrscht werden. Die durch das SPM-Modell FoE offengelegten aktiven Maßnahmen zur Berücksichtigung nachhaltigkeitsbezogener Aspekte in der Leistungsbewertung ihrer Funktions- und Geschäftsbereiche dienen zum einen dem Aufbau von Image- und Glaubwürdigkeitspotentialen gerade im Hinblick auf die ***exponierte Stellung*** der Automobilindustrie bezüglich ***aktueller Nachhaltigkeitsprobleme***, wie bspw. dem ***Klimawandel***. Zum anderen kann das SPM-Modell FoE auch zu einer höheren und somit positiveren Einstufung der FoE bzw. der FMC bezüglich aufgestellter Nachhaltigkeits-Ratings[1096] und Nachhaltigkeits-Rankings dienen (bspw. DJSI[1097]).

Durch das SPM-Modell FoE, das Prozesse und Geschäftstätigkeiten hinsichtlich ihrer ökonomischen, ökologischen und sozialen Effektivität bzw. Effizienz analysiert, wird durch die Offenlegung der Beziehungen und Wirkungszusammenhänge eine ***Steigerung der Produktivität*** erzielbar. Vor allem im Bereich der ökologischen Effizienz können z.B. durch die Verbesserung der Energie- und Ressourceneffizienz aufgrund technischer und organisatorischer Maßnahmen im Rahmen des MSI unmittelbar Einsparungen (sowohl physische als auch monetäre) erreicht werden. Aber auch bei der Analyse der sozialen und gesellschaftlichen Leistung trägt die Steigerung der Sozialeffektivität bzw. -effizienz dazu bei, dass z.B. durch die durch den RESI erfolgte explizite Einbeziehung sozialer Anliegen die Motivation und Leistungsfähigkeit der Mitarbeiter verbessert bzw. gestärkt werden kann.

---

[1096] Vgl. Kap. 4.3.2.4, ebenda.

[1097] Die FMC wurde in den letzten Jahren immer unter den ersten vier ‚Sectorleadern' der Automobilindustrie durch den DJSI aufgelistet. Im Analysezeitraum 2006 wurde die FMC zum ersten Mal nicht mehr aufgenommen. Die Weiterentwicklung und Fertigstellung der ‚Sustainability Indicators' FoE könnten dazu beitragen, dass die FMC, neben anderen wichtigen Verbesserungen in ihrer (vor allem ökonomischen) Performance, wieder in den DJSI aufgenommen wird.

Eine bewusste Ausrichtung der Produkte und Leistungen an Kriterien der Nachhaltigkeit eröffnet auch die schon erwähnten ***Differenzierungsmöglichkeiten*** im Markt, insbesondere im ökologischen und sozialen Bereich. Ökologische oder soziale Produktdifferenzierungen existieren bereits in vielen Märkten, wie z.B. Bio-Lebensmittel oder Papier- und Holzprodukte aus nachhaltig bewirtschafteten Wäldern. Sie stellen eine innovative Möglichkeit zur Differenzierung des eigenen Leistungsangebotes dar, indem Kunden durch den Nachhaltigkeitsbezug ein Mehrwert verschafft wird. Auch in der Automobilindustrie können hierdurch Marktnischen und Differenzierungspotentiale identifiziert und genutzt werden. Durch das SPM-Modell FoE werden diese Nachhaltigkeitspotentiale analysiert. Ein Beispiel dafür ist die durch den PSI aufgezeigte Innenraumqualität (‚Vehicle Interior Air Quality')[1098] des Ford Focus C-Max, die aufgrund ihrer hervorragenden Leistungsausprägung in Bezug auf ihre allergene Wirkung durch den TÜV untersucht und das Fahrzeug als *‚weltweit erstes Fahrzeug mit allergiegetestetem Innenraum'* zertifiziert wurde.[1099]

***Nachhaltigkeitsprobleme*** und deren Lösungsversuche können zu breitflächigen Transformationen ganzer Bedürfnisfelder oder Märkte führen.[1100] Solche grundlegenden Marktentwicklungen beinhalten ein enormes Innovationspotential für und vor allem von Unternehmungen, die durch innovative Technologien und ***Lösungskonzepte*** z.B. in den Bereichen Energiegewinnung, Bauen und Wohnen, ***Verkehr und Transport***, Lebensmittel und Pharmazeutika sowie Ressourcenproduktivität und Ressourcenmanagement zu einer nachhaltigen Entwicklung einen wichtigen Beitrag erbringen können. Das SPM-Modell FoE trägt in diesem Kontext dazu bei, dass vor allem Nachhaltigkeitsprobleme in den Bereichen *Klimawandel* und *Ressourcenhaushalt* in das unternehmerische Entscheidungsprocedere einbezogen werden und dies dazu beiträgt, innovative Lösungsansätze zu entwickeln. Somit kann das SPM-Modell als Instrumentarium der werteorientierten und nachhaltigkeitsbezogenen Unternehmensführung dazu beitragen, ein ***Motor für***

---

[1098] Vgl. Kap. 4.4.2.3, und Kap. 4.4.2.7, ebenda.
[1099] Vgl. FMC (2006d).
[1100] Vgl. Kap. 3.3.3.3.3, ebenda.

***weitere Problemlösungsansätze*** und damit für ein nachhaltiges Wirtschaften im 21. Jahrhundert zu sein.

Neben dieser positiven Würdigung des SPM-Modells FoE müssen jedoch auch einige ***Kritikpunkte*** und ***Verbesserungsvorschläge*** aufgezeigt werden, die sich sowohl auf die *inhaltliche Ausgestaltung* des Modells als auch auf seine *organisatorische Umsetzung* auf Unternehmensebene beziehen.

Eine Schlüsselrolle im SPM-Modell FoE stellt die ***Auswahl der Parameter*** und die ***Festlegung der Leistungstreiber*** auf der ersten Stufe bzw. in den ersten drei Prozessschritten dar.[1101] Eine kritische Analyse des Modells zeigt genau an dieser Stelle mögliche Schwachstellen. Durch die Einbeziehung der spezifischen Arbeitsgruppen, Spezialisten und Fachleute der jeweiligen Funktions- und Geschäftsbereiche sollte erreicht werden, dass die Auswahl der Parameter und vor allem die Festlegung der Leistungstreiber so durchgeführt wird, dass ein ***Konsens*** über die Definition und die Berechnung der Leistungstreiber besteht.[1102] Dabei kam insbesondere ihrer *systematischen Erfassung,* die in einem angemessenen *Aufwand-Nutzen-Verhältnis* stehen sollte, eine hervorgehobene Stellung zu. Dies sollte dazu beitragen, dass das SPM-Modell FoE auf eine systematische und organisierte Datenbasis als *Informationsgrundlage* zur Berechnung der SI zurückgreifen kann. Leider konnte dieser Konsens in vielen Fällen nicht erzielt werden. Dies ist auch einer der Gründe dafür, warum das Projekt ‚Corporate Sustainability FoE' bisher noch nicht abgeschlossen werden konnte, da noch keine endgültige Fassung aller Indikatoren, Parameter und Leistungstreiber feststeht. Einer der Hauptgründe für die Probleme bei der Identifikation, aber vor allem bei der Definition der Leistungstreiber, wurde in der Verwendung von bisher noch nicht in unternehmenseigenen Kontroll- und Steuerungsinstrumenten (wie bspw. Scorecards) eingesetzten Kennzahlen gesehen. Ihre *zusätzliche* Erfassung bedeutet einen enormen Mehraufwand, da sie z.T. durch komplizierte Um-

[1101] Vgl. Kap. 4.4.2, ebenda.
[1102] Vgl. Kap. 4.4.2.2, ebenda.

rechnungsverfahren auf die gewünschte Form für das SPM-Modell angepasst werden müssen.[1103]

Aber auch bei denjenigen Parametern bzw. Leistungstreibern, die direkt aus Scorecards oder ähnlichen Steuerungs- und Berichtsinstrumenten in das SPM-Modell FoE einfließen, können ***Defizite*** in ihrer Erfassung und Bewertung festgestellt werden.[1104] Dabei spielt vor allem die Struktur der Scorecards als Informations- und Datenquelle eine entscheidende Rolle. Da diese zur kurzfristigen Statusaufnahme dienen und somit in einer monatlichen Routine aufgestellt, aber demnach auch verändert werden können, was zum einen ihre Elemente und beinhaltenden Kennzahlen betrifft, zum anderen aber auch auf die ihr zugrunde gelegte Berechnungsmethodik zurückzuführen ist, können in einigen Fällen keine kontinuierlichen Daten für das SPM-Modell aus ihnen hergeleitet werden. Auch hier wird bei der genauen Überprüfung der jeweiligen Daten die Entstehung eines enormen Zeit- und vor allem Mehraufwandes von FoE als problematisch angesehen.[1105]

Generell kann die ***zeitliche Perspektive*** der Entwicklung und Einführung des SPM-Modells an sich auch als ein Grund dafür gesehen werden, warum das SPM-Modell FoE in geringem Maße von den beteiligten Gruppen angenommen wurde. Die Entwicklung über mehrere Monate (u. z.T. auch über Jahre) wird als zu lang angesehen.

Als zwei weitere Diskussionspunkte gelten zum einen die Aufstellung des ***Zielkorridors*** mittels BIC- und WIC-Werten,[1106] zum anderen die angestrebten *Aggregationsmöglichkeiten*, vor allem zur Superkennzahl des ‚Corporate Sustainability Index FoE'.[1107]

---

[1103] Ein Beispiel dafür innerhalb des MSI ist der Parameter Global Warming, bei dem der $CO_2$-Wert für die Produktionsstandorte berechnet werden soll. Aufgrund seiner Umrechnung in kg/unit müssen spezifische Umrechnungsfaktoren eingesetzt werden. Gerade über diese Umrechnungsfaktoren gibt es jedoch keinen Konsens in der Wirtschaft bzw. existieren je nach Fachgebiet mehrere Möglichkeiten der Umrechnung. Zum Teil fehlen auch Informationen zur Umrechnung, was eine Aufstellung der dazugehörigen Leistungstreiber zusätzlich erschwert. Vgl. auch FoE (2003g).

[1104] Vgl. Kap. 4.4.2.5 und Kap. 4.4.2.6, ebenda.

[1105] Vgl. FoE (2005d).

[1106] Vgl. Kap. 4.4.2.4, ebenda.

[1107] Vgl. Kap. 4.4.3, ebenda.

Generell stellt der ***,Best-In-Class'-Ansatz*** eine mögliche und auch weit verbreitete Methodik zur Bewertung und Klassifizierung von Daten dar.[1108] Im spezifischen Fall des SPM-Modells FoE sollen die daraus hergeleiteten BIC- und WIC-Werte die Auswertung und Beurteilung der jeweiligen Leistungstreiber und Parameter der SI ermöglichen.[1109] Um die strategische, langfristige Ausrichtung des SPM-Modells zu stärken, wurde für die BIC- und WIC-Grenzen eine ***Geltungsperiode*** von ***fünf Jahren*** festgelegt.[1110] Dies soll dazu dienen, innerhalb dieses Zeitraums eine konstante Beurteilungsbasis zu schaffen, an der die Veränderungen der jeweilig zu messenden und zu bewertenden Nachhaltigkeitsleistung abgelesen werden können. Im Hinblick auf den Ist-Ist-Wert-Vergleich ist diese Festlegung auf fünf Jahre auch positiv zu sehen. Aus Sicht der Dynamik des SPM-Modells jedoch erscheint ein Zeitraum von fünf Jahren als zu lang. Durch die somit ***statische Betrachtung*** der jeweiligen durch eine Nachhaltigkeitsanalyse identifizierten relevanten und wesentlichen Parameter und Problemfelder zur Nachhaltigkeitsleistungsmessung wird ein in der Realität stattfindender kontinuierlicher Entwicklungsprozess ausgeblendet. Bspw. kann eine so durch das SPM-Modell FoE gemessene Nachhaltigkeitsleistung innerhalb dieser fünf Jahre bis auf annähernd 100% angestiegen sein, diese aber in einem realen Vergleich zu den ‚Performance Leadern' mittlerweile nur noch als durchschnittlich bewertet werden, da auf die in der Zwischenzeit eingetretenen Innovationen etc. innerhalb der Bewertung des SPM-Modells, bei einer Beibehaltung der Grenzwerte BIC und WIC, nicht eingegangen werden konnte.

Der zweite angesprochene Schwachpunkt betrifft die ***Aggregation*** der Indices. Neben der Verdichtung der Leistungstreiber und Parameter zu den vier SI (PSI, MSI, RESI bzw. RBSI) steht vor allem die Aggregation zum ***,Corporate Sustainability Index FoE'*** in der Kritik.[1111]

Neben der allgemeinen Problematik verdichteter Kennzahlen, deren Inhalt und Aussagekraft aufgrund der zwangsläufigen ***Komplexitätsreduktion*** stark eingegrenzt werden und das Risiko einer ***Fehlinterpretation*** steigen lässt, werden im Rahmen des SPM-Modells FoE insbesondere auf den Ag-

[1108] Vgl. Kap. 4.3.2.4, ebenda.
[1109] Vgl. Kap. 4.4.2.4, ebenda.
[1110] Vgl. FoE (2004e).
[1111] Vgl. hierzu Kap. 4.4.3, ebenda.

gregationsebenen der ‚Sustainability Indices' (SI) und der ‚Sustainability Indices Values' (SIV) Bedenken und Kritik geäußert.[1112] So befürchten bspw. die Werkleiter der einzelnen analysierten Werke einen Vergleich mit anderen Werken desselben Funktionsbereichs (bspw. VO-Standorte untereinander), wobei jedoch durch die Verdichtung auf eine Kennzahl bei Beibehaltung der Parameter und deren Gewichtung unterschiedliche Rahmenbedingungen und auch unterschiedliche Produktionsverfahren und -möglichkeiten (neue Produktionsstraßen mit mehr Know-how gegenüber veralteten Anlagen, etc.) nicht explizit in die Bewertung einfließen. Auch wenn die einzelnen Werksleiter über die jeweiligen Analysen und Ergebnisse im einzelnen Bescheid wissen und aus diesem Grund auch Interpretationen vornehmen können, die alle Faktoren (Rahmenbedingungen) in die Beurteilung und Entscheidungsfindung einbeziehen, ist dies bspw. bei der Berichterstattung nur einer Kennzahl an den Leiter aller Werke nicht gegeben, so dass dieser ohne das dazugehörige Hintergrundwissen nur aufgrund der Kennzahl falsche Entscheidungen treffen könnte.[1113]
Gleiche Kritik gilt für die Aggregation durch die SIV. Aufbauend auf der vorangegangenen Argumentation werden durch die Verdichtung aller SI der jeweiligen Untersuchungsbereiche – bspw. zum $PSI_{gesamt}$, $MSI_{VOgesamt}$ bzw. $MSI_{PTOgesamt}$ oder aber auch $MSI_{(VO+PTO)gesamt}$, $RESI_{gesamt}$ und $RBSI_{gesamt}$ für die FoE – erhöhte Risiken der Fehlinterpretation und eine nicht gegebene Vergleichbarkeit der Daten gesehen.[1114]

Aus diesem Grunde ist auch die Aggregation zu dem allumfassenden ‚Corporate Sustainability Index FoE' zu einer Superkennzahl zur Messung der gesamten Nachhaltigkeitsleistung der FoE in den vier analysierten Funktions- und Geschäftsbereichen zu überdenken.[1115]

Hieraus leitet sich auch der abschließende Kritikpunkt zur Ausgestaltung des SPM-Modells ab. Eine ***fehlende Identifizierung*** mit einem strategischen Instrumentarium zur Umsetzung einer werteorientierten und nachhaltigen Un-

---

[1112] Vgl. FoE (2005e).
[1113] Siehe hierzu FoE (2005f).
[1114] Vgl. FoE (2005f).
[1115] Vgl. Kap. 4.4.3, ebenda.

ternehmensführung erweist sich vor allem aus organisatorischer Sicht für die erfolgreiche Implementierung des SPM-Modells FoE als problematisch.[1116]

Die sich daraus ergebenden organisatorischen Hemmnisse lassen die Frage aufkommen, ob und wenn ja welche Unterschiede in Theorie und Praxis bei der Umsetzung der Unternehmensverantwortung und dem Konzept der Nachhaltigkeit existieren, die einen dementsprechenden Umgang mit der Thematik gerade im Bereich der praktischen Umsetzung verlangen.

1116 Vgl. FoE (2005g).

# 5 Unternehmensverantwortung und Nachhaltigkeit in Theorie und Praxis: eine abschließende Beurteilung

Nicht nur die Ausführungen in Kap. 3.1.5, sondern auch die Erkenntnisse der empirischen Einzelfallstudie zeigen, dass die Umsetzung von *Unternehmensverantwortung* unter dem Leitbild der *Nachhaltigen Entwicklung* zwar theoretisch nachvollziehbar ist, jedoch in der praktischen Anwendung an Grenzen stößt. Um diese Grenzen deutlich zu machen und daraus eventuelle Verbesserungsansätze herzuleiten, erfolgt abschließend ein Vergleich des theoretischen ***Modells der Unternehmensverantwortung*** aus Kap. 3.1.4 mit dem ***‚Corporate Sustainability Konzept' der FoE***.[1117]

Zur Umsetzung der Unternehmensverantwortung in die Praxis wurde das ***Modell der Unternehmensverantwortung (MUV)*** aufgestellt, welches die relevanten Schritte und Elemente zur Entwicklung und Umsetzung der Unternehmensverantwortung auf normativer, strategischer und operativer Unternehmensebene aufzeigt.

Im *ersten Schritt* des MUV erfolgt die Bestimmung des Verantwortungssubjekts. Basierend auf der Definition der *korporativen Verantwortung* wird hierbei der Unternehmung analog zur ‚natürlichen bzw. rechtlichen Person' unmittelbar Verantwortung gegenüber ihren Verantwortungsobjekten zugewiesen. Diese Unternehmensverantwortung umfasst sowohl ökonomische, ökologische als auch gesellschaftliche Aspekte.[1118]

In der Einzelfallstudie wurde erarbeitet, dass sich die FMC und FoE sehr wohl ihrer Unternehmensverantwortung bewusst sind und sich als Verantwortungssubjekte bezeichnen. Dies wird unter anderem auf normativer Unternehmensebene durch die Aufstellung der Geschäftsgrundsätze *‚Business Principles'* untermauert.[1119] Auch sind sie durch die Implementierung der *‚Turnaround-Strategy'* und das dargestellte *‚Corporate Sustainability Konzept'*

[1117] Vgl. Kap. 3.1.4 und Kap. 4, ebenda.
[1118] Vgl. Kap. 3.1.4.3, ebenda.
[1119] Vgl. Kap. 4.2.3, ebenda.

bereit, diese Verantwortung auf strategischer und operativer Unternehmensebene umzusetzen.[1120]

In einem *zweiten Schritt* des MUV wurden Kriterien und Anforderungen hergeleitet, die bei der Strategie- und Zielbestimmung und somit für die Umsetzung der Unternehmensverantwortung zu beachten sind.[1121] Mittels dieser Kriterien konnten in einem *dritten Schritt* des MUV mögliche, relevante Verantwortungsfelder (in Ausgestaltung beispielhafter Verantwortungsobjekte) identifiziert werden.[1122] Vor allem die Kriterien zur Bestimmung relevanter Verantwortungsfelder fanden durch die Entwicklung des theoretischen SPM-Modells im *letzten Schritt* des MUV Berücksichtigung.[1123] Dabei wurde das SPM-Modell basierend auf Untersuchungen des *Stakeholder-Ansatzes* und dem *Konzept der Nachhaltigen Entwicklung* aufgebaut.[1124]

Im Rahmen des ***‚Corporate Sustainability Konzeptes' FoE*** wurden zunächst durch eine *interne Unternehmensanalyse* ***vier*** große ***Verantwortungsfelder*** identifiziert. Dazu zählen sowohl die Funktionsbereiche der *Produktentwicklung* (‚Product Development') und der *Produktion* (‚Manufacturing') als auch die beiden Geschäftsbereiche des *internen* und *externen ‚Stakeholderengagements'*.[1125] Diese vier Analysefelder sollen als Basis für das anzuwendende SPM-Modell FoE dienen. Dazu wurden die vier spezifischen ‚Sustainability Indicators (SI)' – PSI, MSI, RESI und RBSI – entwickelt, die eine Messung der Nachhaltigkeitsleistung der jeweiligen *Verantwortungsfelder* durch spezifische, mittels einer stakeholderorientierten externen Umfeldanalyse (‚Materiality Analyse' und Branchenbenchmarks) identifizierte Parameter und Leistungstreiber ermöglichen.[1126]

Folgende Tabelle zeigt den Vergleich der theoretisch aufgestellten Verantwortungsfelder mit den SI der FoE.[1127]

---

[1120] Siehe hierzu Kap. 4.2.4, ebenda. Zu Problemen und Schwächen dieser Umsetzung siehe jedoch auch nachfolgende Ausführungen, ebenda.

[1121] Vgl. Kap. 3.1.4.4, ebenda.

[1122] Vgl. Kap. 3.1.4.5, ebenda.

[1123] Siehe hierzu Kap. 3.3.3, ebenda.

[1124] Vgl. Kap. 3.3.3.3.2, sowie Kap. 3.4, ebenda.

[1125] Vgl. Kap. 4.2.4, ebenda.

[1126] Vgl. Kap. 4.4.2.1, ebenda.

[1127] Zur inhaltlichen Ausgestaltung der vier SI, FoE, siehe vor allem Kap. 4.4.2.3, ebenda.

| Verantwortungsfelder einer Unternehmung | | SPM-Modell FoE | | | |
|---|---|---|---|---|---|
| | | PSI | MSI | RESI | RBSI |
| *Ökonomische Verantwortung* | Firmenwertsteigerung | | | | x |
| | Ertragswachstum | | | | x |
| | Produktivitätssteigerung | | x | | |
| | Kosteneffizienz | x | x | | x |
| | Kapitalkostensenkung | | | | |
| | Gewinn-/Umsatzsteigerung | | | | |
| | Marktanteilsteigerung | | | | x |
| *Ökologische Verantwortung* | Verhinderung des Verbrauchs natürlicher Ressourcen (u.a. Boden, Luft, Wasser) | x | x | | |
| | Verminderung des Verbrauchs natürlicher Ressourcen (u.a. Boden, Luft, Wasser) | x | x | | |
| | Emissionen (u.a. Abwasser, Abluft, Ablärm) | x | x | | |
| | Immissionen (u.a. Abstrahlung, Abwärme, Abwasser, Abluft) | x | x | | |
| *Gesellschaftliche Verantwortung* | Leitbild verantwortliches Handeln | x | x | x | x |
| | Einhaltung gesetzlicher Regelungen | x | x | x | x |
| | Schaffung und Sicherung von Arbeitsplätzen | | | | |
| | Sozialleistungen | | | x | |
| | Sozialstandards | x | x | x | x |
| | Gesellschaftl. Entwicklungen | | | | x |
| | Wissenstransfer | | | x | |
| | Kultur und Bildung | | | x | x |
| | Corporate Citizenship | | | | x |
| | Forschung und Entwicklung | x | | | |

**Tabelle 34: Vergleich der theoretischen Verantwortungsfelder einer Unternehmung mit den SI, FoE.**

Ein direkter Vergleich der aufgestellten Verantwortungsfelder des theoretischen MUV mit den Verantwortungsfeldern der FoE bzw. mit den ihnen zugrunde gelegten Parametern der SI sollte nur unter der Bedingung vollzogen werden, dass gerade die Identifizierung der Verantwortungsfelder von den spezifischen Rahmenbedingungen der jeweilig zu analysierenden Unternehmung – hier FoE – abhängt und somit eine Abweichung der als Orientierung dienenden allgemein aufgestellten Verantwortungsfelder des theoretischen MUV möglich, wenn nicht sogar wünschenswert ist.[1128] Dennoch kann daraus abgeleitet werden, auf welchen Gebieten Übereinstimmungen bestehen und auf welchen eher nicht.

Wie Tabelle 34 zeigt, werden die meisten Verantwortungsfelder des theoretischen MUV von den SI (FoE) abgedeckt. Insoweit können die SI im Sinne

[1128] Vgl. Kap. 3.1.4.5, ebenda.

des MUV zur Identifizierung und Definition der relevanten und wesentlichen Verantwortungsfelder zur Nachhaltigkeitsleistungsmessung herangezogen werden.

Der Identifikation der Verantwortungsfelder des theoretischen MUV lagen die von den theoretischen Grundlagen[1129] hergeleiteten Kriterien zur Ziel- und Strategiebestimmung (2. Schritt des MUV) zugrunde. Diese Kriterien wurden in die Identifizierung der Verantwortungsfelder des SPM-Modells FoE nicht explizit einbezogen. Eine nachträgliche Überprüfung dieser Kriterien mit dem SPM-Modell FoE bzw. den SI, FoE, zeigt jedoch auch hier, dass das SPM-Modell FoE den theoretischen Anforderungen des MUV entspricht.

Folgende Tabelle zeigt dies zusammenfassend auf:

| **Kriterien korporativer Unternehmensverantwortung** | **erfüllt durch das SPM-Modell FoE** | | | **Begründung/inhaltlicher Bezug** |
|---|---|---|---|---|
| | JA | NEIN | TEILWEISE | |
| systemorientiert | X | | | Analysebereiche aus funktionaler Sicht (PSI, MSI); Analysebereiche aus institutionaler Sicht (RESI, RBSI) |
| multiperspektivisch/ mehrdimensional | X | | | Analyse ökonomischer, ökologischer und sozial/gesellschaftlicher Aspekte innerhalb der SI; Stakeholderbasierte-Analyse |
| ressourcenorientiert | X | | | Effektivitäts- und Effizienzbegriffe innerhalb des SPM-Modells |
| Beziehungsverhältnisse widerspiegelnd | X | | | SPM-Modell basiert auf der Stakeholder-Analyse; explizite Analyse durch RESI und RBSI |
| dynamisch: proaktiv/reaktiv | | | X | dynamisches Entwicklungsmodell; u.a. durch Einbeziehung der Stakeholder-Analyse |
| rahmenbedingungsabhängig, relevanzabhängig, subjektiv | X | | | Interne subjektive Unternehmens- und externe Umfeldanalyse; Relevanz- und Wesentlichkeitsprinzip bei Auswahl der Parameter der SI |
| funktionsbezogen, funktional | X | | | PSI, MSI |
| personenbezogen, institutional | X | | | RESI, RBSI |
| dynamisch, interaktiv | | | X | Abbildung der Nachhaltigkeitsleistungsfähigkeit und Nachhaltigkeitsleistung im Zeitablauf |
| unternehmensstrategisch | X | | | Durch fünfstufigen Aufbau in Anlehnung an den Controllingprozess; Entscheidungsfindung |
| multiperspektivisch, direkt oder indirekt auf Wertschöpfungsprozess bezogen | X | | | PSI, MSI |

**Tabelle 35: Überprüfung des SPM-Modells FoE anhand der Kriterien des MUV**

[1129] Hierzu dienen hauptsächlich das Unternehmens-Umwelt-Modell aus systemtheoretische Sicht und der Stakeholder-Ansatz; vgl. Kap. 3.1.2 und Kap. 3.1.3, ebenda.

Aufgrund der Analyse zum vierten Schritt des MUV wurde das Konzept der ***Nachhaltigen Entwicklung*** als mögliches Instrument zur Umsetzung der Unternehmensverantwortung auf strategischer und operativer Unternehmensebene identifiziert.[1130] Daraus hergeleitet wurde das SPM-Modell theoretisch entwickelt, welches zur Messung der ***Nachhaltigkeitsfähigkeit*** auf strategischer und der ***Nachhaltigkeitsleistung*** auf operativer Unternehmensebene und somit zur Umsetzung der Unternehmensverantwortung dienen soll.[1131]

Das SPM-Modell FoE wurde analog zu den jeweiligen Stufen und Elementen des theoretischen SPM-Modells aufgebaut. Aus unternehmensspezifischen und organisationalen Gründen wurde der Aufbau in acht Schritten vorgenommen, die jedoch den fünf Stufen des theoretischen SPM-Modells zugeordnet werden können.[1132] Das SPM-Modell FoE enthält durch die graphische Darstellung der Nachhaltigkeitsleistung der jeweiligen SI eine Ergänzung zum theoretischen SPM-Modell, die – aus unternehmensspezifischen Gründen – eine Visualisierung der Ergebnisse der Nachhaltigkeitsleistungsmessung (auch für externe Berichtszwecke) ermöglicht.[1133]

Abgesehen von der erläuterten Kritik an der Ausgestaltung und Umsetzung des SPM-Modells FoE, die jedoch hauptsächlich auf organisationalen Gründen beruht, konnte durch die Überprüfung des theoretischen Konstrukts des MUV bzw. des SPM-Modells und der praktischen Umsetzung anhand des ‚Corporate Sustainability Konzeptes FoE', des SPM-Modells FoE bzw. der SI, FoE, eine die Struktur und Konstruktion betreffende ***Praxistauglichkeit*** festgestellt werden. Demnach stellt das Instrument des ***‚Sustainability Performance Measurements'*** ein mögliches Instrument zur ***Umsetzung der Unternehmensverantwortung*** mit Hilfe des Konzepts der *Nachhaltigen Entwicklung* dar.

Die Kritikpunkte bei der Ausgestaltung und Umsetzung des SPM-Modells FoE zeigen jedoch, dass neben der Tauglichkeit der Struktur und der Konstruktion des SPM-Modells auch die generelle ***Unternehmenseinstellung***

---

[1130] Vgl. Kap. 3.4, ebenda.
[1131] Vgl. Kap. 3.3.3.3 und Unterkapitel, ebenda.
[1132] Vgl. Kap. 4.4.2, ebenda.
[1133] Vgl. Kap. 4.4.2.7, ebenda.

zur *Unternehmensverantwortung* und zum *Leitbild der Nachhaltigen Entwicklung* einer gesonderten Analyse unterzogen werden muss.

Dazu wurde basierend auf den identifizierten Kriterien des MUV (theoretisch) eine ***Checkliste***[1134] für die Unternehmensverantwortung und Nachhaltigkeitsorientierung einer Unternehmung entwickelt, die eventuellen Aufschluss darüber geben kann, aus welchen Gründen die erfolgreiche Implementierung des SPM-Modells FoE noch nicht vollzogen werden konnte.
Die Checkliste besteht aus sechzehn Fragen, die bezogen auf das ***‚Corporate Sustainability Konzept FoE'*** bzw. auf das ***SPM-Modell FoE*** zu erörtern sind:[1135]

***(1) ‚Existiert ein Konsens in der Unternehmensleitung zur Definition korporativer Unternehmensverantwortung bzw. zur Nachhaltigkeitsorientierung?'***
Wie die vorangegangenen Ausführungen gezeigt haben, kann diese Frage nicht eindeutig beantwortet werden. Dafür spricht, dass die Konzernleitung FMC durch die Implementierung der *‚Business Principles'* und der *‚Turnaround-Strategy'* im Jahr 2002 sich offiziell zur Annahme ihrer Verantwortung gegenüber ihren Stakeholdern (insbesondere Mitarbeitern, Kunden, Geschäftspartnern, etc.) bekannt hat und diese durch die Integration des Konzeptes der *Nachhaltigen Entwicklung* auch auf Unternehmensebene umsetzen möchte.[1136]
Gegen einen Konsens spricht, dass anscheinend die Umsetzung in den einzelnen Geschäftsbereichen (gezeigt am Beispiel FoE) nicht durch die gleiche Einstellung zu diesen Forderungen unterstützt und vollzogen wird. Dabei muss festgestellt werden, dass die Hierarchiestrukturen des Konzerns zu verschiedenen Machtpositionen innerhalb der Geschäftsbereiche führen, die konträre Wirkungen, auch am Beispiel der Umsetzung der werteorientierten Unternehmensführung, entfalten können. Dieser fehlende bzw. unterschiedlich interpretierte Konsens über die Integration der Unternehmensverantwortung und der nachhaltigen Unternehmensführung, u.a. mittels des entwickel-

[1134] Vgl. Kap. 3.4, ebenda.
[1135] Vgl. im Folgenden insbesondere Abbildung 32, Kap. 3.5, ebenda.
[1136] Vgl. Kap. 4.2.2 und Kap. 4.2.3, ebenda.

ten SPM-Modells FoE, ist letztendlich einer der Hauptgründe dafür, dass das SPM-Modell FoE bisher nicht angenommen wird.[1137]

***(2) ‚Existieren spezifische Unternehmensleitlinien als Bestandteil der Unternehmensvision, -mission oder Unternehmenskultur, die auf die Definition der korporativen Unternehmensverantwortung bzw. das Konzept Nachhaltiger Entwicklung ausgerichtet sind?'***

Wie die dargstellten ‚Business Principles', die ‚Turnaround-Strategie', die vier Nachhaltigkeitsstrategien FoE und letztendlich die SI selber zeigen, bestehen solche Leitlinien auf normativer Unternehmensebene.[1138] Eine konkrete Umsetzung auf strategischer und operativer Ebene ist jedoch offenbar vielfältigen *Hemmnissen* ausgesetzt.

***(3) ‚Sind die Inhalte dieser Leitlinien sowohl auf die Unternehmung und ihre interne Verantwortungsübernahme als auch auf eine unternehmensgrenzenübergreifende Verantwortungsübernahme ausgerichtet?'***

Eine solche Ausrichtung liegt vor. Die ‚Business Principles' decken durch die ihnen zugrunde liegenden sieben Kategorien (‚Accountability', ‚Products and Customers', ‚Environment', ‚Safety', ‚Community', ‚Quality of relationships' und ‚Financial health') sowohl eine interne als auch externe Unternehmensverantwortung ab.[1139] Auch bei der Entwicklung des SPM-Modells FoE wurden durch die stakeholderbasierten internen Unternehmens- und externen Umfeldanalysen darüber hinaus sowohl unternehmensinterne als auch unternehmensübergreifende Verantwortungsfelder vorgegeben und in die Analyse einbezogen.[1140]

***(4) ‚Beinhalten die Leitlinien konkrete Verantwortungsobjekte aus funktionaler und institutionaler Sicht?'***

Bezogen auf die ‚Business Principles' muss diese Frage verneint werden. Die Identifizierung konkreter Verantwortungsobjekte sollte gerade durch das Pilotprojekt ‚Corporate Sustainability' erfolgen. Mittels des entwickelten SPM-

---

[1137] Diese ablehnende Haltung zeigt sich ganz deutlich in den Verzögerungen bei der Planung und Entwicklung des SPM-Modells FoE, weswegen eine Fertigstellung und vollständige Umsetzung noch nicht vollzogen werden konnte. Vgl. auch Kap. 4.5, ebenda.

[1138] Siehe hierzu Kap. 4.2.3, ebenda.

[1139] Vgl. Kap. 4.2.3, ebenda.

[1140] Siehe hierzu Kap. 4.4.2.1 und Kap. 4.4.2.3, ebenda.

Modells FoE sollten hierbei relevante und wesentliche Leistungstreiber aus funktionaler und institutionaler Sicht identifiziert und gemessen werden und somit zur konkreten Darstellung der relevanten und wesentlichen Verantwortungsobjekte führen. Aber dieser Schritt der Identifizierung und Definition tatsächlicher Verantwortungsfelder und vor allem ihre Messung stellen die FoE vor eine große bisher nicht gelöste Herausforderung.[1141]

***(5) ‚Beinhalten die Leitlinien sowohl ökonomische, ökologische und sozial-gesellschaftliche Aspekte? Wird dadurch eine multiperspektivische Betrachtungsweise gefördert?'***

Die sieben Kategorien der ‚Business Principles' der FMC decken alle drei genannten Dimensionen ab. Ihnen kann eine multiperspektivische Betrachtungsweise bestätigt werden. Auch bei der Entwicklung des SPM-Modells FoE bzw. bei der Aufstellung der SI bestand der Grundsatz, – hergeleitet von dem *Integrationsprinzip* des ‚Leitbilds der Nachhaltigen Entwicklung' – die drei Dimensionen Ökonomie, Ökologie und Soziales bezogen auf die Parameterauswahl gleichberechtigt und gleichgewichtet anzuwenden.[1142] Demnach liegt auch dem SPM-Modell FoE eine multiperspektivische Betrachtungs- und Analysesicht zugrunde.

***(6) ‚Liegen den Leitlinien sowohl eine Markt- und Ressourcenorientierung als auch eine sozial-gesellschaftliche Orientierung zugrunde?'***

Diese Frage bezieht sich auf die Begriffe und Definitionen der unterschiedlichen Kapitalarten: ökonomisches, natürliches und soziales Kapital. Ziel einer werteorientierten und nachhaltigen Unternehmensführung ist nicht nur die Erhaltung, sondern auch die Schaffung ökonomischer, ökologischer und sozialer Werte.[1143] Voraussetzung hierfür ist jedoch, dass sie auch messbar sind. Stellt diese Anforderung bei Arten des ökonomischen Kapitals (z.B. Finanz- und Realkapital) keine große Herausforderung dar, so ergeben sich bei den beiden anderen genannten Arten schon große Schwierigkeiten. So wie die Messbarkeit und Beurteilung dieser Werte u.a. ein Hauptziel des SPM-Modells waren, in dem neben ökonomischen Faktoren gerade auch ökologische und sozial-gesellschaftliche in das Bewertungssystem einbezo-

[1141] Vgl. Kap. 4.5, ebenda.
[1142] Vgl. Kap. 4.4.2.3, ebenda.
[1143] Vgl. Kap. 3.2.5, ebenda.

gen wurden, so muss durch die Messung und Bewertung der Nachhaltigkeitsleistungen in den jeweiligen Analysebereichen auch die Frage nach Erhalt und Schaffung dieser Werte (Kapitalarten) beantwortet werden.

***(7) ‚Wurden zur Aufstellung der Leitlinien Ergebnisse aus der Beziehungsanalyse der Unternehmung zu ihren relevanten Stakeholdern hinzugezogen?'***
Sowohl die von der FMC entwickelte ‚Materiality Analyse' als auch die davon hergeleitete ‚Materiality Analyse FoE' stellen ein konkretes Instrument der Stakeholderanalyse dar.[1144] Daneben wurde zur Auswahl der Parameter des SPM-Modells FoE ein branchenspezifisches Benchmark durchgeführt, das weitere Anforderungen und Wirkungszusammenhänge der Unternehmens-Stakeholderbeziehungen offenlegt und sie in das SPM-Modell einfließen lässt.[1145]

***(8) ‚Werden für die strategische Unternehmensebene werteorientierte und nachhaltigkeitsorientierte Strategien und Zielgrößen aus den Leitlinien auf normativer Ebene hergeleitet?'***
Die vier Nachhaltigkeitsstrategien (‚Integrated Product Strategy', ‚Green Operations Strategy', ‚Responsible Employer Strategy' und ‚Responsible Business Strategy') der FoE wurden ausgehend von den ‚Business Principles' und der ‚Turnaround Strategy' der FMC entwickelt und beinhalten strategische Maßnahmen und Zielgrößen, die eine konkrete nachhaltigkeitsorientierte Ausrichtung der jeweiligen Funktions- bzw. Geschäftsbereiche vorgeben.[1146]

***(9) ‚Werden auf strategischer Unternehmensebene Nachhaltigkeitspotentiale zur Bestimmung der strategischen Zielgrößen identifiziert?'***
Ja. Im Rahmen des SPM-Modells FoE werden durch die interne Unternehmensanalyse (Erfolgspotentialanalyse) und die externe Umfeldanalyse (‚Materiality Analyse' und Benchmark) *Nachhaltigkeitspotentiale* identifiziert und in den Auswahlprozess der wesentlichen und relevanten Parameter zur Nachhaltigkeitsleistungsmessung einbezogen.[1147]

---

[1144] Vgl. Kap. 4.3.2.2.2 und Kap. 4.4.2.1, ebenda.
[1145] Siehe hierzu ebenfalls Kap. 4.4.2.1, ebenda.
[1146] Vgl. Kap. 4.2.4, ebenda.
[1147] Vgl. Kap. 4.4.2.3, ebenda.

***(10) ‚Werden Effektivitätsbetrachtungen auf strategischer Unternehmensebene angestellt?'***

Effektivitätsbetrachtungen im hier gemeinten Sinne beziehen sich auf die Identifizierung und Bewertung der Nachhaltigkeitsleistungsfähigkeit einer Unternehmung. Dies ist in erster Linie von den identifizierten Nachhaltigkeitspotentialen einer Unternehmung abhängig. Durch die durch das SPM-Modell FoE veranlassten Unternehmens- und Umfeldanalysen werden gerade diese Potentiale erfasst, um so von ihnen die Auswahl der Parameter und Leistungstreiber der SI herzuleiten. Eine wertmäßige Erfassung und Messung dieser Nachhaltigkeitsleistungsfähigkeit findet jedoch im Rahmen des SPM-Modells FoE nicht explizit statt.

***(11) ‚Werden für die operative Unternehmensebene werteorientierte und nachhaltigkeitsorientierte Ziel- und Ergebnisgrößen aus den Strategien und Maßnahmen der strategischen Ebene hergeleitet und entwickelt?'***

Der fünfte Prozessschritt bzw. die zweite Stufe des SPM-Modells FoE beinhaltet die tatsächliche (operative) Messung der Nachhaltigkeitsleistung durch die Erfassung der Ist-Werte der ausgewählten Parameter und Leistungstreiber der ‚Sustainability Indicators' FoE. Diese (SI) werden explizit von den auf strategischer Ebene aufgestellten vier Nachhaltigkeitsstrategien hergeleitet, so dass die Verbindung der beiden Ebenen gewährleistet ist.[1148]

***(12) ‚Fließen auf operativer Unternehmensebene neben monetären Ziel- und Ergebnisgrößen auch nicht-monetäre (weiche) Daten mit ein?'***

Das SPM-Modell FoE ist insbesondere auch für die Erfassung und Bewertung dieser *‚weichen Daten'* entwickelt worden. Durch die Methodik der Indexbewertung können Parameter und Leistungstreiber mit unterschiedlichen (auch nicht-monetären) Ausprägungen in einem Bewertungsschritt analysiert und deren Leistung dargestellt werden.[1149]

***(13) ‚Werden Effizienzbetrachtungen auf operativer Unternehmensebene angestellt?'***

Durch das SPM-Modell FoE werden ökonomische, ökologische und sozialgesellschaftliche Erfolge erfasst, gemessen und bewertet. Die somit ange-

---

[1148] Vgl. Kap. 4.3.3 und Kap. 4.4.2.5, ebenda.
[1149] Vgl. Kap. 4.4.2.6 und Kap. 4.4.2.7, ebenda.

stellte Effizienzbetrachtung bezieht sich demnach nur auf die absolute Veränderung (Verbesserung oder Verschlechterung) der jeweiligen den Erfolgsbegriffen untergliederten Parametern und Leistungstreibern. Diese können durch die unterschiedlichen Positionierungen innerhalb des Netzdiagramms graphisch dargestellt werden.[1150] Ein Bezug zu ökonomischen Werten – wie er z.B. der Berechnung der Öko-Effizienz zugrunde liegt und der somit eine relative Verbesserung oder Verschlechterung der jeweiligen ökonomischen, ökologischen oder sozial-gesellschaftlichen Auswirkungen abbildet – wird durch das SPM-Modell FoE *nicht* hergestellt. Hier ist eine Ausweitung des SPM-Modells um eine derartige Effizienzbetrachtung angezeigt.

***(14) ‚Existiert ein Nachhaltigkeitsmanagement?'***

Ein explizit als solches benanntes existiert bei FoE nicht. Durch das Pilotprojekt ‚Corporate Sustainability FoE' sollte erstmals ein Instrument zur ganzheitlichen Nachhaltigkeitsbetrachtung entwickelt werden, das die bestehenden Instrumente und Managementsysteme, wie z.B. im Umweltbereich die Umweltmanagementsysteme EMAS und ISO14001 oder aber im Sozialbereich die SA8000, in Teilen integrieren sollte. Dieses Projekt sollte ein in das strategische und operative Managementgerüst der FoE fest eingebundenes Nachhaltigkeitsmanagement schaffen. Aufgrund der beschriebenen Probleme ist dieses Ziel jedoch bisher nicht weiter verfolgt worden.[1151]

***(15) ‚Beinhaltet ein solches Nachhaltigkeitsmanagement Komponenten des Stakeholdermanagements und der Risikobewältigung aufgrund veränderter Rahmenbedingungen der Umwelt (Issue-Management)?'***

Hier gilt das Vorgesagte entsprechend.

***(16) ‚Sind Aspekte der Unternehmensverantwortung und Nachhaltigkeitsorientierung im regelmäßigen Berichtswesen verankert?'***

Nach den bisherigen Erfahrungen ist diese Frage nicht eindeutig zu beantworten. Die FMC veröffentlicht seit 1999 jedes Jahr einen konzernweiten Nachhaltigkeitsbericht, der sowohl in gedruckter Form als auch über das Internet zugänglich ist. Dieser enthält in Anlehnung an die GRI Guidelines

---

[1150] Vgl. Kap. 4.4.2.7, ebenda.

[1151] Vgl. Kap. 4.5, ebenda.

(‚G2') Informationen zu ausgewählten Nachhaltigkeitsbereichen, die jedoch hauptsächlich auf die Geschäftstätigkeiten der amerikanischen Standorte ausgerichtet sind.[1152] Seit 2002 ist die Struktur des Nachhaltigkeitsberichts zusätzlich an den aufgestellten ‚Business Principles' ausgerichtet und enthält die Kategorien ‚Accountability', ‚Products and Customers', ‚Environment', ‚Safety', ‚Community', ‚Quality of relationships' und ‚Financial health'.[1153] Darüber hinaus werden durch den Nachhaltigkeitsbericht ausgewählte aktuelle Themen und Nachhaltigkeitsproblemfelder, wie z.B. Klimawandel in Verbindung mit $CO_2$-Emissionen, aufgegriffen und aus Sicht der FMC erläutert. *Dagegen* erstellt FoE keinen eigenen Nachhaltigkeitsbericht. Sie liefert jedoch Informationen und Daten für den konzernweit geltenden Nachhaltigkeitsbericht der FMC. Zu erwähnen ist jedoch, dass die FoE bzw. jeder europäische Standort für den Umweltbereich im Rahmen des Umweltmanagementsystems ISO14001 bzw. EMAS einen eigenen Umweltbericht erstellt.[1154] Analog dazu besteht die Möglichkeit, auf Werksebene eine werksspezifische *Nachhaltigkeitsberichterstattung* aufzubauen. Dazu könnten, entsprechend der Umweltberichterstattung, z.B. Ford of Germany (Ford-Werke GmbH), Ford of Spain, Ford Britain, Ford Turkey, etc. ihre eigenen Nachhaltigkeitsberichte verfassen. In einem weiteren Entwicklungsschritt könnten darin alle Informationen der bisherigen Umwelt- und Sozialberichte integriert werden. Dies ist aber bis heute nicht erfolgt.

Die ***Überprüfung*** des ‚Corporate Sustainability Konzeptes FoE' und des SPM-Modells FoE durch die angesprochenen Fragen der Checkliste hat gezeigt, dass die ***Voraussetzungen*** für den Aufbau und die Umsetzung von Unternehmensverantwortung im Rahmen einer werteorientierten und nachhaltigkeitsbezogenen Unternehmensführung bei der FMC und FoE gegeben sind. Mit Einführung der ‚Business Principles', der Definition der vier Nachhaltigkeitsstrategien und der Entwicklung des SPM-Modells FoE sowohl auf normativer, strategischer als auch operativer Ebene konnte ein Instrument geschaffen werden, das in seiner strukturellen Zusammensetzung zum Aufbau und zur Umsetzung einer werteorientierten und nachhaltigkeitsbezoge-

[1152] Vgl. Kap. 4.3.2.4.3, ebenda.
[1153] Vgl. Kap. 4.2.3, ebenda.
[1154] Vgl. hierzu Kap. 4.2.2, ebenda. Siehe auch FoG (2007).

nen Unternehmensführung herangezogen werden kann. Durch Behebung der aufgezeigten organisatorischen Hemmnisse und mittels einer Überarbeitung der inhaltlichen Schwachstellen des Modells ist die FoE auf einem guten Wege, das SPM-Modell abschließend erfolgreich zu entwickeln und dann vollständig zu implementieren. Dabei besteht sogar die Chance, auf aktuelle Entwicklungen in Forschung, Entwicklung und Politik einzugehen.

Wie die vorangegangenen Darstellungen und Erläuterungen gezeigt haben, lässt sich eine werteorientierte und nachhaltigkeitsbezogene Unternehmensführung nur dann erreichen, wenn alle Unternehmensebenen integriert und alle Funktions- und Geschäftsbereiche einbezogen werden.
Da der ***ökonomische Nutzen*** einer werteorientierten und nachhaltigkeitsbezogenen Unternehmensführung jedoch kaum kurzfristig eintritt, werden mittelfristig ökonomische Faktoren gegenüber ökologischen und sozialen an Priorität gewinnen, sofern keine generelle positive Einstellungsänderung bei allen Beteiligten eintritt.

Dieser Prozess wird insbesondere dann beschleunigt, wenn zu den beschriebenen Hemmnissen (fehlender Konsens, fehlende Weisungen, mangelnde Motivation, u.a.) auch noch ***wirtschaftlicher Druck*** in Form von *sinkenden Absatzmengen*, *sinkenden Marktanteilen* und daraus folgenden wirtschaftlich *‚schlechte Zeiten'* hinzukommt, es sei denn, die Unternehmung entdeckt die Werteorientierung für sich selber und bezieht diese in die Produkt- und Unternehmensbewertung ein (*Werte* als ‚Teil der Premiummarke', *Marktnische* für werteorientierte und nachhaltigkeitsbezogene Produkte und Leistungen u.ä.).

Darum liegt die erste Voraussetzung zur erfolgreichen Umsetzung der Unternehmensverantwortung in der Konsensbildung zur werteorientierten und nachhaltigkeitsbezogenen Unternehmensführung auf normativer, strategischer und vor allem operativer Ebene. Wird dieser Konsens geschaffen und darüber hinaus die Integration in das bestehende Management auf strategischer und operativer Ebene erreicht, kann das SPM-Modell als ein taugliches Instrumentarium zur Umsetzung der Unternehmensverantwortung auf strategischer und operativer Ebene dienen.

# 6 Ausblick

Ziel der Arbeit war, ein mögliches Instrument zur Umsetzung der Unternehmensverantwortung auf normativer, strategischer und operativer Unternehmensebene theoretisch zu entwickeln und die Voraussetzungen für eine praktische Anwendung zu schaffen. Dazu wurde basierend auf dem Konzept der *Nachhaltigen Entwicklung* ein Modell zur Nachhaltigkeitsleistungsmessung (SPM-Modell) in Unternehmungen theoretisch erarbeitet und praktisch im Rahmen einer Einzelfallstudie durch Ford of Europe, Tochtergesellschaft der Ford Motor Company, umgesetzt.

Die theoretischen und praxisbezogenen Ausführungen führen zu dem Ergebnis, dass das *Sustainability Performance Measurement* ein geeignetes Instrument zur Umsetzung der Unternehmensverantwortung im Rahmen einer werteorientierten, nachhaltigkeitsbezogenen Unternehmensführung darstellt, sofern die dazu erforderlichen Kriterien und Anforderungen erfüllt werden. Dabei ist seine Anwendung keinesfalls auf einen bestimmten Industriezweig beschränkt, auch wenn durch die Fallstudie die Umsetzung in der Automobilindustrie beispielhaft dargestellt wurde. Durch seinen theoretisch fundierten und dargestellten Aufbau ist es durch industrie-, branchen- und unternehmensspezifische Anpassungen in vielen Analysebereichen einsetzbar.

Existenz und Bedeutung der Unternehmensverantwortung sind kein Phänomen der Neuzeit. Insbesondere traditionsbehaftete lang existierende Familienunternehmen haben sich – schon lange bevor Schlagworte wie ‚Corporate Social Responsibility' oder ‚Corporate Citizenship' in die Diskussion der Öffentlichkeit Einzug hielten – ihrer meist sozial ausgeprägten Verantwortung gestellt. Jedoch kommt dieser Verantwortung im 21. Jahrhundert aufgrund der modernen sowie schnelllebigen Wirtschaftswelt, die durch Globalisierung und scheinbar grenzenlose Handlungsspielräume gekennzeichnet ist, eine neue Bedeutung zu. Zum einen stellen diese ökonomischen Rahmenbedingungen für (multinationale) Unternehmungen eine Herausforderung an ihr unternehmerisches Geschick dar, sich trotz steigenden Wettbewerbsdrucks zu behaupten und ihre Existenz durch innovative Produkte und Leistungen zu sichern. Zum anderen nehmen insbesondere auch die ökologischen und sozialen Anforderungen der relevanten Anspruchsgruppen an die Unternehmung zu. Durch den Aufbau einer werteorientierten und nachhaltigkeitsbezogenen Unternehmensführung können hier neue Erfolgspotentiale entdeckt und umgesetzt werden, wenn *Nachhaltigkeit* und *Werteorientierung* Teil der Unternehmensstrategie werden. Hierfür steht ein Beispiel aus der Automobilindustrie: Im Hinblick auf den zu hohen $CO_2$-Ausstoß vieler Automobile hat der Gesetzgeber sich veranlasst gesehen, die betroffenen Fahrzeuge durch vorgeschriebene Autoplaketten zu kennzeichnen, um ihren Betrieb – je nach Schadstoffklasse – einzuschränken oder sogar gebietsbezogen gänzlich zu untersagen. Dies kann zu finanziellen Nachteilen bzw. zu zeitweiligen Fahrverboten für die Halter von schadstoffreichen Fahrzeugen führen, was wiederum das Kaufverhalten der Kunden verändern und somit die Anforderungen an die herstellenden Unternehmungen verschärfen kann. Eine daraus entstehende stärkere Sensibilisierung für ökologische Probleme müsste dann als Chance von der Unternehmung aufgegriffen und in eine *nachhaltige* Strategie umgewandelt werden, die zum Ziel hat, nur noch Fahrzeuge herzustellen, die die Voraussetzung ‚schadstoffarm' erfüllen. Da die Erfüllung dieses Zieles durch die entsprechende am Fahrzeug sichtbare Plakette dokumentiert wird, zeigt dies zugleich sichtbar für die in Betracht kommenden Verbraucherkreise, dass hier ein Premiumziel als Teil der Wertorientierung erreicht wurde. Dies bietet zugleich eine Chance zur (positiven) Positionierung *nachhaltiger* Produkte im Markt.

Nicht zuletzt zeigt die in der Politik aktuell geführte Diskussion über den Klimawandel, dass insbesondere auch die Verantwortung der Unternehmungen gefordert ist, wenn es – systemtheoretisch ausgedrückt – um die Erhaltung und Sicherung des *natürlich-ökologischen Umsystems* geht, welches letztendlich die Grundlage jeglichen, auch wirtschaftlichen Handelns darstellt.

Jedoch ist aufgrund der gewonnenen Erkenntnisse davon auszugehen, dass Erfolge und positive Entwicklungen nur zu erzielen sind, wenn sich die Einstellung der Unternehmungen zu diesem Fragenkomplex entscheidend ändert. Ansonsten wird nach einer kurzen Phase des Aufbäumens und der Diskussion das traditionelle *„Weiter-wie-bisher"* praktiziert werden.

## Literaturverzeichnis

**ACEA, European Automobile Manufacturers Association (2007a):** Official website of ACEA, http://www.acea.be am 01.03.2007.

**ACEA, European Automobile Manufacturers Association (2007b):** Key Figures, http://www.acea.be/key_figures am 01.03.2007.

**Altman, B.W. (1998):** Transformed Corporate Community Relations: A Management Tool for Achieving Corporate Citizenship. In: Business and Society Review, No. 102/103, 1998, Pg. 43-51.

**Andersen, B./Jordan, P. (1998):** Setting up a performance benchmarking network. In: Production Planning & Control, Vol. 9, No. 1, 1998, Pg. 13-19.

**Andriof, J./McIntosh, M. (2001):** Perspectives on Corporate Citizenship, Sheffield 2001.

**Argenti, J. (1997):** Stakeholders: the Case Against. In: Long Range Planning, Vol. 30, No. 3, 1997, Pg. 442-445.

**Atkinson, A./Waterhouse, J.H./Wells, R.B. (1997):** A stakeholder approach to strategic management. In: Strategic Management Review 1997, S. 25-37.

**Atkinson, A. et al. (1997):** Management Accounting, 2nd edition, Upper Saddle River (NJ) 1997.

**Ayres, R.U. (1998):** Turning Point – The end of the growth paradigm, London 1998.

**Balderjahn, I. (1995):** Stellungnahme zu Wolfgang Fritz "Umweltschutz und Unternehmenserfolg – eine empirische Analyse". In: DBW, 55. Jg., H. 6, 1995, S. 805-807.

**Balderjahn, I. (2004):** Nachhaltiges Marketing-Management. Möglichkeiten einer umwelt- und sozialverträglichen Unternehmenspolitik, Stuttgart 2004.

**Banham, R. (2002):** Das Ford Jahrhundert. Ford Motor Company und die Innovationen, die die Welt geprägt haben, San Diego 2002.

**Barnard, C.I. (1938):** The functions of the executive, Cambridge, Mass. 1938.

**Barro, R.J. (1997):** Determinants of Economic Growth. A Cross-Country Empirical Study, Cambridge 1997.

**Bartmann, H. (1999):** Wachstum und Umwelt. In: Maußner, A./Binder, K.-G. (Hrsg.): Ökologie und Ökonomie, Berlin 1999, S. 321-343.

**Bauer, T. (2006):** Normierung zu CSR nimmt Konturen an, www.freiwillig.de/uploads/media/normierung_csr_iso_060221.pdf am 10.06.2006.

**Baum, H.-G./Coenenberg, A.G./Günther, T. (1999):** Strategisches Controlling, 2., völlig neugestaltete Aufl., Stuttgart 1999.

**Baum, H.-G./Günther, E./Wittmann, R. (1996):** Ökonomischer Erfolg, Ökologieorientierung und ökologischer Erfolg. In: UmweltWirtschaftsForum (uwf), 4. Jg., H. 2, 1996, S. 14-18.

**Baumgartner, R. (2005):** Sustainable Business Management. In: Baumgartner, R. et al. (Hrsg.): Wertsteigerung durch Nachhaltigkeit. Sustainability Management for Industries, 1. Aufl., München, S. 51-72.

**Bausch, T. (1994):** Wirtschaft und Ethik – Notizen zu einem dialogischen Brückenschlag. In: Forum der Philosophie Bad Homburg (Hrsg.): Markt und Moral, Bern u.a. 1994, S. 19-36.

**Beck, U. (1998a):** Was ist Globalisierung? Irrtümer des Globalismus – Antworten auf Globalisierung, 4. Aufl., Frankfurt am Main 1998.

**Beck, U. (1998b):** Politik der Globalisierung, Frankfurt am Main 1998.

**Beck, U. (1998c):** Perspektiven der Weltgesellschaft, Frankfurt am Main 1998.

**Becker, U. (1993):** Risikowahrnehmung der Öffentlichkeit und neue Konzepte der Risikokommunikation. In: Bayerische Rück (Hrsg.): Risiko ist ein Konstrukt, München 1993, S. 343-359.

**Becker, W./Benz, K. (1997):** Effizienz-Verständnis und Effizienz-Instrumente des Controlling. Ergebnisse einer empirischen Untersuchung in deutschen Unternehmen. In: Die Betriebswirtschaft (DBW), 57. Jg., H. 5, 1997, S. 655-671.

**Bender, B./Sparwasser, R./Engel, R. (1995):** Umweltrecht. Grundzüge des öffentlichen Umweltschutzrechts, 3., neubearbeitete und erweiterte Aufl., Heidelberg 1995.

**Bertelsmann-Stiftung (2006):** Für eine zukunftsfähige Gesellschaft, http://www.bertelsmann-stiftung.de/cps/rde/xchg/bst am 10.06.2006.

**Berthel, J. (1992):** Ziele. In: Corsten, H. (Hrsg.): Lexikon der Betriebswirtschaftslehre, München, Wien 1992, S. 948-955.

**Bethin, C./Vandenhende, A. (2003):** Corporate Social Responsibility (CSR) in Europa. In: Enquete-Kommission „Zukunft des Bürgerschaftlichen Engagements". Bürgerschaftliches Engagement von Unternehmen, Deutscher Bundestag, Referat Öffentlichkeitsarbeit (Hrsg.), Bonn 2003, S. 195-217.

**Beuermann, G./Cicha-Beuermann, C. (1992):** Gewinnerzielung und Umweltschutz – betriebliche Zielantinomie? In: Gegenwartskunde, o.Jg., H. 3, 1992, S. 371-381.

**Beuermann, G./Sekul, S./Sieler, C. (1994):** Gestaltungsprobleme eines umweltorientierten F&E-Managements. Arbeitspapiere zur Wirtschaftswissenschaft und Wirtschaftsdidaktik. Seminar für Sozialwissenschaften, Abteilung Wirtschaftswissenschaften und ihre Didaktik an der Erziehungswissenschaftlichen Fakultät der Universität zu Köln, Köln 1994.

**Biedermann, H. (2005):** Nachhaltigkeitsorientierte Unternehmensführung. In: Baumgartner, R. et al. (Hrsg.): Wertsteigerung durch Nachhaltigkeit. Sustainability Management for Industries, 1. Aufl., München 2005, S. 15-21.

**Bieker T. et al. (2001):** Management unternehmerischer Nachhaltigkeit mit einer Sustainability Balanced Scorecard – Forschungsmethodische Grundlagen und erste Konzepte, St. Gallen 2001.

**Bidlingmaier, J. (1968):** Zielkonflikte und Zielkompromisse im unternehmerischen Entscheidungsprozeß, Wiesbaden 1968.

**Bidlingmaier, J./Schneider, D. (1978):** Ziele, Zielsysteme und Zielkonflikte. In: Grochla, E. (Hrsg.): Betriebswirtschaftslehre, Teil I: Grundlagen, Stuttgart 1978, S. 54-58.

**Birnbacher, D. (1988):** Verantwortung für zukünftige Generationen, Stuttgart 1988.

**Blank, J. (2001):** Sustainable Development. In: Schulz, W. et al. (Hrsg.): Lexikon Nachhaltiges Wirtschaften, München, Wien 2001, S. 374-385.

**Blazejczak, J. (1998):** Zukunftsgestaltung ohne Wachstum? Ergebnisse eines Workshops des DIW im Auftrag von Greenpeace Deutschland, Diskussionspapier Nr. 168, Deutsches Institut für Wirtschaftsforschung, Berlin 1998.

**BMU, Bundesministerium für Umwelt, Naturschutz und Reaktorsicherheit (2007):** Beitrag der Automobilindustrie zum Klimaschutz sichert Wettbewerbsvorteile und schafft Arbeitsplätze, BMU-Pressedienst Nr. 064/07, http://38833.pdf, am 08.03.2007.

**Boateng, P. et al. (2001):** Stiftungen im Zentrum einer neuen Balance – Private Investitionen in das Gemeinwohl, Gütersloh 2001.

**Bohr, K. (1993):** Effizienz und Effektivität. In: Wittmann, W. et al. (Hrsg.): HWB der Betriebswirtschaft, 5., völlig neu gestaltete Aufl., Bd. 1, Stuttgart 1993, Sp. 855-869.

**Botta, V. (1996a):** Kennzahlen. In: Schulte, C. (Hrsg.): Lexikon des Controlling, München, Wien 1996, S. 404-409.

**Botta, V. (1996b):** Kennzahlensysteme. In: Schulte, C. (Hrsg.) (1996): Lexikon des Controlling, München, Wien 1996, S. 409-416.

**Botta, V. (1997):** Kennzahlensysteme als Führungsinstrumente. Planung, Steuerung und Kontrolle der Rentabilität im Unternehmen, 5., neubearbeitete Aufl., Berlin 1997.

**Böventer von, E. (1993):** Externe Effekte. In: Wittmann, W. et al. (Hrsg.): HWB der Betriebswirtschaft, 5., völlig neu gestaltete Aufl., Bd. 1, Stuttgart 1993, Sp. 1000-1010.

**Braunschweig, A./Müller-Wenk, R. (1993):** Ökobilanzen für Unternehmungen. Eine Wegleitung für die Praxis, Bern, Stuttgart, Wien 1993.

**Brenck, A. (1992):** Moderne umweltpolitische Konzepte: Sustainable Development und ökologisch-soziale Marktwirtschaft. In: Zeitschrift für Umweltpolitik & Umweltrecht 1992, S. 379-413.

**Brühl, W./Ebinger, F./Ewen, C. (1997):** Hoechst nachhaltig. In: Ökologisches Wirtschaften, o.Jg., H. 2, 1997, S. 17-19.

**Brunner, J./Hessing, M. (1998):** Wertorientiertes Management. Shareholder Value und Balanced Scorecard. In: Gablers Magazin, H. 9, 1998, S. 22-25.

**BSR, Business for Social Responsibility (2003):** Introduction to Corporate Social Responsibility, http://www.bsr.org/ am 10.02.2003.

**Buchner, R. (1996):** Cash Flow. In: Schulte, C. (Hrsg.): Lexikon des Controlling, München, Wien 1996, S. 114-117.

**Bühner, R./Tuschke, A. (1997):** Zur Kritik am Shareholder Value – eine ökonomische Analyse. In: Betriebswirtschaftliche Forschung und Praxis (BFuP), 49. Jg., H. 5, 1997, S. 499-516.

**BUND/Misereor (Hrsg.) (1996):** Zukunftsfähiges Deutschland. Ein Beitrag zu einer global nachhaltigen Entwicklung, Basel u.a. 1996.

**Burschel, C./Losen, D./Wiendl, A. (2004):** Betriebswirtschaftslehre der Nachhaltigen Unternehmung, München 2004.

**Busch, A. (1998):** Die Globalisierungsdebatte: Ein einführender Überblick über Ansätze und Daten. In: Busch, A./Plümper, T. (Hrsg.): Nationaler Staat und internationale Wirtschaft, Anmerkungen zum Thema Globalisierung, Baden-Baden 1998, S. 13-40.

**Busch, A. (2001):** Grenzen des Einsatzes monetärer Bewertung zur Operationalisierung von Nachhaltiger Entwicklung, Frankfurt am Main u.a. 2001.

**Bussiek, J./Fraling, R./Hesse, K. (1993):** Unternehmensanalyse mit Kennzahlen. Informationsbeschaffung, Potential-Analyse, Jahresabschluß, Arten von Kennzahlen, Kennzahlensysteme, ergänzende Darstellungsformen, bilanzkritische und erfolgskritische Kennzahlen, Wiesbaden 1993.

**Campbell, A. (1997):** Stakeholders: the Case in Favour. In: Long Range Planning, Vol. 30, No. 3, 1997, S. 446-449.

**Cansier, D. (1995):** Nachhaltige Umweltnutzung als neues Leitbild der Umweltpolitik. In: Hamburger Jahrbuch für Wirtschafts- und Gesellschaftspolitik 1995, Hamburg 1995, S. 129-142.

**Caroll, A. (1999):** Corporate Social Responsibility. Evolution of a Definitional Construct. In: Business & Society, Vol. 38 (3), Pg. 268-295.

**Chakravarthy, B.S. (1995):** Measuring strategic performance. In: Holloway, J./Lewis, J./Mallory, G. (Hrsg.): Performance Measurement and Evaluation, London 1995, Pg. 252-279.

**Chmielewicz, K. (1994):** Forschungskonzeptionen der Wirtschaftswissenschaft, 3., unveränderte Aufl., Stuttgart 1994.

**Clausen, J. (1998):** Umweltkennzahlen als Steuerungsinstrument für das nachhaltige Wirtschaften von Unternehmen. In: Seidel, E./Clausen, J./Seifert, E.K. (Hrsg.): Umweltkennzahlen. Planungs-, Steuerungs- und Kontrollgrößen für ein umweltorientiertes Management, München 1998, S. 33-70.

**Clausen, J./Kottmann, H. (1999):** Umweltkennzahlen im Einsatz für das Benchmarking. In: Seidel, E. (Hrsg.): Betriebliches Umweltmanagement im 21. Jahrhundert. Aspekte, Aufgaben, Perspektiven, Berlin u.a. 1999, S. 255-265.

**Coenenberg, A.G. (1993):** Rechnungswesen und Unternehmensrechnung. In: Wittmann, W. (Hrsg.): HWB der Betriebswirtschaft. Bd. 3, 5., völlig neu gestaltete Aufl., Stuttgart 1993, Sp. 3677-3696.

**Coenenberg, A.G. (1994):** Auswirkungen ökologischer Aspekte auf betriebswirtschaftliche Entscheidungen und Entscheidungsinstrumente. In: Schmalenbach-Gesellschaft (Hrsg.): Unternehmungsführung und externe Rahmenbedingungen, Stuttgart 1994, S. 34-58.

**Coenenberg, A.G. (1997):** Jahresabschluß und Jahresabschlußanalyse. Grundfragen der Bilanzierung nach betriebswirtschaftlichen, handelsrechtlichen, steuerrechtlichen und internationalen Grundsätzen, 16., überarbeitete und erweiterte Aufl., Landsberg/Lech 1997.

**Coenenberg, A.G. (1999):** Kostenrechnung und Kostenanalyse, 4., aktualisierte Aufl., Landsberg/Lech 1999.

**Coleman, J.S. (1986):** Die asymmetrische Gesellschaft, Einheim, Basel 1986.

**Colvin, E. (1995):** Corporate Personality and Criminal Liability. In: Criminal Law Forum, Vol. 6, No. 1, Pg. 1-44.

**Corsten, H. (1988):** Zielbildung als interaktiver Prozeß. In: WISU, 17. Jg., H. 6, 1988, S. 337-344.

**CSD, Commission on Sustainable Development (1996):** Work Programme on Indicators of Sustainable Development, United Nation, New York 1996.

**Cyert, R.M./March J.G. (1963):** A Behavioral Theory of the Firm, Englewood Cliffs (New Jersey) 1963.

**Czymmek, C./Faßbender-Wynands, E. (2001):** Die Bedeutung der Balanced Scorecard im Rahmen eines auf Kennzahlen basierenden Umwelt-Controlling. In: Beuermann, G. (Hrsg.): Arbeitsberichte zum Umweltmanagement, Arbeitsbericht Nr. 6, Köln 2001.

**Daly, H.E. (1990):** Toward some operational principles of sustainable development. In: Ecological Economics, Nr. 2, S. 1-6.

**Daly, H.E. (1999):** Wirtschaft jenseits von Wachstum. Die Volkswirtschaftslehre Nachhaltiger Entwicklung, München 1999.

**Danley, J.R. (1995):** Corporate Moral Agency: The Case for Anthropological Bigotry. In: Hoffmann, W.M./Frederick, R.E. (Hrsg.): Business Ethics. Texts and Cases in Corporate Morality, 3rd edition, New York 1995, S. 183-189.

**David, F.R. (1986):** Fundamentals of Strategic Management, Columbus (Ohio) 1986.

**De George, R.T. (1983):** Can Corporations Have Moral Responsibility? In: Beauchamp, T.L./Bowie, N.E. (Hrsg.): Ethical Theory and Business, 2nd edition, Englewood Cliffs, New Jersey 1883, Pg. 57-67.

**Delfmann, W. (1993):** Planungs- und Kontrollprozesse. In: Wittmann W. et al. (Hrsg.): HWB der Betriebswirtschaft. Bd. 2, 5., völlig neu gestaltete Aufl., Stuttgart 1993, Sp. 3232-3251.

**Dellmann, K. (1993):** Ziele der Unternehmung. In: Chmielewicz, K./Schweitzer, M. (Hrsg.): Handwörterbuch des Rechnungswesens, 3. völlig neu gestaltete und ergänzte Aufl., Stuttgart 1993, Sp. 2245-2252.

**Dellmann, K./Pedell, K.L. (1994):** Controlling von Produktivität, Wirtschaftlichkeit und Ergebnis, Stuttgart 1994.

**Dierkes, M./Zimmermann, K. (1991):** Ethik und Geschäft. Dimensionen und Grenzen unternehmerischer Verantwortung, Wiesbaden 1991.

**DJSI, Dow Jones Sustainability Indexes (2007a):** Dow Jones Sustainability Indexes, http://www.sustainability-index.com/ am 03.03.2007.

**DJSI, Dow Jones Sustainability Indexes (2007b):** Criteria and Weightings, http://www.sustainability-indexes.com/06_htmle/assessment/criteria.html am 03.03.2007.

**DJSI, Dow Jones Sustainability Indexes (2007c):** Information Sources, http://www.sustainability-indexes.com/06_htmle/assessment/infosources.html am 03.03.2007.

**Donaldson, T. (1982):** Corporations and Morality, Englewood Cliffs, New Jersey 1982.

**Dresner, S. (2002):** The principles of sustainability, London 2002.

**Drukarczyk, J. (1998):** Unternehmensbewertung, 2., überarbeitete und erweiterte Aufl., München 1998.

**Dülfer, E. (1991):** Internationales Management in unterschiedlichen Kulturbereichen, München, Wien 1991.

**Dyckhoff, H. (1994):** Betriebliche Produktion. Theoretische Grundlagen einer umweltorientierten Produktionswirtschaft, 2. Aufl., Berlin u.a. 1994.

**Dyllick, T. (1984):** Erfassen der Umweltbeziehungen der Unternehmung. In: io Management-Zeitschrift, 53. Jg., H. 1, 1984, S. 74-78.

**Dyllick, T. (1989a):** Management der Umweltbeziehungen. Öffentliche Auseinandersetzung als Herausforderung, Wiesbaden 1989.

**Dyllick, T. (1989b):** Politische Legitimität, moralische Autorität und wirtschaftliche Effizienz als externe Lenkungssysteme der Unternehmung. In: Sander, K. (Hrsg.): Politische Prozesse in Unternehmen, Berlin u.a. 1989, S. 205-230.

**Dyllick, T. (2000):** Strategischer Einsatz von Umweltmanagementsystemen. In: UmweltWirtschaftsForum, 8. Jg., H. 3, 2000, S. 64-68.

**Dyllick, T./Hamschmidt, J. (2000):** Wirksamkeit und Leistung von Umweltmanagementsystemen, Zürich 2000.

**Ebinger, F./Hochfeld, C. (1999):** Product Sustainability Assessment (PROSA). Bewertung von Produkten im Kontext einer nachhaltigen Entwicklung. In: Wirtschaftswissenschaftliches Studium (WiSt), 28. Jg., H. 12, 1999, S. 657-659.

**Ebinger, F./Schwarz, M. (2003):** Nachhaltiges Wirtschaften in kleinen und mittelständischen Unternehmen. Ansätze organisationaler Such- und Lernprozesse. In: Linne, G./Schwarz, M. (Hrsg.): Handbuch Nachhaltige Entwicklung, Opladen 2003, S. 309-320.

**Eberle, U. (1998):** Umweltziele oder Nachhaltigkeitsziele? In: Eberle, U. (Hrsg.): Nachhaltig investieren, produzieren, konsumieren, Freiburg 1998, S. 105-116.

**Eichhorn, P. (2000):** Das Prinzip Wirtschaftlichkeit, Wiesbaden 2000.

**EIU, Economist Intelligence Unit, (1998):** World Car Forecasts 1998. London 1998.

**EK (1994):** Enquete-Kommission „Schutz des Menschen und der Umwelt“ des 12. Deutschen Bundestages. Die Industriegesellschaft gestalten – Perspektiven für einen nachhaltigen Umgang mit Stoff- und Materialströmen, Deutscher Bundestag, Referat Öffentlichkeitsarbeit (Hrsg.), Bonn 1994.

**EK (1998):** Enquete-Kommission „Schutz des Menschen und der Umwelt“ des 13. Deutschen Bundestages. Konzept Nachhaltigkeit. Vom Leitbild zur Umsetzung, Deutscher Bundestag, Referat Öffentlichkeitsarbeit (Hrsg.), Bonn 1998.

**EK (2002):** Enquete-Kommission „Zukunft des Bürgerschaftlichen Engagements“. Bericht Bürgerschaftliches Engagement: auf dem Weg in eine zukunftsfähige Bürgergesellschaft, Deutscher Bundestag, Referat Öffentlichkeitsarbeit (Hrsg.), Bonn 2002.

**EK (2003):** Enquete-Kommission „Zukunft des Bürgerschaftlichen Engagements“. Bürgerschaftliches Engagement von Unternehmen, Deutscher Bundestag, Referat Öffentlichkeitsarbeit (Hrsg.), Bonn 2003.

**Elkington, J. (1997):** Cannibals With Forks: The Triple Bottom Line of the 21st Century Business, Oxford 1997.

**Enderle, G. (1988):** Wirtschaftsethik im Werden. Ansätze und Problembereiche der Wirtschaftsethik, Stuttgart 1988.

**Enderle, G. (1993):** Handlungsorientierte Wirtschaftsethik. Grundlagen und Anwendungen, Bern u.a. 1993.

**Eppler, E. (2003):** Zukunftstauglichkeit als Aufgabe der Politik. Rede anlässlich der Eröffnung der Bilanz- und Perspektivenkonferenz der Agenda 21 NRW vom 26.11.-27.11.2003 in Bonn, Bonn 2003.

**Ethibel (2003):** Evaluation Scheme for Measuring Sustainability, http://www.ethibel.org/subs_e/2_label/sub2_2.html am 07.04.2003.

**Ethibel (2007):** Advancing Socially Responsible Investing, http://www.ethibel.org/ am 04.03.2007.

**Etterlin, G./Hürsch, P./Topf, M. (1992):** Ökobilanzen – ein Leitfaden für die Praxis, Mannheim 1992.

**EU (2004):** European Parliament. The Legislative Observatory. European Code of Conduct for European Enterprises, http://www.europarl.europa.eu/oeil/file am 12.03.2004.

**EU (2006):** European Parliament. Greenpaper 2001,http://europa.eu /employment_social/socdial/csr/greenpaper_de.pdf am 26.10.2006.

**EU-Kommission (2001a):** Grünbuch Europäische Rahmenbedingungen für die soziale Verantwortung der Unternehmen, Brüssel 2001.

**EU-Kommission (2001b):** Grünbuch. Europäische Rahmenbedingungen für die soziale Verantwortung der Unternehmen, http://europa.eu.int/comm/employment_social/social/csr/greenpaper_el.pdf am 15.01.2003.

**Euro NCAP (2007):** The European New Car Assessment Programme, http://www.euroncap.com/ am 11.03.2007.

**European Commission (2007a):** The Automotive Sector, http://ec.europa.eu/enterprise/automotive/pagebackground/sectoralanalysis/index.htm am 23.02.2007.

**European Commission (2007b):** Automobilindustry in Pole Position, http://ec.europa.eu/enterprise/library/enterprise-europe/issue18/articles/de/topic6_de.htm am 23.02.2007.

**European Commission (2007c):** The future of EU car industry: Stakeholder have their say, http://europa.eu/rapid/pressReleasesAction.do?reference=IP/05/4808format=HTML&aged=O&language=EN&guiLanguage=en am 23.02.2007.

**Ewers, H.-J./Rennings, K. (1996):** Qualitative Ansätze einer rationalen umweltpolitischen Zielbestimmung. In: Siebert, H. (Hrsg.): Elemente einer rationalen Umweltpolitik: Expertisen zur umweltpolitischen Neuorientierung, Tübingen 1996, S. 135-172.

**Ewringmann, D. (1999):** Sustainability – Leerformel oder Forschungsprogramm? Forschungsbericht Nr. 01-99, Köln 1999.

**Ewringmann, D. (2000):** Ökonomische Grundlagen der Umweltpolitik, Köln 2000.

**Falck, O./Heblich, S. (2006):** Corporate Social Responsibility: Einbettung des Unternehmens in das Wirtschaftssystem, Diskussionsbeitrag Nr. V-45-06, Passauer Diskussionspapiere, Universität Passau, Passau 2006.

**Feinberg, J. (1970):** Doing and Deserving, Princeton 1970.

**Fiat (2003):** Company profile and data source, http://www.fiat.com/cgi-bin/pbrand.dll/FIAT_COM/environment.html/ am 18.06.2003.

**Figge, F. et al. (2001):** Sustainability Balanced Scorecard, Lüneburg 2001.

**Figge, F./Schaltegger, S. (2000):** Was ist 'Shareholder Value'. Vom Schlagwort zur Messung, Lüneburg 2000.

**Fischbach, S. (2001):** Instrumente zur ökologisch orientierten Unternehmenssteuerung. In: Freidank, C./Mayer, E. (Hrsg.): Controlling-Konzepte. Neue Strategien und Werkzeuge für die Unternehmenspraxis, 5. Aufl., Wiesbaden 2001, S. 495-520.

**FoE, Ford of Europe (2002):** Corporate Citizenship and Community Involvement. Unveröffentlichte Präsentation, Ford of Europe, Köln 2002.

**FoE, Ford of Europe (2003a):** Dow Jones Sustainability Indexes. SAM Benchmarking Report. Unveröffentlichte Arbeitsunterlagen, Abteilung Corporate Citizenship, Ford of Europe, Köln 2003.

**FoE, Ford of Europe (2003b):** FTSE4Good Index Series. EIRIS Benchmark Criteria. Unveröffentlichte Arbeitsunterlagen, Abteilung Corporate Citizenship, Ford of Europe, Köln 2003.

**FoE, Ford of Europe (2003c):** Ethibel Sustainability Indexes. Benchmark Ethibel Kriterien. Unveröffentlichte Arbeitsunterlagen, Abteilung Corporate Citizenship, Ford of Europe, Köln 2003.

**FoE, Ford of Europe (2003d):** GRI Benchmark Ergebnisse. Unveröffentlichte Arbeitsunterlagen, Abteilung Corporate Citizenship, Ford of Europe, Köln 2003.

**FoE, Ford of Europe (2003e):** Sustainability Indicators FoE. Entwicklung, Inhalte und Definitionen. Unveröffentlichte Arbeitsunterlagen, Abteilung Corporate Citizenship, Ford of Europe, Köln 2003.

**FoE, Ford of Europe (2003f):** Product Sustainability Index (PSI). Entwicklung und Definition. Unveröffentlichte Arbeitsunterlagen, Abteilung Corporate Citizenship, Ford of Europe, Köln 2003.

**FoE, Ford of Europe (2003g):** Manufacturing Sustainability Index (MSI). Entwicklung und Definition. Unveröffentlichte Arbeitsunterlagen, Abteilung Corporate Citizenship, Ford of Europe, Köln 2003.

**FoE, Ford of Europe (2003h):** Corporate Citizenship, FoE. Abteilungsinterne Daten. Unveröffentlichte Arbeitsunterlagen, Abteilung Corporate Citizenship, Ford of Europe, Köln 2003.

**FoE, Ford of Europe (2003i):** Zeitplan des CS-Konzepts der FoE. Unveröffentlichte Arbeitsunterlagen, Abteilung Corporate Citizenship, Ford of Europe, Köln 2003.

**FoE, Ford of Europe (2003j):** Phasen des CS-Konzeptes und der Entwicklung der ‚Sustainability Indicators', FoE. Unveröffentlichte Arbeitsunterlagen, Abteilung Corporate Citizenship, Ford of Europe, Köln 2003.

**FoE, Ford of Europe (2003k):** Die acht Schritte des Prozesses zur Nachhaltigkeitsleistungsmessung der FoE durch das SPM-Modell FoE. Unveröffentlichte Arbeitsunterlagen, Abteilung Corporate Citizenship, Ford of Europe, Köln 2003.

**FoE, Ford of Europe (2003l):** Einordnung der acht Schritte des Prozesses zur Nachhaltigkeitsleistungsmessung der FoE in die fünf Stufen des SPM-Modells FoE. Unveröffentlichte Arbeitsunterlagen, Abteilung Corporate Citizenship, Ford of Europe, Köln 2003.

**FoE, Ford of Europe (2003m):** ‚Sustainability Indicators' der FoE und ihre Zuordnung zu den jeweiligen Managementbereichen. Unveröffentlichte Arbeitsunterlagen, Abteilung Corporate Citizenship, Ford of Europe, Köln 2003.

**FoE, Ford of Europe (2003n):** Fachgruppen zur Entwicklung der jeweiligen Parameter zu den vier ‚Sustainability Indicators' der FoE. Unveröffentlichte Arbeitsunterlagen, Abteilung Corporate Citizenship, Ford of Europe, Köln 2003.

**FoE, Ford of Europe (2003o):** Pilotstandorte zur Erfassung des MSI, FoE. Unveröffentlichte Arbeitsunterlagen, Abteilung Corporate Citizenship, Ford of Europe, Köln 2003.

**FoE, Ford of Europe (2003p):** Methodik der Datenblätter zur Erfassung und Bewertung der SI der FoE. Unveröffentlichte Arbeitsunterlagen, Abteilung Corporate Citizenship, Ford of Europe, Köln 2003.

**FoE, Ford of Europe (2003q):** SPM-Modell FoE. Sechster Prozessschritt: Bewertung und Beurteilung der Nachhaltigkeitsleistungsmessung. Methodik der prozentualen Darstellung durch BIC und WIC. Unveröffentlichte Arbeitsunterlagen, Abteilung Corporate Citizenship, Ford of Europe, Köln 2003.

**FoE, Ford of Europe (2003r):** Graphische Darstellung der Nachhaltigkeitsleistung im SPM-Modell FoE. Darstellungstypisierung und Methodik. Unveröffentlichte Arbeitsunterlagen, Abteilung Corporate Citizenship, Ford of Europe, Köln 2003.

**FoE, Ford of Europe (2003s):** Struktur des Netzdiagramms des PSI, FoE. Inhalt und Methodik. Unveröffentlichte Arbeitsunterlagen, Abteilung Corporate Citizenship, Ford of Europe, Köln 2003.

**FoE, Ford of Europe (2003t):** Struktur der Netzdiagramme des MSI für ‚VO- und PTO-Plants', FoE. Inhalt und Methodik. Unveröffentlichte Arbeitsunterlagen, Abteilung Corporate Citizenship, Ford of Europe, Köln 2003.

**FoE, Ford of Europe (2003u):** Struktur des Netzdiagramms des RESI, FoE. Inhalt und Methodik. Unveröffentlichte Arbeitsunterlagen, Abteilung Corporate Citizenship, Ford of Europe, Köln 2003.

**FoE, Ford of Europe (2003v):** Struktur des Netzdiagramms des RBSI, FoE. Inhalt und Methodik. Unveröffentlichte Arbeitsunterlagen, Abteilung Corporate Citizenship, Ford of Europe, Köln 2003.

**FoE, Ford of Europe (2003w):** Erweiterung der Struktur der Netzdiagramme der SI der FoE um eine auf der Ampelmethode basierenden Kennzeichnung. Unveröffentlichte Arbeitsunterlagen, Abteilung Corporate Citizenship, Ford of Europe, Köln 2003.

**FoE, Ford of Europe (2003x):** Graphische Darstellung der Nachhaltigkeitsleistung gemessen am MSI mittels des Netzdiagramms am Beispiel eines Standortes der Fahrzeugproduktion (fiktiv). Unveröffentlichte Arbeitsunterlagen, Abteilung Corporate Citizenship, Ford of Europe, Köln 2003.

**FoE, Ford of Europe (2003y):** Strategische Ausrichtung durch Zielgrößen- und Maßnahmenbestimmung im SPM-Modell FoE. Unveröffentlichte Arbeitsunterlagen, Abteilung Corporate Citizenship, Ford of Europe, Köln 2003.

**FoE, Ford of Europe (2004a):** Responsible Employer Sustainability Index (RESI). Entwicklung und Definition. Unveröffentlichte Arbeitsunterlagen, Abteilung Corporate Citizenship, Ford of Europe, Köln 2004.

**FoE, Ford of Europe (2004b):** 'Materiality Analysis' FoE. Unveröffentlichte Arbeitsunterlagen, Abteilung Corporate Citizenship, Ford of Europe, Köln 2004.

**FoE, Ford of Europe (2004c):** Erkenntnisse der 'Materiality Analysis' FoE und Einordnung in die vier ‚Sustainability Indicators' FoE. Unveröffentlichte Arbeitsunterlagen, Abteilung Corporate Citizenship, Ford of Europe, Köln 2004.

**FoE, Ford of Europe (2004d):** Leitparameter der ‚Sustainability Indicators' FoE. Unveröffentlichte Arbeitsunterlagen, Abteilung Corporate Citizenship, Ford of Europe, Köln 2004.

**FoE, Ford of Europe (2004e):** Zur Bestimmung des Zielkorridors durch BIC und WIC für die Nachhaltigkeitsleistung der FoE mittels des ‚Best-In-Class-Ansatzes'. Unveröffentlichte Arbeitsunterlagen, Abteilung Corporate Citizenship, Ford of Europe, Köln 2004.

**FoE, Ford of Europe (2004f):** BIC- und WIC-Bestimmung des Leistungstreibers *‚Water Consumption per unit'* innerhalb des MSI, FoE. Unveröffentlichte Arbeitsunterlagen, Abteilung Corporate Citizenship, Ford of Europe, Köln 2004.

**FoE, Ford of Europe (2004g):** Vergleich zweier Fahrzeugprogramme (Modelle) durch den PSI anhand eines fiktiven Beispiels. Datenblätter und Netzdiagramm. Unveröffentlichte Arbeitsunterlagen, Abteilung Corporate Citizenship, Ford of Europe, Köln 2004.

**FoE, Ford of Europe (2005a):** Responsible Business Sustainability Index (RBSI). Entwicklung und Definition. Unveröffentlichte Arbeitsunterlagen, Abteilung Corporate Citizenship, Ford of Europe, Köln 2005.

**FoE, Ford of Europe (2005b):** Sustainability Index eRoom, FoE. Unternehmensinterne, unveröffentlichte Kommunikationsplattform zur Informationsunterstützung der Entwicklung und Implementierung des SPM-Modells FoE. Abteilung Corporate Citizenship, Ford of Europe, Köln 2005.

**FoE, Ford of Europe (2005c):** Methodik und Datengrundlage der Entscheidungsfindung im SPM-Modell FoE. Vergleichsbetrachtungen der jeweiligen SI, FoE. Unveröffentlichte Arbeitsunterlagen, Abteilung Corporate Citizenship, Ford of Europe, Köln 2005.

**FoE, Ford of Europe (2005d):** Integration des SPM-Modells FoE in das strategische Management FoE durch Scorecards. Unveröffentlichte Arbeitsunterlagen, Abteilung Corporate Citizenship, Ford of Europe, Köln 2005.

**FoE, Ford of Europe (2005e):** Aggregationsebenen des SPM-Modells FoE. Unveröffentlichte Arbeitsunterlagen, Abteilung Corporate Citizenship, Ford of Europe, Köln 2005.

**FoE, Ford of Europe (2005f):** Diskussionsbeiträge der Werksleiter VO und PTO am Standort Köln zur Aggregation des ‚MSI' und des ‚MSI Value'. Unveröffentlichte Protokolle der Sitzungen zum MSI, Abteilung Corporate Citizenship, Ford of Europe, Köln 2005.

**FoE, Ford of Europe (2005g):** Diskussionsbeiträge der Fachgruppen zur Entwicklung des SPM-Modell FoE aus organisatorischer Sicht. Unveröffentlichte Protokolle der Sitzungen zum MSI und RESI, Abteilung Corporate Citizenship, Ford of Europe, Köln 2005.

**FoG, Ford of Germany (2002a):** Corporate Citizenship und Community Involvement. Unveröffentlichte Präsentation, Ford-Werke AG Köln, Köln 2002.

**FoG, Ford of Germany (2002b):** Diversity Report 2002. Vielfalt als Stärke, Ford-Werke AG Köln, Köln 2002.

**FoG, Ford of Germany (2007):** Umweltschutz bei der Ford-Werke GmbH. Umwelterklärungen der Standorte Köln und Saarlouis, http://www.ford.de/ns7/umweltschutz/-/uumw02/ am 04.03.2007.

**Ford Motor Company (2003a):** Über Ford. Die Geschichte des Erfolges. Daten und Fakten, http://www.ford.de/ns7/ueber-ford/ford_geschichte/uford03/ am 06.11.2003.

**Ford Motor Company (2003b):** Assembly Plants, http://media.ford.com/ facilities/index.cfm?region=eu&region_id=172&make_id=trust am 07.11.2003.

**Ford Motor Company (2003c):** Connecting with Society. 2002 Corporate Citizenship Report. Our Principles, Progress and Performance, Dearborn (Michigan) 2003.

**Ford Motor Company (2004):** 2003/4 Corporate Citizenship Report. Our Principles, Progress and Performance. Connecting with Society, Dearborn (Michigan) 2004.

**Ford Motor Company (2005a):** Our Route To Sustainability. Connecting With Society – Ford Sustainability Report 2004/5, Dearborn (Michigan) 2005.

**Ford Motor Company (2005b):** Overview. Our Route To Sustainability. Connecting With Society – Ford Sustainability Report 2004/5, http://www.ford.com/en/company/about/sustainability/report/overview.htm am 12.02.2005.

**Ford Motor Company (2005c):** Our Route To Sustainability. Connecting With Society – Ford Sustainability Report 2004/5, GRI Index, http://www.ford.com/en/company/about/sustainability/report/gri.htm am 12.02.2005.

**Ford Motor Company (2006a):** Overview, http://www.ford.com/en/company/about/overview.htm am 06.11.2006.

**Ford Motor Company (2006b):** Brands, http://www.ford.com/en/company/about/brands/default. htm am 06.11.2006.

**Ford Motor Company (2006c):** Our Route To Sustainability. Connecting With Society – Ford Summary Sustainability Report 2005/6, Dearborn (Michigan) 2006.

**Ford Motor Company (2006d):** Our Route To Sustainability. Connecting With Society – Ford Summary Sustainability Report 2005/6, http://www.ford.com/en/company/about/sustainabiltiy/2005-06.htm am 04.12.2006.

**Ford Motor Company (2006e):** Managing Environmental Performance, http://www.ford.com/en/company/about/sustainability/2005-06/envManaging.htm am 04.12.2006.

**Ford Motor Company (2006f):** Materiality Matrix. Control or Influence of Issues, http://www.ford.com/en/company/about/sustainability/2005-06/impactsMaterialityMatrix.htm am 14.12.2006.

**Ford Motor Company (2006g):** Code of Basic Working Conditions, http://www.ford.com/en/company/about/sustainability/2005-06/topicsHumanCode.htm am 18.12.2006.

**Ford Motor Company (2006h):** Corporate Responsibility Award, http://www.ford.com/en/company/about/sustainability/2005-06/relSuppliersLeadership.htm am 18.12.2006.

**Frederick, W.C. (1986):** Toward CSR. Why Ethical Analysis is Indispensable and Unavoidable in Corporate Affairs. In: California Management Review, 18. Jg., Nr. 2, S. 126-141.

**Freeman, R.E. (1984):** Strategic Management. A Stakeholder Approach, Boston, London, Melbourne 1984.

**Frei, M. (1998):** Die ökoeffektive Produktentwicklung, Zürich 1998.

**French, P.A. (1984):** Collective and Corporate Responsibility, New York 1984.

**French, P.A. (1992):** Die Korporation als moralische Person. In: Lenk, H./Maring, M. (Hrsg.): Wirtschaft und Ethik, Stuttgart 1992, S. 317-328.

**French, P.A. (1995):** Corporate Moral Agency. In: Hoffmann, W.M./Frederick, R.E. (Hrsg.): Business Ethics, Texts and Cases in Corporate Morality, 3. Aufl., New York u.a. 1995, S. 176-183.

**Frese, E. (1993):** Grundlagen der Organisation. Konzepte – Prinzipien – Strukturen, 5. Aufl., Wiesbaden 1993.

**Freyssenet, M./Lung Y.(1996):** Between Globalization and Regionalization: What Future for the Automobile Industry? In: GERPISA, Groupe d'Etudes et de Recherche Permanent sur l'Industrie et les Salariés de l'Automobile, Mondialisation ou Régionalisation? Actes du GERPISA 18, Evry, Pg. 35-68.

**Friedmann, M./Friedmann, R. (1980):** Free to Choose. A personal Statement, San Diego 1980.

**Friemuth, U./Sesterhenn, J. (1997):** Das Maß der Dinge. Richtige Kennzahlen: Schlüssel zu effektivem Produktivitätsmanagement. In: Maschinenmarkt (MM), 103. Jg., H. 18, 1997, S. 60-62.

**Fritz, W. (1995):** Umweltschutz und Unternehmenserfolg – Eine empirische Analyse. In: DBW, 55. Jg., H. 3, 1995, S. 347-357.

**Fritz, W. et al. (1985):** Unternehmensziele in Industrie und Handel. In: DBW, 45. Jg., 1985, S. 375-394.

**FTSE (2003a):** FTSE4Good Index Series. Investitionen mit Zukunft, Frankfurt 2003.

**FTSE (2003b):** FTSE4Good Index Series. Inclusion Criteria, o.O. 2003.

**FTSE (2006):** FTSE4Good Index Series. Inclusion Criteria, o.O. 2006.

**FTSE (2007a):** FTSE4Good Index Series, http://www.ftse.com/Indices/FTSE4Good_Index_Series/index.jsp am 04.03.2007.

**FTSE (2007b):** FTSE the Index Company, http:// http://www.ftse4good.com/ am 04.03.2007.

**Furger, F. (2000):** Die gesellschaftliche Verantwortung der Unternehmensführung. In: Hungenberg, H./Schwetzler, B. (Hrsg.): Unternehmung, Gesellschaft und Ethik, Erfahrungen und Perspektiven, Wiesbaden 2000, S. 177-185.

**Gabriel, K. (2005):** Nachhaltigkeitsindizes. Die Bewertung von Unternehmen nach sozialen und ökologischen Kriterien und die Einschätzung des Marktes für nachhaltige Geldanlage aus Sicht der Anbieter von Nachhaltigkeitsindizes, Frankfurt am Main, London 2005.

**Gälweiler, A. (1974):** Unternehmensplanung. Grundlagen und Praxis, Frankfurt am Main, New York 1974.

**Gälweiler, A. (1986):** Unternehmensplanung. Grundlagen und Praxis, Neuausgabe, Frankfurt am Main, New York 1986.

**Gälweiler, A. (1990):** Strategische Unternehmensführung, Frankfurt am Main, New York 1990.

**Geser, H. (1990):** Organisationen als soziale Akteure. In: Zeitschrift der Soziologie, 19. Jg., 1990, S. 401-417.

**Giddens, A. (1995):** Konsequenzen der Moderne, Frankfurt am Main 1995.

**Giddens, A. (1997a):** Essential Matters. Anthony Giddens on Globalization. Excerpts from a Keynote Address at the UNRISD Conference on Globalization and Citizenship, http://www.unrisd.org/engindex/publ/news/15eng/giddens.htm am 29.12.2003.

**Giddens, A. (1997b):** Jenseits von Links und Rechts. Die Zukunft radikaler Demokratie, Frankfurt am Main 1997.

**Glaser, J. (2005):** Nachhaltigkeit und Geschäftserfolg – Kurzbericht, http://www.oekom-research.com am 16.02.2006.

**Gleich, R. (1997a):** Performance Measurement. In: Die Betriebswirtschaft (DBW), 57. Jg., H. 1, 1997, S. 114-117.

**Gleich, R. (1997b):** Performance Measurement im Controlling. In: Gleich R./Seidenschwarz, W. (Hrsg.): Die Kunst des Controlling, München 1997, S. 343-365.

**Gleich, R. (1998):** Das System des Performance Measurement – theoretisches Grundkonzept, Entwicklungs- und Anwendungsstand, Forschungsbericht Nr. 53, Universität Stuttgart, Stuttgart 1998.

**Gleich, R. (2001a):** Das System des Performance Measurement. Theoretisches Grundkonzept, Entwicklungs- und Anwendungsstand, München 2001.

**Gleich, R. (2001b):** Leistungsebenen von Performance Measurement-Systemen. In: Klingebiel, N. (Hrsg.): Performance Measurement & Balanced Scorecard, München 2001, S. 65-89.

**Gleich, R./Haindl, M. (1996):** Performance Measurement im Controlling am Beispiel eines Unternehmens der chemischen Industrie. In: Controlling, 8. Jg., H. 4, 1996, S. 262-271.

**Göbel, E. (1992):** Das Management der sozialen Verantwortung, Berlin 1992.

**Grasshoff, J. (1996):** Management – Accounting – Theoretische und praktische Erfahrungen. In: Grasshoff, J. (1996): Management – Accounting – Theoretische und praktische Erfahrungen, Rostock 1996, S. 5-13.

**Gray, J. (1999):** Die falsche Verheißung. Der globale Kapitalismus und seine Folgen, Berlin 1999.

**GRI, Global Reporting Initiative (2002):** Sustainability Reporting Guidelines 2002, Boston 2002.

**GRI, Global Reporting Initiative (2007):** Sustainability Reporting Guidelines 2006, http://www.globalreporting.org/Home am 04.03.2007.

**Grießhammer, R. (1998):** Nachhaltiges investieren, produzieren, konsumieren. In: Eberle, U. (Hrsg.): Nachhaltig investieren, produzieren, konsumieren – Institut für angewandte Ökologie e.V., Freiburg 1998, S. 2-8.

**Gröner, S./Zapf, M. (1998):** Unternehmen, Stakeholder und Umweltschutz. Einfluß, Strategien und Gründe für eine umweltorientierte strategische Betrachtung von Stakeholdern aus Unternehmenssicht. In: UmweltWirtschaftsForum (uwf), 6. Jg., H. 1, 1998, S. 52-57.

**Gröschner, R. (1998):** Unternehmensverantwortung und Grundgesetz. Verfassungsrechtliche Vorgaben für ein modernes Unternehmensrecht. In: Alwart, H. (Hrsg.): Verantwortung und Steuerung von Unternehmen in der Marktwirtschaft, DNWE-Schriftenreihe Folge 3, München 1998, S. 60-74.

**Groll, K.-H. (1990):** Erfolgssicherung durch Kennzahlensysteme, 3., überarbeitete Aufl., Freiburg im Breisgau 1990.

**Group of Lisbon (1995):** Limits to Competition, Cambridge u.a. 1995.

**Grüning, M. (2002):** Performance-Measurement-Systeme, Wiesbaden 2002.

**Gudet, C. (2002):** Risiko- und Reputationsmanagement als neue Aufgaben einer nachhaltigen Unternehmensstrategie. In: UmweltWirtschaftsForum, 10. Jg., 2002, S. 30-33.

**Günther, E. (1994):** Ökologieorientiertes Controlling. Konzeption eines Systems zur ökologieorientierten Steuerung und empirischen Validierung, München 1994.

**Günther, E. (1998):** Bewertung ökologiebedingter Konsequenzen. In: Möller, H.P./Schmidt, F. (Hrsg.): Rechnungswesen als Instrument für Führungsentscheidungen, Stuttgart 1998, S. 231-259.

**Günther, T. (1991):** Erfolg durch strategisches Controlling? Eine empirische Studie zum Stand des strategischen Controlling in deutschen Unternehmen und dessen Beitrag zu Unternehmenserfolg und -risiko, München 1991.

**Günther, T. (1997):** Unternehmenswertorientiertes Controlling, München 1997.

**Günther, E./Schill, O. (1997):** Wahl der Systemgrenze für die betriebliche Ökobilanzierung entsprechend den Anforderungen der EG-Öko-Audit-Verordnung. In: Wissenschaftliche Zeitschrift der Technischen Universität Dresden, 46. Jg., H. 6, 1997, S. 60-63.

**Gutenberg, E. (1971):** Grundlagen der Betriebswirtschaftslehre. Bd. 1: Die Produktion, 18. Aufl., Berlin, Heidelberg, New York 1971.

**Haber, W. (1995):** Ökosystem. In: Junkernheinrich, M./Klemmer, P./Wagner, G.R. (Hrsg.): Handbuch zur Umweltökonomie, Berlin 1995, S. 193-198.

**Häder M./Weiland, R. (1996):** Entsorgungspflichten als Instrument der Abfallwirtschaft – Inhalt und Einsatzvoraussetzungen eines neueren Instruments. In: Zeitschrift für angewandte Umweltforschung 1996, S. 247-254.

**Häßler et al. (2000):** Nachhaltigkeitsberichterstattung. Zwischenbericht zu internationalem Stand, Erfahrungen aus Umwelt- und Sozialberichterstattung und Informationsbedarf der Zielgruppen. Imug-Arbeitspapier Nr. 11/2000, Hannover, Berlin 2000.

**Hahn, D. (1995):** Unternehmungsziele im Wandel. Konsequenzen für das Controlling. In: Controlling, 7. Jg., H. 6, 1995, S. 328-338.

**Hahn, D. (1997):** Unternehmensziele im Wandel. In: Hahn, D./Taylor, B. (Hrsg.): Strategische Unternehmensplanung, Strategische Unternehmensführung, Stand und Entwicklungstendenzen, 7. Aufl., Heidelberg 1997, S. 303-323.

**Haller, A. (1997):** Wertschöpfungsrechnung. Ein Instrument zur Steigerung der Aussagefähigkeit von Unternehmensabschlüssen im internationalen Kontext, Stuttgart 1997.

**Haller, A. (1998):** Wertschöpfungsrechnung. In: Die Betriebswirtschaft (DBW), 58. Jg., H. 2, 1998, S. 261-265.

**Haller, A. (2006):** Nachhaltigkeitsleistung als Element des Value Reporting. In: Controlling & Management, Value Reporting, Sonderheft 3, 2006, S. 18-21.

**Hamel, W. (1992):** Zielsysteme. In: Frese, E. (Hrsg.): HWO, 3. Aufl., Stuttgart 1992, Sp. 2634-2652.

**Handy, C. (1991):** Gods of Management. The changing work of organisations, Essex 1991.

**Handy, C. (1995a):** Die Fortschrittsfalle. Der Zukunft neuen Sinn gegeben, Wiesbaden 1995.

**Handy, C. (1995b):** Beyond Certainty. The Changing words of Organisations, London 1995.

**Hansen, U. (2000):** Marketing und soziale Verantwortung. In: Hungenberg, H./Schwetzler, B. (Hrsg.): Unternehmung, Gesellschaft und Ethik, Erfahrungen und Perspektiven, Wiesbaden 2000, S. 149-162.

**Hardtke, A./Prehn, M. (2001):** Perspektiven der Nachhaltigkeit. Vom Leitbild zur Erfolgsstrategie, 1. Aufl., Wiesbaden 2001.

**Hauff, V. (1987):** Unsere gemeinsame Zukunft. Brundtland-Bericht der Weltkommission für Umwelt und Entwicklung, Greven 1987.

**Heald, M. (1957):** Management´s Responsibility to Society: The Growth of an idea. In: The Business History Review, Vol. 31, Pg. 375-381.

**Heinen, E. (1976):** Grundlagen betriebswirtschaftlicher Entscheidungen. Das Zielsystem der Unternehmung, 3. durchgesehene Aufl., Wiesbaden 1976.

**Heinen, E. (1982):** Ziele und Zielsysteme in der Unternehmung. In: Albers, W. (Hrsg.): HdWW, Bd. 9, Stuttgart, New York 1982, S. 616-623.

**Heinrich, W./Marstaller, R./Bährmann, R. (1991):** Ökosysteme. In: Müller, H.J. (Hrsg.): Ökologie, 2. Aufl., Jena 1991, S. 251-345.

**Heitger, B. et al. (1999):** Handel, Technologie und Beschäftigung, Tübingen 1999.

**Hill, W. (1996):** Der Shareholder Value und die Stakeholder. In: Die Unternehmung, 50. Jg., H. 6, 1996, S. 411-420.

**Hinterhuber, H.H. (1992):** Strategische Unternehmungsführung. I. Strategisches Denken, Vision – Unternehmungspolitik – Strategie, 5., neubearbeitete und erweiterte Aufl., Berlin, New York 1992.

**Höffe, O. (1986):** Lexikon der Ethik, 3. Aufl., München 1986.

**Homann, K. (1994):** Marktwirtschaft und Unternehmensethik. In: Forum für Philosophie, Bad Homburg 1994, S. 109-130.

**Homann, K./Blome-Drees, F. (1992):** Wirtschafts- und Unternehmensethik, Göttingen 1992.

**Homann, K./Gerecke, U. (1999):** Ethik der Globalisierung: Zur Rolle der multinationalen Unternehmen bei der Etablierung moralischer Standards. In: Kutschker, M. (Hrsg.): Perspektiven der internationalen Wirtschaft, Wiesbaden 1999, S. 429-457.

**Horngren, C./Foster, G./ Datar, S. (1994):** Cost Accounting. A Managerial Emphasis, 8th edition, Englewood Cliffs 1994.

**Horváth, P. (1993):** Controlling. In: Chmielewicz, K./Schweitzer, M. (Hrsg.): Handwörterbuch des Rechnungswesens, 3., völlig neu gestaltete und ergänzte Aufl., Stuttgart 1993, Sp. 322-334.

**Horváth, P. (1994):** Controlling, 5.Aufl., München 1994.

**Hunziker, R. (1980):** Die soziale Verantwortung der Unternehmung. Auseinandersetzung mit einem Schlagwort, Bern, Stuttgart 1980.

**Imug (2000):** Nachhaltigkeitsberichterstattung. Zwischenbericht zu internationalem Stand, Erfahrungen aus Umwelt- und Sozialberichterstattung und Informationsbedarf der Zielgruppen, imug-Arbeitspapier 11/2000, Berlin 2000.

**ISO (2006):** International Organization for Standardization, CSR ISO 26000 development, http://www.iso.org am 21.02.2006.

**Janzen, H. (1996):** Ökologisches Controlling im Dienste von Umwelt- und Risikomanagement, Stuttgart 1996.

**Johnson, H.T./Kaplan, R.S. (1995):** Relevance Lost. The Rise and Fall of Management Accounting, Boston 1995.

**Jonas, H. (1989):** Das Prinzip Verantwortung. Versuch einer Ethik für die technologische Zivilisation, Frankfurt am Main 1989.

**Kanning, H./Müller, M. (2001):** Bedeutung des Nachhaltigkeitsleitbildes (sustainable development) für das betriebliche Management. In: Baumast, A./Pape J. (Hrsg.): Betriebliches Umweltmanagement. Theoretische Grundlagen, Praxisbeispiele, Stuttgart 2001, S. 13-27.

**Kant, I. (1785/1995):** Grundlegung zur Metaphysik der Sitten. In: Kant, I. (Hrsg.): Werke in sechs Bänden (Nachdruck 1995), 3. Bd., Köln 1995, S. 197-269.

**Kant, I. (1838):** Grundlegung zur Metaphysik der Sitten. Kritik der praktischen Vernunft, nebst den Abhandlungen zur Philosophie der Geschichte, revidierte Gesamtausgabe, Bd. 4, Leipzig 1838.

**Kaplan, R./Norton, D. (1992):** „The Balanced Scorecard – Measuring that Drive Performance". In: Harvard Business Review, Vol. 01-02 1992, Pg. 71-79.

**Kaplan, R./Norton, D. (1997):** Balanced Scorecard: Strategien erfolgreich umsetzen, Stuttgart 1997.

**Kaufmann, F.-X. (1992):** Der Ruf nach der Verantwortung. Risiko und Ethik einer unüberschaubaren Welt, Freiburg, Basel, Wien 1992.

**Kazim, H. (2006):** Alan Mullany: Boeing-Sanierer lenkt Ford, http://www.manager-magazin.de/koepfe/personalien/0,2828,435808,00.html am 07.09.2006.

**Keating, M. (1993):** Agenda für eine Nachhaltige Entwicklung. Centre for Our Common Future, Genf 1993.

**Kern, W. (1972a):** Ziele und Zielsystem in Betriebswirtschaften (I). In: WISU, 1. Jg., H. 7, 1972, S. 310-315.

**Kern, W. (1972b):** Ziele und Zielsystem in Betriebswirtschaften (II). In: WISU, 1. Jg., H. 8, 1972, S. 360-365.

**Kern, W. (1974):** Investitionsrechnung, Stuttgart 1974.

**Kirchgeorg, M. (1990):** Ökologieorientiertes Unternehmensverhalten: Typologien und Erklärungsansätze auf empirischer Grundlage, Wiesbaden 1990.

**Kirchgeorg, M. (1995):** Kreislaufwirtschaft – Neue Herausforderung für das Marketing. In: Marketing ZFP – Zeitschrift für Forschung und Praxis, 17. Jg., H. 4, 1995, S. 232-248.

**Klauer, B. (1998):** Nachhaltigkeit und Naturbewertung, Heidelberg 1998.

**Klee, J./Klee U. (2003):** Global Compact. Initiative der Vereinten Nationen zur Globalisierung und Corporate Citizenship. In: Behrent, M./Wieland, J. (Hrsg.): Corporate Citizenship und strategische Unternehmenskommunikation in der Praxis, München 2003, S. 39-53.

**Kleinfeld, A. (1998):** Persona Oeconomica. Personalität als Ansatz der Unternehmensethik, Heidelberg 1998.

**Kleivane, T. (1998):** Bewertung der Umweltschutzleistung – das Bindeglied zwischen Umweltmanagementsystemen und Realität. In: Fichter, K./Clausen, J. (Hrsg.): Schritte zum nachhaltigen Unternehmen. Zukunftsweisende Praxiskonzepte des Umweltmanagements, Berlin u.a. 1998, S. 99-108.

**Klingebiel, N. (1996):** Leistungsrechnung/Performance Measurement als bedeutsamer Bestandteil des internen Rechnungswesens. In: Kostenrechnungspraxis (krp), 40. Jg., H. 2, 1996, S. 77-84.

**Klingebiel, N. (1997):** Performance Measurement-Systeme. In: Das Wirtschaftsstudium (WISU), 26. Jg., H. 7, 1997, S. 655-662.

**Klingebiel, N. (1999):** Performance Measurement. Grundlagen – Ansätze – Fallstudien, Wiesbaden 1999.

**Klingebiel, N. (2001):** Performance Measurement & Balanced Scorecard, München 2001.

**Kloepfer, M. (1998):** Umweltrecht, 2. Aufl., München 1998.

**Kloock, J. (1993):** Neuere Entwicklung betrieblicher Umweltkostenrechnung. In: Wagner, G.R. (Hrsg.): Betriebswirtschaft und Umweltschutz, Stuttgart 1993, S. 179-206.

**Kloock, J./Sieben, G./Schildbach, T. (1993):** Kosten- und Leistungsrechnung, 7., aktualisierte und erweiterte Aufl., Düsseldorf 1993.

**Kloock, J./Sieben, G./Schildbach, T./Homburg, C. (2005):** Kosten- und Leistungsrechnung, 9., aktualisierte und erweiterte Aufl., Stuttgart 2005.

**Kneubühler, J. (1995):** Strategische Unternehmensplanung mit Kennzahlen, Aachen 1995.

**Knorren, N./Weber, J. (1998):** Controlling und Shareholder Value: Getrennte Welten? In: controller magazin, 23. Jg., H. 4, 1998, S. 254-256.

**Knyphausen-Aufseß, D. zu (1998):** Multinationale Unternehmen und gesellschaftliche Verantwortung. In: Lachmann W./Farmer, K./Haupt, R. (Hrsg.): Globalisierung: Arbeitsteilung oder Wohlstandsteilung?, Münster 1998, S. 25-58.

**Kobayashi, T. (1993):** Management Accounting. In: Chmielewicz, K./Schweitzer, M. (Hrsg.): Handwörterbuch des Rechnungswesens, 3., völlig neu gestaltete und ergänzte Aufl., Stuttgart 1993, Sp. 1381-1392.

**Koenen, K. (2001):** "Den Armen Gehör verschaffen". Klaus Schwab, Präsident des Weltwirtschaftsforums (WEF) über den Dialog mit den Globalisierungsgegnern in Davos. In : Wirtschaftswoche, Nr. 6, S. 24-25.

**Köhler, R. (1976):** Die Kontrolle strategischer Pläne als Betriebswirtschaftliches Problem. In: Zeitschrift für Betriebswirtschaft, 46. Jg., H. 4/5, S. 301-318.

**Köppl, A. (2005):** Herausforderung Nachhaltigkeit. In: Baumgartner, R. et al. (Hrsg.): Wertsteigerung durch Nachhaltigkeit. Sustainability Management for Industries, 1. Aufl., München 2005, S. 9-13.

**Koppelmann, U. (1997):** Produktmarketing – Entscheidungsgrundlage für Produktmanager, 5. Aufl., Berlin u.a. 1997.

**Koppelmann, U. (2000):** Beschaffungsmarketing, 3. Aufl., Berlin u.a. 2000.

**Koppelmann, U. (2001):** Produktmarketing. Entscheidungsgrundlagen für Produktmanager, 6., überarbeitete und erweiterte Aufl., Berlin u.a. 2001.

**Koppelmann, U. (2006):** Marketing. Einführung in Entscheidungsprobleme des Absatzes und der Beschaffung, 8., neubearbeitete Aufl., Stuttgart 2006.

**Kosiol, E. (1961):** Erkenntnisgegenstand und methodologischer Standort der Betriebswirtschaftslehre. In: ZfB, 31. Jg., H. 3, 1961, S. 129-136.

**Kosiol, E. (1968):** Einführung in die Betriebswirtschaftslehre. Die Unternehmung als wirtschaftliches Aktionszentrum, Wiesbaden 1968.

**Kubicek, H. (1981):** Unternehmensziele, Zielkonflikte und Zielbildungsprozesse, Kontroversen und offene Fragen in einem Kernbereich betriebswirtschaftlicher Theorienbildung. In: WiSt, 10. Jg., H. 10, 1981, S. 458-466.

**Kubicek, H./Thom, N. (1976):** Umsystem, betriebliches. In: Grochla, E./Wittmann, W. (Hrsg.): HWB, Bd. 2, 4. Aufl., Stuttgart 1976, Sp. 3977-4017.

**Küting, K. (1991):** Jahresabschlußanalyse als Kennzahlenrechnung (Teil I). In: Deutsches Steuerrecht (DStR), 29. Jg., H. 40, 1991, S. 1324-1329.

**Kumar, B.N./Graf, I. (1998):** Globalization, Development and Ethics: Moral Responsibility and Strategies of International Management in the Perspective of ´Sustainable Development´. In: Kumar, B.N./Steinman, H. (Hrsg.): Ethics in International Management, Berlin, New York 1998, Pg. 127-159.

**Labuschagne, C. et al. (2005):** Assessing the sustainability performance of industries. In: Journal of Cleaner Production, Vol. 13, Pg. 373-385.

**Laczianika G.R./Murphy P.E. (1985):** Marketing Ethics. Guidelines for Managers, Lexington, Toronto 1985.

**Lang, R. (2003):** Erfahrungen mit Corporate Citizenship in Deutschland: Die Bundesinitiative „Unternehmen: Partner der Jugend“ (UPJ). In: Enquete-Kommission „Zukunft des Bürgerschaftlichen Engagements“ Deutscher Bundestag (2003), Bürgerschaftliches Engagement von Unternehmen, Referat Öffentlichkeitsarbeit, Bonn 2003, S. 219-248.

**Lebas, M. (1994):** Managerial Accounting in France. In: The European Accounting Overview, Nr. 3, 1994, S. 481-487.

**Leisinger, K. (1997):** Unternehmensethik. Globale Verantwortung und modernes Management, München 1997.

**Leisinger, K. (2006):** On Corporate Responsibility for Human Rights, Basel 2006.

**Lenk, H./Maring, M. (1992):** Wirtschaft und Ethik, Stuttgart 1992.

**Lenk, H./Maring, M. (1998):** Das moralphilosophische Fundament einer Ethik der Organisation – korporative und individuelle Verantwortung. In: Bieker, G. (Hrsg.): Ethik in Organisationen. Konzepte, Befunde, Praxisbeispiele, Göttingen 1998, S. 19-35.

**Loew, T. (1997):** Stichwort: Öko-Controlling. In: Ökologisches Wirtschaften, o.Jg., H. 5, 1997, S. 11.

**Loew, T. et al. (2004):** Bedeutung der internationalen CSR-Diskussion für Nachhaltigkeit und die sich daraus ergebenden Anforderungen an Unternehmen mit Fokus Berichterstattung, Münster, Berlin 2004.

**Löbel, J./Schröger, H.-A./Closhen, H. (2005):** Nachhaltige Managementsysteme. Sustainable Development durch ganzheitliche Führungs- und Organisationssysteme - Vorgehensmodelle und Prüflisten, 2., neubearbeitete Aufl., Berlin 2005.

**Lorenz, K. (1973):** La Science pour la Science. In: Kambartel, F./Mittelstraß, J. (Hrsg.): Zum normativen Fundament der Wissenschaft, Frankfurt am Main 1973, S. 79-90.

**Lücke, W. (1993):** Rechnungswesen. In: Chmielewicz, K./Schweitzer, M. (Hrsg.): Handwörterbuch des Rechnungswesens, 3., völlig neu gestaltete und ergänzte Aufl., Stuttgart 1993, Sp. 1686-1703.

**Lynch, R.L./Cross, K.F. (1991):** Measure Up! Yardsticks for Continuous Improvement, Cambridge 1991.

**Maaß, F./Clemens, R. (2002):** Corporate Citizenship. Das Unternehmen als „guter Bürger“, Wiesbaden 2002.

**Macharzina, K. (1995):** Unternehmensführung. Das internationale Managementwissen. Konzepte – Methoden – Praxis, 2. Aufl., Wiesbaden 1995.

**Macharzina, K. (1999):** Unternehmensführung. Das internationale Managementwissen. Konzepte – Methoden – Praxis, 3. Aufl., Wiesbaden 1999.

**Mandl, D. (1987):** Die betriebliche Wertschöpfungsrechnung als Instrument zur betrieblichen Erfolgsmessung. In: Loitlsberger, E./Egger, A./Lechner, E. (Hrsg.): Rechnungslegung und Gewinnermittlung, Wien 1987, S. 223-238.

**Mandl, G./Rabel, K. (1997):** Unternehmensbewertung. Eine praxisorientierte Einführung, Wien 1997.

**March, J.G./Simon, H.A. (1958):** Organization, New York 1958.

**March, J.G./Simon, H.A. (1976):** Organisation und Individuum. In: Hoffman, M. (Hrsg.): Schriftenreihe des interdisziplinären Instituts für Unternehmensführung an der Universität zu Wien, Bd. 3, Wiesbaden 1976.

**Maring, M. (1989):** Modelle kollektiver Verantwortung, Stuttgart 1989.

**Marr, R. (1993):** Betrieb und Umwelt. In: Bitz, M./Dellmann, K./Domsch, M./Egner, H. (Hrsg.): Vahlens Kompendium der Betriebswirtschaftslehre, Bd. 1, 3. Aufl., München 1993, S. 47-114.

**Mathieu, P. (2002):** Unternehmen auf dem Weg zu einer nachhaltigen Wirtschaftsweise. Theoretische Grundlagen – Praxisbeispiele aus Deutschland – Orientierungshilfen, Wiesbaden 2002.

**Matten, D. (1995):** Unternehmensplanung und Umwelt. In: Junkernheinrich, M./Klemmer, P./Wagner, G.R. (Hrsg.): Handbuch zur Umweltökonomie, Berlin 1995, S. 338-344.

**McGrew A.G. et al. (1992):** Global Politic Globalisation and the Nation State, Cambridge, Oxford 1992.

**Meadows, D. et al. (1972):** Die Grenzen des Wachstums. Bericht des Club of Rome zur Lage der Menschheit, Stuttgart 1972.

**Meffert, H. (1998):** Marketing. Grundlagen marktorientierter Unternehmensführung. Konzepte – Instrumente – Praxisbeispiele, 8., vollständig neubearbeitete und erweiterte Aufl., Wiesbaden 1998.

**Meffert, H. et al. (2006):** Corporate Social Responsibility – gesellschaftliche Verantwortung von Unternehmen. Dokumentationspapier Nr. 191, Wissenschaftliche Gesellschaft für Marketing und Unternehmensführung e.V., o.O. 2006.

**Meffert, H./Kirchgeorg, M. (1989):** Umweltschutz als Unternehmensziel, Arbeitspapier Nr. 50 der wissenschaftlichen Gesellschaft für Marketing und Unternehmensführung e.V., Münster 1989.

**Meffert, H./Kirchgeorg, M. (1993a):** Marktorientiertes Umweltmanagement, 2. Aufl., Stuttgart 1993.

**Meffert, H./Kirchgeorg, M. (1993b):** Das neue Leitbild Sustainable Development – der Weg ist das Ziel. In: Harvard Business Manager, 15 Jg., Nr. 2, S. 34-45.

**Meffert, H./Kirchgeorg, M. (1995a):** Stellungnahme zu Wolfgang Fritz "Umweltschutz und Unternehmenserfolg – eine empirische Analyse". In: DBW, 55. Jg., H. 6, 1995, S. 817-820.

**Meffert, H./Kirchgeorg, M. (1995b):** Fallbeispiel: Shell. Ein Unternehmen zieht aufs Meer, um sein Vertrauen zu verlieren. In: absatzwirtschaft, 38. Jg., Sondernummer Oktober 1995, S. 154-156.

**Meffert, H./Kirchgeorg, M. (1998):** Marktorientiertes Umweltmanagement. Konzepte, Strategien, Implementierung mit Praxisfällen, 3. überarbeitete und erweiterte Aufl., Stuttgart 1998.

**Meier-Scherling, P. (1996):** Shareholder Value Analyse vs. Stakeholder Management: Unternehmenspolitische Grundkonzeptionen als Ansätze zur Erweiterung der Theorie der Unternehmung, Darmstadt 1996.

**Meuser, T. (1993):** Umweltschutz und Unternehmensführung - Ein Konzept aktiver Integration, Wiesbaden 1993.

**Minsch, J. et al. (1996):** Mut zum ökologischen Umbau, Basel u.a. 1996.

**Mintzberg, H. et al. (1999):** Strategy Safari, Wien 1999.

**Morrissey, E./Hudson, G. (1997):** A Smarter Way to Run a Business. Tools to help meet both financial and strategic goals. In: Journal of Accountancy, Vol. 183, No. 1, 1997, Pg. 48-50.

**Mrusek, K. (1999):** Die WTO vereint die bunte Front der Globalisierungsgegner. In: Frankfurter Allgemeine Zeitung, Nr. 267, 16.11.1999, S. 3.

**Müller, C. (1995):** Strategische Leistungen im Umweltmanagement. Ein Ansatz zur Sicherung der Lebensfähigkeit des Unternehmens, Wiesbaden 1995.

**Müller, M. (2001):** Zertifizierbare Umweltmanagementsysteme. In: Baumast, A./Pape, J. (Hrsg.): Betriebliches Umweltmanagement. Theoretische Grundlagen, Praxisbeispiele, Stuttgart 2002, S. 39-50.

**Müller-Christ, G. (2002):** Ressourcenrationalität in der Managementlehre. Nachhaltigkeit als notwendige Erweiterung der Perspektive. Diskussionsbeiträge zum nachhaltigen Management: Bd. 1, Schriftenreihe – Nachhaltiges Prozessmanagement, Universität Bremen, Bremen 2002.

**Müller-Christ, G./Hülsmann, M. (2003):** Erfolgsbegriff eines nachhaltigen Managements. In: Linne, G./Schwarz, M. (Hrsg.): Handbuch Nachhaltige Entwicklung. Wie ist nachhaltiges Wirtschaften machbar? Opladen 2003, S. 245-256.

**Müller-Merbach, H. (1994):** Die morphologische Struktur von Verantwortung und Verantwortlichkeit. Eine Handreichung für die Praxis. In: Zwierlein, E. (Hrsg.): Verantwortung in der Risikogesellschaft. Ethische Herausforderung in einer veränderten Welt, Idstein 1994, S. 125-148.

**Mussnig, W. (1996):** Von der Kostenrechnung zum Management Accounting, Wiesbaden 1996.

**Mutz, G./Korfmacher, S./Arnold, K. (2001):** Corporate Citizenship in Deutschland, Frankfurt am Main 2001.

**Mutz, G./Korfmacher, S. (2003):** Sozialwissenschaftliche Dimensionen von Corporate Citizenship in Deutschland. In: Backhaus-Maul, H./ Brühl, H. (Hrsg.): Bürgergesellschaft und Wirtschaft – zur neuen Rolle von Unternehmen, Berlin 2003, S. 45-62.

**Neely, A./Gregory, M./Platts, K. (1995):** Performance measurement system design. A literature review and research agenda. In: International Journal of Operations & Production Management, Vol. 15, No. 4, 1995, Pg. 80-116.

**Nickel, V. (1993):** Deutschland in der Werbekrise?, Vortrag auf den Medientagen in München, München 1993.

**Nieschlag, R. et al. (2002):** Marketing, 19. Aufl., Berlin 2002.

**Noppeney, C. (1997):** Management zwischen Stake- und Shareholder. Der Weg zur dialogischen Unternehmenspolitik. In: Gablers Magazin, H. 9, 1997, S. 14-17.

**Nork, M.E. (1992):** Umweltschutz in unternehmerischen Entscheidungen. Eine theoretische und empirische Analyse, Wiesbaden 1992.

**North, K. (1998):** Wissensorientierte Unternehmensführung, Wiesbaden 1998.

**Nummer-Winkler, G. (1993):** Verantwortung. In: Enderle, G. et al. (Hrsg.): Lexikon der Wirtschaftsethik, Freiburg, Basel, Wien 1993, S. 1185-1192.

**Nunnenkamp, P. (1998):** Die deutsche Automobilindustrie im Prozeß der Globalisierung. Die Weltwirtschaft Nr. 3, S. 294-315.

**Nunnenkamp, P. et al. (1994):** Globalisation of Production and Markets, Tübingen 1994.

**Odenwald, G. (1997):** Die betriebliche Wertschöpfung als Beitrag zur Erfolgsmessung. In: Betrieb und Rechnungswesen: Buchführung, Bilanz, Kostenrechnung (BBK), o.Jg., H. 19, 1997, S. 991-1002.

**OECD (2003a):** Voluntary Approaches for Environmental Policy: Effectiveness, Efficiency and Usage in Policy Mix, Paris 2003.

**OECD (2003b):** Kurzfassung Freiwillige Ansätze für die Umweltpolitik: Wirksamkeit, Effizienz und Einsatz im Policy Mix. Overview Voluntary Approaches for Environmental Policy: Effectiveness, Efficiency and Usage in Policy Mix, German translation, www.oecd.org/dataoecd/41/55/4706362.pdf am 16.11.2003.

**OECD (2004):** OECD Guidelines 2000, http://www.oecd.org/dataoecd/56/36/1922428.pdf am 12.03.2004.

**OECD (2006):** Organisation for Economic Cooperation and Development, http://www.oecd.org am 04.04.2006.

**Öko-Institut e.V. (Hrsg.) (1997):** HoechstNachhaltig. Sustainable Development – Vom Leitbild zum Werkzeug, Freiburg 1997.

**oekom (2006):** oekom research AG, http://www.oekom.de am 16.02.2006.

**Oppenrieder, B. (1986):** Implementierungsprobleme einer Unternehmensethik, Nürnberg 1986.

**Otto (2006):** Otto Versand GmbH & Co. Nachhaltigkeit. Geschäftsgrundsätze, http://www.otto.com/ueber_uns/index.html am 24.03.2006.

**O.V. (1990):** Luftverunreinigungen I: Grundlagen – Emissionen. In: Heinrich, D./Hergt, M. (Hrsg.): Atlas der Ökologie, München 1990, S. 163.

**O.V. (1996):** Erfolgspotential. In: Schulte, C. (Hrsg.): Lexikon des Controlling, München, Wien, S. 201.

**O.V. (1997):** Das Shareholder Value-Konzept in der Kritik? Meinungsspiegel. In: Betriebswirtschaftliche Forschung und Praxis (BFuP), 49. Jg., H. 5, 1997, S. 536-566.

**O.V. (2005):** Ziele und Wege zu einer Nachhaltigen Entwicklung, http://www.nachhaltigkeit.info/artikel/ziele_und_wege_3/veranlassung_573.htm am 13.11.2005.

**O.V. (2006a):** Oblast Leningrad, http://de.wikipedia.org/wiki/Oblast_Leningrad am 07.11.2006.

**O.V. (2006b):** Automobilindustrie, http://www.willkommeninkoeln.de/01city/city02-4d.htm am 07.11.2006.

**O.V. (2007a):** Überblick. Automobil- und Zulieferindustrie, http://www.stadt-koeln.de/wirtschaft/branchen/industrie/auto/artikel/index.html am 24.02.2007.

**O.V. (2007b):** Automobil-Industrie, http://de.wikipedia.org/wiki/Wirtschaft_in_K%C3%B6ln#Automobil-Industrie am 24.02.2007.

**O.V. (2007c):** Soziale Indikatoren zur Entwicklung von Gesundheit: Soziale Verantwortung von Unternehmen. BKK Bundesverband, WHO Collaborating Centre, EU Verbindungsbüro WHO, Geschäftsstelle der EU-Kommission zur BGF in Europa, o.O. 2007.

**Pearce, D.W./Turner, K.R. (1990):** Economics of natural resources and the environment, New York u.a. 1990.

**Pearlstein, S. (1999):** Trade Theory Collides with Angry Reality. In: Washington Post, 03/12/1999, A01.

**Peemöller, V.H. (1993a):** Bilanzanalyse und Bilanzpolitik. Einführung in die Grundlagen, Rechnungslegung, Jahresabschluß, Bilanzierung und Bewertung, Bilanzpolitik, Bilanzanalyse, Analyseinstrumente, Wiesbaden 1993.

**Peemöller, V.H. (1993b):** Stand und Entwicklung der Unternehmensbewertung. Eine kritische Bestandsaufnahme. In: Deutsches Steuerrecht (DStR), 31. Jg., H. 11, 1993, S. 409-416.

**Perraton, J./Goldblatt, D./Held, D./McGrew, A. (1998):** Die Globalisierung der Wirtschaft. In: Beck, U. (Hrsg.): Politik der Globalisierung, Frankfurt am Main 1998, S. 134-168.

**Pfriem, R. (1995):** Unternehmenspolitik in sozialökologischen Perspektiven, Marburg 1995.

**Pfriem, R. (1999):** Woher kommt die Rahmenordnung und wo geht sie hin? – Zu Bedingungen ökologischer Klugheit für eine interaktive gesellschaftliche Umweltpolitik. In: Seidel, E. (Hrsg.): Betriebliches Umweltmanagement im 21. Jahrhundert. Aspekte, Aufgaben, Perspektiven, Berlin u.a. 1999; S. 103-113.

**Pieterse, J.N. (1998):** Der Melange-Effekt, Globalisierung im Plural. In: Beck, U. (Hrsg.): Perspektiven der Weltgesellschaft, Frankfurt am Main 1998, S. 87-124.

**Piper, N. (2001):** Global Denken, In: Süddeutsche Zeitung, 27.01.2001, S. 4

**Plinke, W. (1993):** Leistungs- und Erlösrechnung. In: Wittmann, W. (Hrsg.) (1993): HWB der Betriebswirtschaft. Bd. 2, 5., völlig neu gestaltete Aufl., Stuttgart 1993, Sp. 2563-2568.

**Prammer, H.K. (1998):** Rationales Umweltmanagement, Wiesbaden 1998.

**PricewaterhouseCoopers (2000):** Automotive Sector Insights: Analysis and Opinions on Merger and Acquisition Activity, http://www.pwcglobal.com/insights/auto am 04.07.2003.

**PricewaterhouseCoopers (2002a):** ‚Die ValueReporting Revolution' - Neue Wege in der kapitalmarktorientierten Unternehmensberichterstattung, Weinheim 2002.

**PricewaterhouseCoopers (2002b):** 2002 Sustainability Survey Report, o.O. 2002.

**Promberger, K./Spiess, H./Kössler W. (2006):** Unternehmen und Nachhaltigkeit. Eine managementorientierte Einführung in die Grundlagen nachhaltigen Wirtschaftens, Wien 2006.

**Raffée, H. (1993):** Gegenstand, Methoden und Konzepte der Betriebswirtschaftslehre. In: Bitz, M./Dellmann, K./Domsch, M./Egner, H. (Hrsg.): Vahlens Kompendium der Betriebswirtschaftslehre, Bd. 1, 3. Aufl., München 1993, S. 1-46.

**Rappaport, A. (1986):** Creating Shareholder Value, New York 1986.

**Reeg, M. (1998):** Liefer- und Leistungsbeziehungen in der deutschen Automobilindustrie. Strukturelle Veränderungen aus unternehmerischer und wirtschaftspolitischer Sicht, Berlin 1998.

**Reichmann, T. (1993):** Kennzahlensysteme. In: Wittmann, W. et al. (Hrsg.): HWB der Betriebswirtschaft. Bd. 3, 5., völlig neu gestaltete Aufl., Stuttgart 1993, Sp. 2159-2174.

**Reichmann, T. (1997):** Controlling mit Kennzahlen und Managementberichten. Grundlagen einer systemgestützten Controlling-Konzeption, 5. überarbeitete. u. erweiterte Aufl., München 1997.

**Reichwald, R./Koller, H. (1996):** Die Dezentralisierung als Maßnahme zur Förderung der Lernfähigkeit von Organisationen – Spannungsfelder auf dem Weg zu neuen Innovationsstrategien. In: Bullinger, H.-J. (Hrsg.): Lernende Organisationen, Stuttgart 1996, S. 105-153.

**Richard, H.-J. (1992):** Aktienindizes: Grundlage ihrer Konstruktion und Verwendungsmöglichkeiten unter besonderer Berücksichtigung des Deutschen Aktienindex-DAX, Köln 1992.

**Richet, X./Bourassa F. (2000):** The Reemergence of the Automotive Industry in Eastern Europe. In: Hirschhausen, Ch. von/Bitzer, J. (Hrsg.): The Globalization of Industry and Innovation in Eastern Europe. From Post-socialist Restructuring to International Competitiveness, Cheltenham 2000, S. 59-94.

**Robert K.-H. et al. (2002):** Strategic sustainable development – selection, design and synergies of applied tools. In: Journal of Cleaner Production, Vol. 10/3, Pg. 197-214.

**Robert Bosch Stiftung (2006):** Unser Engagement, http://www.bosch-stiftung.de/ am 10.06.2006.

**Rummler, G.A./Brache, A.P. (1990):** Improving Performance: How to manage the white space on the organization chart, San Francisco 1990.

**SA, Social Accountability (2004):** Social Accountability 8000 – Normen des SA 8000 Standards, http://www.sa8000.org/introduction.html am 03.09.2004.

**Sadler, D. (1998):** Changing Inter-firm Relations in the European Automotive Industry: Increased Dependence or Enhanced Autonomy for Components Producers? European Urban and Regional Studies No.5, Pg. 317-328.

**SAI, Social Accountability International (2004):** Organisation Social Accountability International, Einführung des SA 8000 Standards, http://www.cepaa.org/SA8000/SA8000htm am 03.09.2004.

**SAM, Sustainable Asset Management Group (2007):** SAM, http://www.sam-group.com/htmld/main.cfm, am 03.03.2007.

**Schaffer, R.H. (1991):** Demand Better Results – And Get Them. In: Harvard Business Review, Vol. 69, No. 2, 1991, Pg. 142-149.

**Schäfer, H. (2003):** Sozial-ökologische Ratings am Kapitalmarkt. Transparenzstudie zur Beschreibung konkurrierender Konzepte zur Nachhaltigkeitsmessung auf deutschsprachigen Finanzmärkten, Düsseldorf 2003.

**Schaltegger, S. (1999):** Bildung und Durchsetzung von Interessen zwischen Stakeholdern der Unternehmung. Eine politisch-ökonomische Perspektive. In: Die Unternehmung, 53. Jg., H. 1, 1999, S. 3-20.

**Schaltegger, S. et al. (2002):** Nachhaltigkeitsmanagement in Unternehmen. Konzepte und Instrumente zur nachhaltigen Unternehmensentwicklung, Bonn 2002.

**Schaltegger, S./Dyllick, T. (2002):** Einführung. In: Schaltegger, S./Dyllick, T. (Hrsg.): Nachhaltigkeit managen mit der Balanced Scorecard. Konzept und Fallstudien, Wiesbaden 2002, S. 19-39.

**Schaltegger, S./Figge, F. (2000):** Was ist Stakeholder Value, Lüneburg 2000.

**Schaltegger, S./Herzig, Ch./Kleiber, O./Müller, J. (2002):** Nachhaltigkeitsmanagement in Unternehmen. Konzepte und Instrumente zur nachhaltigen Unternehmensentwicklung, Bonn 2002.

**Schaltegger, S./Kempke, S. (1996):** Öko-Controlling. Überblick über bisherige Ansätze. In: ZfB-Ergänzungsheft, H. 2, 1996, S. 149-163.

**Schaltegger, S./Kubat, R. (1995):** Das Handwörterbuch der Ökobilanzierung. Begriffe und Definitionen, WWZ-Studie Nr. 45, Basel 1995.

**Schaltegger, S./Sturm, A. (1990):** Ökologische Rationalität. Ansatzpunkte zur Ausgestaltung von ökologieorientierten Managementinstrumenten. In: Die Unternehmung, 44. Jg., H. 4, 1990, S. 273-290.

**Schaltegger, S./Sturm, A. (1992):** Erfolgskriterien ökologieorientierten Managements: Interdependenzen zur staatlichen Umweltpolitik. In: Hauff, M./Schmidt, U. (Hrsg.): Ökonomie und Ökologie, Stuttgart 1992, S. 195-218.

**Schaltegger, S./Sturm, A. (1994):** Ökologieorientierte Entscheidungen in Unternehmen. Ökologisches Rechnungswesen statt Ökobilanzierung: Notwendigkeit, Kriterien, Konzepte, 2. Aufl., Bern, Stuttgart, Wien 1994.

**Scherer, A. (2000):** Zur Verantwortung der Multinationalen Unternehmung im Prozess der Globalisierung. In: Knyphausen-Aufseß, D. zu (Hrsg.): Globalisierung als Herausforderung der Betriebswirtschaftslehre, Wiesbaden 2000, S. 1-17.

**Schiemenz, B. (1993):** Systemtheorie, betriebswirtschaftliche. In: Wittmann, W. et al. (Hrsg.): HWB, Bd. 3, 5. Aufl., Stuttgart 1993, Sp. 4127-4140.

**Schierenbeck, H. (2000):** Grundzüge der Betriebswirtschaftslehre, 15. Aufl., München 2000.

**Schmelzer, H.J./Friedrich, W. (1997):** Integriertes Prozeß-, Produkt- und Projektcontrolling. In: Controlling, 9. Jg., H. 5, 1997, S. 334-344.

**Schmid, U. (1989):** Umweltschutz – Eine strategische Herausforderung für das Management, Frankfurt am Main u.a. 1989.

**Schmid, U. (1996):** Ökologieorientierte Wertschöpfung in Industrieunternehmen, Frankfurt am Main u.a. 1996.

**Schmid, U. (1997):** Das Anspruchsgruppen-Konzept. In: Das Wirtschaftsstudium (WISU), 26. Jg., H. 7, 1997, S. 633-635.

**Schmid, U. (1999):** Ökologisch nachhaltiges Management. In: WiSt – Wirtschaftswissenschaftliches Studium, 28. Jg., H. 6, 1999, S. 285-292.

**Schmidheiny, S. (1992):** Kurswechsel, München 1992.

**Schmidt, R. (1996):** Shareholder Value. In: Schulte, C. (Hrsg.) (1996): Lexikon des Controlling, München, Wien 1996, S. 679-683.

**Schneidewind, U. (1994):** Mit COSY (Company oriented Sustainability) Unternehmen zur Nachhaltigkeit führen, IWÖ-Diskussionsbeitrag Nr. 15, St. Gallen 1994.

**Schneidewind, U. et al. (2002):** Nachhaltigkeit in der deutschen Waschmittelindustrie. Abschlussbericht zum Forschungsprojekt im Auftrag des Industrieverbandes Körperpflege und Waschmittel e.V., Universität Oldenburg, Oldenburg 2002.

**Schneidewind, U./Hummel, J./Belz, F. (1997):** Instrumente zur Umsetzung von COSY (Company oriented Sustainability) in Unternehmen und Branchen. In: UmweltWirtschaftsForum (uwf), 5. Jg., H. 2, 1997, S. 36-44.

**Scholz, C. (1992):** Effizienz und Effektivität. In: Frese, E. (Hrsg.): Handwörterbuch der Organisation, 3. Aufl., Stuttgart 1992, Sp. 533-552.

**Schreyögg, G. (1993):** Umfeld der Unternehmung. In: Wittmann, W. et al. (Hrsg.): HWB, Bd. 3, 5. völlig neu gestaltete Aufl., Stuttgart 1993, Sp. 4231-4247.

**Schulz, R./Drews, O./Schmidt-Dorrenbach, H. (1990):** Die soziale Verantwortung des Unternehmers, München 1990.

**Schulz, E./Schulz, W. (1993):** Umweltcontrolling in der Praxis, München 1993.

**Schwaderlapp, R. (1997):** Nachhaltiges Umweltmanagement mit dem Öko-Audit? In: UmweltWirtschaftsForum (uwf), 5. Jg., H. 2, 1997, S. 94-98.

**Schwemmer, O. (1987):** Handlung und Struktur. Zur Wissenschaftstheorie der Kulturwissenschaften, Frankfurt am Main 1987.

**Seidel, E. (1996):** Betriebsökonomische Effizienzindikatoren. In: Schulte, C. (Hrsg.): Lexikon des Controlling, München, Wien, S. 91-94.

**Seidel, E. (1998):** Umweltorientierte Kennzahlen und Kennzahlensysteme – Leistungsmöglichkeiten und Leistungsgrenzen, Entwicklungsstand und Entwicklungsaussichten. In: Seidel, E./Clausen, J./Seifert, E. (Hrsg.): Umweltkennzahlen: Planungs-, Steuerungs- und Kontrollgrößen für ein umweltorientiertes Management, München 1998, S. 9-31.

**Seidel, E. (1999):** Umweltkennzahlen im Einsatz für das Benchmarking. In: Seidel, E. (Hrsg.): Betriebliches Umweltmanagement im 21. Jahrhundert. Aspekte, Aufgaben, Perspektiven, Berlin u.a. 1999, S. 255-265.

**Seisreiner, R. (1999):** Das Corporate-Ecological-Performance-Modell zur Unterstützung einer umweltorientierten Unternehmensführung, Berlin 1999.

**Seitz, B. (2002):** Corporate Citizenship – Rechte und Pflichten der Unternehmung im Zeitalter der Globalisierung. Wiesbaden 2002.

**Serageldin, I. (1996):** Sustainability and the Wealth of Nations. Environmental Sustainable Development Studies and Monographs Series No. 2, The World Bank, Washington D.C. 1996.

**Simanek, A. (1998):** Markt- und Kompetenzorientierte Geschäftsplanung, Wiesbaden 1998.

**Speckbacher, G. (1997):** Shareholder Value und Stakeholder Ansatz. In: Die Betriebswirtschaft (DBW), 57. Jg., H. 5, 1997, S. 630-639.

**Spiegel online (2007):** „Tiefensee plant Ökoplakette für Autos", Politik, http://www.spiegel.de/politik/deutschland/0,1518,469725,00.html am 03.03.2007.

**SRU, Rat von Sachverständigen für Umweltfragen (1996):** Umweltgutachten. Zur Umsetzung einer dauerhaften Entwicklung, Stuttgart 1996.

**Staehle, W./Nork, M. (1992):** Umweltschutz und Theorie der Unternehmung. In: Steger, U. (Hrsg.): Handbuch des Umweltmanagements, München 1992, S. 67-82.

**Stahl, H.-W. (1998):** Die Abweichungen im operativen Controlling – ihre Analyse und inhaltliche Abstimmung. In: Betrieb und Wirtschaft, 52. Jg., H. 24, 1998, S. 924-928.

**Stahlmann, V. (1996):** Öko-Effizienz und Öko-Effektivität. Läßt sich der Umweltfortschritt eines Unternehmens messen? In: UmweltWirtschaftsForum (uwf), 4. Jg., H. 4, 1996, S. 70-76.

**Statistisches Bundesamt (2006):** Statistisches Jahrbuch 2006. Für die Bundesrepublik Deutschland, Wiesbaden 2006.

**Statistisches Bundesamt (2007):** Statistisches Bundesamt, Pressemitteilung vom 23. Februar 2007: 5% weniger Tote im Straßenverkehr im Jahre 2006, http://www.destatis.de/press/deutsch/pm2007/p0750191.htm am 24.02.2007.

**Steger, U. (1992):** Normstrategien im Umweltmanagement. In: Steger, U. (Hrsg.): Handbuch des Umweltmanagements. Anforderungs- und Leistungsprofile von Unternehmen und Gesellschaft, München 1992, S. 271-293.

**Steger, U. (1993):** Umweltmanagement – Erfahrungen und Instrumente einer umweltorientierten Unternehmensstrategie, 2. Aufl., Frankfurt am Main 1993.

**Steinmann, H. (1973):** Zur Lehre von der „gesellschaftlichen Verantwortung der Unternehmensführung". Zugleich eine Kritik des Davoser Manifests. In: Wirtschaftswissenschaftliches Studium, 6. Jg., S. 467-473.

**Steinmann, H, (1978):** Die Betriebswirtschaftslehre als normative Handlungswissenschaft, Wiesbaden 1978.

**Steinmann, H./Löhr, A. (1994):** Grundlagen der Unternehmensethik, 2. überarbeitete und erweiterte Aufl., Stuttgart 1994.

**Steinmann, H./Scherer, A. (1997):** Die multinationale Unternehmung als moralischer Akteur. Bemerkungen zu einigen normativen Grundlagenproblemen des interkulturellen Managements. In: Engelhard, J. (Hrsg.): Interkulturelles Management, Wiesbaden (1997), S. 23-53.

**Stephan, M./Pfaffmann, E. (1999):** Foreign Direct Investment Strategies by Multinational Automotive Suppliers: A New Link between Outsourcing and Industry Concentration in Turbulent Times. Forschungsstelle Internationales Management and Innovation, Stuttgart 1999.

**Stölzle, W. (1993):** Umweltschutz und Entsorgungslogistik. Theoretische Grundlagen mit ersten empirischen Ergebnissen zur innerbetrieblichen Entsorgungslogistik, Berlin 1993.

**STOXX, Dow Jones STOXX Indices (2007):** Europe's leading index provider, http://www.stoxx.com/index.html am 04.03.2007.

**Strössenreuther, H. (1996):** Nachhaltigkeitsorientierte Unternehmensentwicklung am Beispiel der Hewlett-Packard GmbH, IWÖ-Diskussionsbeitrag Nr. 31, St. Gallen 1996.

**Strössenreuther, H. (1997):** Sustainability-ortientiertes organisationelles Lernen als Unternehmensziel. In: UmweltWirtschaftsForum (uwf), 5. Jg., H. 2, 1997, S. 30-35.

**Toyota (2002):** Toyota Environmental Report 2002, Washington D.C., 2002.

**Toyota (2003):** Toyota. Moving Forward. Company profile and environmental data source, http://www.toyota.com/about/environment/manufacturing/index.html/ am 18.06.2003.

**The Economist (1998a):** Mercedes Goes to Motortown, $9^{th}$ of May 1998, Pg. 15.

**The Economist (1998b):** Too Many Pieces, $9^{th}$ of May 1998, Pg. 70-71.

**The Economist (2000):** Merger Brief: The DaimlerChrysler Emulsion. $29^{th}$ of July 2000, Pg. 69-70.

**Thommen, J.-P. (1991):** Managementorientierte Betriebswirtschaft, 3. Aufl., Bern, Stuttgart 1991.

**Ulrich, H. (1970):** Die Unternehmung als produktives soziales System. Grundlagen der allgemeinen Unternehmenslehre, 2. Aufl., Bern, Stuttgart 1970.

**Ulrich, H. (1978):** Unternehmenspolitik, 2. Aufl., Bern, Stuttgart 1978.

**Ulrich, H. (1981):** Die Bedeutung der Management-Philosophie für die Unternehmungsführung. In: Ulrich, H. (Hrsg.): Management-Philosophie für die Zukunft. Gesellschaftlicher Wertewandel als Herausforderung an das Management, Bern, Stuttgart 1981, S. 11-23.

**Ulrich, P. (1977):** Die Großunternehmung als quasi-öffentliche Institution. Eine politische Theorie der Unternehmung, Stuttgart 1977.

**Ulrich, P. (1981):** Wirtschaftsethik und Unternehmensverfassung: Das Prinzip des unternehmenspolitischen Dialogs. In: Ulrich, P. (Hrsg.): Management-Philosophie für die Zukunft. Gesellschaftlicher Wertewandel als Herausforderung an das Management, Bern, Stuttgart 1981, S. 51-75.

**Ulrich, P. (1987):** Wirtschaftsethik und ökonomische Rationalität, St. Gallen 1987.

**Ulrich, P. (1993):** Transformation der ökonomischen Vernunft. Fortschrittsperspektiven der modernen Industriegesellschaft, 3. Aufl., Bern, Stuttgart, Wien 1993.

**Ulrich, P. (1994):** Integrative Wirtschafts- und Unternehmensethik. Ein Rahmenkonzept. In: Forum für Philosophie, Bad Homburg 1994, S. 75-107.

**Ulrich, P. (1998):** Wofür sind Unternehmen verantwortlich? Teil II: Stakeholder-Dialog und republikanische Mitverantwortung. In: Forum Wirtschaftsethik, 6. Jg., Nr.1, S. 3-9.

**Ulrich P./Fluri, E. (1995):** Management, 7. Aufl., Bern, Stuttgart, Wien 1995.

**Ulrich, P./Probst, G. (1991):** Anleitung zum ganzheitlichen Denken und Handeln, 3. Aufl., Bern, Stuttgart 1991.

**United Nations (2006):** United Nations Global Compact, http://www.unglobalcompact.org/ am 06.04.2006.

**UNCTAD, United Nations Conference on Trade and Development, (1998):** World Investment Report 1998: Trends and Determinants. United Nations, New York 1998.

**UNCTAD, United Nations Conference on Trade and Development, (1999):** World Investment Report 1999: Foreign Direct Investment and the Challenge of Development, United Nations, New York 1999.

**VDA, Verband der Automobilindustrie (2006):** Auto Jahresbericht 2006, Frankfurt am Main 2006.

**Vickery, G. (1996):** Globalisation in the Automobile Industry. In: OECD, Globalisation of Industry. Overview and Sector Reports. Paris 1996, S. 153-205.

**Voss, G. (1997):** Das Leitbild der nachhaltigen Entwicklung - Darstellung und Kritik. Beiträge zur Wirtschafts- und Sozialpolitik, Nr. 237, Köln 1997.

**VW, Volkswagen (2002):** Volkswagen AG: Umweltbericht 2002, Wolfsburg 2002.

**VW, Volkswagen (2003):** Mobilität und Umwelt. Daten und Fakten: Umweltkennzahlen, http://www.volkswagen-umwelt.de/ am 10.06.2003.

**VW-Stiftung (2006):** Volkswagen Stiftung. Wir stiften Wissen, http://www.volkswagen-stiftung.de/ am 10.6.2006.

**Wackernagel, M./Rees, W. (1997):** Unser ökologischer Fußabdruck. Wie der Mensch Einfluß auf die Umwelt nimmt, Basel u.a. 1997.

**Wagner, G.R. (1997):** Betriebswirtschaftliche Umweltökonomie, Stuttgart 1997.

**Wagner, G.R./Matten D. (1992):** Die Erstellung innovativer technischer Großsysteme im Spannungsfeld zwischen ökonomischen und ökologischen Risiken – diskutiert am Beispiel des Transrapid. In: Die Betriebswirtschaft 1992, S. 359-383.

**Wagner, G.R./Janzen, H. (1991):** Ökologisches Controlling. Mehr als ein Schlagwort? In: Controlling, 3. Jg., H. 3, 1991, S. 120-129.

**Wagner, G.R./Janzen, H. (1994):** Umwelt-Auditing als Teil des betrieblichen Umwelt- und Risikomanagements. In: Betriebswirtschaftliche Forschung und Praxis, o.Jg., 1994, S. 573-604.

**Walton, C.C. (1999):** Soziale Verantwortung von Unternehmen, München 1999.

**WCED, World Commission on Environment and Development (1987):** our common future, Oxford u a. 1987.

**Weiß, J.-P. (2000):** Die deutsche Automobilindustrie im internationalen Wettbewerb, Berlin 2000.

**Welge, M. (1985):** Unternehmungsführung, Bd. 1: Planung, Stuttgart 1985.

**Werhane, P. (1985):** Persons, Rights, & Corporations, Englewood Cliffs, New Jersey 1985.

**Werhane, P. (1992):** Rechte und Verantwortung von Korporationen. In: Lenk, H./Maring, M. (Hrsg.): Wirtschaft und Ethik, Stuttgart 1992, S. 329-336.

**Westebbe, A./Logan, D. (1995):** Corporate Citizenship. Unternehmen im gesellschaftlichen Dialog, Wiesbaden 1995.

**Wöhe, G. (1990):** Einführung in die Allgemeine Betriebswirtschaftslehre, 17., überarbeitete Aufl., München 1990.

**Wöhe, G. (2002):** Einführung in die Allgemeine Betriebswirtschaftslehre, 21., neubearbeitete Aufl., München 2002.

**World Trade Agenda (2000):** Global or Not: The Auto Sector Looks Open to New Trade Disputes and Heavy Pressure on Market Opening and Investment Terms. Nr. 00/01, Genf 2000.

**Zahn, E./Gassert, H. (1992):** Umweltschutzorientiertes Management. Die unternehmerische Herausforderung von morgen, Stuttgart 1992.

# AUSGEWÄHLTE VERÖFFENTLICHUNGEN

EUL VERLAG

## PLANUNG, ORGANISATION UND UNTERNEHMUNGSFÜHRUNG

Herausgegeben von Prof. Dr. Dr. h. c. Norbert Szyperski, Köln, Prof. Dr. Winfried Matthes, Wuppertal, Prof. Dr. Udo Winand, Kassel, Prof. (em.) Dr. Joachim Griese, Bern, Prof. Dr. Harald F. O. von Kortzfleisch, Koblenz, Prof. Dr. Ludwig Theuvsen, Göttingen, und Prof. Dr. Andreas Al-Laham, Kaiserslautern

Band 75
Markus A. Happel
**Wertorientiertes Controlling in der Praxis** – Eine empirische Überprüfung
Lohmar – Köln 2001 • 296 S. • € 44,- (D) • ISBN 3-89012-909-9

Band 76
Martin Kupp
**Kooperationen zwischen Umweltschutzorganisationen und Unternehmen**
Lohmar – Köln 2001 • 200 S. • € 38,- (D) • ISBN 3-89012-914-5

Band 77
Andreas Lasar
**Dezentrale Organisation in der Kommunalverwaltung**
Lohmar – Köln 2001 • 308 S. • € 45,- (D) • ISBN 3-89012-920-X

Band 78
Mathias Luhn
**Flexible Prozeßrechnung für ein Geschäftsprozeßmanagement**
Lohmar – Köln 2002 • 350 S. • € 48,- (D) • ISBN 3-89012-927-7

Band 79
Martin Hermesch
**Die Gestaltung von Interorganisationsbeziehungen** – Theoretische sowie empirische Analysen und Erklärungen
Lohmar – Köln 2002 • 322 S. • € 46,- (D) • ISBN 3-89012-928-5

Band 80
Achim Korten
**Wirkung kompetenzorientierter Strategien auf den Unternehmenswert** – Eine simulationsbasierte Analyse mit System Dynamics
Lohmar – Köln 2002 • 334 S. • € 47,- (D) • ISBN 3-89012-937-4

Band 81
Thorsten Peske
**Eignung des Realoptionsansatzes für die Unternehmensführung**
Lohmar – Köln 2002 • 278 S. • € 43,- (D) • ISBN 3-89012-941-2

Band 82
Clemens Odendahl
**Cooperation Resource Planning** – Planung und Steuerung dynamischer Kooperationsnetzwerke
Lohmar – Köln 2002 • 228 S. • € 41,- (D) • ISBN 3-89012-962-5

Band 83
Yven Schmidt
**Verbesserungsprozeßmanagement** – Entwicklung eines Werkzeuges für die koordinierte Verbesserung von Geschäftsprozessen
Lohmar – Köln 2002 • 232 S. • € 44,- (D) • ISBN 3-89012-975-7

Band 84
Gerrit Andreas Marx
**Wertorientiertes Management einer Region** – Regional Resident Value und Corporate Shareholder Value als Management-Missionen einer Public-Private-Partnership auf Aktien
Lohmar – Köln 2002 • 304 S. • € 48,- (D) • ISBN 3-89012-982-X

Band 85
Felix Zimmermann
**Vertrauen in Virtuellen Unternehmen**
Lohmar – Köln 2003 • 272 S. • € 46,- (D) • ISBN 3-89936-077-X

Band 86
Beate Degen
**Responsible Care© in Investments**
Lohmar – Köln 2003 • 314 S. • € 48,- (D) • ISBN 3-89936-087-7

Band 87
Harald Wüllenweber
**Mehr Kundenbindung durch Organisationales Lernen** – Konzept – Modellierung – empirische Befunde
Lohmar – Köln 2003 • 354 S. • € 52,- (D) • ISBN 3-89936-106-7

Band 88
Carolina Catrin Schnitzler
**Unternehmenskultur in Internet-Unternehmen** – Gestaltungsmöglichkeiten durch Gründer und Führungskräfte
Lohmar – Köln 2003 • 284 S. • € 48,- (D) • ISBN 3-89936-111-3

Band 89
Jens Kiefel
**Unternehmenssteuerung im Informationszeitalter** – Gestaltung zwischen systemischer Machbarkeit und ökonomischer Rationalität
Lohmar – Köln 2003 • 360 S. • € 53,- (D) • ISBN 3-89936-134-2

Band 90
Matthias Kern
**Lean Information System** – Problemorientierte Gestaltung von Informationssystemen unter besonderer Berücksichtigung von Lean Management
Lohmar – Köln 2003 • 372 S. • € 54,- (D) • ISBN 3-89936-141-5

Band 91
Jochen Großpietsch
**Supply Chain Management in der Konsumgüterindustrie**
Lohmar – Köln 2003 • 254 S. • € 46,- (D) • ISBN 3-89936-145-8

Band 92
Stefan Sekul
**Ökologisches Konfliktmanagement**
Lohmar – Köln 2003 • 286 S. • € 48,- (D) • ISBN 3-89936-163-6

Band 93
Bernd Bräuer
**Wissensmanagementstrategietypen in temporär intendierten Unternehmensnetzwerken**
Lohmar – Köln 2003 • 410 S. • € 56,- (D) • ISBN 3-89936-179-2

Band 94
Frank Czymmek
**Ökoeffizienz und unternehmerische Stakeholder**
Lohmar – Köln 2003 • 266 S. • € 47,- (D) • ISBN 3-89936-180-6

Band 95
Florian Kelber
**Turnaround Management von Dotcoms**
Lohmar – Köln 2004 • 432 S. • € 56,- (D) • ISBN 3-89936-203-9

Band 96
Wolfgang Irrek
**Controlling der Energiedienstleistungsunternehmen**
Lohmar – Köln 2004 • 552 S. • € 65,- (D) • ISBN 3-89936-219-5

Band 97
Guido Paffenholz
**Exitmanagement** – Desinvestitionen von Beteiligungsgesellschaften
Lohmar – Köln 2004 • 276 S. • € 47,- (D) • ISBN 3-89936-256-X

Band 98
Ingmar Ackermann
**Supply Chain Management in der Automobilindustrie**
Lohmar – Köln 2004 • 428 S. • € 56,- (D) • ISBN 3-89936-269-1

Band 99
Lars-Heiko Rauscher
**Strategische Frühaufklärung** – Neuer Vorschlag zur finanziellen Bewertung
Lohmar – Köln 2004 • 292 S. • € 49,- (D) • ISBN 3-89936-271-3

Band 100
Katharina Brigitte Rick
**Corporate Governance and Balanced Scorecard** – A Strategic Monitoring System for Swiss Boards of Directors
Lohmar – Köln 2004 • 288 S. • € 48,- (D) • ISBN 3-89936-273-X

Band 101
Jens D.-O. Heymans
**Management der textilen Supply Chain durch den Bekleidungs-einzelhandel**
Lohmar – Köln 2004 • 314 S. • € 52,- (D) • ISBN 3-89936-274-8

Band 102
Roland Rolles
**Content Management in der öffentlichen Verwaltung**
Lohmar – Köln 2004 • 268 S. • € 47,- (D) • ISBN 3-89936-287-X

Band 103
Erik Hofmann
**Strategisches Synergie- und Dyssynergiemanagement**
Lohmar – Köln 2004 • 406 S. • € 56,- (D) • ISBN 3-89936-289-6

Band 104
Hanns Martin Schindewolf
**Organisches Wachstum internationaler Unternehmen** – Eine empirische Exploration
Lohmar – Köln 2004 • 350 S. • € 54,- (D) • ISBN 3-89936-292-6

Band 105
Oliver Schwarz
**Die Anwendung des Markt- und Ressourcenorientierten Ansatzes des Strategischen Managements** – Dargestellt am Beispiel der IPOs am Neuen Markt
Lohmar – Köln 2004 • 442 S. • € 58,- (D) • ISBN 3-89936-304-3

Band 106
Leonhard von Metzler
**Risikoaggregation im industriellen Controlling**
Lohmar – Köln 2004 • 262 S. • € 47,- (D) • ISBN 3-89936-306-X

Band 107
Markus Welter
**Informations-, Wissens- und Meinungsmanagement für Dienstleistungsunternehmen** – Analyse und Entwurf unter besonderer Berücksichtigung informationsökonomischer Aspekte
Lohmar – Köln 2005 • 328 S. • € 52,- (D) • ISBN 3-89936-332-9

Band 108
Michael Krupp
**Kooperatives Verhalten auf der sozialen Ebene einer Supply Chain**
Lohmar – Köln 2005 • 252 S. • € 47,- (D) • ISBN 3-89936-379-5

Band 109
Markus A. Launer
**Coordination of Foreign Subsidiaries in Multinational Enterprises**
Lohmar – Köln 2005 • 132 S. • € 38,- (D) • ISBN 3-89936-397-3

Band 110
Ulrich Thomé
**Kooperations-Engineering** – Ein lernorientierter Gestaltungsansatz
Lohmar – Köln 2006 • 376 S. • € 55,- (D) • ISBN 3-89936-445-7

Band 111
Gerhard Sessing
**Wissenstransfer zwischen Organisationen** – Erfolgsfaktoren im interorganisationalen Lernprozess
Lohmar – Köln 2006 ♦ 298 S. ♦ € 49,- (D) ♦ ISBN 3-89936-458-9

Band 112
Kai-Christian Muchow
**Strategischer Wandel in Professional Service Firms** – Eine prozeßorientierte Untersuchung am Beispiel deutscher Rechtsanwaltskanzleien
Lohmar – Köln 2006 ♦ 314 S. ♦ € 52,- (D)
ISBN-13: 978-3-89936-488-0 ♦ ISBN-10: 3-89936-488-0

Band 113
Stefan Wittenberg
**Gestaltung interner Märkte in Unternehmensnetzwerken**
Lohmar – Köln 2006 ♦ 256 S. ♦ € 47,- (D)
ISBN-13: 978-3-89936-500-9 ♦ ISBN-10: 3-89936-500-3

Band 114
Andreas Roß
**Wertsteigerung durch Netzwerkkompetenz** – Konzeption und praktisches Vorgehen
Lohmar – Köln 2006 ♦ 300 S. ♦ € 49,- (D)
ISBN-13: 978-3-89936-522-1 ♦ ISBN-10: 3-89936-522-4

Band 115
Klaus-Philipp Koepff
**Institutionelles Krisenmanagement** – Ein empirischer Vergleich von Inhouse- und Interim-Management
Lohmar – Köln 2007 ♦ 274 S. ♦ € 48,- (D) ♦ ISBN 978-3-89936-574-0

Band 116
Karl Langenstein
**Post Merger Integration Management**
Lohmar – Köln 2007 ♦ 260 S. ♦ € 47,- (D) ♦ ISBN 978-3-89936-627-3

Band 117
Dirk Nonnenmacher
**Organisation von Dienstleistungsprozessen** – Rollen als Grundlage der Organisationsgestaltung
Lohmar – Köln 2007 ♦ 338 S. ♦ € 53,- (D) ♦ ISBN 978-3-89936-649-5

Band 118
Annette Boms
**Unternehmensverantwortung und Nachhaltigkeit** – Umsetzung durch das Sustainability Performance Measurement
Lohmar – Köln 2008 ♦ 452 S. ♦ € 59,- (D) ♦ ISBN 978-3-89936-655-6

## Weitere Schriftenreihen:

### UNIVERSITÄTS-SCHRIFTENREIHEN

**- Reihe: Steuer, Wirtschaft und Recht**

Herausgegeben von vBP StB Prof. Dr. Johannes Georg Bischoff, Wuppertal, Dr. Alfred Kellermann, Vorsitzender Richter (a. D.) am BGH, Karlsruhe, Prof. (em.) Dr. Günter Sieben, Köln, und WP StB Prof. Dr. Norbert Herzig, Köln

**- Reihe: Rechnungslegung und Wirtschaftsprüfung**

Herausgegeben von Prof. (em.) Dr. Dr. h. c. Jörg Baetge, Münster, Prof. Dr. Hans-Jürgen Kirsch, Münster, und Prof. Dr. Stefan Thiele, Wuppertal

**- Reihe: Informationsmanagement und Unternehmensführung – Schriften des IMU, Universität Osnabrück**

Herausgegeben von Prof. Dr. Uwe Hoppe, Prof. Dr. Bodo Rieger, Jun.-Prof. Dr. Frank Teuteberg und Prof. Dr. Thomas Witte

**- Reihe: Controlling**

Herausgegeben von Prof. Dr. Volker Lingnau, Kaiserslautern, und Prof. Dr. Albrecht Becker, Innsbruck

**- Reihe: Wirtschaftsinformatik**

Herausgegeben von Prof. Dr. Dietrich Seibt, Köln, Prof. Dr. Hans-Georg Kemper, Stuttgart, Prof. Dr. Georg Herzwurm, Stuttgart, Prof. Dr. Dirk Stelzer, Ilmenau, und Prof. Dr. Detlef Schoder, Köln

**- Reihe: Schriften zu Kooperations- und Mediensystemen**

Herausgegeben von Prof. Dr. Volker Wulf, Siegen, Prof. Dr. Jörg Haake, Hagen, Prof. Dr. Thomas Herrmann, Bochum, Prof. Dr. Helmut Krcmar, München, Prof. Dr. Johann Schlichter, München, Prof. Dr. Gerhard Schwabe, Zürich, und Prof. Dr.-Ing. Jürgen Ziegler, Duisburg

**- Reihe: Telekommunikation @ Medienwirtschaft**

Herausgegeben von Prof. Dr. Dr. h. c. Norbert Szyperski, Köln, Prof. Dr. Udo Winand, Kassel, Prof. Dr. Dietrich Seibt, Köln, Prof. Dr. Rainer Kuhlen, Konstanz, Dr. Rudolf Pospischil, Bonn, Prof. Dr. Claudia Löbbecke, Köln, und Prof. Dr. Christoph Zacharias, Köln

**- Reihe: Electronic Commerce**

Herausgegeben von Prof. Dr. Dr. h. c. Norbert Szyperski, Köln, Prof. Dr. Beat F. Schmid, St. Gallen, Prof. Dr. Dr. h. c. August-Wilhelm Scheer, Saarbrücken, Prof. Dr. Günther Pernul, Regensburg, Prof. Dr. Stefan Klein, Münster, Prof. Dr. Detlef Schoder, Köln, und Prof. Dr. Tobias Kollmann, Essen

**- Reihe: E-Learning**

Herausgegeben von Prof. Dr. Dietrich Seibt, Köln, Prof. Dr. Freimut Bodendorf, Nürnberg, Prof. Dr. Dieter Euler, St. Gallen, und Prof. Dr. Udo Winand, Kassel

**- Reihe: InterScience Reports**

Herausgegeben von Prof. Dr. Dr. h. c. Norbert Szyperski, Köln, Prof. Dr. Harald F. O. von Kortzfleisch, Koblenz, und Prof. Dr. Dietrich Seibt, Köln

**- Reihe: FGF Entrepreneurship-Research Monographien**

Herausgegeben von Prof. Dr. Heinz Klandt, Oestrich-Winkel, Prof. Dr. Dr. h. c. Norbert Szyperski, Köln, Prof. Dr. Michael Frese, Gießen, Prof. Dr. Josef Brüderl, Mannheim, Prof. Dr. Rolf Sternberg, Hannover, Prof. Dr. Ulrich Braukmann, Wuppertal, und Prof. Dr. Lambert T. Koch, Wuppertal

**- Reihe: Venture Capital und Investment Banking,** Neue Folge

Herausgegeben von Prof. Dr. Klaus Nathusius

**- Reihe: Technologiemanagement, Innovation und Beratung**

Herausgegeben von Prof. Dr. Dr. h. c. Norbert Szyperski, Köln, vBP StB Prof. Dr. Johannes Georg Bischoff, Wuppertal, und Prof. Dr. Heinz Klandt, Oestrich-Winkel

**- Reihe: Kleine und mittlere Unternehmen**

Herausgegeben von Prof. Dr. Jörn-Axel Meyer, Flensburg

- **Reihe: Wissenschafts- und Hochschulmanagement**
  Herausgegeben von Prof. Dr. Detlef Müller-Böling, Gütersloh, und Prof. Dr. Reinhard Schulte, Lüneburg

- **Reihe: Personal, Organisation und Arbeitsbeziehungen**
  Herausgegeben von Prof. Dr. Fred G. Becker, Bielefeld, und Prof. Dr. Walter A. Oechsler, Mannheim

- **Reihe: Forum Finanzwissenschaft und Public Management**
  Herausgegeben von Prof. Dr. Kurt Reding, Kassel, und PD Dr. Walter Müller, Kassel

- **Reihe: Finanzierung, Kapitalmarkt und Banken**
  Herausgegeben von Prof. Dr. Hermann Locarek-Junge, Dresden, Prof. Dr. Klaus Röder, Regensburg, und Prof. Dr. Mark Wahrenburg, Frankfurt

- **Reihe: Marketing**
  Herausgegeben von Prof. Dr. Heribert Gierl, Augsburg, Prof. Dr. Roland Helm, Jena, Prof. Dr. Frank Huber, Mainz, und Prof. Dr. Henrik Sattler, Hamburg

- **Reihe: Marketing, Handel und Management**
  Herausgegeben von Prof. Dr. Rainer Olbrich, Hagen

- **Reihe: Kundenorientierte Unternehmensführung**
  Herausgegeben von Prof. Dr. Hendrik Schröder, Essen

- **Reihe: Agrarökonomie**
  Herausgegeben von Prof. Dr. Achim Spiller, Göttingen, und Prof. Dr. Ludwig Theuvsen, Göttingen

- **Reihe: Produktionswirtschaft und Industriebetriebslehre**
  Herausgegeben von Prof. Dr. Jörg Schlüchtermann, Bayreuth

- **Reihe: Europäische Wirtschaft**
  Herausgegeben von Prof. Dr. Winfried Matthes, Wuppertal

- **Reihe: Katallaktik – Quantitative Modellierung menschlicher Interaktionen auf Märkten**
  Herausgegeben von Prof. Dr. Otto Loistl, Wien, und Prof. Dr. Markus Rudolf, Koblenz

- **Reihe: Quantitative Ökonomie**
  Herausgegeben von Prof. Dr. Eckart Bomsdorf, Köln, Prof. Dr. Wim Kösters, Bochum, und Prof. Dr. Winfried Matthes, Wuppertal

- **Reihe: Internationale Wirtschaft**
  Herausgegeben von Prof. Dr. Manfred Borchert, Münster, Prof. Dr. Gustav Dieckheuer, Münster, und Prof. Dr. Paul J. J. Welfens, Wuppertal

- **Schriftenreihe des Europäischen Instituts für Internationale Wirtschaftsbeziehungen**
  Herausgegeben von Prof. Dr. Wilfried Fuhrmann, Potsdam, und Prof. Dr. Paul J. J. Welfens, Wuppertal

- **Reihe: Industrieökonomik**
  Herausgegeben von Prof. Dr. Frank C. Englmann, Stuttgart, Prof. Dr. Mathias Erlei, Clausthal, Prof. Dr. Ulrich Schwalbe, Hohenheim, und Prof. Dr. Bernd Woeckener, Stuttgart

- **Reihe: Studien zur Dynamik der Wirtschaftsstruktur**
  Herausgegeben von Prof. Dr. Heinz Grossekettler, Münster

- **Reihe: Versicherungswirtschaft**
  Herausgegeben von Prof. (em.) Dr. Dieter Farny, Köln, und Prof. Dr. Heinrich R. Schradin, Köln

- **Reihe: Wirtschaftsgeographie und Wirtschaftsgeschichte**
  Herausgegeben von Prof. Dr. Ewald Gläßer, Köln, Prof. Dr. Josef Nipper, Köln, Dr. Martin W. Schmied, Köln, und Prof. Dr. Günther Schulz, Bonn

- **Reihe: Wirtschafts- und Sozialordnung: FRANZ-BÖHM-KOLLEG – Vorträge und Essays**
  Herausgegeben von Prof. Dr. Bodo B. Gemper, Siegen

- **Reihe: WISO-Studientexte**
  Herausgegeben von Prof. Dr. Eckart Bomsdorf, Köln, und Prof. (em.) Dr. Dr. h. c. Dr. h. c. Josef Kloock, Köln

- **Reihe: Europäisches Wirtschaftsrecht – Jean-Monnet-Schriftenreihe**
  Herausgegeben von Prof. Dr. Dieter Krimphove, Paderborn

- **Reihe: Rechtswissenschaft**

**FACHHOCHSCHUL-SCHRIFTENREIHEN**

- **Reihe: Institut für betriebliche Datenverarbeitung (IBD) e. V. im Forschungsschwerpunkt Informationsmanagement für KMU**
  Herausgegeben von Prof. Dr. Felicitas Albers, Düsseldorf

- **Reihe: FH-Schriften zu Marketing und IT**
  Herausgegeben von Prof. Dr. Doris Kortus-Schultes, Mönchengladbach, und Prof. Dr. Frank Victor, Gummersbach

- **Reihe: Marketing-Praxis – Schriften des Instituts für kreatives Marketing**
  Herausgegeben von Prof. Dr. Jochem Müller, FH Ansbach

- **Reihe: Medienmanagement**
  Herausgegeben von Prof. Dr. Thomas Breyer-Mayländer, Offenburg

- **Reihe: FuturE-Business**
  Herausgegeben von Prof. Dr. Michael Müßig, Würzburg-Schweinfurt

- **Reihe: Controlling-Forum – Wege zum Erfolg**
  Herausgegeben von Prof. Dr. Jochem Müller, Ansbach

- **Reihe: Unternehmensführung und Controlling in der Praxis**
  Herausgegeben von Prof. Dr. Thomas Rautenstrauch, Bielefeld

- **Reihe: Economy and Labour**
  Herausgegeben von EUR ING Prof. Dr.-Ing. Hans-Georg Nollau MBCS, Regensburg

- **Reihe: Institut für Regionale Innovationsforschung (IRI)**
  Herausgegeben von Prof. Dr. Rainer Voß, Wildau

- **Reihe: Interkulturelles Medienmanagement**
  Herausgegeben von Prof. Dr. Edda Pulst, Gelsenkirchen

**PRAKTIKER-SCHRIFTENREIHEN**

- **Reihe: Transparenz im Versicherungsmarkt**
  Herausgegeben von *ASSEKURATA* GmbH, Köln

- **Reihe: Betriebliche Praxis**
  Herausgegeben von vBP StB Prof. Dr. Johannes Georg Bischoff, Wuppertal

- **Reihe: Regulierungsrecht und Regulierungsökonomie**
  Herausgegeben von JUCONOMY Consulting AG, Düsseldorf